现代交流电机的控制原理及 DSP 实现

（第 2 版）

马骏杰　编著

北京航空航天大学出版社

内容简介

本书重点介绍了永磁同步电机控制的理论基础及DSP应用技术，主要内容包括电机控制的相关知识、三相永磁同步电机的驱动控制技术、多相永磁同步电机的驱动控制技术及容错控制技术，并提供了完整的电机控制器软硬件设计过程。本书以培养学生能力为主旨，注重理论和实践相结合，在相应章节中不但给出了理论知识，还给出了大量的工程实例及仿真模型，能够极大限度地满足学生对工程实践知识的需要。本书是再版书，相比旧版，本书新增了仿真模型，并对部分内容进行了更新。

本书可作为高等院校本科电力电子与电力传动、自动化、电机、机电一体化专业的“运动控制”“交流调速”及“创新实践”类课程的教材，也可作为相关专业工程技术人员的参考用书。

图书在版编目(CIP)数据

现代交流电机的控制原理及DSP实现 / 马骏杰编著.

2版. -- 北京 : 北京航空航天大学出版社, 2025. 3.

ISBN 978-7-5124-4705-9

Ⅰ. TM340. 12

中国国家版本馆CIP数据核字第2025HC7029号

现代交流电机的控制原理及DSP实现(第2版)

马骏杰　编著

责任编辑　董立娟

*

北京航空航天大学出版社出版发行

北京市海淀区学院路37号(邮编100191)　http://www.buaapress.com.cn

发行部电话:(010)82317024　传真:(010)82328026

读者信箱:emsbook@buaacm.com.cn　邮购电话:(010)82316936

涿州市新华印刷有限公司印装　各地书店经销

*

开本:710×1 000　1/16　印张:18.25　字数:389千字

2025年3月第2版　2025年3月第1次印刷　印数:1 000册

ISBN 978-7-5124-4705-9　定价:69.00元

前　言

本书自第1版问世以来，受到了广大读者的喜爱，同时也陆续收到了热心读者提出的诸多宝贵意见和建议。为进一步夯实基础理论、强化实践应用、培养综合能力，我们推出了第2版。

全书共分为6章，以永磁同步电动机为控制对象，沿着基础知识、建模分析、控制技术、软件算法分析的路径，对电机控制理论与实践展开系统阐述。其中，第1章为电机控制基础知识，针对电力电子技术、自动控制理论、传感器以及CPU等关键环节展开全面总结；第2章着重阐述永磁同步电机的模型，涵盖三相及多相电机的数学建模方法，深入剖析了电机在正常工作状态以及缺相故障工作状态下的运行状况。第3～5章深入探讨了永磁同步电机的控制技术，包含矢量控制技术、三相四桥余控制技术、MTPA技术以及弱磁控制技术，并提供了相应的DSP参考代码。第6章为电机控制器综合设计实例，详细解析了硬件设计思路与对应的软件编码，内容涉及开关量信号设计、系统显示设计、模拟量信号采集处理、电机驱动系统设计及通信系统设计。

此外，应广大读者的迫切要求，本书增添了相应的仿真模型，为读者在课程理论与实践学习方面的多维度拓展和延伸创造了便利条件。

本书可作为电气工程、自动化、机电一体化等专业的教材，也可供工程技术人员参考。

本书由山东工商学院马骏杰编著。期间，哈尔滨理工大学高晗璎教授、东方电子股份有限公司马长武研究员和山东工商学院周托、王嘉琪、杨晓聪老师提供了诸多宝贵建议。哈尔滨理工大学高德伟进行了文字校对。在此一并表示感谢。同时，编写过程中参阅了一些优秀的图书和文献资料，这里也向这些作品的作者表达由衷的谢意。

鉴于编者水平有限，书中可能存在一些不足之处，恳请广大读者批评指正，联系邮箱：m92275@126.com。

编者

2025年1月

目　录

第1章 电机控制的关键技术

1.1 功率开关器件的特性及应用

1.1.1 IGBT的特征及选型

绝缘栅双极晶体管(Insulated Gate Biplor Transistor,IGBT)相当于由一个MOSFET驱动的GTR。它综合了GTR和MOSFET的优点,既具有MOSFET输入阻抗高、开关速度快、热稳定性好、驱动电路简单、驱动功率小的优点,也具有GTR通态压降低、通流能力强的优势。

1. 基本特性

图1-1为IGBT的符号及内部电路结构。IGBT有3个电极,即栅极G、发射极E和集电极C。输入部分是一个MOSFET,图中R_{dr}表示MOSFET的等效调制电阻(即漏极-源极之间的等效电阻R_{DS})。输出部分为一个PNP三极管T_1,此外,还存

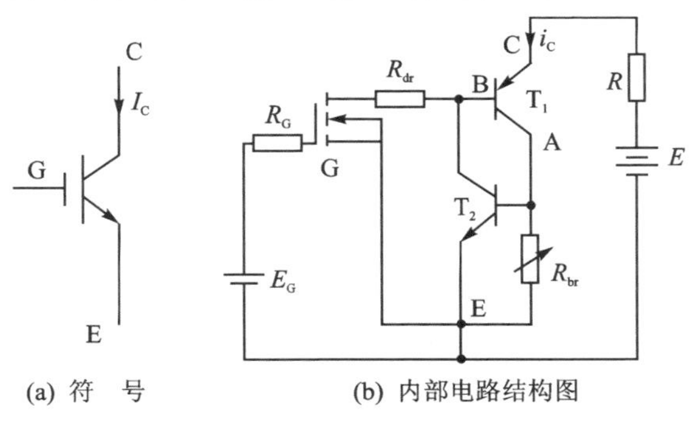

(a) 符 号 (b) 内部电路结构图

图1-1 IGBT符号及内部电路结构图

在一个内部寄生的 NPN 型三极管 T_2,且在 T_2 的基极与发射极之间存在一个调制电阻 R_{dr}。

当栅极 G 与发射极 E 之间的外加电压 $V_{GE}=0$ 时,MOSFET 管内无导电沟道,其调制电阻 R_{dr} 可视为无穷大,$I_C=0$,MOSFET 处于断态。G-E 之间的外加控制电压 V_{GE} 可以改变 MOSFET 导电沟道的宽度,从而改变调制电阻 R_{dr},这就改变了输出晶体管 T_1(PNP 管)的基极电流,控制了 IGBT 管的集电极电流 I_C。当 V_{GE} 足够大时,T_1 饱和导通,IGBT 进入通态。一旦 $V_{GE}=0$,则 MOSFET 由通态转入断态,T_1 截止,IGBT 器件从通态转入断态。

2. 防静电与门极保护

IGBT 模块的 V_{GE} 通常最大为±20 V。IGBT 门极对静电极为敏感,使用时需要注意:

① 操作前应让人体和衣服所带静电经高电阻(约 1 MΩ)接地放电,并在接地导电性垫板上操作;

② 不得直接触碰 IGBT 控制端子;

③ 进行锡焊作业时,电烙铁前端需要接地以防止静电加到 IGBT 上;

④ IGBT 出库时的导电性材料应在产品完成电路连接后去除。

【注】当门极-发射极开路,对集电极-发射极间施加电压时,IGBT 可能受损。这种损坏是集电极电势变化引起的,为防止其发生,建议在门极-发射极之间连接约 10 kΩ 的电阻。

3. 保护电路设计

IGBT 可能由于过流、过压等异常情况而受损。因此,在使用 IGBT 的过程中,设计合适的保护电路显得尤为重要。这些保护电路需要在充分了解元件特性的基础上进行设计,如果保护电路与元件特性不匹配,即使安装了保护电路,元件也可能受损。

(1) 短路保护

一旦发生短路,IGBT 的集电极电流会超过其额定值,C-E 之间的电压会急剧增大。根据该特性,可以将短路时的集电极电流控制在一定数值以下,但是 IGBT 上仍然存在外加的高电压、大电流的负荷,必须在尽量短的时间内解除这种负荷。常见的 IGBT 的短路模式有单管短路、桥臂短路、输出短路和接地短路。如何对短路进行有效的检测呢?目前有两种方法。

1) 通过电流传感器检测

图 1-2 显示了电流传感器在逆变器中的安放位置,表 1-1 对各种方法对应的特征和可以检测出的内容进行了说明。

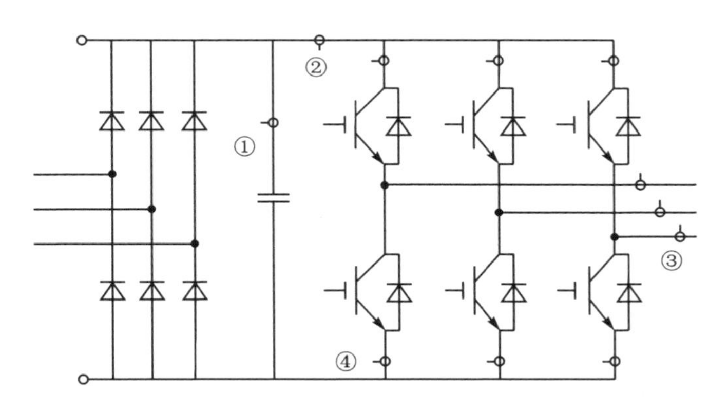

图1-2 电流传感器在逆变器中的安放位置

表1-1 各种方法对应的特征和可以检测出的内容

安放位置	特 征	检测内容
①	可使用CT	单管短路、输出短路、接地短路
②	需要使用Hall	单管短路、输出短路、接地短路
③	可使用CT	输出短路、接地短路
④	需要使用Hall	单管短路、输出短路、接地短路

2）通过 $V_{CE(sat)}$ 检测

该方法可对表1-1中的所有短路事件进行保护，由于过流检测和保护动作均在驱动电路侧完成，因此可保障保护速度。如图1-3所示，当开关管的电流变大时，V_{CE} 变大，b点电位升高；当b点电位大于0.4 V时，输出a点变为低电平，与开关管的PWM信号A进行“与”运算，输出为低，使开关管关断，从而起到保护的作用。

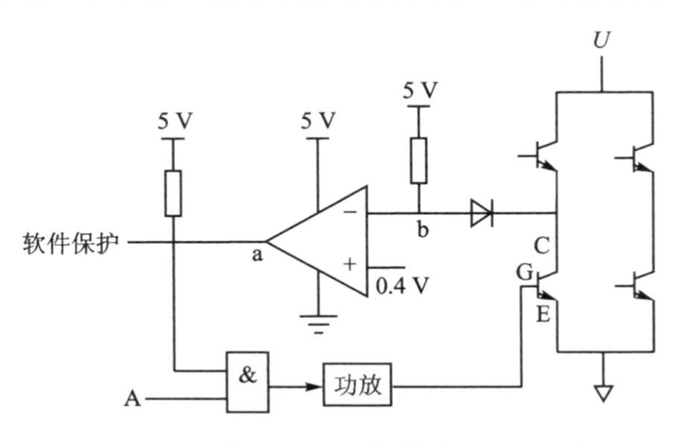

图1-3 过流保护

(2) 过压保护

1）产生过压的原因

IGBT 开关速度较高，关断时会产生很高的 di/dt，由模块周边的配线电感引发的 Ldi/dt（关断浪涌电压）是引起过压的原因。

2）过压抑制方法

抑制 IGBT 关断浪涌电压的方法如下：

① 添加缓冲电路并采用薄膜电容配置在 IGBT 附近，以吸收高频浪涌电压；

② 调整驱动电路的关断电压（$-V_{GE}$）和 R_G 以减小 di/dt；

③ 将电解电容尽可能配置在 IGBT 附近，使用低阻抗型电容效果更佳；

④ 主电路和缓冲电路配线应更粗、更短，采用铜条效果更佳。

3）缓冲电路的类型

缓冲电路一般可分为两类：

① 一对一缓冲电路：RC 缓冲电路、充放电型 RCD 缓冲电路、放电阻止型 RCD 缓冲电路；

② 集中式缓冲电路：C 缓冲电路、RCD 缓冲电路。

为简化缓冲电路，采用集中式缓冲电路的情况逐渐增多。表 1－2 列举了部分一对一缓冲电路的拓扑结构。

表 1－2　部分一对一缓冲电路的拓扑结构

名　称	RC 缓冲电路	充放电型 RCD 缓冲电路	放电阻止型 RCD 缓冲电路
拓扑结构	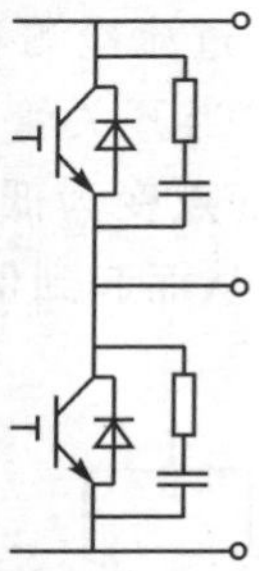	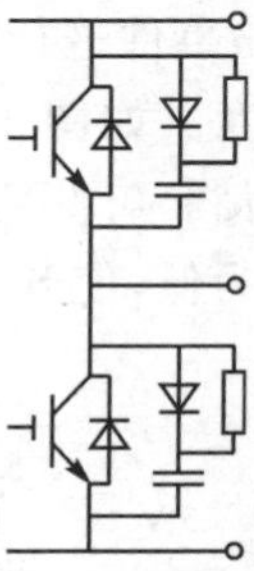	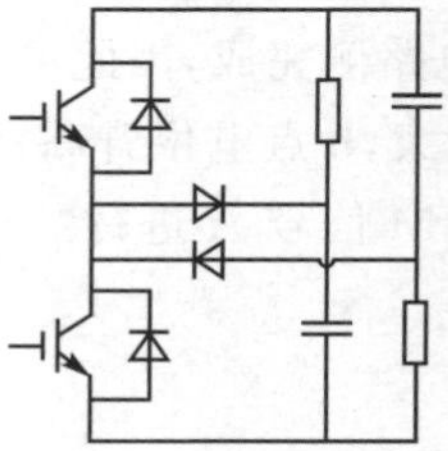

① RC 缓冲电路对关断浪涌电压抑制效果显著，尤其适用于斩波电路，但在大容量 IGBT 应用中缓冲电阻小，损耗较大，不适用于高频场合。

② 放电阻止型 RCD 缓冲电路对关断浪涌电压亦有抑制作用，缓冲电路产生的损耗小，适合高频场合。

③ 充放电型 RCD 缓冲电路对关断浪涌电压具有抑制作用。与 RC 缓冲电路相比，因增加了缓冲二极管，其缓冲电阻可较大；而与放电阻止型 RCD 缓冲电路相比，该电路缓冲电路损耗较大，不适用于高频场合。

表 1－3 列举了部分集中式缓冲电路的拓扑结构。

表 1-3　部分集中式缓冲电路的拓扑结构

名　称	RC 缓冲电路	充放电型 RCD 缓冲电路
拓扑结构	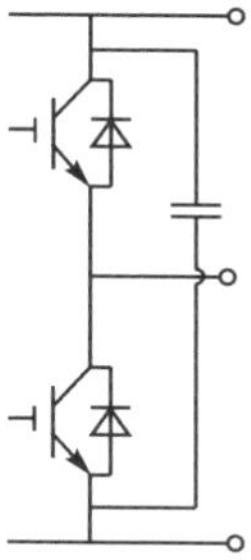	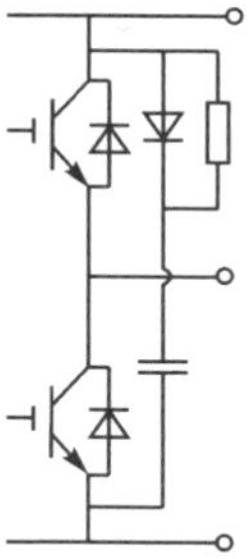

① RC 缓冲电路最简单，然而主电路电感 L 与缓冲电容 C 易产生 LC 振荡，致使母线电压易出现波动。

② 充放电型 RCD 缓冲电路能够降低母线电压振荡，在母线配线较长时效果更为显著；若缓冲二极管选择不当，则会引发高尖峰电压，或者在缓冲二极管反向恢复时产生电压振荡。

4）EMC 对策

IGBT 开关时产生的高 dv/dt、di/dt 是产生 EMI 的主要原因。图 1-4 为通过加大门极触发电阻，开关特性得以柔性化的示例。如果门极电阻增大到标准门极电阻的两倍左右，则能使 EMI 降低 10 dB 以上，但开关损耗有增加的趋势。另外，表 1-4 给出了降低 EMI 的一些方法。

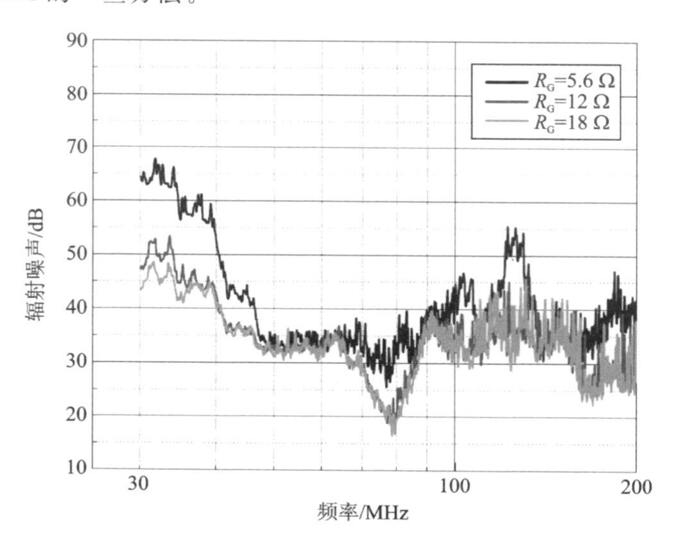

图 1-4　增大触发电阻时 EMI 变化的示例

表 1-4 降低 EMI 的方法

对策	内容
重新设定驱动条件	门极驱动电阻增大到标准值的 2～3 倍，但可能使开关损耗变大，开关时间变长
	门极-发射极之间接小容量的电容，但可能使开关损耗变大，开关时间变长
缓冲电容与模块，进行短距离连接	尽可能与模块的端子连接，对抑制浪涌电压有一定效果
降低配线电感	将直流母线配置为铜条，降低电感，对抑制浪涌电压有一定效果
滤波器	在装置的输入/输出端连接滤波器
屏蔽线	降低电缆本身的放射性杂波
外壳金属化	使外壳金属化，抑制来自装置的杂波

4. IGBT 的并联及降额

(1) IGBT 的并联使用

在很多大功率应用场合，常将多个中、小功率的 IGBT 模块并联使用，以降低系统的硬件成本。

IGBT 并联使用的突出问题是均流。一般要求饱和压降 $V_{CE(sat)}$ 偏差不要超过 15%，阈值电压 $V_{GE(th)}$ 偏差不要超过 10%。此外，驱动电路应尽可能对称；驱动电阻应分立；并联的 IGBT 应使用同一散热器；推荐使用同一厂家的产品并联使用，以降低交流参数对均流的不良影响。尽管采取以上的措施，但并联器件的不均流问题仍不能完全消除。

(2) IGBT 的降额使用

器件降额使用的主要目的是保证器件应用的可靠性。IGBT 的降额要求有电压、电流、温度 3 类应力考核点，其中电压应力分为集电极电压应力和栅极电压应力，电流应力分为平均电流应力和脉冲电流应力，温度应力分为壳温应力和结温应力。

1.1.2 驱动电路设计

1. 驱动要求

IGBT 的驱动方式从易到难分为直接驱动、电流源驱动、双电源驱动、隔离驱动(又分为变压器隔离与光电隔离)、集成模块驱动，常采用光电隔离驱动或集成模块驱动方式。驱动电路一般考虑以下几点：

① 栅极-发射极之间应设计齐纳二极管；

② 驱动电路布线必须进行适当的接地，驱动电流导线尽可能短；

③ 避免主电路与驱动电路相交；

④ 驱动电源两端须有高频旁路方式，并尽可能接近驱动电路；

⑤ 必要时设计高压电平偏转电路和单电源驱动自举电路。

对于IGBT的驱动，主要关心3个参数，即门极正偏电压、门极反偏电压和门极驱动电阻。

(1) 门极正偏电压$+V_{GE}$(导通)

门极正偏电压的推荐值为+15 V，设计时应注意：

① 电源电压的波动建议在±10%范围内。

② 导通时的C-E饱和电压($V_{CE(sat)}$)随$+V_{GE}$变化，$+V_{GE}$越高，饱和电压越低。

③ $+V_{GE}$越高，开通时间越短和损耗越小，开通时越容易产生浪涌电压。

④ IGBT断开时，由于反向恢复时dv/dt也会发生误动作，形成脉冲状的集电极电流，从而会产生不必要的发热。这种现象被称为dv/dt误触发，$+V_{GE}$越高越容易发生。

⑤ $+V_{GE}$越高，短路最大耐受量越小。

(2) 门极反偏电压$-V_{GE}$(关断)

门极反偏电压的推荐值为−5～−15 V。设计时应注意：

① 电源电压的波动建议在±10%范围内。

② IGBT的关断特性依赖于$-V_{GE}$，$-V_{GE}$越大，关断时间越短和损耗越小。

③ dv/dt误触发在$-V_{GE}$较小的情况下也会发生，所以至少需要设定在−5 V以上，当门极配线较长时更要注意。

(3) 门极驱动电阻R_G

门极驱动电阻设计时应注意：

① R_G越大，IGBT的开关时间越长，开关损耗越大，但浪涌电压越小。

② dv/dt误触发在R_G较大时变得不太容易发生。

③ 当R_G为标准门极电阻值($T_j=25$℃)时，电流限制最小值为额定电流值的两倍左右。

2. 驱动电路的具体实例

(1) 采用光耦驱动的分立器件

TLP250是常见的IGBT驱动光耦，它由一个发光二极管和一个集成光电检测器组成。由TLP250构成的两种基本的IGBT驱动电路如图1-5所示。使用TLP250时必须在8、5脚之间并联一个0.1 μF的旁路电容。该驱动电路轻便、小巧、便宜，但不具备过电流、短路、过电压、欠电压等保护功能。

(2) 采用IGBT驱动芯片

EXB系列集成驱动器是结合IGBT模块的特点而研发的专用集成驱动器，EXB840/841是高速型，其最高工作频率为40 kHz，内部具有高隔离电压的光耦进行信号隔离。

EXB841的原理图如图1-6所示，内部集成了放大单元、过流保护单元和5 V电压基准单元。放大单元由TLP550、VT_2、VT_4、VT_5、R_1、C_1、R_2和R_9组成。其

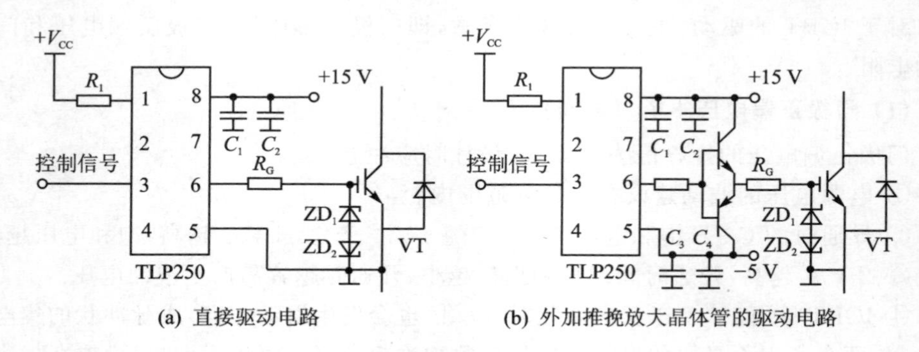

(a) 直接驱动电路　　(b) 外加推挽放大晶体管的驱动电路

图1-5　由TLP250构成的两种IGBT驱动电路

中,TS01起隔离作用,VT_2是中间级,VT_4和VT_5组成推挽输出。

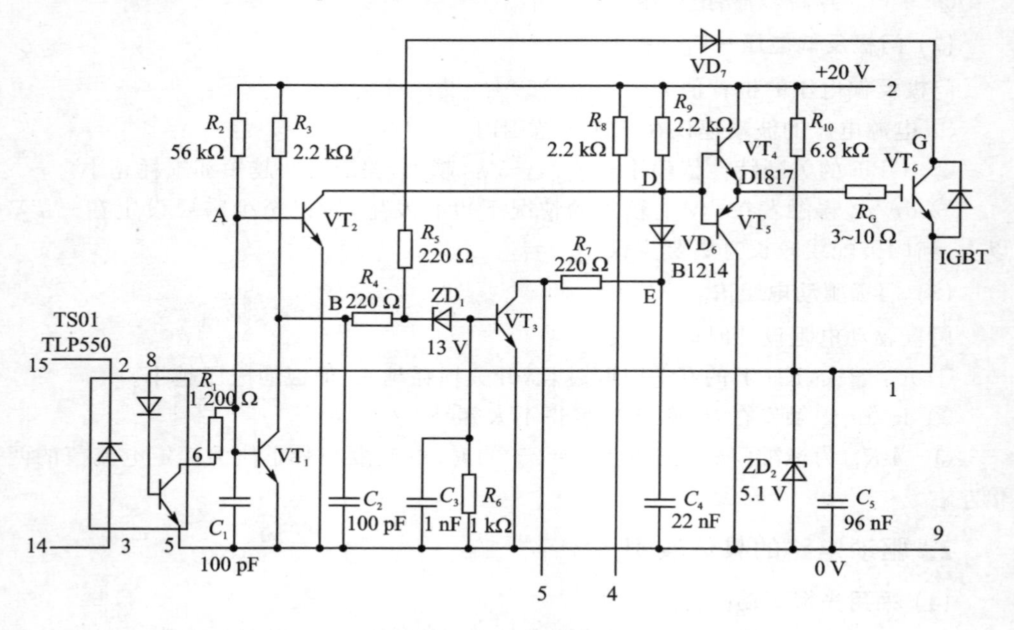

图1-6　EXB841的原理图

过流保护单元由VT_1、VT_3、VD_6、ZD_1、C_2、R_3、R_4、R_5、R_6、C_3、R_7、R_8及C_4等组成,实现过流检测和延时保护功能。EXB841的6脚通过快速二极管VD_7接至IGBT的集电极,它通过检测电压U_{CE}的高低来判断是否发生短路。5 V电压基准单元由R_{10}、VD_2和C_5组成,既为关断IGBT时提供−5 V反压,也为输入TS01提供电源。

1) 正常开通过程

当控制电路使EXB841的输入端14脚和15脚有10 mA的电流流过时,光耦TS01就会导通,A点电位迅速下降至0 V,使VT_1和VT_2截止。VT_2的截止使D点电位上升至20 V,VT_4导通,VT_5截止,EXB841通过VT_4及栅极电阻R_G向IGBT

提供电流，使之迅速导通，U_C 下降至 3 V。与此同时，VT_1 的截止使+20 V 电源通过 R_3 向电容 C_2 充电，这时 B 点电位上升，由 0 V 上升到 13 V。

IGBT 延迟约 1 μs 后导通，U_{CE} 下降至 3 V，从而将 EXB841 的 6 脚电位钳制在 8 V 左右，因此 B 点和 C 点的电位不会到 13 V，而是上升到 8 V 左右，这个过程持续时间为 1.24 μs。因稳压管 ZD_1 的稳压值为 13 V，IGBT 正常开通时不会被击穿，VT_3 不导通，E 点电位仍为 20 V 左右，二极管 VD_6 截止，不影响 VT_4 和 VT_5 的正常工作。

2）正常关断过程

当控制电路使 EXB841 的输入端 14 脚和 15 脚无电流流过时，TS01 不通，A 点电位上升，使 VT_1 和 VT_2 导通。VT_2 的导通使 VT_4 截止、VT_5 导通，IGBT 栅极电荷通过 VT_5 迅速放电，使 EXB841 的 3 脚电位迅速下降至 0 V（相对于 EXB841 的 1 脚低 5 V），使 IGBT 可靠关断，U_{CE} 迅速上升，使 EXB841 的 6 脚"悬空"。与此同时，VT_1 导通，C_2 通过 VT_1 更快放电，将 B 点和 C 点的电位钳制在 0 V，使 ZD_1 仍不导通，IGBT 正常关断。

3）保护过程

若 IGBT 已正常导通，则 VT_1 和 VT_2 截止，VT_4 导通、VT_5 截止，B 点和 C 点电位稳定在 8 V 左右，ZD_1 不被击穿，VT_3 不导通，E 点电位保持为 20 V，二极管 VD_6 截止。若此时发生短路，IGBT 承受大电流而退饱和，U_{CE} 上升很多，二极管 VD_7 截止，则 EXB841 的 6 脚"悬空"，B 点和 C 点电位开始由 8 V 上升。当上升至 13 V 时，ZD_1 被击穿，VT_3 导通，C_4 通过 R_7 和 VT_3 放电，E 点电位逐步下降。二极管 VD_6 导通时，D 点电位也逐步下降，从而使 EXB841 的 3 脚电位也逐步下降，缓慢关断 IGBT。B 点和 C 点电位由 8 V 上升到 13 V，E 点电位由 20 V 下降到 3.6 V。

此时慢关断过程结束，IGBT 栅极上所受偏压为 0 V（设 VT_3 的压降为 0.3 V，VT_5 和 VT_6 的压降为 0.7 V），这种状态一直持续到控制信号使光耦 TS01 截止为止。此时 VT_1 和 VT_6 导通，VT_2 的导通使 D 点电位下降到 0 V，从而使 VT_4 完全截止，VT_5 完全导通，IGBT 栅极所受偏压由慢关断时的 0 V 迅速下降到−5 V，IGBT 完全关断。VT_1 的导通使 C_2 迅速放电，VT_3 截止，20 V 电源通过 R_8 对 C_4 充电，则 E 点电位由 3.6 V 上升至 19 V。至此，EXB841 完全恢复到正常状态，可以进行正常的驱动。

应用 EXB841 设计驱动电路时应注意以下几个方面：

① EXB841 只有 1.5 μs 的延时，慢关断动作时间约为 8 μs。

② 由于仅有 1.5 μs 的延时，只要大于 1.5 μs 的过流都会使慢关断电路工作。由于慢关断电路的放电时间常数 τ_2 较小，充电时间常数 τ_3 较大，两者相差 10 倍，因此慢关断电路一旦工作，即使短路现象很快消失，EXB841 中的 3 脚输出电压也难以达到 $U_{CE}=+15$ V 的正常值。如果 EXB841 的 C_4 已放电至终了值（3.6 V），则它被充电至 20 V 的时间约为 140 μs，与本脉冲关断时刻相距 140 μs 以内的所有后续脉

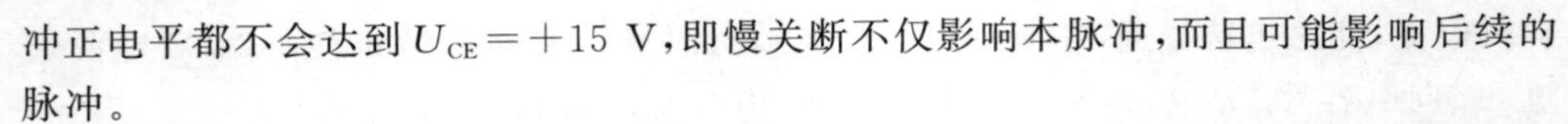

冲正电平都不会达到 $U_{CE}=+15$ V,即慢关断不仅影响本脉冲,而且可能影响后续的脉冲。

③ 光耦 TS01 由+5 V 稳压管供电,但由于 EXB841 的 1 脚接在 IGBT 的 E 极,IGBT 的开通和关断会造成其电位很大的跳动,可能会有浪涌尖峰,这无疑对 EXB841 的可靠运行不利。另外,从其 PCB 实际走线来看,光耦阴极的 8 脚到稳压管 ZD_2 的走线很长,而且很靠近输出级(VT_4、VT_5),易受干扰。

④ IGBT 开通和关断时,稳压管 ZD_2 易受浪涌电压和电流冲击,易损坏。另外,从 PCB 实际走线看,ZD_2 的限流电阻 R_{10} 的两端分别接在 EXB841 的 1 脚和 2 脚上,在实际电路测试时易被示波器探头等短路,从而可能损坏 ZD_2,使 EXB841 不能继续使用。

EXB841 的应用电路如图 1-7 所示,其中 C_1(47 μF)电容器不是电源滤波电容器,其功能是抑制由供电电源接线阻抗变化引起的供电电压变化。

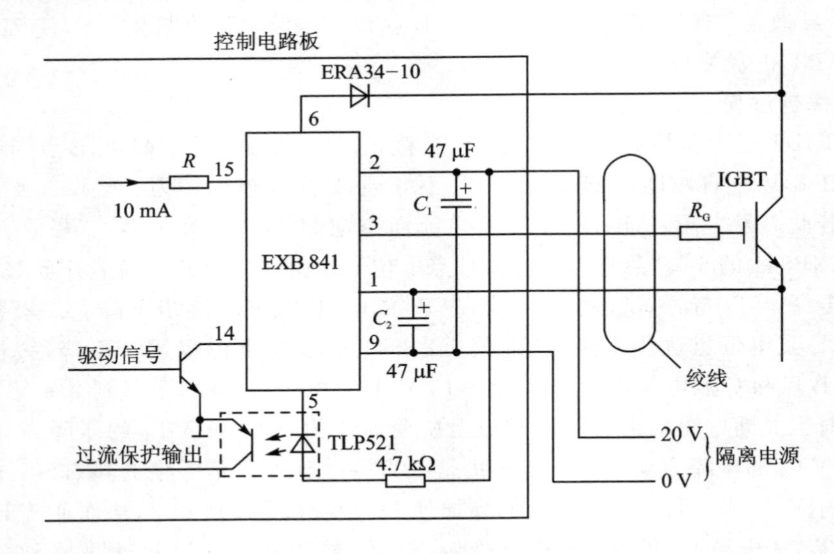

图 1-7 EXB841 的应用电路

采用常规光电隔离驱动多个 IGBT 时需要多个辅助电源,增加了系统的成本,而采用自举驱动技术时就会有效节省电源。

(3) 自举电路的原理及设计

以图 1-8 所示逆变电路为例介绍自举驱动电路,有助于读者对自举电路的理解。驱动电路的设计需要考虑上桥驱动电源的浮地问题。解决方法有两种:一是多电源驱动方式,缺点是增加了电源数量;二是采用自举技术,如图 1-9 所示,其中 V_1、V_2 的 $A_上$、$A_下$ 的驱动逻辑相同,D_1 为自举二极管,C 为自举电容。

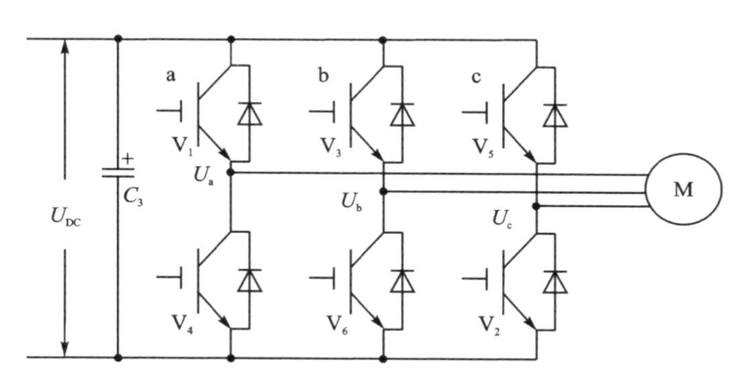

图 1-8　逆变电路

1）自举电容充电过程

充电回路如图 1-10 所示，此时$A_上=A_下=1$，T_4 导通，K 点为 0，上管 V_1 开路，下管 V_2 导通，稳态时电容 C 的电压为 +15 V（左正、右负），此时 M 点电压 = 0 V。

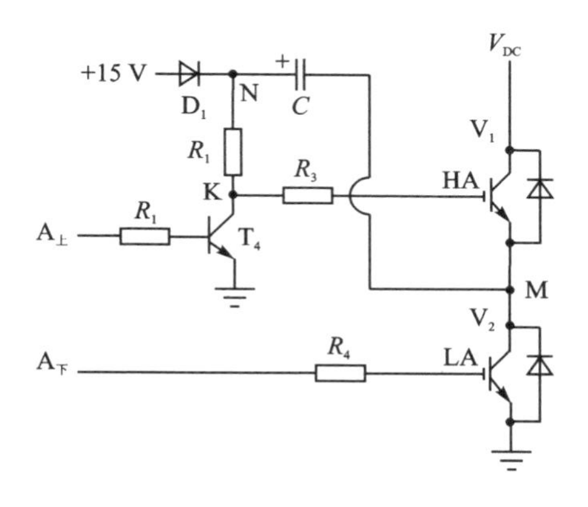

图 1-9　自举驱动电路

2）自举电容放电过程

此时$A_上=A_下=0$，T_4 关断，此时 K 点为 1，下管 V_2 关断，功率管 V_1 通过图 1-11 所示放电回路将 C 上的 +15 V 电压加到 V_1 的 G、S 两端，V_1 导通，此时 M 点电压为 V_{DC}，N 点电压为 $V_{DC}+15$ V，自举二极管承受的电压为 V_{DC}（右正、左负）。

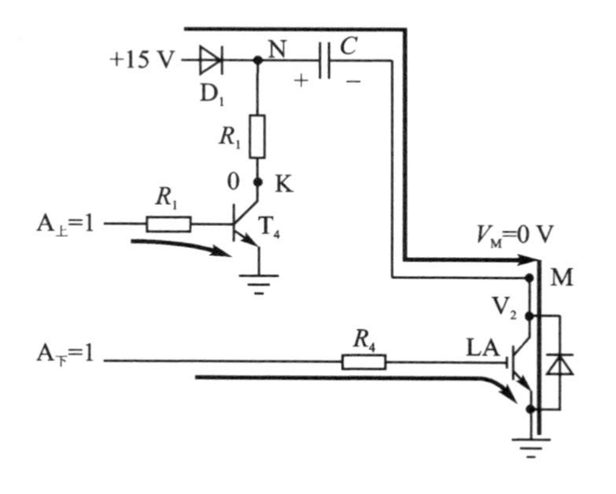

图 1-10　自举驱动充电回路

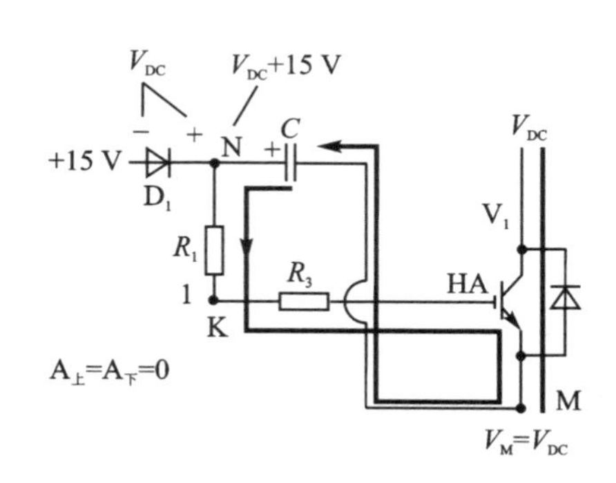

图 1-11　自举驱动放电回路

综上，自举电容的作用是为上管导通提供能量；自举二极管用于承担下管 V_2 关断、上管 V_1 导通，N 点由于 M 点为 V_{DC} 时要承受高压（$V_{DC}+15$ V），此时自举二极管承受的电压数值为 V_{DC}(右正、左负)。可见其起到了平衡的作用,平衡掉二极管左、右之间的压差,这是电路设计中“和谐”思想的体现。

IR2110 是美国 IR 公司推出的一种双通道高压、高速电压型功率开关器件栅极驱动芯片,具有自举浮动电源,驱动电路非常简单,只用一路电源即可同时驱动上、下桥臂。

IR2110 驱动芯片的内部结构原理图如图 1-12 所示,各引脚的功能见表 1-5。芯片的两个通道相互独立,即上、下两个通道输出的驱动脉冲信号分别与上、下两个通道输入的脉冲信号相对应。当保护信号输入端 SD 为低电平时,通道未封锁,上、下两个通道输出端 HO、LO 的驱动脉冲电平分别跟随输入端 HIN 及 LIN 的变化;当保护信号输入端 SD 为高电平时,通道均被封锁,通道输入信号无效,通道输出端 HO、LO 的驱动电平均被置为低电平。芯片上、下通道具有电源欠电压检测电路,当电源(或悬浮电源)电压低于内部设定值时,欠电压保护动作。上通道欠电压保护动作,仅封锁上通道输出;而下通道欠电压保护动作,上下通道输出均封锁。

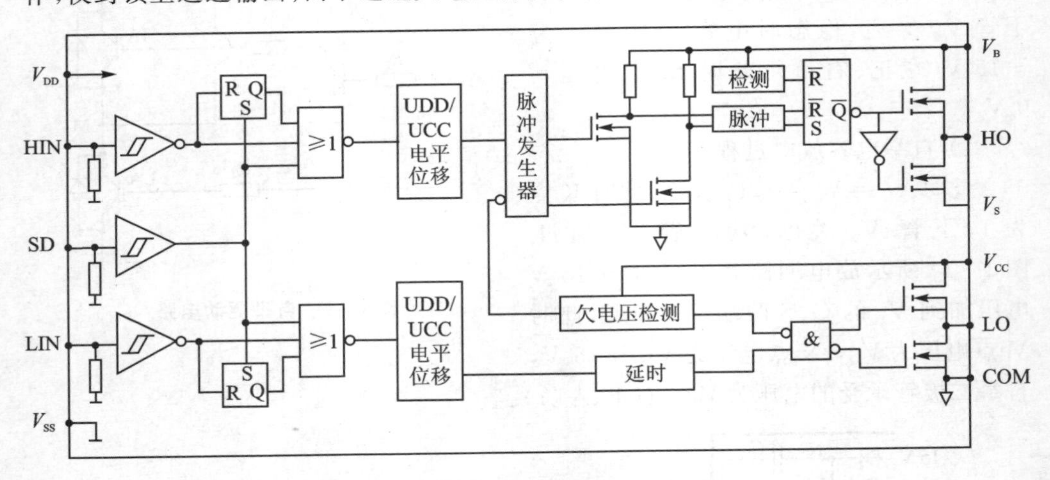

图 1-12 IR2110 内部结构原理图

表 1-5 IR2110 各引脚功能

引 脚	名 称	功 能
LO	下通道驱动信号输出端	与桥臂下桥 MOSFET 的门极相连
COM	下通道驱动输出参考地	与 V_{SS} 和低端 MOSFET 的源极相连
V_{CC}	下通道输出级电源输入端	接用户提供的输出级电源正极,且通过一个电容接引脚 2
V_S	上通道驱动输出参考地	与高端 MOSFET 的源极相连
V_B	上通道输出级电源输入端	通过一个高反压快恢复二极管反向连接到 V_{CC},且通过一个电容连接到引脚 5
HO	上通道驱动信号输出端	与桥臂上桥 MOSFET 的门极相连

续表 1-5

引　脚	名　称	功能或用法
V_{DD}	芯片输入级工作电源	可与 V_{CC} 使用同一电源，也可使用两个独立电源
HIN	上通道脉冲信号输入端	接用户脉冲形成部分的上路输出
SD	保护信号输入端	SD 接高电平时驱动输出全被封锁，接低电平时解除封锁。与用户故障（过电流、过电压）保护电路的输出相连
LIN	下通道脉冲信号输入端	接用户脉冲形成部分的下路输出
V_{SS}	芯片工作参考地	接至供电电源的地

IR2110 的典型应用电路如图 1-13 所示。

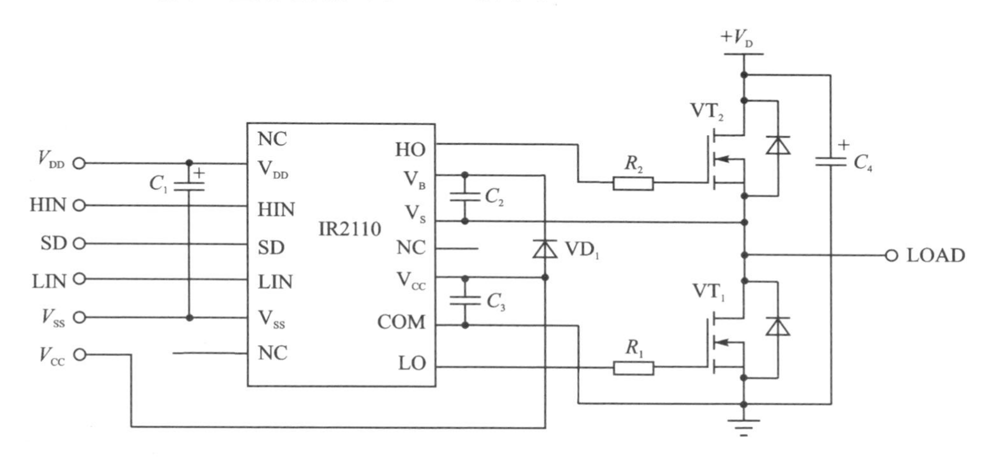

图 1-13　IR2110 的典型应用电路

图 1-13 中，V_{DD} 采用 5～20 V 电源，适用于 TTL 或 CMOS 逻辑信号输入，V_{CC} 为 10～20 V 的门极驱动电源。由于 V_{SS} 可与 COM 连接，故 V_{CC} 与 V_{DD} 可共用同一个典型值为+15 V 的电源。C_2 为自举电容，V_{CC} 经 VD_1、C_2 负载、VT_2 给 C_2 充电，以确保 VT_2 关闭、VT_1 开通时，VT_1 管的栅极靠 C_2 上足够的储能来驱动，从而实现自举式驱动。

1.2　逆变器及其 PWM 生成技术

1.2.1　三相电压源型逆变器

1. 基本原理

图 1-14 是应用非常广泛的三相桥式逆变电路。每个桥臂按 180°导电方式且相位上互差 120°进行驱动，则任何时刻均有 3 个开关管同时导通，且它们的切换顺序按

照图 1-15 所示的开关编号的顺序 165→162→132→432→435→465 进行。这种开关方式的逆变器称为方波逆变器,其中输出电压的幅度保持恒定,而只能控制改变它的频率。

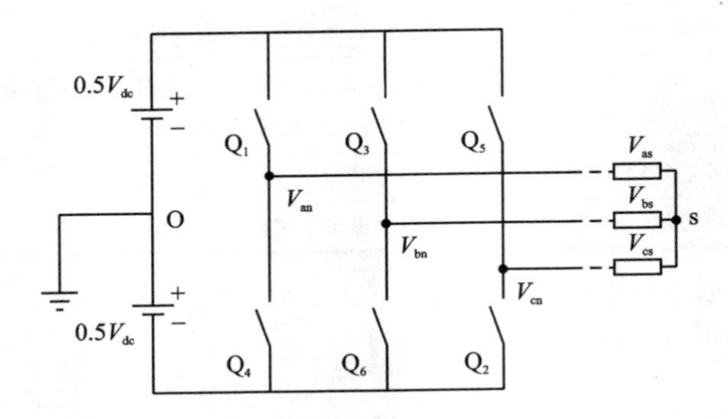

图 1-14 典型的三相桥式逆变电路

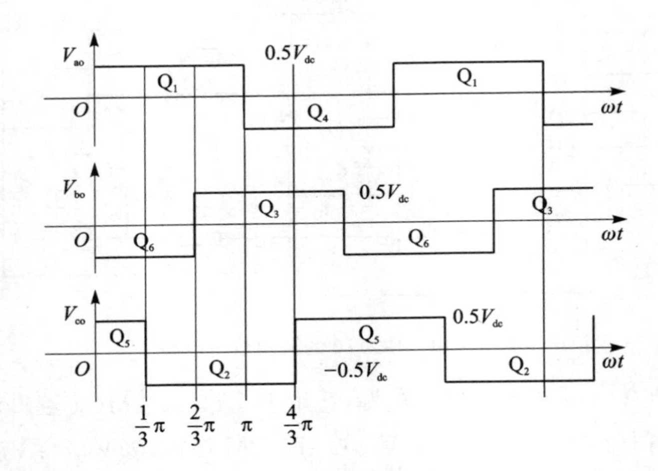

图 1-15 三相逆变器桥臂输出电压

由此,可获得图 1-16 所示的脉宽为 120°、幅值为 V_{dc}、彼此互差 120°的输出线电压波形($V_{ab}=V_{an}-V_{bn}$),这种波形通常也称为 120°方波。

假设逆变器输出接平衡的 Y 形负载,如图 1-14 所示,则负载的相电压可表示为

$$\left.\begin{aligned} V_{as}&=\frac{1}{3}(V_{ab}-V_{ca}) \\ V_{bs}&=\frac{1}{3}(V_{bc}-V_{ab}) \\ V_{cs}&=\frac{1}{3}(V_{ca}-V_{bc}) \end{aligned}\right\} \tag{1-1}$$

相电压也可以直接从逆变器的开关状态获得。例如图 1-15 中的 $\left[0,\frac{1}{3}\pi\right]$,其

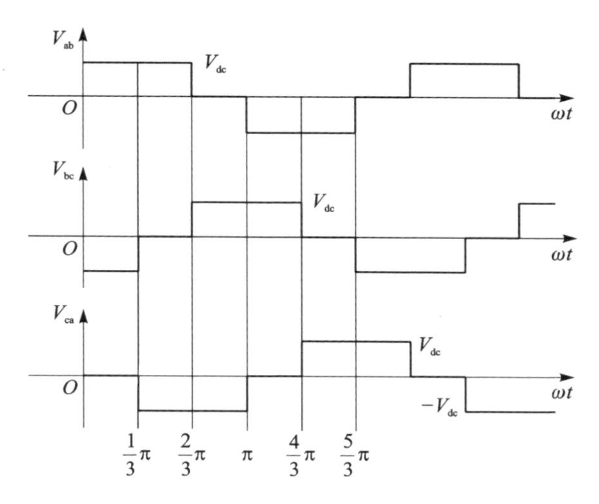

图 1-16　三相逆变器的输出线电压

中 Q_5、Q_6 和 Q_1 3 个器件导通，此时相电压为

$$V_{as}=\frac{1}{3}V_{dc},\quad V_{bs}=-\frac{2}{3}V_{dc},\quad V_{cs}=\frac{1}{3}V_{dc}$$

再比如图 1-15 的 $\left[\frac{1}{3}\pi,\frac{2}{3}\pi\right]$，此时 Q_6、Q_1 和 Q_2 3 个器件导通，相电压为

$$V_{as}=\frac{2}{3}V_{dc},\quad V_{bs}=-\frac{1}{3}V_{dc},\quad V_{cs}=-\frac{1}{3}V_{dc}$$

按照上述方法可以获取其他区间的相电压，如图 1-17 所示，这种类型的逆变器通常被称为六步逆变器。当这些方波电压施加到电机等感性负载时，负载电流并不是方波，因为所包含的谐波已被滤除。

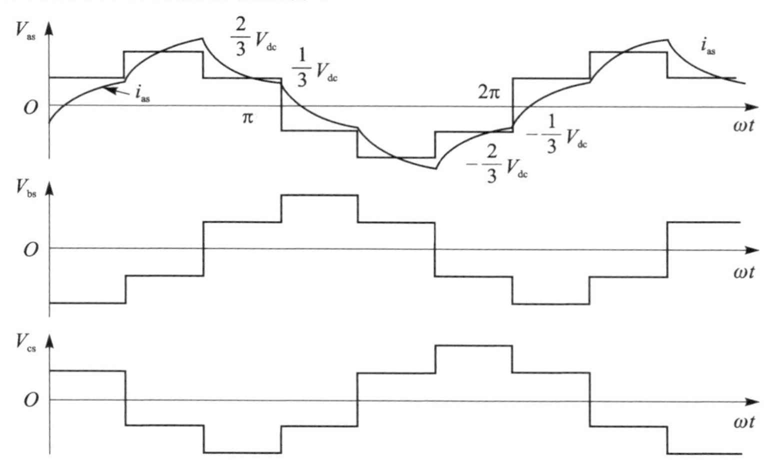

图 1-17　相电压及相电流波形

设 S_a、S_b、S_c 分别为 a、b、c 桥臂的开关函数，并定义当上管开通时为 1，下管开通时为 0。因此，三相逆变器仅有 8 种开关组合。表 1-6 根据这些开关状态给出了三相逆变器桥臂电压和负载电压。

表 1-6　三相逆变器桥臂电压和负载电压

开关状态(S_a、S_b、S_c)			桥臂输出电压(V_{an}、V_{bn}、V_{cn})			相电压(V_{as}、V_{bs}、V_{cs})		
0	0	0	$-\frac{1}{2}V_{dc}$	$-\frac{1}{2}V_{dc}$	$-\frac{1}{2}V_{dc}$	0	0	0
0	0	1	$-\frac{1}{2}V_{dc}$	$-\frac{1}{2}V_{dc}$	$\frac{1}{2}V_{dc}$	$-\frac{1}{3}V_{dc}$	$-\frac{1}{3}V_{dc}$	$\frac{2}{3}V_{dc}$
0	1	0	$-\frac{1}{2}V_{dc}$	$\frac{1}{2}V_{dc}$	$-\frac{1}{2}V_{dc}$	$-\frac{1}{3}V_{dc}$	$\frac{2}{3}V_{dc}$	$-\frac{1}{3}V_{dc}$
0	1	1	$-\frac{1}{2}V_{dc}$	$\frac{1}{2}V_{dc}$	$\frac{1}{2}V_{dc}$	$-\frac{2}{3}V_{dc}$	$\frac{1}{3}V_{dc}$	$\frac{1}{3}V_{dc}$
1	0	0	$\frac{1}{2}V_{dc}$	$-\frac{1}{2}V_{dc}$	$-\frac{1}{2}V_{dc}$	$\frac{2}{3}V_{dc}$	$-\frac{1}{3}V_{dc}$	$-\frac{1}{3}V_{dc}$
1	0	1	$\frac{1}{2}V_{dc}$	$-\frac{1}{2}V_{dc}$	$\frac{1}{2}V_{dc}$	$\frac{1}{3}V_{dc}$	$-\frac{2}{3}V_{dc}$	$\frac{1}{3}V_{dc}$
1	1	0	$\frac{1}{2}V_{dc}$	$\frac{1}{2}V_{dc}$	$-\frac{1}{2}V_{dc}$	$\frac{1}{3}V_{dc}$	$\frac{1}{3}V_{dc}$	$-\frac{2}{3}V_{dc}$
1	1	1	$\frac{1}{2}V_{dc}$	$\frac{1}{2}V_{dc}$	$\frac{1}{2}V_{dc}$	0	0	0

由相应的开关函数可知，逆变器的输出电压为

$$\left.\begin{aligned} V_{an} &= V_{dc}\left(S_a - \frac{1}{2}\right) \\ V_{bn} &= V_{dc}\left(S_b - \frac{1}{2}\right) \\ V_{cn} &= V_{dc}\left(S_c - \frac{1}{2}\right) \end{aligned}\right\} \tag{1-2}$$

进一步可得

$$V_{an} + V_{bn} + V_{cn} = V_{as} + V_{bs} + V_{cs} + 3V_{sn} \tag{1-3}$$

对于具有浮动中性点的平衡 Y 形连接负载，三相电压之和为 0，即 $V_{as}+V_{bs}+V_{cs}=0$。因此，中性电压 V_{sn} 为逆变器输出电压的平均值：

$$V_{sn} = \frac{1}{3}(V_{an} + V_{bn} + V_{cn}) = \frac{V_{dc}}{3}\left(S_a + S_b + S_c - \frac{3}{2}\right) \tag{1-4}$$

通过将该中性电压代入,得到用开关函数表示的三相逆变器相电压

$$\left.\begin{aligned}V_{as}&=\frac{V_{dc}}{3}(2S_a-S_b-S_c)\\V_{bs}&=\frac{V_{dc}}{3}(2S_b-S_a-S_c)\\V_{cs}&=\frac{V_{dc}}{3}(2S_c-S_b-S_a)\end{aligned}\right\}\tag{1-5}$$

2. 仿真分析

图1-18为六步逆变器仿真模型。

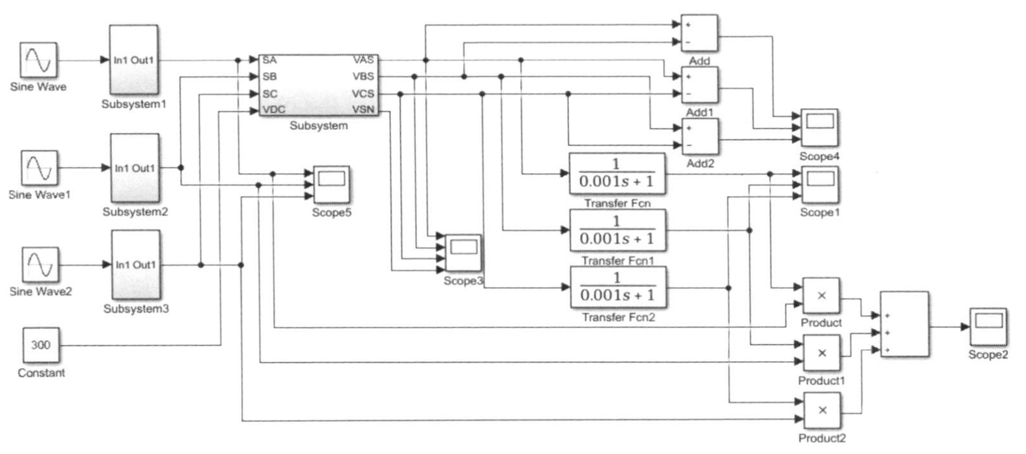

(a) 仿真模型总体框图

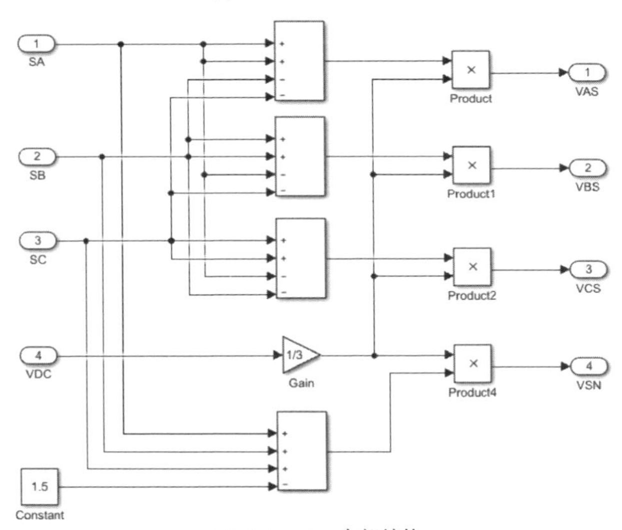

(b) Subsystem内部结构

图1-18 六步逆变器仿真模型

仿真波形如图 1-19 所示。

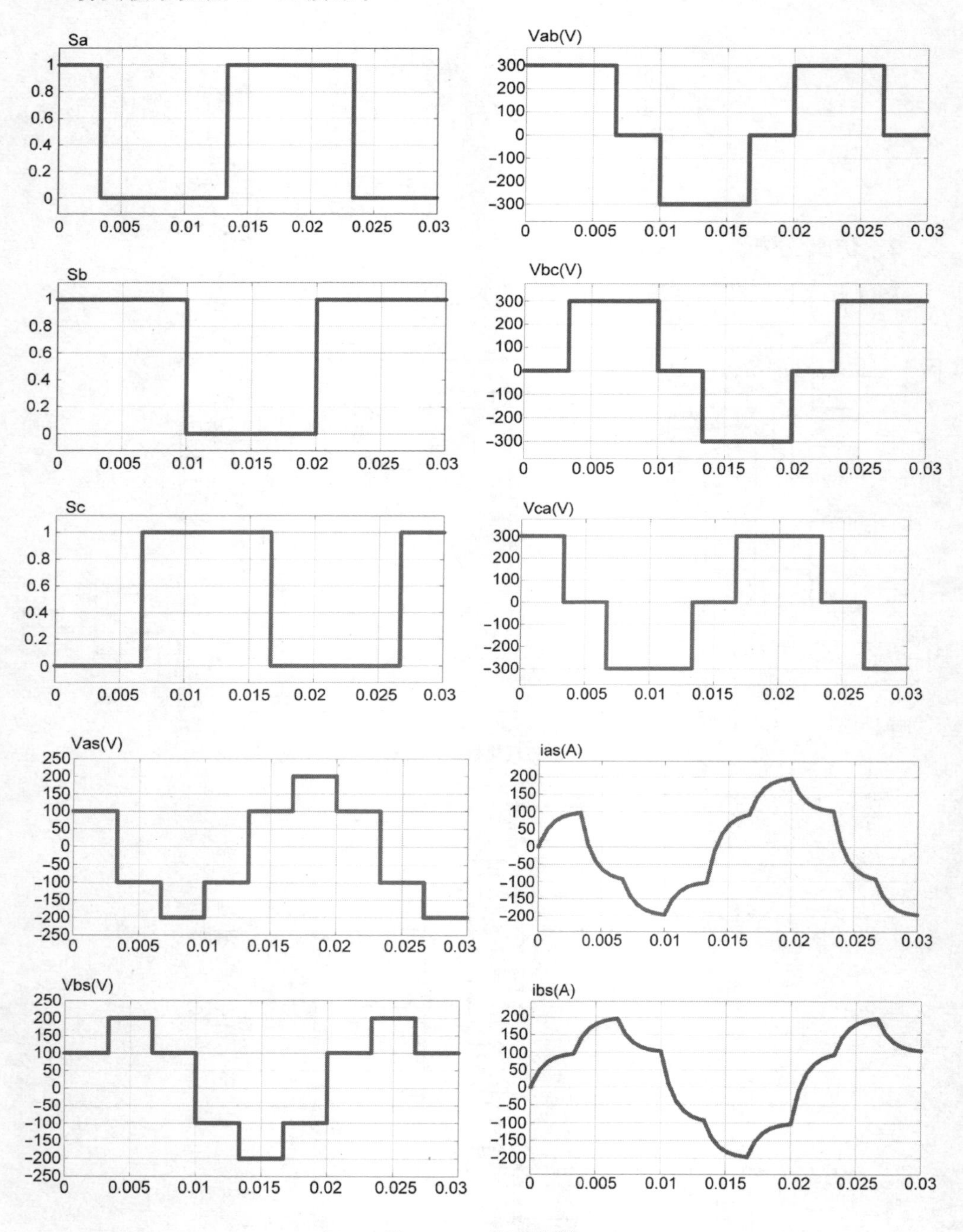

图 1-19 仿真波形

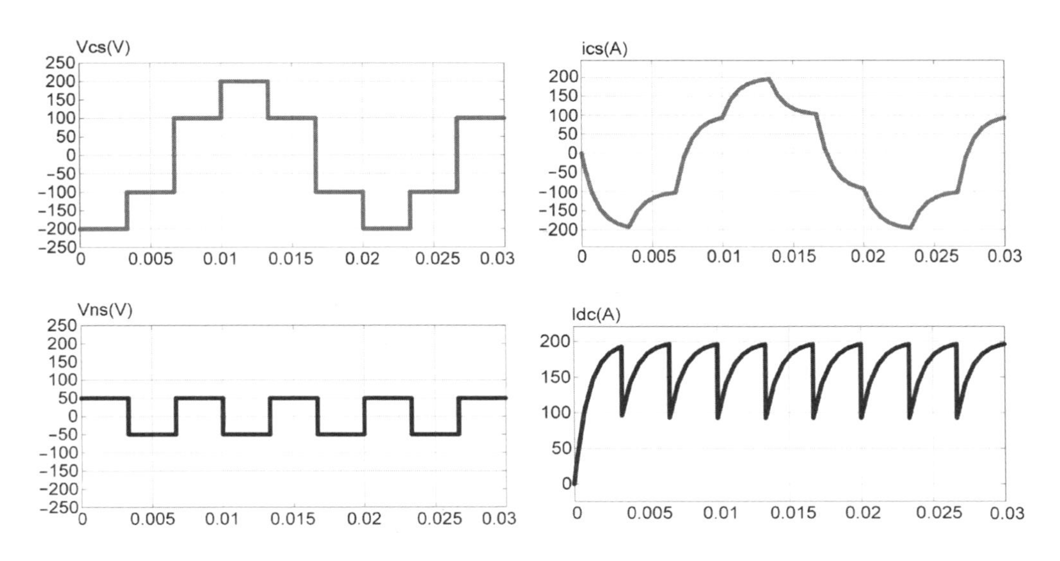

图 1-19　仿真波形(续)

1.2.2　正弦波脉宽调制

正弦波脉宽调制 SPWM(Sinusoidal PWM)法是一种比较成熟的 PWM 法,是为了克服等脉宽 PWM 法的缺点发展而来的。它从电动机供电电源的角度出发,着眼于如何产生一个可调频率、电压的三相对称正弦波电源。SPWM 控制的理论基础是采样控制理论中的一个重要结论:当冲量相等而形状不同的窄脉冲加在惯性环节时,其效果基本相同。冲量是指窄脉冲的面积,效果基本相同是指环节的输出响应波形基本相同。该结论也称为面积等效原理。

1. 正弦波脉宽调制介绍

以正弦波作为调制波,用一列等幅的三角波(称为载波)与之相比较,由它们的交点确定逆变器的开关模式,由此产生脉宽随调制波幅值变化的等幅脉冲列。根据输出电压波的极性不同,SPWM 分为单极性 SPWM 和双极性 SPWM。下面以图 1-20(a)所示的单相桥式逆变电路为例进行分析。

当采用单极性控制时,如图 1-20(b)所示,每半个周期内,逆变桥的同一桥臂的上下两只逆变开关管中只有一只逆变开关管反复通断,而另一只逆变开关管始终关断。当采用双极性控制时,如图 1-20(c)所示,在全部周期内,同一桥臂的上下两只逆变开关管交替开通与关断,形成互补的工作方式。因而,单极性控制输出电压高,输出波形畸变小;双极性须在每个载波周期加入死区,输出电压低,输出波形畸变大。

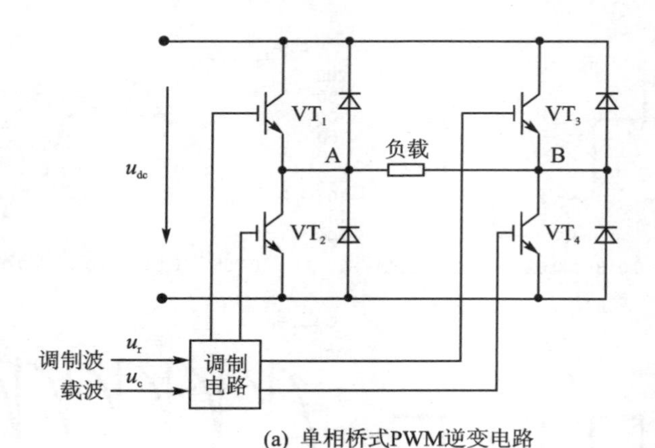

(a) 单相桥式PWM逆变电路

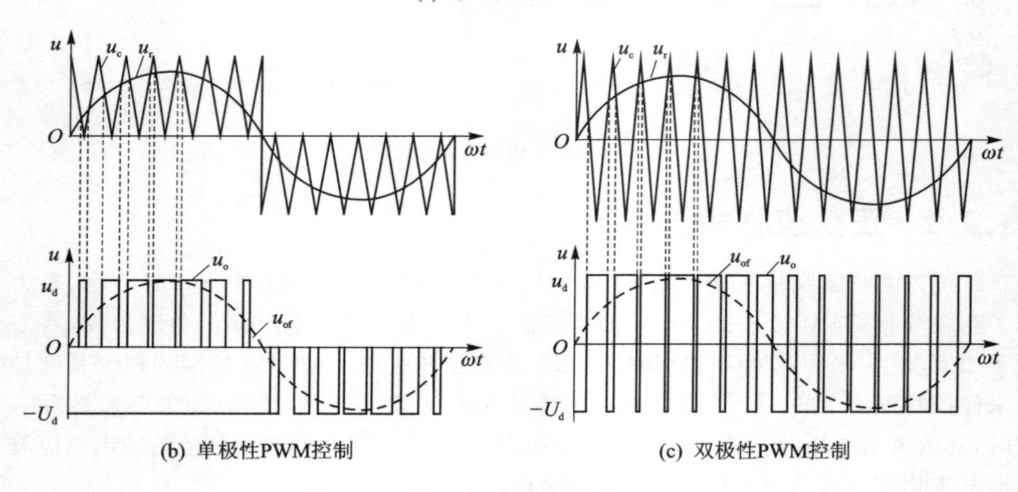

(b) 单极性PWM控制

(c) 双极性PWM控制

图 1-20 单相桥式单、双极性控制原理图

2. DSP 代码示例(查表法)

定义 3 个相差 120°的数据表来表示三相调制波,在中断程序中按顺序取数据表中的数据并作为 PWM 的比较寄存器的值,最终得到三相输出 PWM 波。

```
const int sina[360] =
{
//0～119
0,65,130,196,261,326,391,457,521,586,651,715,779,843,907,970,1033,1096,1158,
1220,1282,1343,1404,1465,1525,1584,1643,1702,1760,1818,1874,1931,1987,2042,2096,
2150,2204,2256,2308,2359,2410,2460,2509,2557,2604,2651,2697,2742,2786,2830,2872,
2914,2955,2994,3033,3071,3108,3145,3180,3214,3247,3279,3311,3341,3370,3398,3425,
3451,3476,3500,3523,3545,3566,3586,3604,3622,3638,3653,3668,3681,3693,3703,3713,
3722,3729,3735,3740,3744,3747,3749,3749,3749,3747,3744,3740,3735,3729,3722,3713,
3703,3693,3681,3668,3653,3638,3622,3604,3586,3566,3545,3523,3500,3476,3451,3425,
3398,3370,3341,3311,3279,
//120～239
```

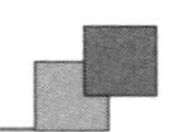

```
    3247,3214,3180,3145,3108,3071,3033,2994,2955,2914,2872,2830,2786,2742,2697,
2651,2604,2557,2509,2460,2410,2359,2308,2256,2204,2150,2096,2042,1987,1931,1875,
1818,1760,1702,1643,1584,1525,1465,1404,1343,1282,1220,1158,1096,1033,970,907,843,
779,715,651,586,521,457,391,326,261,196,130,65,0,-65,-130,-196,-261,-326,-391,
-457,-521,-586,-651,-715,-779,-843,-907,-970,-1033,-1096,-1158,-1220,
-1282,-1343,-1404,-1465,-1525,-1584,-1643,-1702,-1760,-1818,-1874,-1931,
-1987,-2042,-2096,-2150,-2204,-2256,-2308,-2359,-2410,-2460,-2509,-2557,
-2604,-2651,-2697,-2742,-2786,-2830,-2872,-2914,-2955,-2994,-3033,-3071,
-3108,-3145,-3180,-3214,
    //240～359
    -3247,-3279,-3311,-3341,-3370,-3398,-3425,-3451,-3476,-3500,-3523,
-3545,-3566,-3586,-3604,-3622,-3638,-3653,-3668,-3681,-3693,-3703,-3713,
-3722,-3729,-3735,-3740,-3744,-3747,-3749,-3749,-3749,-3747,-3744,-3740,
-3735,-3729,-3722,-3713,-3703,-3693,-3681,-3668,-3653,-3638,-3622,-3604,
-3586,-3566,-3545,-3523,-3500,-3476,-3451,-3425,-3398,-3370,-3341,-3311,
-3279,-3247,-3214,-3180,-3145,-3108,-3071,-3033,-2994,-2955,-2914,-2872,
-2830,-2786,-2742,-2697,-2651,-2604,-2557,-2509,-2460,-2410,-2359,-2308,
-2256,-2204,-2150,-2096,-2042,-1987,-1931,-1875,-1818,-1760,-1702,-1643,
-1584,-1525,-1465,-1404,-1343,-1282,-1220,-1158,-1096,-1033,-970,-907,
-843,-779,-715,-651,-586,-521,-457,-391,-326,-261,-196,-130,-65
    };
    // sin b 和 sin c 分别与 sin a 相差 120°和 240°,篇幅有限,在此省略具体数据
    const int sinb[360] = {… …}
    const int sinc[360] = {… …}
    void main()
    {
        InitSysCtrl();                    // 初始化系统控制寄存器
        InitEPwm1Gpio();                  // 初始化 PWM 引脚
        InitEPwm2Gpio();
        InitEPwm3Gpio();
        InitGpio();
        InitGpio1();
        DINT;
        InitPieCtrl();                    // 初始化中断向量控制寄存器
        IER = 0x0000;
        IFR = 0x0000;
        InitPieVectTable();               // 初始化中断向量表
        EALLOW;
        PieVectTable.EPWM1_INT = &epwm1_isr;
        SysCtrlRegs.PCLKCR0.bit.TBCLKSYNC = 0;
        EDIS;
        InitEpwm1();                      // ePWM 模块配置
        InitEpwm2();
        InitEpwm3();
        PieCtrlRegs.PIEIER3.bit.INTx1 = 1;
        IER| = M_INT3;                    // 使用 OR IER 指令使能相应中断
        EINT;                             // 总中断 INTM 使能
        EALLOW;
        // 启动时基计数器(即打开 ePWM 模块)
```

```
        SysCtrlRegs.PCLKCR0.bit.TBCLKSYNC = 1;
        EDIS;
        // 循环按键检测
        while(1)
        {
            if(GpioDataRegs.GPADAT.bit.GPIO8 = = 0)
            {
                Scan_Key0();
            }
            if(GpioDataRegs.GPADAT.bit.GPIO15 = = 0)
            {
                Scan_Key1();
            }
        }
    }
    // 每个周期执行一次中断
    interrupt void epwm1_isr(void)
    {
        k = (float)fr/(float)frmax;                    // 调制比
        b = a * 360/(fc/fr + 0.5);
        // 比如 2 077.7 若不加 0.5 为 2 077,加上之后为 2 078
        ratioa = 3750 + sina[b] * k + 0.5;
        ratiob = 3750 + sinb[b] * k + 0.5;
        ratioc = 3750 + sinc[b] * k + 0.5;
        EPwm1Regs.CMPA.half.CMPA = ratioa;
        EPwm2Regs.CMPA.half.CMPA = ratiob;
        EPwm3Regs.CMPA.half.CMPA = ratioc;
        a++;
        if(a > = fc/fr + 0.5)
        {
            a = 0;
        };
        EPwm1Regs.ETCLR.bit.INT = 1;                   // 清除 ePWM1 中断标志位
        // 第三组的中断可以重新响应
        PieCtrlRegs.PIEACK.all = PIEACK_GROUP3;
    }
```

3. 仿真分析

SPWM 的 Simulink 模型如图 1-21(a)和(b)所示,调制比为 0.95,开关频率或载波频率选择为 1 500 Hz(因此 $m_f=1\ 500/50=30$),得到的相电压波形如图 1-21(c)所示。m_f 的选择很重要,通常选定为 3 的奇数倍,以确保从电机相电流中消除 3 次谐波。在具有恒定 v/f 控制的可调速驱动系统中,需要变频输出。如果 m_f 保持恒定,那么开关频率将保持恒定并且具有较高的基波输出频率($f_c=m_f\cdot f_M$)。因此,调制比 m_f 会依据输出频率的变化而变化。在电机调速过程中,通常低频(频率低于 f_L)情况下采用异步 PWM;当频率高于 f_M 时,采用同步 PWM。在从异步 PWM 转到同步 PWM 时，首先启动六步操作。f_L 和 f_M 的典型值分别为 10 Hz 和 50 Hz。三相逆变器的 IGBT 门极驱动波形如图 1－21(c)所示。

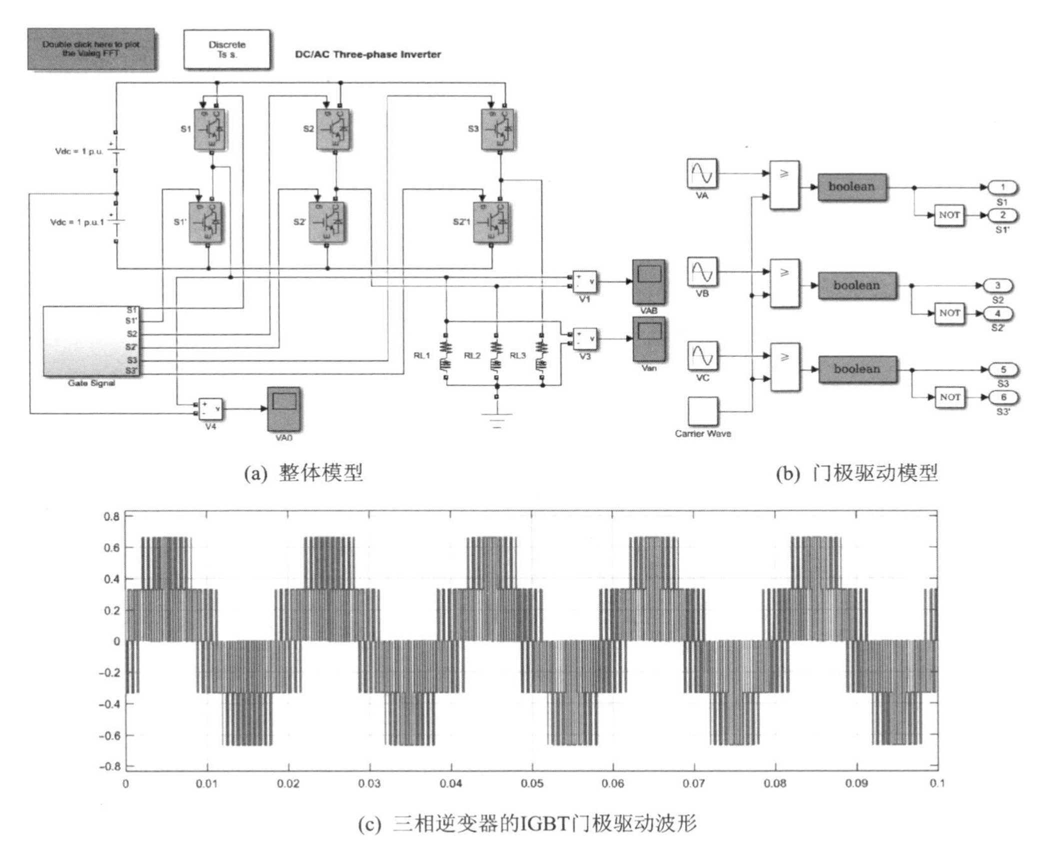

(a) 整体模型　　(b) 门极驱动模型

(c) 三相逆变器的IGBT门极驱动波形

图 1－21　SPWM 的 Simulink 模型

1.2.3　空间矢量 SVPWM

SPWM 技术是从电源角度出发输出一个频率和幅值都可调的正弦电压，具有数学模型简单、易实现等优点，但电压利用率较低。线电压为 380 V 的三相交流电经整流、满调制(即调制度 $M=1$)的 SPWM 逆变后，输出的线电压为 $190\sqrt{3}$ V。由此可见，SPWM 的最大电压利用率只有 0.866。为此人们设想利用三相对称的零序分量降低相电压幅度，使调制度 $M>1$ 而又不会出现过调失真的现象，最为常用的方法是电压空间矢量调制技术(SVPWM)。相较于 SPWM 技术，SVPWM 技术的绕组电流波形谐波含量小，从而使得电机转矩脉动降低，旋转磁场更趋近于圆形；同时，直流母线电压的利用率有了很大的提高，且更易于实现数字化。

1. 基本原理

实现 SVPWM 发波算法的拓扑结构如图 1-14 所示,设逆变器输出的三相相电压分别为 $v_{as}(t)$、$v_{bs}(t)$、$v_{cs}(t)$,可写成如下数学表达式:

$$\left.\begin{aligned} v_{as}(t) &= U_m \cos \omega t \\ v_{bs}(t) &= U_m \cos(\omega t - 2\pi/3) \\ v_{cs}(t) &= U_m \cos(\omega t + 2\pi/3) \end{aligned}\right\} \tag{1-6}$$

式中,$\omega = 2\pi f$,U_m 为峰值电压。进一步,也可将三相电压写成矢量的形式:

$$\dot{V}_{ref} = \frac{2}{3}(v_{as} + a v_{bs} + a^2 v_{cs}) = \frac{3}{2} U_m e^{j\omega t} \tag{1-7}$$

式中,$\dot{V}_{ref}$ 是旋转的空间矢量,其幅值为相电压峰值的 1.5 倍,以角频率 $\omega = 2\pi f$ 按逆时针方向匀速旋转;$a = e^{j\frac{2\pi}{3}} = -\frac{1}{2} + j\frac{\sqrt{3}}{2}$,$a^2 = e^{j\frac{4\pi}{3}} = -\frac{1}{2} - j\frac{\sqrt{3}}{2}$。换句话说,$U(t)$在三相坐标轴上的投影就是对称的三相正弦量。

三相桥式电路共有 6 个开关器件,依据同一桥臂上下管不能同时导通的原则,开关器件一共有 2^3 个组合。若令上管导通时 $S=1$,下管导通时 $S=0$,则(S_a, S_b, S_c)一共构成 8 种矢量,如表 1-7 所列。

表 1-7 8 种开关组合

状 态	V_0	V_1	V_2	V_3	V_4	V_5	V_6	V_7
组 合	000	001	010	011	100	101	110	111

假设开关状态处于 V_6 状态,则 $S_a=1, S_b=1, S_c=0$,电压空间矢量为

$$\dot{V}_{ref} = \frac{2}{3}(v_{as} + a v_{bs} + a^2 v_{cs}) = v_{as} + j\frac{v_{bn} - v_{cn}}{\sqrt{3}} \tag{1-8}$$

此时相电压为

$$v_{as} = \frac{1}{3}V_{dc},\quad v_{bs} = \frac{1}{3}V_{dc},\quad v_{cs} = -\frac{2}{3}V_{dc} \tag{1-9}$$

则电压矢量为

$$\dot{V}_{ref} = V_6 = \frac{2}{3}V_{dc}\angle 60° \tag{1-10}$$

同理,可依据上述方式计算出其他开关组合下的空间矢量,如表 1-8 所列。

表 1-8 开关状态与电压之间的关系

(S_a, S_b, S_c)	空间电压矢量	相电压		
		v_{an}	v_{bn}	v_{cn}
(0,0,0)	$V_0 = 0\angle 0°$	0	0	0
(1,0,0)	$V_4 = \frac{2}{3}V_{dc}\angle 0°$	$2/3V_{dc}$	$-1/3V_{dc}$	$-1/3V_{dc}$

续表 1-8

(S_a,S_b,S_c)	空间电压矢量	相电压		
		v_{an}	v_{bn}	v_{cn}
(1,1,0)	$V_6=\frac{2}{3}V_{dc}\angle 60°$	$1/3V_{dc}$	$1/3V_{dc}$	$-2/3V_{dc}$
(0,1,0)	$V_2=\frac{2}{3}V_{dc}\angle 120°$	$-1/3V_{dc}$	$2/3V_{dc}$	$-1/3V_{dc}$
(0,1,1)	$V_3=\frac{2}{3}V_{dc}\angle 180°$	$-2/3V_{dc}$	$1/3V_{dc}$	$1/3V_{dc}$
(0,0,1)	$V_1=\frac{2}{3}V_{dc}\angle 240°$	$-1/3V_{dc}$	$-1/3V_{dc}$	$2/3V_{dc}$
(1,0,1)	$V_5=\frac{2}{3}V_{dc}\angle 300°$	$1/3V_{dc}$	$-2/3V_{dc}$	$1/3V_{dc}$
(1,1,1)	$V_7=0\angle 0°$	0	0	0

由表 1-8 可见，8 个矢量中有 6 个模长为$\frac{2}{3}V_{dc}$的非零矢量，角度间隔为 60°；剩余两个零矢量位于中心。每两个相邻的非零矢量构成的区间叫作扇区，共有 6 个，如图 1-22 所示。

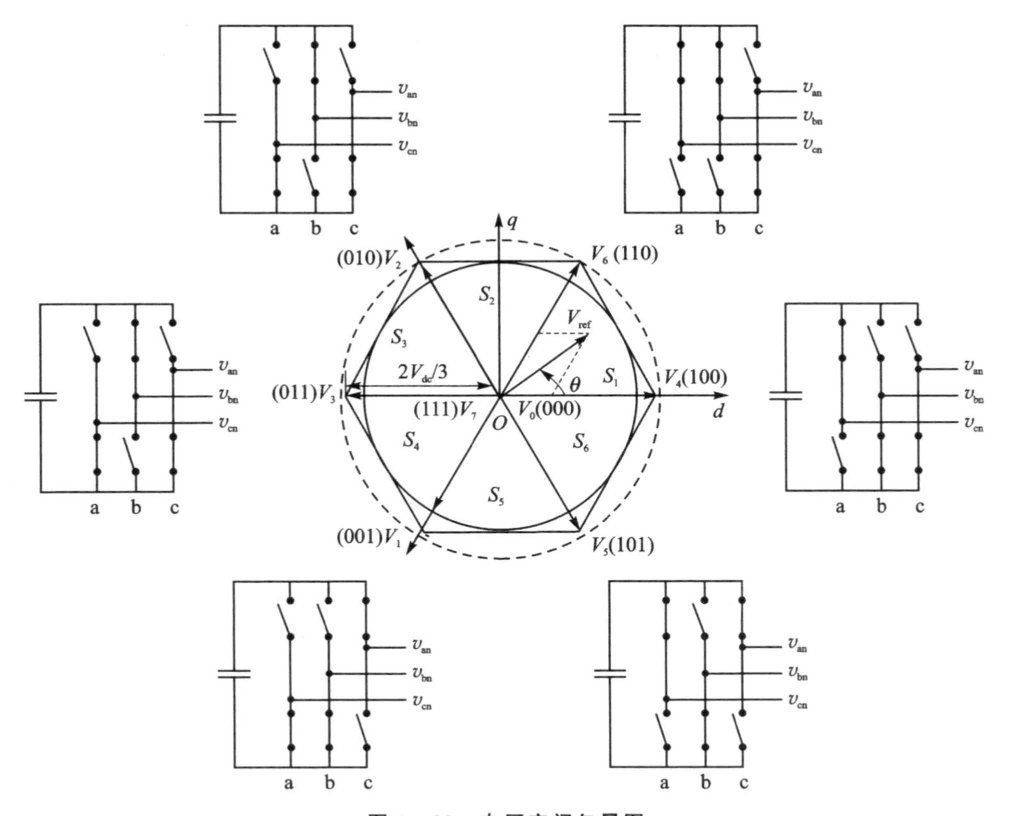

图 1-22　电压空间矢量图

在每一个扇区，选择相邻的两个电压矢量以及零矢量，可合成每个扇区内的任意电压矢量：

$$\left.\begin{aligned}&\dot{V}_{\text{ref}}\times T=\dot{V}_{x}\times T_{x}+\dot{V}_{y}\times T_{y}+\dot{V}_{0}\times T_{0}\\&T_{x}+T_{y}+T_{0}\leqslant T\end{aligned}\right\}\tag{1-11}$$

式中，$\dot{V}_{\text{ref}}$ 为电压矢量，T 为采样周期，T_x、T_y、T_0 分别为电压矢量 $\dot{V}_x$、$\dot{V}_y$ 和零电压矢量 $\dot{V}_0$ 的作用时间。

由于三相电压在空间矢量中可合成一个旋转速度为电源角频率的旋转电压，因此可以利用电压矢量合成的技术，由某一矢量开始，每一个开关频率增加一个增量；该增量是由扇区内相邻的两个基本非零矢量与零电压矢量的合成，如此反复，从而达到电压空间矢量脉宽调制的目的。

2. 连续 SVPWM 的生成

(1) 扇区判定

由 V_α 和 V_β 决定的电压空间矢量所处的扇区(V_α 和 V_β 分别为 $\dot{V}_{\text{ref}}$ 在坐标轴 α、β 上的投影)，可得到表 1-9 所列的扇区判断的充分必要条件。

表 1-9　扇区判断的充分必要条件

扇　区	落入此扇区的充分必要条件	扇　区	落入此扇区的充分必要条件
1	$V_\alpha>0$，$V_\beta>0$ 且 $V_\beta/V_\alpha<\sqrt{3}$	4	$V_\alpha<0$，$V_\beta<0$ 且 $V_\beta/V_\alpha<\sqrt{3}$
2	$V_\alpha>0$，且 $V_\beta/\lvert V_\alpha\rvert>\sqrt{3}$	5	$V_\beta<0$ 且 $-V_\beta/\lvert V_\alpha\rvert>\sqrt{3}$
3	$V_\alpha<0$，$V_\beta>0$ 且 $-V_\beta/V_\alpha<\sqrt{3}$	6	$V_\alpha>0$，$V_\beta<0$ 且 $-V_\beta/V_\alpha<\sqrt{3}$

进一步分析该表，定义 3 个参考变量 V_{ref1}、V_{ref2} 和 V_{ref3}：

$$\left.\begin{aligned}&V_{\text{ref1}}=V_\beta\\&V_{\text{ref2}}=\frac{\sqrt{3}}{2}V_\alpha-\frac{1}{2}V_\beta\\&V_{\text{ref3}}=-\frac{\sqrt{3}}{2}V_\alpha-\frac{1}{2}V_\beta\end{aligned}\right\}\tag{1-12}$$

再定义 3 个符号变量 A_1、A_2、A_3 及如下判断条件：

```
If(Vref1> = 0){A1 = 1;}
else{A1 = 0;}
If(Vref2> = 0){A2 = 1;}
else{A2 = 0;}
If(Vref3> = 0){A3 = 1;}
else{A3 = 0;}
```

则扇区号 Vector_Num$=A_1+2A_2+4A_3$，可得到如表 1-10 所列的扇区对应关系。

表 1－10　扇区对应关系

Vector_Num	3	1	5	4	6	2
扇区号	Ⅰ	Ⅱ	Ⅲ	Ⅳ	Ⅴ	Ⅵ

(2) 作用时间计算

假设电压矢量 $\dot{V}_{\text{ref}}$ 在第Ⅰ扇区，如图 1－23 所示，欲用 $\dot{V}_4$、$\dot{V}_6$ 及非零矢量 $\dot{V}_0$ 合成，根据式(1－11)可得

$$\dot{V}_{\text{ref}} \times T = \dot{V}_4 \times T_4 + \dot{V}_6 \times T_6 + \dot{V}_0 \times T_0 \tag{1-13}$$

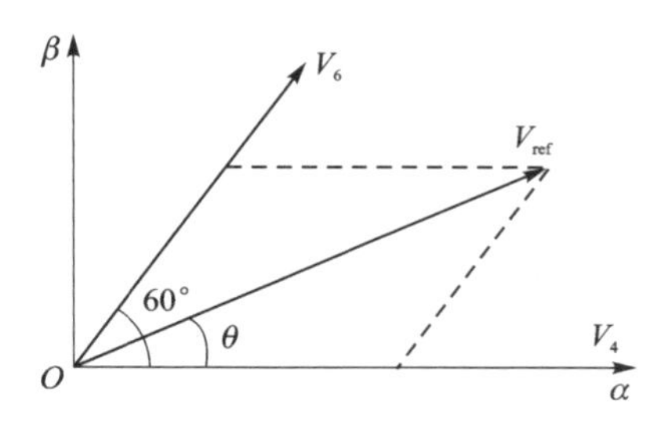

图 1－23　电压矢量在第一区间的合成

式中，T_4、T_6 分别为矢量 $\dot{V}_4$ 和 $\dot{V}_6$ 的作用时间。

对于 α 轴，有

$$|\dot{V}_{\text{ref}}| \times T \times \cos\theta = V_\alpha \times T = |V_4| \times T_4 + |V_6| \times T_6 \times \cos 60^\circ \tag{1-14}$$

对于 β 轴，有

$$|\dot{V}_{\text{ref}}| \times T \times \sin\theta = V_\beta \times T = |V_6| \times T_6 \times \sin 60^\circ \tag{1-15}$$

又因为 $|V_6| = |V_4| = \frac{2}{3}V_{\text{dc}}$，可计算出两个非零矢量的作用时间：

$$\left.\begin{aligned} T_4 &= \frac{3T}{2V_{\text{dc}}}\left(V_\alpha - V_\beta \frac{1}{\sqrt{3}}\right) \\ T_6 &= \sqrt{3}\,T\,\frac{V_\beta}{V_{\text{dc}}} \end{aligned}\right\} \tag{1-16}$$

进而得到零矢量的作用时间：

$$T_0 = T_7 = \frac{T - T_4 - T_6}{2} \tag{1-17}$$

因此，SVPWM 矢量合成有

$$V_{\text{ref}}T = V_0\frac{T_0}{4} + V_4\frac{T_4}{2} + V_6\frac{T_6}{2} + V_7\frac{T_0}{2} + V_6\frac{T_6}{2} + V_4\frac{T_4}{2} + V_0\frac{T_0}{4} \tag{1-18}$$

同理，可得第Ⅱ～Ⅵ扇区的基本矢量的作用时间。综上，各扇区中基本矢量的作用时间如表 1－11 所列。

表 1-11 各扇区基本矢量的作用时间

扇区	作用时间	扇区	作用时间
扇区 Ⅰ	$\begin{bmatrix} T_4 \\ T_6 \end{bmatrix} = \frac{\sqrt{3}T}{V_{dc}} \begin{bmatrix} \frac{\sqrt{3}}{2} & -\frac{1}{2} \\ 0 & 1 \end{bmatrix} \begin{bmatrix} V_\alpha \\ V_\beta \end{bmatrix}$	扇区 Ⅱ	$\begin{bmatrix} T_2 \\ T_6 \end{bmatrix} = \frac{\sqrt{3}T}{V_{dc}} \begin{bmatrix} -\frac{\sqrt{3}}{2} & \frac{1}{2} \\ \frac{\sqrt{3}}{2} & \frac{1}{2} \end{bmatrix} \begin{bmatrix} V_\alpha \\ V_\beta \end{bmatrix}$
扇区 Ⅲ	$\begin{bmatrix} T_2 \\ T_3 \end{bmatrix} = \frac{\sqrt{3}T}{V_{dc}} \begin{bmatrix} 0 & 1 \\ -\frac{\sqrt{3}}{2} & -\frac{1}{2} \end{bmatrix} \begin{bmatrix} V_\alpha \\ V_\beta \end{bmatrix}$	扇区 Ⅳ	$\begin{bmatrix} T_1 \\ T_3 \end{bmatrix} = \frac{\sqrt{3}T}{V_{dc}} \begin{bmatrix} 0 & -1 \\ -\frac{\sqrt{3}}{2} & \frac{1}{2} \end{bmatrix} \begin{bmatrix} V_\alpha \\ V_\beta \end{bmatrix}$
扇区 Ⅴ	$\begin{bmatrix} T_1 \\ T_5 \end{bmatrix} = \frac{\sqrt{3}T}{V_{dc}} \begin{bmatrix} -\frac{\sqrt{3}}{2} & -\frac{1}{2} \\ \frac{\sqrt{3}}{2} & -\frac{1}{2} \end{bmatrix} \begin{bmatrix} V_\alpha \\ V_\beta \end{bmatrix}$	扇区 Ⅵ	$\begin{bmatrix} T_4 \\ T_5 \end{bmatrix} = \frac{\sqrt{3}T}{V_{dc}} \begin{bmatrix} \frac{\sqrt{3}}{2} & \frac{1}{2} \\ 0 & -1 \end{bmatrix} \begin{bmatrix} V_\alpha \\ V_\beta \end{bmatrix}$

(3) SVPWM 波形的合成

SVPWM 实质是利用均值等效原理在三相正弦基波中注入零序分量,可视为 SPWM 规则采样的一种变形。同一瞬时,逆变器只能输出一种电压矢量状态,因此两个基本矢量并不是同时作用合成的给定矢量,而是和零状态矢量在时间轴上相互穿插依次作用进行的。

零序分量的注入模式常用的有 3 种:一是零序分量作用在两基本矢量之后;二是将零序分量作用时间均匀地分布在开关周期的起始和结束上;三是将零序分量作用时间分为 3 段,均匀地分布在开关周期的起始、中间和结束上。以扇区Ⅰ为例,3 种模式分别如图 1-24 所示。

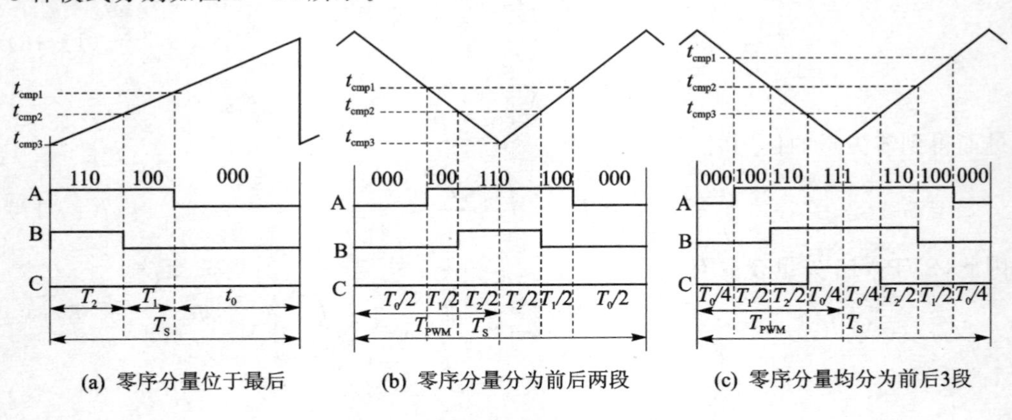

(a) 零序分量位于最后　(b) 零序分量分为前后两段　(c) 零序分量均分为前后3段

图 1-24 零序分量注入模式

模式一结构简单,开关管开关次数最少,但总谐变率最大,主要原因在于此方法中电压矢量的不对称;

模式二为五段式 SVPWM,开关损耗和总谐变率适中,综合指数较好,TI 公司的

DSP 芯片集成了这种模式的 SVPWM；

模式三为七段式 SVPWM，开关管开关次数最多，开关损耗最大，但总谐变率最小，原因在于 V_0、V_7 零序分量的均匀插入及各基本电压矢量的对称作用。

考虑到永磁同步电机控制器对性能的要求，常采用七段式 SVPWM，以减小总谐变率。各扇区的驱动波形如图 1－25 所示。

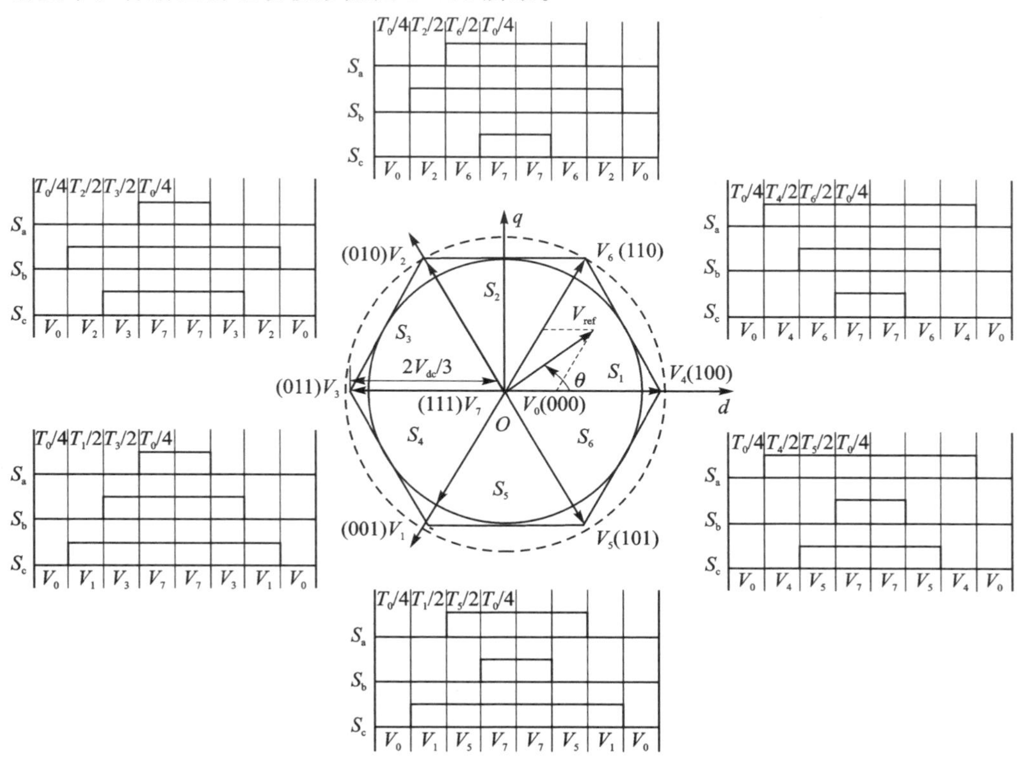

图 1－25 七段式 SVPWM 各扇区的驱动波形

(4) SVPWM 的本质

SPWM 是在 ABC 三相静止坐标系下分相实现的调制过程，其相电压的调制波是正弦波；SVPWM 是基于 6 个基本空间电压矢量下实现的，没有显性的相电压调制波形。为了揭示 SVPWM 的本质，将 SVPWM 的调制波显化，下面将推导 SVPWM 在 abc 坐标系下的等效相电压调制波形。

旋转空间电压矢量记为 $\dot{V}_{\mathrm{ref}}=V_{\mathrm{m}}\mathrm{e}^{\mathrm{j}\theta}=V_{\mathrm{m}}\cos\theta+\mathrm{j}V_{\mathrm{m}}\sin\theta=V_\alpha+\mathrm{j}V_\beta$。

对于扇区Ⅰ驱动波形，a 相高电平作用时间为 $T_4+T_6+T_0/2$，低电平作用时间为 $T_0/2$，选取 O 点电压为电压参考点(参考图 1－25)，故其平均电压值为

$$v_{\mathrm{a}}=\frac{\left(T_4+T_6+\dfrac{T_0}{2}-\dfrac{T_0}{2}\right)\dfrac{V_{\mathrm{dc}}}{2}}{T}=\frac{3}{4}V_\alpha+\frac{\sqrt{3}}{4}V_\beta$$

$$=\frac{3}{4}V_{m}\cos\theta+\frac{\sqrt{3}}{4}V_{m}\sin\theta=\frac{\sqrt{3}}{2}V_{m}\sin(\theta+60°) \tag{1-19}$$

对于扇区Ⅰ,各相电压平均值为

$$\left.\begin{aligned}v_{a}&=\frac{V_{dc}}{T}(T_{4}+T_{6})=\frac{3}{2}V_{\alpha}+\frac{\sqrt{3}}{2}V_{\beta}=\frac{\sqrt{3}}{2}V_{m}\sin(\theta+60°)\\v_{b}&=\frac{V_{dc}}{T}(-T_{4}+T_{6})=-\frac{3}{2}V_{\alpha}+\frac{3\sqrt{3}}{2}V_{\beta}=\frac{3}{2}V_{m}\sin(\theta-30°)\\v_{c}&=\frac{V_{dc}}{T}(-T_{4}-T_{6})=-\frac{3}{2}V_{\alpha}-\frac{\sqrt{3}}{2}V_{\beta}=-\frac{\sqrt{3}}{2}V_{m}\sin(\theta+60°)\end{aligned}\right\} \tag{1-20}$$

同理,由图 1-25 可得其他扇区各相电压平均值,如表 1-12 所列。

表 1-12　各扇区各相电压平均值

扇　区	电压平均值	扇　区	电压平均值
扇区Ⅰ	$\begin{cases}v_{a}=\frac{\sqrt{3}}{2}V_{m}\sin(\theta+60°)\\v_{b}=\frac{3}{2}V_{m}\sin(\theta-30°)\\v_{c}=-\frac{\sqrt{3}}{2}V_{m}\sin(\theta+60°)\end{cases}$	扇区Ⅱ	$\begin{cases}v_{a}=-\frac{3}{2}U_{m}\sin(\theta-90°)\\v_{b}=\frac{\sqrt{3}}{2}U_{m}\sin\theta\\v_{c}=-\frac{\sqrt{3}}{2}U_{m}\sin\theta\end{cases}$
扇区Ⅲ	$\begin{cases}v_{a}=-\frac{\sqrt{3}}{2}U_{m}\sin(\theta-60°)\\v_{b}=\frac{\sqrt{3}}{2}U_{m}\sin(\theta-60°)\\v_{c}=-\frac{3}{2}U_{m}\sin(\theta+30°)\end{cases}$	扇区Ⅳ	$\begin{cases}v_{a}=\frac{\sqrt{3}}{2}U_{m}\sin(\theta+60°)\\v_{b}=\frac{3}{2}U_{m}\sin(\theta-30°)\\v_{c}=-\frac{\sqrt{3}}{2}U_{m}\sin(\theta+60°)\end{cases}$
扇区Ⅴ	$\begin{cases}v_{a}=-\frac{3}{2}U_{m}\sin(\theta-90°)\\v_{b}=\frac{\sqrt{3}}{2}U_{m}\sin\theta\\v_{c}=-\frac{\sqrt{3}}{2}U_{m}\sin\theta\end{cases}$	扇区Ⅵ	$\begin{cases}v_{a}=-\frac{\sqrt{3}}{2}U_{m}\sin(\theta-60°)\\v_{b}=\frac{\sqrt{3}}{2}U_{m}\sin(\theta-60°)\\v_{c}=-\frac{3}{2}U_{m}\sin(\theta+30°)\end{cases}$

相电压调制函数为

$$\left.\begin{aligned}v_{a}(\theta)&=\begin{cases}\frac{\sqrt{3}}{2}U_{m}\sin(\theta+60°), & \theta\in[0°,60°)\cup[180°,240°)\\-\frac{3}{2}U_{m}\sin(\theta-90°), & \theta\in[60°,120°)\cup[240°,300°)\\-\frac{\sqrt{3}}{2}U_{m}\sin(\theta-60°), & \theta\in[120°,180°)\cup[300°,360°)\end{cases}\\v_{b}(\theta)&=v_{a}(\theta-120°)\\v_{c}(\theta)&=v_{a}(\theta+120°)\end{aligned}\right\} \tag{1-21}$$

由此可知，SVPWM的相电压载波波形并不是正弦波，也不是正弦波与3次谐波的叠加，而是一个规则连续的分段函数。由前面的分析可知，逆变桥所能输出的最大圆轨迹电压是正六边形的内接圆，所以 U_m 的最大取值为6个基本电压矢量内接圆半径，即有 $U_m \leqslant U_{dc}/\sqrt{3}$。因此，七段式SVPWM的最大电压利用率为100%。

从另外一个角度，按照上述介绍的SVPWM调制计算方式，以A相为例，可以计算出每一扇区的波形，并根据这6段波形得出图1-26所示的总波形。

第1扇区，即 $0° \leqslant \theta < 60°$ 时，$v_{an1} = \frac{T_4 + T_6}{T} \cdot \frac{V_{dc}}{2} = \frac{\sqrt{3}}{2} |\dot{V}_{ref}| \cos\left(\frac{\pi}{6} - \theta\right)$

第2扇区，即 $60° \leqslant \theta < 120°$ 时，$v_{an2} = \frac{T_6 - T_2}{T} \cdot \frac{V_{dc}}{2} = \frac{3}{2} |\dot{V}_{ref}| \cos\left(\frac{\pi}{6} - \theta\right)$

第3扇区，即 $120° \leqslant \theta < 180°$ 时，$v_{an3} = \frac{-T_3 - T_2}{T} \cdot \frac{V_{dc}}{2} = -\frac{3}{2} |\dot{V}_{ref}| \cos\left(\frac{\pi}{6} - \theta\right)$

第4扇区，即 $180° \leqslant \theta < 240°$ 时，$v_{an4} = \frac{-T_3 - T_1}{T} \cdot \frac{V_{dc}}{2} = -\frac{3}{2} |\dot{V}_{ref}| \cos\left(\frac{\pi}{6} - \theta\right)$

第5扇区，即 $240° \leqslant \theta < 300°$ 时，$v_{an5} = \frac{T_1 - T_5}{T} \cdot \frac{V_{dc}}{2} = \frac{3}{2} |\dot{V}_{ref}| \cos\left(\frac{\pi}{6} - \theta\right)$

第6扇区，即 $300° \leqslant \theta < 360°$ 时，$v_{an6} = \frac{T_4 + T_5}{T} \cdot \frac{V_{dc}}{2} = \frac{\sqrt{3}}{2} |\dot{V}_{ref}| \cos\left(\frac{\pi}{6} - \theta\right)$

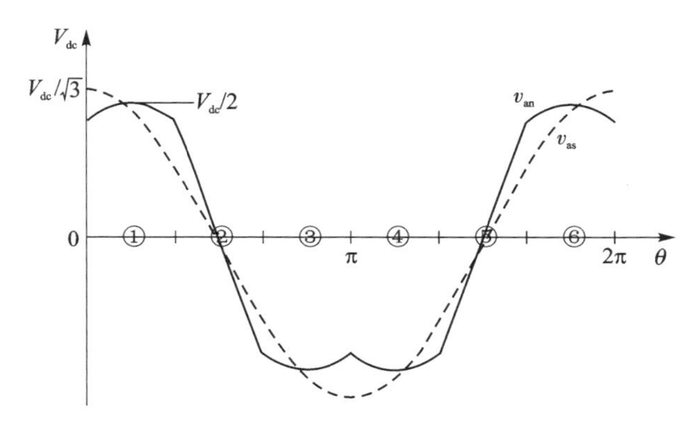

图1-26　一个周期内合成的总波形

值得注意的是，v_{an} 不是正弦波，而是包含类似于3次谐波注入型SPWM所得到的马鞍波。由于SVPWM技术也利用了3次谐波分量，因此输出电压较SPWM技术具有更广的调制范围。

(5) 仿真示例

使用MATLAB的M语言编写的代码如下所示：

```
% inputs are magnitudeu1(:) and angle u2(:);
% Sector identification
```

```
% n = Total simulation time / step size (integer value)
function [sf] = aaa(u)
f = 50;ts = 0.0002;
vdc = 1;
peak_phase_max = vdc/sqrt(3);
x = u(2);
y = u(3);
mag = (u(1)/peak_phase_max) * ts;
```

```
% sector I
if (x > = 0) & (x < pi/3)
    ta = mag * sin(pi/3 - x);
    tb = mag * sin(x);
    t0 = (ts - ta - tb);
    t1 = [t0/4 ta/2 tb/2 t0/2 tb/2 ta/2 t0/4];
    t1 = cumsum(t1);
    v1 = [0 1 1 1 1 1 0];
    v2 = [0 0 1 1 1 0 0];
    v3 = [0 0 0 1 0 0 0];
    for j = 1:7
        if(y < t1(j))
            break
        end
    end
    sa = v1(j);
    sb = v2(j);
    sc = v3(j);
end

% sector II
if (x > = pi/3) & (x < 2 * pi/3)
    adv = x - pi/3;
    tb = mag * sin(pi/3 - adv);
    ta = mag * sin(adv);
    t0 = (ts - ta - tb);
    t1 = [t0/4 ta/2 tb/2 t0/2 tb/2 ta/2 t0/4];
    t1 = cumsum(t1);
    v1 = [0 0 1 1 1 0 0];
    v2 = [0 1 1 1 1 1 0];
    v3 = [0 0 0 1 0 0 0];
    for j = 1:7
        if(y < t1(j))
            break
        end
    end
    sa = v1(j);
    sb = v2(j);
    sc = v3(j);
end
% sector III

if (x > = 2 * pi/3) & (x < pi)
    adv = x - 2 * pi/3;
    ta = mag * sin(pi/3 - adv);
    tb = mag * sin(adv);
    t0 = (ts - ta - tb);
    t1 = [t0/4 ta/2 tb/2 t0/2 tb/2 ta/2 t0/4];
    t1 = cumsum(t1);
    v1 = [0 0 0 1 0 0 0];
    v2 = [0 1 1 1 1 1 0];
    v3 = [0 0 1 1 1 0 0];
    for j = 1:7
        if(y < t1(j))
            break
        end
    end
    sa = v1(j);
    sb = v2(j);
    sc = v3(j);
    end

% sector IV
if (x > = - pi) & (x < - 2 * pi/3)
    adv = x + pi;
    tb = mag * sin(pi/3 - adv);
    ta = mag * sin(adv);
    t0 = (ts - ta - tb);
    t1 = [t0/4 ta/2 tb/2 t0/2 tb/2 ta/2 t0/4];
    t1 = cumsum(t1);
    v1 = [0 0 0 1 0 0 0];
    v2 = [0 0 1 1 1 0 0];
    v3 = [0 1 1 1 1 1 0];
    for j = 1:7
        if(y < t1(j))
            break
        end
    end
```

```
    sa = v1(j);
    sb = v2(j);
    sc = v3(j);
end

% sector V
if (x > = -2 * pi/3) & (x < -pi/3)
    adv = x + 2 * pi/3;
    ta = mag * sin(pi/3 - adv);
    tb = mag * sin(adv);
    t0 = (ts - ta - tb);
    t1 = [t0/4ta/2 tb/2 t0/2 tb/2 ta/2 t0/4];
    t1 = cumsum(t1);
    v1 = [0 0 1 1 1 0 0];
    v2 = [0 0 0 1 0 0 0];
    v3 = [0 1 1 1 1 1 0];
    for j = 1:7
        if(y < t1(j))
            break
        end
    end
    sa = v1(j);
    sb = v2(j);
    sc = v3(j);
end

% Sector VI
if (x > = -pi/3) & (x < 0)
    adv = x + pi/3;
    tb = mag * sin(pi/3 - adv);
    ta = mag * sin(adv);
    t0 = (ts - ta - tb);
    t1 = [t0/4 ta/2 tb/2 t0/2 tb/2 ta/2 t0/4];
    t1 = cumsum(t1);
    v1 = [0 1 1 1 1 1 0];
    v2 = [0 0 0 1 0 0 0];
    v3 = [0 0 1 1 1 0 0];
    for j = 1:7
        if(y < t1(j))
            break
        end
    end
    sa = v1(j);
    sb = v2(j);
    sc = v3(j);
end
sf = [sa, sb, sc];
```

3. 不连续 SVPWM 的生成

(1) 基本工作原理

前面描述的 PWM 技术属于连续调制(Continuous Pulse Width Modulation, CPWM),其中 3 个桥臂中的开关器件均发生动作。与 CPWM 相比,不连续脉宽调制 (Discontinuous Pulse Width Modulation,DPWM)可以实现开关管在一个电压基波周期内的一定区间(该区间也称为不调制区)不动作,从而通过降低开关损耗来提高变换效率。

CPWM 中,每半周(即 180°)有 60°范围开关不动作。有文献表明,若完全使用这些未调制部分,则开关频率可降低到 CPWM 方法下的 66.7%。

【注】如图 1-22 所示,当参考电压矢量由 V_4 变为 V_6 时(第 1 扇区),开关状态由 100→110,这时只有 b 相开关状态发生变化。但实际操作过程中加入了零矢量,如 000,因此开关状态由 100→110→000,也就是说在这个扇区内只有 c 相保持不变,其余两相都要变;当参考电压矢量继续逆时针旋转时,在第 2 扇区内也只有 c 相保持不变,但是当参考电压矢量进入第 3 扇区时,c 相状态就要发生变化了。

所以在 360°内,c 相最多能在 120°的范围内连续保持不变,a 相和 b 相也如此,即每半周(即 180°)有 60°开关不动作。

图 1-27 为 DPWMx 脉冲生成示意图。

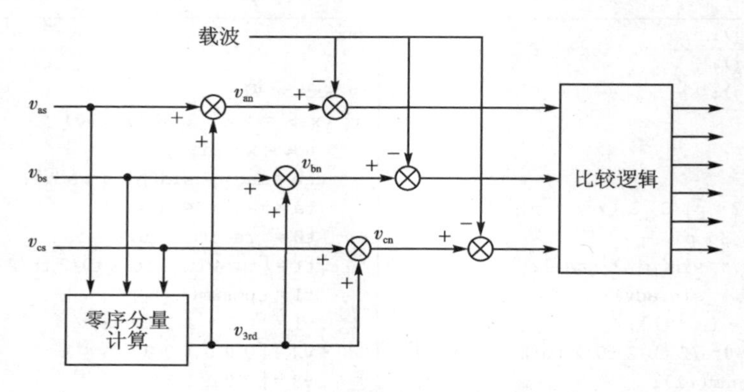

图 1-27 DPWMx 脉冲生成示意图

可得零序分量为

$$v_{3rd}(t) = -kv_{max} - (1-k)v_{min} + 2k + 1 \tag{1-22}$$

式中，k 为 DPWMx 选择系数。

(2) 仿真示例

使用 MATLAB 的 M 语言编写的代码如下所示：

```
function [sf] = DSVPWM(u)
    f = 50; ts = 0.0002;
    vdc = 1;
    peak_phase_max = vdc/sqrt(3);
    x = u(2);
    y = u(3);
    mag = (u(1)/peak_phase_max) * ts;
```

```
% sector I
if (x > = 0) & (x < pi/3)
    ta = mag * sin(pi/3 - x);
    tb = mag * sin(x);
    t0 = (ts - ta - tb);
    t1 = [ta/2 tb/2 t0 tb/2 ta/2 ];
    t1 = cumsum(t1);
    v1 = [ 1 1 1 1 1 ];
    v2 = [ 0 1 1 1 0 ];
    v3 = [ 0 0 1 0 0];
    for j = 1:5
        if(y < t1(j))
            break
        end
    end
    sa = v1(j);
    sb = v2(j);
    sc = v3(j);
end

% sector II
if (x > = pi/3) & (x < 2 * pi/3)
    adv = x - pi/3;
    tb = mag * sin(pi/3 - adv);
    ta = mag * sin(adv);
    t0 = (ts - ta - tb);
    t1 = [ta/2 tb/2 t0/2 tb/2 ta/2];
    t1 = cumsum(t1);
    v1 = [0 1 1 1 0];
    v2 = [1 1 1 1 1];
    v3 = [0 0 1 0 0];
    for j = 1:7
        if(y < t1(j))
            break
        end
    end
    sa = v1(j);
    sb = v2(j);
```

```
    sc = v3(j);
end

% sector III
if (x >= 2*pi/3) & (x < pi)
    adv = x - 2*pi/3;
    ta = mag * sin(pi/3 - adv);
    tb = mag * sin(adv);
    t0 = (ts - ta - tb);
    t1 = [ta/2 tb/2 t0 tb/2 ta/2];
    t1 = cumsum(t1);
    v1 = [ 0 0 1 0 0];
    v2 = [1 1 1 1 1];
    v3 = [0 1 1 1 0];
    for j = 1:7
        if(y < t1(j))
            break
        end
    end
    sa = v1(j);
    sb = v2(j);
    sc = v3(j);
end

% sector IV
if (x >= -pi) & (x < -2*pi/3)
    adv = x + pi;
    tb = mag * sin(pi/3 - adv);
    ta = mag * sin(adv);
    t0 = (ts - ta - tb);
    t1 = [ta/2 tb/2 t0 tb/2 ta/2];
    t1 = cumsum(t1);
    v1 = [0 0 1 0 0];
    v2 = [0 1 1 1 0];
    v3 = [1 1 1 1 1];
    for j = 1:7
        if(y < t1(j))
            break
        end
    end
    sa = v1(j);
    sb = v2(j);
    sc = v3(j);
end
% sector V
if (x >= -2*pi/3) & (x < -pi/3)
    adv = x + 2*pi/3;
    ta = mag * sin(pi/3 - adv);
    tb = mag * sin(adv);
    t0 = (ts - ta - tb);
    t1 = [ta/2 tb/2 t0 tb/2 ta/2];
    t1 = cumsum(t1);
    v1 = [0 1 1 1 0];
    v2 = [0 0 1 0 0];
    v3 = [1 1 1 1 1];
    for j = 1:7
        if(y < t1(j))
            break
        end
    end
    sa = v1(j);
    sb = v2(j);
    sc = v3(j);
end

% Sector VI
if (x >= -pi/3) & (x < 0)
    adv = x + pi/3;
    tb = mag * sin(pi/3 - adv);
    ta = mag * sin(adv);
    t0 = (ts - ta - tb);
    t1 = [ta/2 tb/2 t0 tb/2 ta/2];
    t1 = cumsum(t1);
    v1 = [1 1 1 1 1];
    v2 = [0 0 1 0 0];
    v3 = [0 1 1 1 0];
    for j = 1:7
        if(y < t1(j))
            break
        end
    end
    sa = v1(j);
    sb = v2(j);
    sc = v3(j);
end
sf = [sa, sb, sc];
```

1.2.4　偏置型PWM

1. 偏置信号的产生

可在式(1-20)所示的相电压中加入偏置电压$v_{offset}(t)$，得到的波形如

图 1-28 所示。

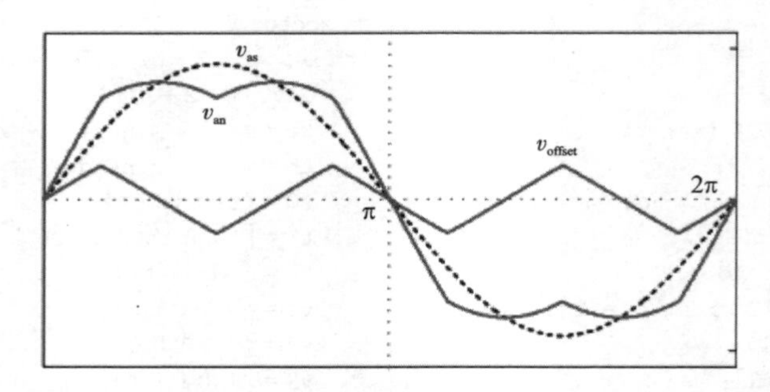

图 1-28　加入偏置电压所得到的波形

$$\left.\begin{aligned}v_{as}(t)&=U_m\cos(\omega t)\\v_{bs}(t)&=U_m\cos(\omega t-2\pi/3)\\v_{cs}(t)&=U_m\cos(\omega t+2\pi/3)\end{aligned}\right\}\tag{1-23}$$

可得到

$$\left.\begin{aligned}v_{an}(t)&=U_m\cos(\omega t)+v_{offset}(t)\\v_{bn}(t)&=U_m\cos(\omega t-2\pi/3)+v_{offset}(t)\\v_{cn}(t)&=U_m\cos(\omega t+2\pi/3)+v_{offset}(t)\end{aligned}\right\}\tag{1-24}$$

如何在三相给定为正弦波的情况下拟合出 3 次谐波？如图 1-29 所示，阴影部分就是通过三相平衡正弦波拟合出的偏置电压。

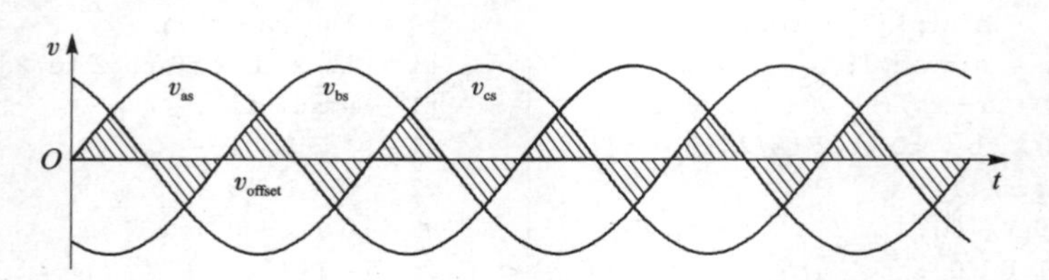

图 1-29　$v_{offset}(t)$的生成

按照这种思路，首先取三相载波电压的最小值和最大值：

$$\left.\begin{aligned}v_{min}(t)&=\min\left[v_{as}(t),v_{bs}(t),v_{cs}(t)\right]\\v_{max}(t)&=\max\left[v_{as}(t),v_{bs}(t),v_{cs}(t)\right]\end{aligned}\right\}\tag{1-25}$$

电压偏置分量可表示为

$$v_{offset}(t)=-\frac{v_{max}(t)+v_{min}(t)}{2}\tag{1-26}$$

图 1-30 所示为偏置型 PWM 发波算法控制框图。

DSP 代码示例如下：

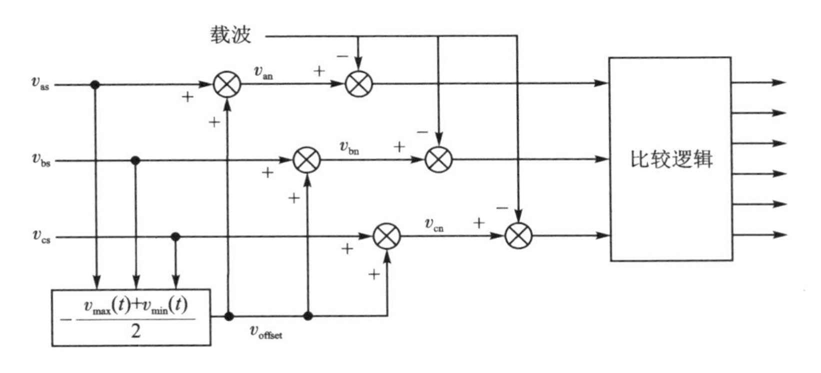

图 1-30 偏置型 PWM 发波算法控制框图

```
void SVGEN_COMM()
{
    float UAlpha, UBeta, Uref1, Uref2, Uref3, Umax, Umin, Ucomm;
    float tmp1, tmp2;
    tmp1 = UAlpha * 0.5;                 // divide by 2
    tmp2 = UBeta * 0.8660254;            // 0.8660254 = sqrt(3)/2
    Uref1 = UAlpha;                      // Inv Clarke
    Uref2 = tmp1 + tmp2;
    Uref3 = tmp1 - tmp2;
    if (Uref1 > Uref2)                   // Find max and min phase
    {
        Umax = Uref1;
        Umin = Uref2;
    }
    else
    {
        Umax = Uref2;
        Umin = Uref1;
    }
    if (Uref3 > Umax)
    {
        Umax = Uref3;
    }
    if (Uref3 < Umin)
    {
        Umin = Uref3;
    }
    Ucomm = (Umax + Umin) * 0.5;         // Calculate common mode
    EPwm1Regs.CMPA.half.CMPA = Uref1 - Ucomm;
    EPwm2Regs.CMPA.half.CMPA = Uref2 - Ucomm;
    EPwm3Regs.CMPA.half.CMPA = Uref3 - Ucomm;
}
```

1.2.5 3D-SVPWM 发波方法

1. 三维空间下的开关矢量

三相四桥臂逆变器的简化图如图 1-31 所示，前 3 个桥臂中点对第四桥臂中点电压为 $\dot{U}_{an}$、$\dot{U}_{bn}$、$\dot{U}_{cn}$(U_{an}、U_{bn}、U_{cn} 为标幺值)。

假定 a、b、c、n 分别代表 4 个桥臂的开关状态，上桥臂开关管导通状态为 1，关断状态为 0，这样就共有 $2^4=16$ 个开关状态；相电压 $\dot{U}_{an}$、$\dot{U}_{bn}$、$\dot{U}_{cn}$ 为空间电压矢量；$\dot{U}_0 \sim \dot{U}_{15}$ 为每个开关状态所对应的 16 个合成矢量，其中包括两个零矢量($\dot{U}_0$ 和 $\dot{U}_{15}$)，如表 1-13 所列。将这 16 个合成矢量 $\dot{U}_0 \sim \dot{U}_{15}$ 在 *abc* 坐标系下画成空间矢量图，如图 1-32 所示，得到了由两个立方体所构成的空间 12 面体。

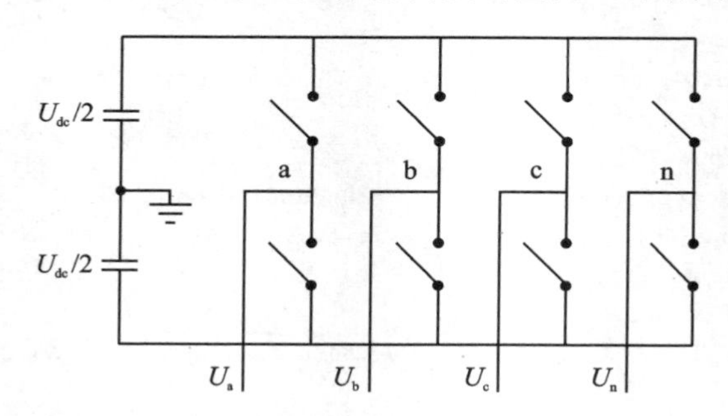

图 1-31 三相四桥臂逆变器简化图

以状态 6 为例，此时 a、b、c、n 分别为 1、1、0、0，$\dot{U}_{an}$、$\dot{U}_{bn}$、$\dot{U}_{cn}$ 分别为 1、1、0。这表示的是 a、b 上桥臂开关管导通，下管关断；c 上桥臂的开关管关断，下管开通。空间矢量为 $\dot{U}_6$，位于 *abc* 坐标系中(1,1,0)坐标处。

表 1-13 开关状态和开关矢量

状 态	a	b	c	n	$\dot{U}_{an}$	$\dot{U}_{bn}$	$\dot{U}_{cn}$	矢 量
0	0	0	0	0	0	0	0	$\dot{U}_0$
1	0	0	1	0	0	0	1	$\dot{U}_1$
2	0	1	0	0	0	1	0	$\dot{U}_2$
3	0	1	1	0	0	1	1	$\dot{U}_3$
4	1	0	0	0	1	0	0	$\dot{U}_4$
5	1	0	1	0	1	0	1	$\dot{U}_5$
6	1	1	0	0	1	1	0	$\dot{U}_6$
7	1	1	1	0	1	1	1	$\dot{U}_7$

续表 1-13

状　态	a	b	c	n	$\dot{U}_{an}$	$\dot{U}_{bn}$	$\dot{U}_{cn}$	矢　量
8	0	0	0	1	−1	−1	−1	$\dot{U}_8$
9	0	0	1	1	−1	−1	0	$\dot{U}_9$
10	0	1	0	1	−1	0	−1	$\dot{U}_{10}$
11	0	1	1	1	−1	0	0	$\dot{U}_{11}$
12	1	0	0	1	0	−1	−1	$\dot{U}_{12}$
13	1	0	1	1	0	−1	0	$\dot{U}_{13}$
14	1	1	0	1	0	0	−1	$\dot{U}_{14}$
15	1	1	1	1	0	0	0	$\dot{U}_{15}$

从图 1-32 中可以看出，16 个开关矢量指向两个六面体的顶点处。$\dot{U}_0 \sim \dot{U}_7$ 在上方的六面体上，在正区域里；$\dot{U}_8 \sim \dot{U}_{15}$ 在下方的六面体上，在负区域里。由这16 个开关矢量所构成的空间 12 面体包含了所有的空间矢量，而且这两个六面体的边长均为 1，这使得空间矢量表达得十分简明、清楚。在这个 12 面体中，有 6 个与坐标轴平行的平面，分别是 $\dot{U}_a = \pm 1, \dot{U}_b = \pm 1, \dot{U}_c = \pm 1$；有 6 个与坐标轴夹角成 45° 的平面，分别是 $\dot{U}_a - \dot{U}_b = \pm 1, \dot{U}_b - \dot{U}_c = \pm 1, \dot{U}_a - \dot{U}_c = \pm 1$。通过这 6 个制约条件就可以知道电压矢量的空间位置和轨迹。

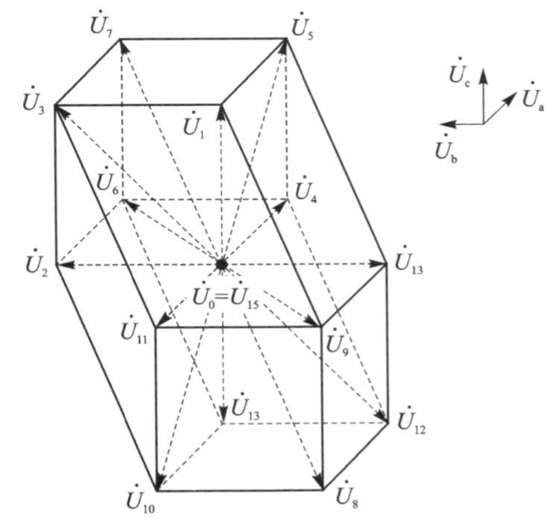

图 1-32　三相四桥臂逆变器在 *abc* 坐标系下的空间矢量图

2. 开关矢量的确定

观察图 1-32 可以得到这样一个规律，14 个非零开关矢量与坐标轴的夹角只有 0°和 45°两种情况。因此，可用 6 个平面 $\dot{U}_a = 0, \dot{U}_b = 0, \dot{U}_c = 0$ 以及 $\dot{U}_a - \dot{U}_b = 0, \dot{U}_b - \dot{U}_c = 0, \dot{U}_a - \dot{U}_c = 0$ 将控制区域进行切割。这样整个空间 12 面体就被切割成24 个小的空间四面体。只要知道了参考电压矢量在上述 6 个平面表达式的符号，也就知道了它所在的四面体，即可以利用构成四面体的矢量组来拟合参考电压矢量。例如，某一时刻的参考电压矢量在 *abc* 坐标系中的坐标为$(\dot{U}_a, \dot{U}_b, \dot{U}_c)$，并且有 $\dot{U}_a > 0, \dot{U}_b > 0, \dot{U}_c > 0, \dot{U}_a - \dot{U}_b > 0, \dot{U}_b - \dot{U}_c > 0, \dot{U}_a - \dot{U}_c > 0$，则它在 U_4、U_6、U_7 开关矢量组所组成的空间四面体中。

四面体的选择就是根据参考矢量计算区域指针 N 来确定参考矢量位于哪个四面体中。平面 SVPWM 中确定扇区的参考矢量是由 $\alpha\beta$ 坐标系下的表达式构成的，3D-SVPWM 确定四面体的参考矢量就是输入的三相电压 U_{refa}、U_{refb}、U_{refc}。可由下式来确定要选择的四面体：

$$N = 1 + K_1 + 2K_2 + 4K_3 + 8K_4 + 16K_5 + 32K_6 \tag{1-27}$$

式中

$$K_1 = \begin{cases} 1 & (U_{refa} \geqslant 0) \\ 0 & (U_{refa} < 0) \end{cases}, \quad K_2 = \begin{cases} 1 & (U_{refb} \geqslant 0) \\ 0 & (U_{refb} < 0) \end{cases}$$

$$K_3 = \begin{cases} 1 & (U_{refc} \geqslant 0) \\ 0 & (U_{refc} < 0) \end{cases}, \quad K_4 = \begin{cases} 1 & (U_{refa} - U_{refb} \geqslant 0) \\ 0 & (U_{refa} - U_{refb} < 0) \end{cases}$$

$$K_5 = \begin{cases} 1 & (U_{refb} - U_{refc} \geqslant 0) \\ 0 & (U_{refb} - U_{refc} < 0) \end{cases}, \quad K_6 = \begin{cases} 1 & (U_{refa} - U_{refc} \geqslant 0) \\ 0 & (U_{refa} - U_{refc} < 0) \end{cases}$$

N 为区域指针 $\left(N = 1 + \sum_{i=1}^{6} k_i \cdot 2^{i-1}\right)$，取值范围为 1～64。由于 K_i 的取值并不完全独立，故 N 只有 24 个数值。表 1-14 给出了指针变量对应的矢量组，图 1-33 给出了指针变量 N 对应的四面体区域。

表 1-14　指针变量对应的矢量组

N	U_{d1}	U_{d2}	U_{d3}	N	U_{d1}	U_{d2}	U_{d3}
1	$\dot{U}_8$	$\dot{U}_9$	$\dot{U}_{11}$	41	$\dot{U}_8$	$\dot{U}_{12}$	$\dot{U}_{13}$
5	$\dot{U}_1$	$\dot{U}_9$	$\dot{U}_{11}$	42	$\dot{U}_4$	$\dot{U}_{12}$	$\dot{U}_{13}$
7	$\dot{U}_1$	$\dot{U}_3$	$\dot{U}_{11}$	46	$\dot{U}_4$	$\dot{U}_5$	$\dot{U}_{13}$
8	$\dot{U}_1$	$\dot{U}_3$	$\dot{U}_7$	48	$\dot{U}_4$	$\dot{U}_5$	$\dot{U}_7$
9	$\dot{U}_8$	$\dot{U}_9$	$\dot{U}_{13}$	49	$\dot{U}_8$	$\dot{U}_{10}$	$\dot{U}_{14}$
13	$\dot{U}_1$	$\dot{U}_9$	$\dot{U}_{13}$	51	$\dot{U}_2$	$\dot{U}_{10}$	$\dot{U}_{14}$
14	$\dot{U}_1$	$\dot{U}_5$	$\dot{U}_{13}$	52	$\dot{U}_2$	$\dot{U}_6$	$\dot{U}_{14}$
16	$\dot{U}_1$	$\dot{U}_5$	$\dot{U}_7$	56	$\dot{U}_2$	$\dot{U}_6$	$\dot{U}_7$
17	$\dot{U}_8$	$\dot{U}_{10}$	$\dot{U}_{11}$	57	$\dot{U}_8$	$\dot{U}_{12}$	$\dot{U}_{13}$
19	$\dot{U}_2$	$\dot{U}_{10}$	$\dot{U}_{11}$	58	$\dot{U}_4$	$\dot{U}_{12}$	$\dot{U}_{14}$
23	$\dot{U}_2$	$\dot{U}_3$	$\dot{U}_{11}$	60	$\dot{U}_4$	$\dot{U}_6$	$\dot{U}_{14}$
24	$\dot{U}_2$	$\dot{U}_3$	$\dot{U}_7$	64	$\dot{U}_4$	$\dot{U}_6$	$\dot{U}_7$

注意，在这 24 个四面体中有 12 个为无效四面体，在实际算法过程中不起作用。这是由于划分这些无效四面体时使用的依据在三相正弦系统中不存在。

例如，当 $N=1$ 时，$K_i=0$ 恒成立，即要求 $U_{refa}<0$、$U_{refb}<0$、$U_{refc}<0$、$U_{refa}<U_{refb}<U_{refc}$。这在标准的三相正弦系统中是不成立的，也就是说 N 在数值上可以取 1，但在实际算法中取不到 1。同理，其余 11 个四面体的三相参考电压不能同时大于

零或小于零,因而也是无效四面体。图1-34所示为有效的四面体的选择依据。

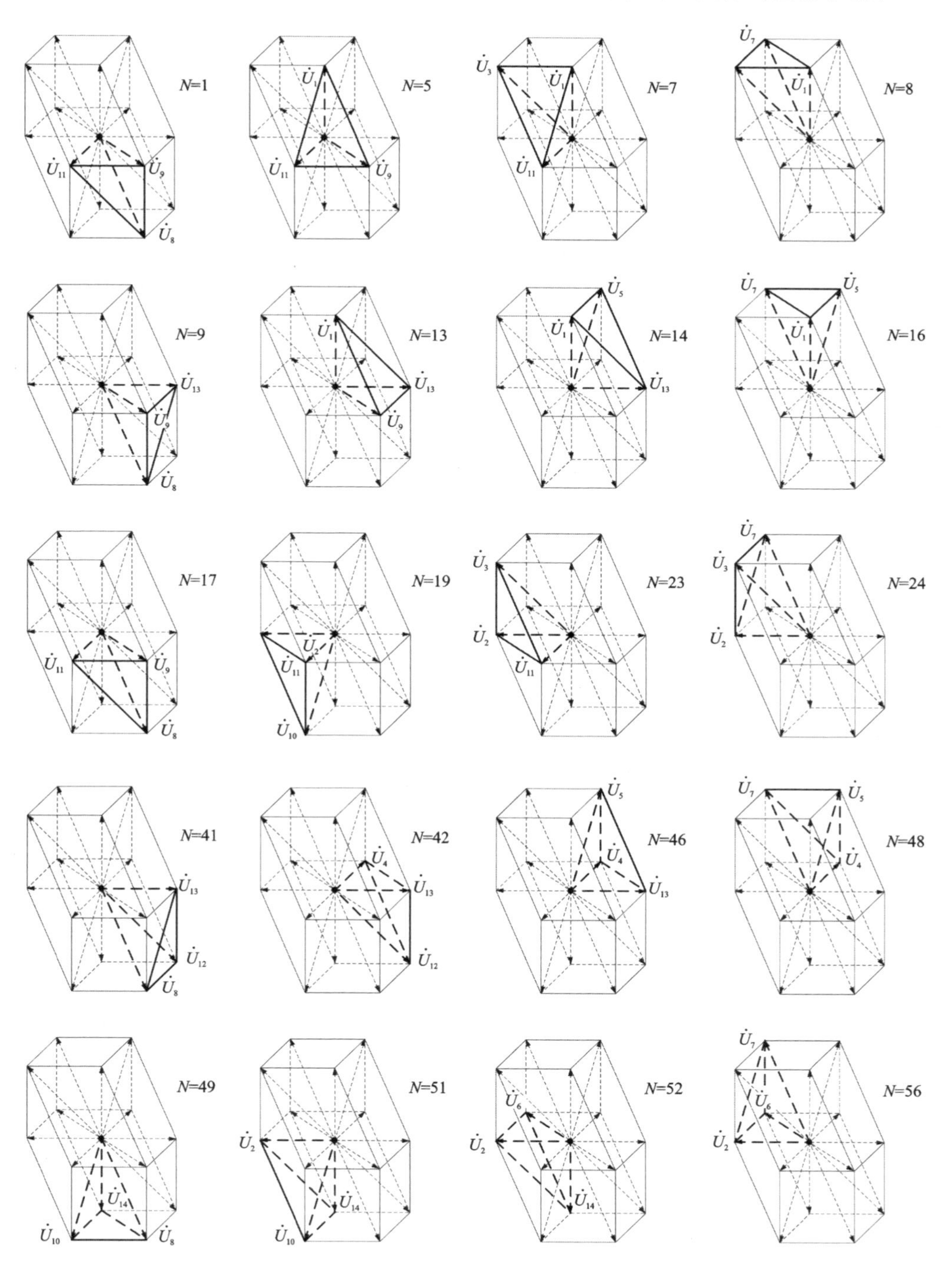

图1-33　24个空间四面体区域

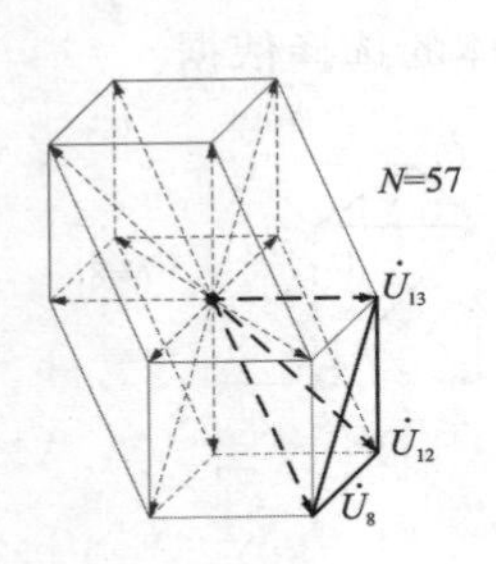

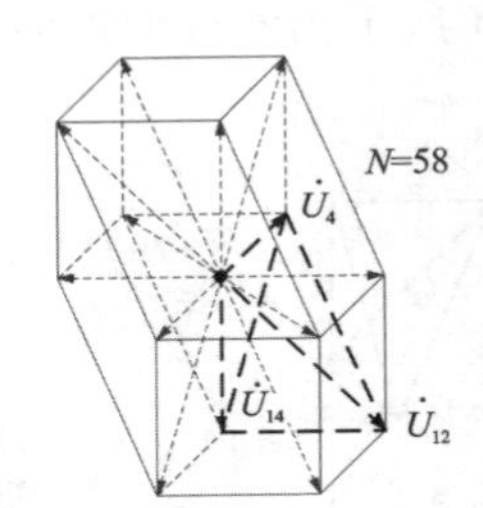

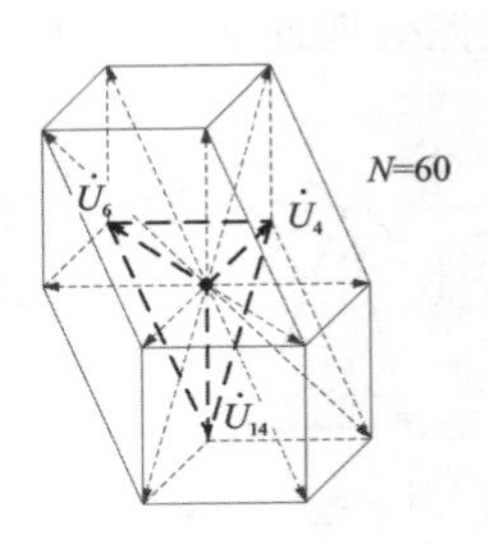

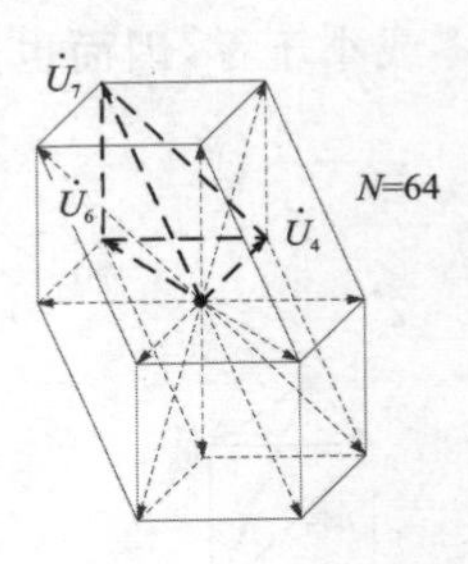

图 1-33　24 个空间四面体区域(续)

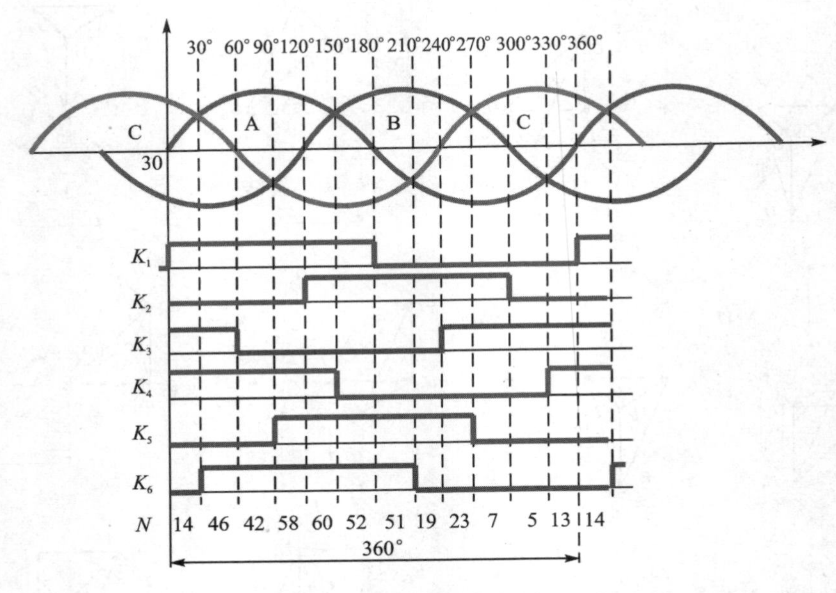

图 1-34　有效的四面体的选择依据

3. 占空比的计算

得到了参考电压矢量所在的四面体,即找到了能够合成它的开关矢量组合。根据伏秒面积相等就可以计算出每个开关矢量的占空比,也就是说,每一时刻参考电压矢量的大小等于每个开关电压矢量与其占空比的乘积之和。对矩阵求逆就得到了占空比的值:

$$\dot{U}_{\mathrm{ref}}=\begin{pmatrix}U_{\mathrm{refa}}\\U_{\mathrm{refb}}\\U_{\mathrm{refc}}\end{pmatrix}=\begin{pmatrix}U_{\mathrm{d1\_a}} & U_{\mathrm{d2\_a}} & U_{\mathrm{d3\_a}}\\U_{\mathrm{d1\_b}} & U_{\mathrm{d2\_b}} & U_{\mathrm{d3\_b}}\\U_{\mathrm{d1\_c}} & U_{\mathrm{d2\_c}} & U_{\mathrm{d3\_c}}\end{pmatrix}\begin{pmatrix}d_1\\d_2\\d_3\end{pmatrix} \tag{1-28}$$

$$\left.\begin{aligned} &d_0 = 1 - d_1 - d_2 - d_3 \\ &\begin{pmatrix} d_1 \\ d_2 \\ d_3 \end{pmatrix} = \begin{pmatrix} U_{d1\_a} & U_{d2\_a} & U_{d3\_a} \\ U_{d1\_b} & U_{d2\_b} & U_{d3\_b} \\ U_{d1\_c} & U_{d2\_c} & U_{d3\_c} \end{pmatrix}^{-1} \dot{U}_{ref} \end{aligned}\right\} \tag{1-29}$$

式中，$\dot{U}_{ref}$ 为参考电压矢量，$\dot{U}_{d1}$、$\dot{U}_{d2}$、$\dot{U}_{d3}$ 为 3 个非零开关电压矢量，下标中的 a、b、c 表示在空间坐标系上各轴的投影值。d_1、d_2、d_3 分别为各个合成非零矢量所对应的占空比，d_0 则是零矢量的占空比，可以是 $\dot{U}_0(0,0,0)$、$\dot{U}_{15}(1,1,1)$两个零矢量中的某一个或两个的组合。以 $N=1$ 为例，开关矢量组为 $\dot{U}_8(-1,-1,-1)$、$\dot{U}_9(-1,-1,0)$、$\dot{U}_{11}(-1,0,0)$，根据式(1-29)得出

$$\begin{pmatrix} d_1 \\ d_2 \\ d_3 \end{pmatrix} = \begin{pmatrix} -1 & -1 & -1 \\ -1 & -1 & 0 \\ -1 & 0 & 0 \end{pmatrix}^{-1} \cdot \dot{U}_{ref} = \begin{pmatrix} -U_{refc} \\ -U_{refb} + U_{refc} \\ -U_{refa} + U_{refc} \end{pmatrix} \tag{1-30}$$

用同样的方法可以计算出参考电压矢量在其他四面体中时所对应的占空比，表 1-15 给出了有效四面体和占空比的对应关系。

表 1-15 有效四面体和占空比的对应关系

N	U_{d1}	U_{d2}	U_{d3}	d_1	d_2	d_3
5	$\dot{U}_1$	$\dot{U}_9$	$\dot{U}_{11}$	U_{refc}	$-U_{refb}$	$-U_{refa}+U_{refb}$
7	$\dot{U}_1$	$\dot{U}_3$	$\dot{U}_{11}$	$-U_{refb}+U_{refc}$	U_{refb}	$-U_{refa}$
13	$\dot{U}_1$	$\dot{U}_9$	$\dot{U}_{13}$	U_{refc}	$-U_{refa}$	$U_{refa}-U_{refb}$
14	$\dot{U}_1$	$\dot{U}_5$	$\dot{U}_{13}$	$-U_{refa}+U_{refc}$	U_{refa}	$-U_{refb}$
19	$\dot{U}_2$	$\dot{U}_{10}$	$\dot{U}_{11}$	U_{refb}	$-U_{refc}$	$-U_{refa}+U_{cref}$
23	$\dot{U}_2$	$\dot{U}_3$	$\dot{U}_{11}$	$U_{refb}-U_{refc}$	U_{refc}	$-U_{refa}$
42	$\dot{U}_4$	$\dot{U}_{12}$	$\dot{U}_{13}$	U_{refa}	$-U_{refc}$	$-U_{refb}+U_{refc}$
46	$\dot{U}_4$	$\dot{U}_5$	$\dot{U}_{13}$	$U_{refa}-U_{refc}$	U_{refc}	$-U_{refb}$
51	$\dot{U}_2$	$\dot{U}_{10}$	$\dot{U}_{14}$	U_{refb}	$-U_{refa}$	$U_{refa}-U_{refc}$
52	$\dot{U}_2$	$\dot{U}_6$	$\dot{U}_{14}$	$-U_{refa}+U_{refb}$	U_{refa}	$-U_{refc}$
58	$\dot{U}_4$	$\dot{U}_{12}$	$\dot{U}_{14}$	U_{refa}	$-U_{refb}$	$U_{refb}-U_{refc}$
60	$\dot{U}_4$	$\dot{U}_6$	$\dot{U}_{14}$	$U_{refa}-U_{refb}$	U_{refb}	$-U_{refc}$

4. PWM 调制波的生成

每个四面体中 3 个非零矢量确定后，需要确定开关的排序，即决定开关矢量的作用顺序。根据不同的零矢量加入方式可以组合出许多种开关样式，这些样式基本上

还是五段式或七段式。图 1-35 为有效四面体的开关状态,该状态只添加了一种零矢量。该方式在一个工频周期内,对于 A、B、C 桥臂而言,每个开关管都有 1/3 的时间不动作,开关损耗较小。

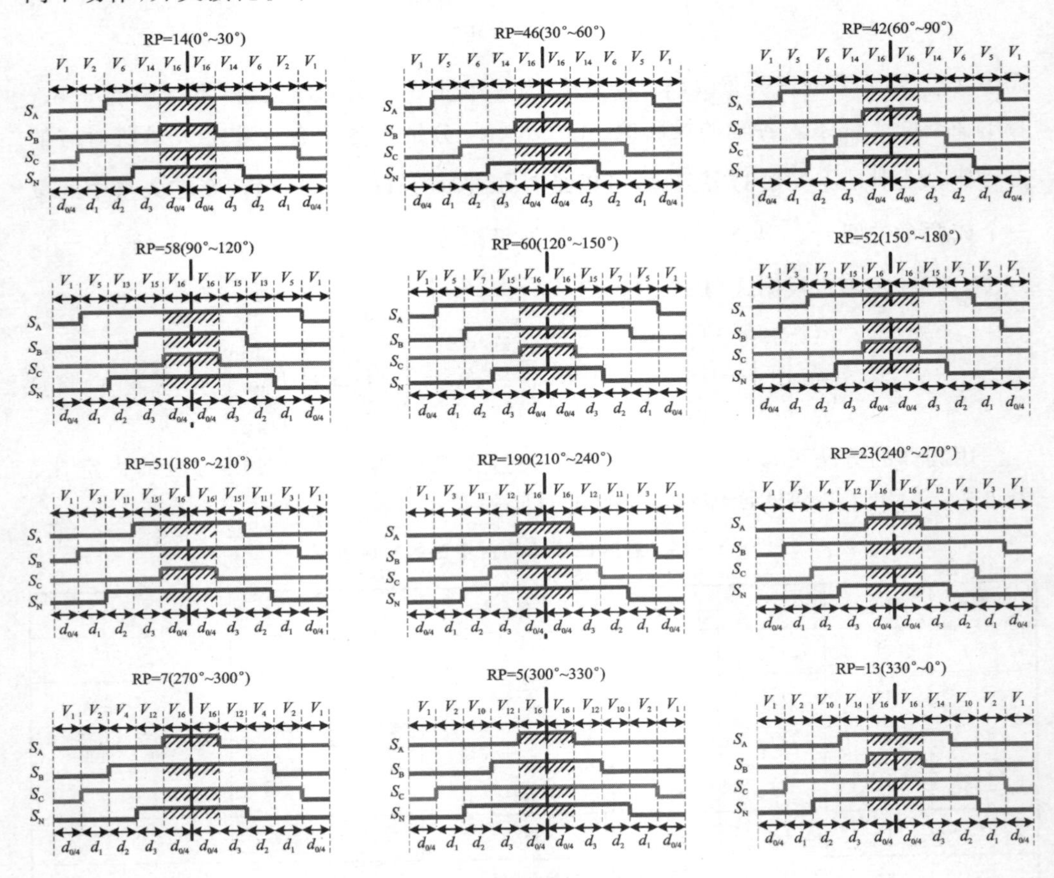

图 1-35　有效四面体的开关状态

5. DSP 代码示例

```
void 3D_SVPWM()
{
    // A 相电流与零比较
    if(i16VrefA > = 0){K1 = 1;}
    else {K1 = 0;}
    // B 相电流与零比较
    if(i16VrefB > = 0){K2 = 1;}
    else {K2 = 0;}
    // C 相电流与零比较
    if(i16VrefC > = 0){K3 = 1;}
    else {K3 = 0;}
```

```
// A 相电流与 B 相电流比较
if(i16VrefA > = i16VrefB){K4 = 1;}
else {K4 = 0;}
// B 相电流与 C 相电流比较
if(i16VrefB > = i16VrefC){K5 = 1;}
else {K5 = 0;}
// A 相电流与 C 相电流比较
if(i16VrefA > = i16VrefC){K6 = 1;}
else {K6 = 0;}
// 四面体的选择
N = 1 + K1 + 2 * K2 + 4 * K3 + 8 * K4 + 16 * K5 + 32 * K6;
// 矢量作用时间饱和处理,如果饱和
T1 = T1 * uT1Period_0/(T1 + T2);
T2 = T2 * uT1Period_0/(T1 + T2);
switch(N)
{
    case 5:
        D1 = i16VrefC;
        D2 = - i16VrefB;
        D3 = - i16VrefA + i16VrefB;
        D4 = _IQ(1) - D1 - D2 - D3;
        P1 = D4/2;                    // 第一桥臂开关作用时间
        P2 = D3 + D4/2;               // 第二桥臂开关作用时间
        P3 = D1 + D2 + D3 + D4/2;     // 第三桥臂开关作用时间
        P4 = D2 + D3 + D4/2;          // 第四桥臂开关作用时间
    break;
    case 7:
        D1 = - i16VrefB + i16VrefC;
        D2 = i16VrefB;
        D3 = - i16VrefA;
        D4 = _IQ(1) - D1 - D2 - D3;
        P1 = D4/2;                    // 第一桥臂开关作用时间
        P2 = D2 + D3 + D4/2;          // 第二桥臂开关作用时间
        P3 = D1 + D2 + D3 + D4/2;     // 第三桥臂开关作用时间
        P4 = D3 + D4/2;               // 第四桥臂开关作用时间
    break;
    case 13:
        D1 = i16VrefC;
        D2 = - i16VrefA;
        D3 = i16VrefA - i16VrefB;
        D4 = _IQ(1) - D1 - D2 - D3;
        P1 = D3 + D4/2;               // 第一桥臂开关作用时间
        P2 = D4/2;                    // 第二桥臂开关作用时间
        P3 = D1 + D2 + D3 + D4/2;     // 第三桥臂开关作用时间
        P4 = D2 + D3 + D4/2;          // 第四桥臂开关作用时间
    break;
    case 14:
        D1 = - i16VrefA + i16VrefC;
        D2 = i16VrefA;
        D3 = - i16VrefB;
```

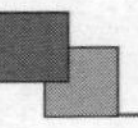


```
        D4 = _IQ(1) - D1 - D2 - D3;
        P1 = D2 + D3 + D4/2;              // 第一桥臂开关作用时间
        P2 = D4/2;                        // 第二桥臂开关作用时间
        P3 = D1 + D2 + D3 + D4/2;         // 第三桥臂开关作用时间
        P4 = D3 + D4/2;                   // 第四桥臂开关作用时间
    break;
    case 19:
        D1 = i16VrefB;
        D2 = - i16VrefC;
        D3 = - i16VrefA + i16VrefC;
        D4 = _IQ(1) - D1 - D2 - D3;
        P1 = D4/2;                        // 第一桥臂开关作用时间
        P2 = D1 + D2 + D3 + D4/2;         // 第二桥臂开关作用时间
        P3 = D3 + D4/2;                   // 第三桥臂开关作用时间
        P4 = D2 + D3 + D4/2;              // 第四桥臂开关作用时间
    break;
    case 23:
        D1 = i16VrefB - i16VrefC;
        D2 = i16VrefC;
        D3 = - i16VrefA;
        D4 = _IQ(1) - D1 - D2 - D3;
        P1 = D4/2;                        // 第一桥臂开关作用时间
        P2 = D1 + D2 + D3 + D4/2;         // 第二桥臂开关作用时间
        P3 = D2 + D3 + D4/2;              // 第三桥臂开关作用时间
        P4 = D3 + D4/2;                   // 第四桥臂开关作用时间
    break;
    case 42:
        D1 = i16VrefA;
        D2 = - i16VrefC;
        D3 = - i16VrefB + i16VrefC;
        D4 = _IQ(1) - D1 - D2 - D3;
        P1 = D1 + D2 + D3 + D4/2;         // 第一桥臂开关作用时间
        P2 = D4/2;                        // 第二桥臂开关作用时间
        P3 = D3 + D4/2;                   // 第三桥臂开关作用时间
        P4 = D2 + D3 + D4/2;              // 第四桥臂开关作用时间
    break;
    case 46:
        D1 = i16VrefA - i16VrefC;
        D2 = i16VrefC;
        D3 = - i16VrefB;
        D4 = _IQ(1) - D1 - D2 - D3;
        P1 = D1 + D2 + D3 + D4/2;         // 第一桥臂开关作用时间
        P2 = D4/2;                        // 第二桥臂开关作用时间
        P3 = D2 + D3 + D4/2;              // 第三桥臂开关作用时间
        P4 = D3 + D4/2;                   // 第四桥臂开关作用时间
    break;
    case 51:
        D1 = i16VrefB;
        D2 = - i16VrefA;
        D3 = i16VrefA - i16VrefC;
```

```
            D4 = _IQ(1) - D1 - D2 - D3;
            P1 = D3 + D4/2;                    // 第一桥臂开关作用时间
            P2 = D1 + D2 + D3 + D4/2;          // 第二桥臂开关作用时间
            P3 = D4/2;                         // 第三桥臂开关作用时间
            P4 = D2 + D3 + D4/2;               // 第四桥臂开关作用时间
        break;
        case 52:
            D1 = - i16VrefA + i16VrefB;
            D2 = i16VrefA;
            D3 = - i16VrefC;
            D4 = _IQ(1) - D1 - D2 - D3;
            P1 = D2 + D3 + D4/2;               // 第一桥臂开关作用时间
            P2 = D1 + D2 + D3 + D4/2;          // 第二桥臂开关作用时间
            P3 = D4/2;                         // 第三桥臂开关作用时间
            P4 = D3 + D4/2;                    // 第四桥臂开关作用时间
        break;
        case 58:
            D1 = i16VrefA;
            D2 = - i16VrefB;
            D3 = i16VrefB - i16VrefC;
            D4 = _IQ(1) - D1 - D2 - D3;
            P1 = D1 + D2 + D3 + D4/2;          // 第一桥臂开关作用时间
            P2 = D3 + D4/2;                    // 第二桥臂开关作用时间
            P3 = D4/2;                         // 第三桥臂开关作用时间
            P4 = D2 + D3 + D4/2;               // 第四桥臂开关作用时间
        break;
        case 60:
            D1 = i16VrefA - i16VrefB;
            D2 = i16VrefB;
            D3 = - i16VrefC;
            D4 = _IQ(1) - D1 - D2 - D3;
            P1 = D1 + D2 + D3 + D4/2;          // 第一桥臂开关作用时间
            P2 = D2 + D3 + D4/2;               // 第二桥臂开关作用时间
            P3 = D4/2;                         // 第三桥臂开关作用时间
            P4 = D3 + D4/2;                    // 第四桥臂开关作用时间
        break;
    }
}
```

1.3 位置传感器

转速信号与位置信号可以通过光电编码器、旋转变压器或脉冲编码器等获得。几种常见的速度检测元件的性能比较如表1-16所列。

表 1-16　几种常见的速度检测元件的性能比较

参　数	元　件		
	旋转变压器	霍尔传感器	光电编码器
精确度/(°)	0.3～1(中)	0.5～1(中)	0.02～0.1(优)
分辨率/($P\cdot R^{-1}$)	2 000～30 000	0～500	0～5 000
输出信号	绝对式	增量式	增量式
跟踪速度/($r\cdot min^{-1}$)	>50 000	>20 000	>10 000
工作温度/℃	0～150	0～120	0～85
抗振力	优	良	中
可靠性	优	中	良

从功能上来讲,它们都能完成速度检测的功能,但是编码器由于码盘防护等级不高,容易振坏,虽然有较高的分辨率,但是维修频率高。霍尔速度传感器价格便宜,但是分辨率低,使得控制精度受到限制,而且霍尔元件长时间受热后磁性会减弱,所以使用寿命不长。旋转变压器由于转子和定子分离,无接触,而且采用无刷设计,所以有很高的防护等级,能耐高强度的振动,不怕水和油污,使用寿命可以长达数十年;另外采用专用的转换芯片解码,可以将旋变输出的模拟信号转换为数字信号,有和旋转编码器相当的解码精度。

1.3.1　光电编码盘

光电编码盘角度检测传感器是一种广泛应用的编码式数字传感器,它将测得的角位移转换为脉冲形式的数字信号输出。光电编码盘角度检测传感器可分为两种:绝对式光电编码盘和增量式光电编码盘。

1. 绝对式光电编码盘

绝对式光电编码盘由绝对式光电码盘和光电检测装置组成。码盘采用照相腐蚀,在一块圆形光学玻璃上刻出透光与不透光的编码。图 1-36 给出了一种 4 位二进制绝对式光电编码盘的例子。图 1-36(a)是它的编码盘,编码盘中黑色代表不透光,白色代表透光。编码盘分成若干个扇区,代表若干个角位置。每个扇区分成 4 条,代表 4 位二进制编码。为了保证低位码的精度,都把最外码道作为编码的低位,而将最内码道作为编码的高位。因为 4 位二进制最多可以表示 16,所以图中所示的扇区数为 16。

2. 增量式光电编码盘

增量式光电编码盘不像绝对式光电编码盘那样测量转动体的绝对位置,它测量的是转动体角位移的累计量。

增量式光电编码盘是在一个码盘上只开出 3 条码道,由内向外分别为 A、B、C,

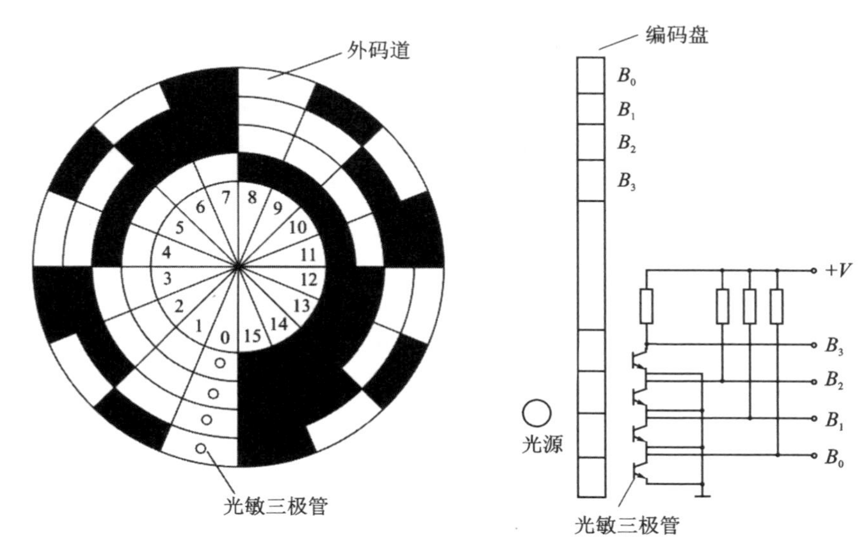

(a) 4位二进制编码盘结构　　(b) 光电检测原理图

图 1-36　绝对式光电编码盘结构与原理图

如图 1-37(a)所示。在 A、B 码道的码盘上,等距离地开有透光的缝隙,两条码道上相邻的缝隙互相错开半个缝宽,其展开图如图 1-37(b)上半部分所示。第 3 条码道 C 只开出一个缝隙,用来表示码盘的零位。在码盘的两侧分别安装光源和光敏元件,当码盘转动时,光源经过透光和不透光区域,相应地,每条码道将有一系列脉冲从光敏元件输出。码道上有多少缝隙就会有多少个脉冲输出,将这些脉冲整形后输出的脉冲信号如图 1-37(b)下半部分所示。

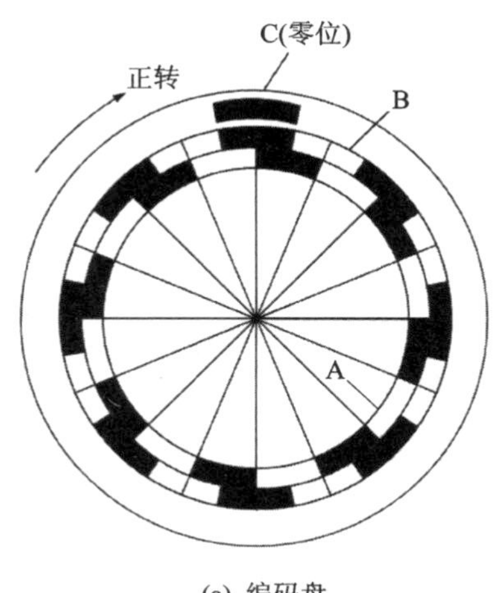

(a) 编码盘

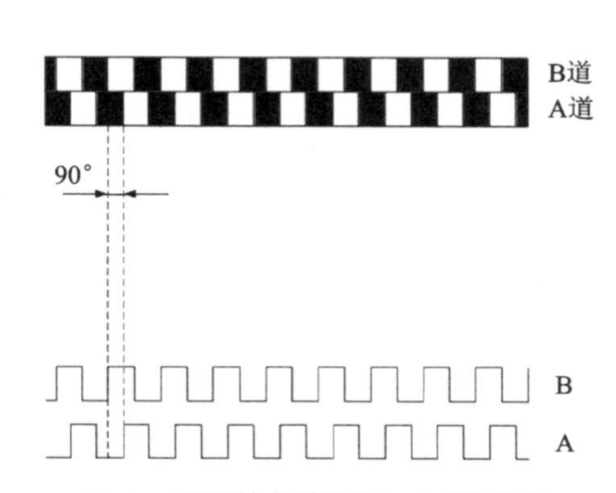

(b) A、B码道上的缝隙和A、B信号相序

图 1-37　增量式光电编码盘原理图

1.3.2 霍尔位置传感器

霍尔位置传感器是利用霍尔效应进行工作的。利用霍尔位置传感器工作的电机转子同时也是霍尔传感器的转子,通过感知转子上的磁场强弱变化来辨别转子所处的位置。下面介绍霍尔效应。

如图 1-38 所示,在长方形半导体薄片上通入电流 I,当在垂直于薄片的方向上施加磁感应强度 B 时,在与 I、B 构成的平面相垂直的方向上会产生一个电动势 E,称其为霍尔电动势,其大小如下式所示,称这种效应为霍尔效应。

$$E = K_{\mathrm{H}} IB \tag{1-31}$$

式中,K_{H} 表示灵敏度系数,I 表示控制电流。

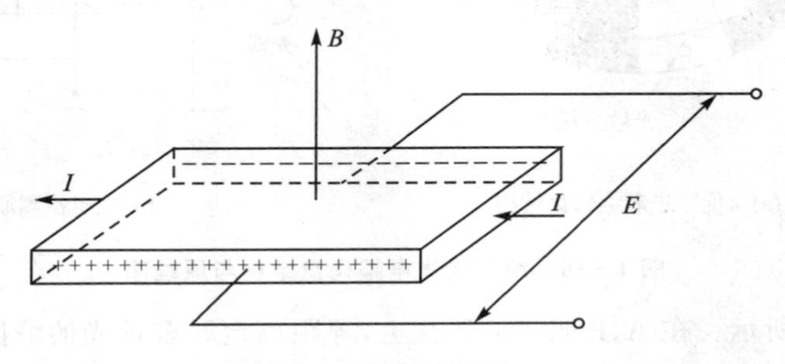

图 1-38 霍尔效应

当磁场强度方向与半导体薄片不垂直,而是成 θ 角时,霍尔电动势的大小为

$$E = K_{\mathrm{H}} IB\cos\theta \tag{1-32}$$

所以利用永磁转子的磁场对霍尔应变片通入直流电,当转子的磁场强度大小和方向随着它位置不同而发生变化时,霍尔半导体就会输出霍尔电动势;霍尔电动势的大小和相位随转子位置而发生变化,从而起到了检测转子位置的作用。

1.3.3 旋转变压器

1. 旋转变压器的基本结构

旋转变压器简称为旋变,是一种输出电压随转子转角变化的信号元件。当励磁绕组以一定频率的交流电压励磁时,输出绕组的电压幅值与转子转角成正、余弦函数关系,或保持某一比例关系,或在一定转角范围内与转角成线性关系。

旋转变压器具有耐高温、耐湿度、抗冲击性好、抗干扰能力强等突出优点,同时与旋转变压器/数字转换器配合使用能够产生转子绝对位置信息。因此,旋转变压器适用于永磁同步电机数字控制系统,能够满足电动汽车驱动系统高性能、高可靠性的要求。在汽车中使用时,旋转变压器输出的信号通过专用芯片进行解码后得到的速度和角度信息被送入 DSP 中,从而完成速度和角度信息的采集。旋转变压器在汽车中的应用特别广泛,主要应用如图 1-39 所示。

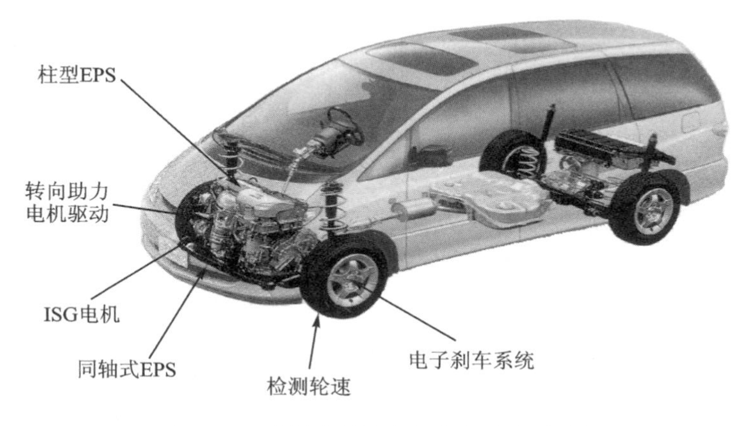

图 1-39　旋转变压器在汽车中的主要应用

典型的旋转变压器实物如图 1-40 所示，转子由硅钢片叠成。硅钢片的外形轮廓视旋变极数而定，图中旋转变压器为一对极，转子外形似椭圆状。

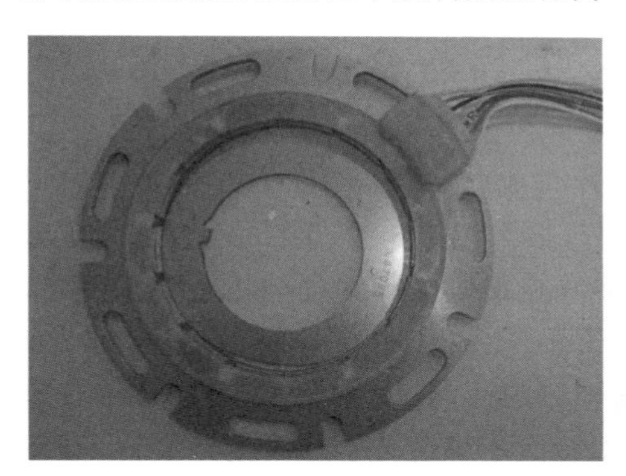

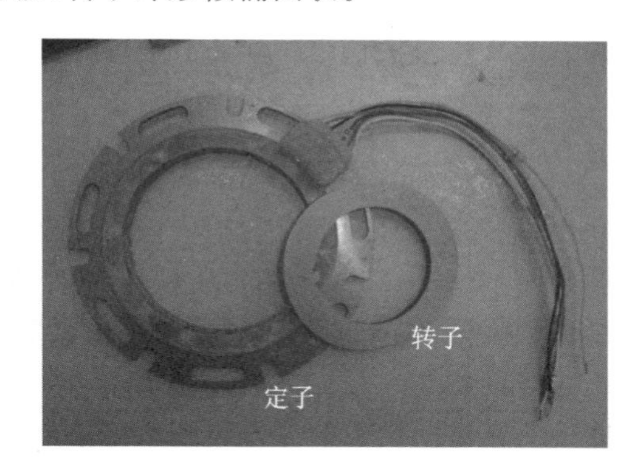

图 1-40　旋转变压器实物图

定子上开有齿槽，一相初极励磁线圈和两相次极输出线圈都绕在齿槽内，定子旋转改变绕组和定子之间的空气厚度，从而改变初、次极绕组间的耦合系数，使得在初极输入交流励磁电压的情况下，输出电压的幅度和转子转过的角度成比例。

旋转变压器可以安装在电机外部，这种情况是与发动机曲轴输出端相连，这种安装相对简单；另一种情况是安装在电机内部，这时由于电机内部的磁场会影响旋转变压器本身的磁通量变化率，从而影响其解码精度，因此必须加装屏蔽罩，并且应在旋转变压器的输出线上套屏蔽线，以降低空间电磁干扰。采用这种安装方法将使旋转变压器得到很好的保护，不会受到灰尘、油污等的影响，因此旋转变压器使用寿命长，故障率低，是一种理想的使用方法。目前丰田、雷克萨斯等公司就采用这种方法，而且经实践检验确实非常可靠。图 1-41 是丰田混合动力汽车动力部分，图中的旋转变压器是日本多摩川公司的一款 Singlsyn 装在电机主轴上的展示。

旋转变压器的输出信号是连续变化的模拟信号，用户一般不能直接使用，需要解

图 1-41　丰田汽车中的动力部分

码芯片来将模拟信号转换为方波信号。

2. 解码芯片

AD2S1200 是旋转变压器/数字转换器单片集成电路，输出 12 位绝对位置信息和带符号的 11 位速度信息，精确度为±11 弧分，最大跟踪速度为 1 000 r/s，工作温度为－40～＋125℃。相对于前一代的 AD2S90，它集成了可编程的正弦波振荡器，励磁频率为 10 kHz、12 kHz、15 kHz、20 kHz；可编程，因此不再需要搭配 AD2S99 正弦波励磁芯片；AD2S1200 在保留串行通信接口的同时，增加了并行输出接口；速度检测输出由模拟信号升级到数字信号。以上特点不仅简化了外围电路设计，而且使功能得以丰富，性价比很高。

AD2S1200 的内部由可编程的正弦波振荡器、错误检测电路、Ⅱ型闭环系统及数据总线接口 4 个单元构成，其中处于核心功能的Ⅱ型闭环系统负责位置和速度的检测，其内部结构框图如图 1-42 所示。

由 EXC 两端向旋转变压器提供励磁信号，承载位置信息的两路旋转变压器模拟信号送入 sin/sinLo、cos/cosLo 输入端，分别经过 ADC 采样后送入乘法器。假设此时位置积分器(增减计数器)输出的数字角度为 ϕ，也送入乘法器，分别进行乘法运算：

$$KE_0\sin\omega t\sin\theta\cos\phi \tag{1-33}$$

$$KE_0\sin\omega t\cos\theta\sin\phi \tag{1-34}$$

式(1-33)减去式(1-34)并化简得

$$KE_0\sin\omega t(\sin\theta\cos\phi-\cos\theta\sin\phi)=KE_0\sin\omega t\sin(\theta-\phi) \tag{1-35}$$

式中，$\theta-\phi$ 为角度误差。

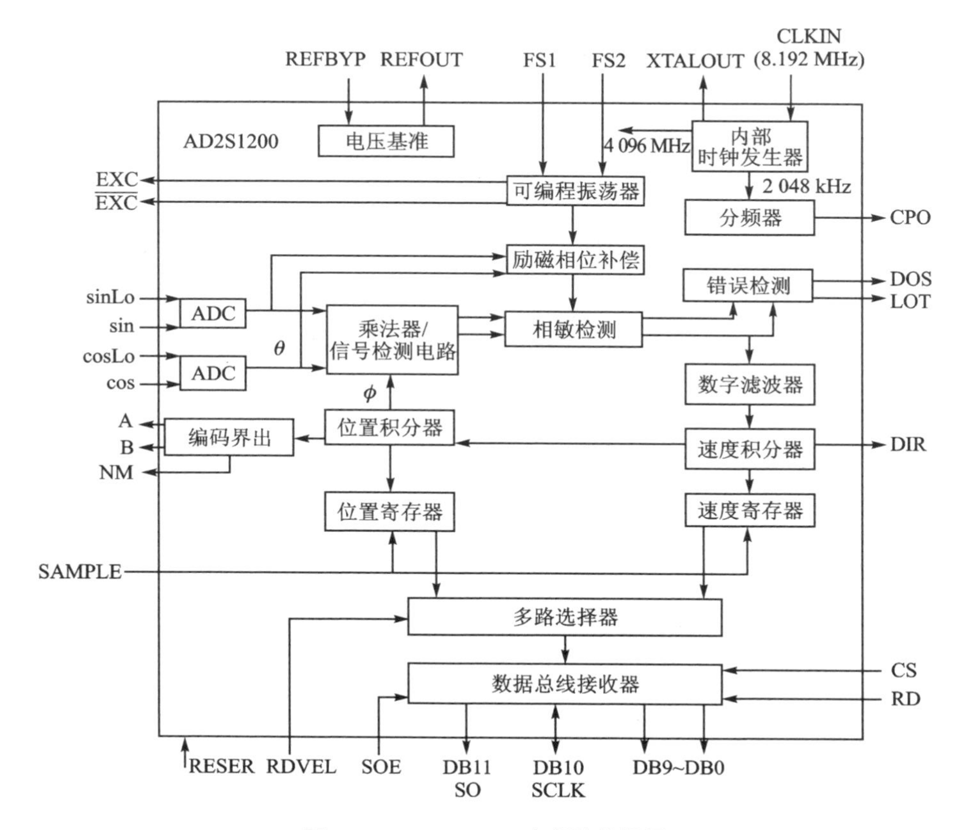

图 1-42 AD2S1200 内部结构框图

AD2S1200 与 DSP 的通信既可以采用并行模式，也可以采用串行模式。

并行模式：AD2S1200 有 DB0～DB11 共 12 位的数据输出总线，可直接或经光耦隔离后连接至 DSP 的数据总线上。

当 SOE 为高电平时，AD2S1200 处于并行输出模式；CS 低电平对 AD2S1200 实行片选；在 SAMPLE 引脚电平由高到低的跳变过程中，位置和速度积分器的数据采样至位置和速度寄存器中；由 RDVEL 的高低状态选择传送位置或速度寄存器中的数据到输出寄存器；最后，RD 置低电平，启动读输出寄存器和使能输出缓冲器。

串行模式：AD2S1200 的 3 线式串行总线引脚为 RD、SCLK 和 SO(SCLK 与 DB10，SO 与 DB11 引脚复用)，串行输出频率最高可达 25 MHz。当 SOE 为低电平时，AD2S1200 被设置为串行输出模式；SAMPLE、RDVEL 的工作机制与并行模式相同；串行通信时，时钟由 SCLK 引脚引入；当 RD 置低电平时，启动读输出寄存器，数据将会随着时钟频率从输出寄存器串行输出至 SO 引脚。串行输出时，DB0～DB9 处于高阻状态。

第 2 章将给出关于旋转变压器更详细的电路设计及代码设计详细方案。

1.4 数字 PID 控制

PID 调节是连续系统中技术成熟且应用十分广泛的一种调节方式,数字 PID 控制算法通常又分为位置式控制算法和增量式控制算法。

1. 位置式 PID 控制算法

离散的 PID 表达式为

$$u(k)=K_{\mathrm{P}}\left\{e(k)+\frac{T}{T_{\mathrm{I}}}\sum_{j=0}^{k}e(j)+\frac{T_{\mathrm{D}}}{T}[e(k)-e(k-1)]\right\}+u_0 \tag{1-36}$$

式中,T 为采样周期,必须使 T 足够小,才能保证系统有一定的精度;$e(k)$表示第 k 次采样时的偏差值;$e(k-1)$表示第 $k-1$ 次采样时的偏差值;k 表示采样序号,$k=0,1,2,\cdots$;$u(k)$表示第 k 次采样时调节器的输出。

为了实现求和,必须将系统偏差的全部过去值 $e(j)$($j=1,2,3,\cdots,k$)都存储起来。这种算法得出控制量的全量输出用 $u(k)$表示,是控制量的绝对数值。在控制系统中,这种控制量确定了执行机构的位置,例如,在阀门控制中,这种算法的输出对应了阀门的位置(开度)。所以,通常把式(1-36)称为位置型 PID 的位置控制算式,将这种算法称为“位置算法”。

2. 增量式 PID 控制算法

很多控制系统中,当执行机构需要的不是控制量的绝对值,而是控制量的增量时,通常采用增量式 PID 算法。

由式(1-36)可以看出,要想计算 $u(k)$,不仅需要本次与上次的偏差信号 $e(k)$和 $e(k-1)$,而且还要在积分项中把历次的偏差信号 $e(j)$进行相加,即 $\sum\limits_{j=0}^{k}e(j)$。这样,不仅计算繁琐,而且为保存 $e(j)$还要占用很多内存。因此,用式(1-36)直接控制很不方便,须可做如下改动。

根据递推原理,由式(1-36)写出第 $k-1$ 次 PID 的输出表达式:

$$u(k-1)=K_{\mathrm{P}}\left\{e(k-1)+\frac{T}{T_{\mathrm{I}}}\sum_{j=0}^{k-1}e(j)+\frac{T_{\mathrm{D}}}{T}[e(k-1)-e(k-2)]\right\}+u_0 \tag{1-37}$$

式(1-36)与式(1-37)相减,可得

$$\begin{aligned}\Delta u(k)=u(k)-u(k-1)=&K_{\mathrm{P}}[e(k)-e(k-1)]+K_{\mathrm{I}}e(k)+\\&K_{\mathrm{D}}[e(k)-2e(k-1)+e(k-2)]\end{aligned} \tag{1-38}$$

式中,$K_{\mathrm{I}}=K_{\mathrm{P}}\dfrac{T}{T_{\mathrm{I}}}$,为积分系数;$K_{\mathrm{D}}=K_{\mathrm{P}}\dfrac{T_{\mathrm{D}}}{T}$,为微分系数。

式(1-38)表示第 k 次输出的增量 $\Delta u(k)$,等于第 k 次与第 $k-1$ 次调节器输出

的差值，即在第 $k-1$ 次的基础上增加（或减少）的量，所以式（1-38）叫作增量式 PID 控制算法。由式（1-38）可知，要计算第 k 次输出值 $u(k)$，只需要知道 $u(k-1)$、$e(k)$、$e(k-1)$ 和 $e(k-2)$ 即可，这比用式（1-36）计算要简单得多。

3. 数字式 PID 控制算法子程序

（1）增量式 PID 控制算法子程序

增量式 PID 控制算法子程序是根据式（1-38）设计的。

由 $\Delta u(k)=K_P[e(k)-e(k-1)]+K_Ie(k)+K_D[e(k)-2e(k-1)+e(k-2)]$，设

$$\begin{cases}\Delta u_P(k)=K_P[e(k)-e(k-1)]\\ \Delta u_I(k)=K_Ie(k)\\ \Delta u_D(k)=K_D[e(k)-2e(k-1)+e(k-2)]\end{cases}$$

所以有

$$\Delta u(k)=\Delta u_P(k)+\Delta u_I(k)+\Delta u_D(k) \tag{1-39}$$

（2）位置型 PID 控制算法子程序

由式（1-36）可写出第 k 次采样时 PID 的输出表达式，即

$$u(k)=K_Pe(k)+K_I\sum_{j=0}^{k}e(j)+K_D[e(k)-e(k-1)] \tag{1-40}$$

为方便程序设计，将式（1-40）做如下改进，设比例项的输出为

$$u_P(k)=K_Pe(k)$$

积分项的输出为

$$P_I(k)=K_I\sum_{j=0}^{k}e(j)=K_Ie(k)+K_I\sum_{j=0}^{k-1}e(j)=K_Ie(k)+P_I(k-1)$$

微分项的输出为

$$P_D(k)=K_D[e(k)-e(k-1)]$$

所以，式（1-40）可写为

$$P(k)=P_P(k)+P_I(k)+P_D(k) \tag{1-41}$$

第 2 章

永磁同步电机的模型分析

2.1 坐标变换

坐标变换是一组矩阵表达式，包括三相静止坐标系到两相静止坐标系的变换（简称 Clarke 变换）、两相静止坐标系到两相旋转坐标系的变换（简称 Park 变换）。

2.1.1 矢量及空间

三相交流电机可使用空间矢量进行描述，令三相交流电机的变量（这些变量为电机电压、电流、磁场等交流变量）为$\boldsymbol{X}_A(t)$、$\boldsymbol{X}_B(t)$和$\boldsymbol{X}_C(t)$。若电机三相对称，则一定有

$$\boldsymbol{X}_A(t)+\boldsymbol{X}_B(t)+\boldsymbol{X}_C(t)=\boldsymbol{0} \tag{2-1}$$

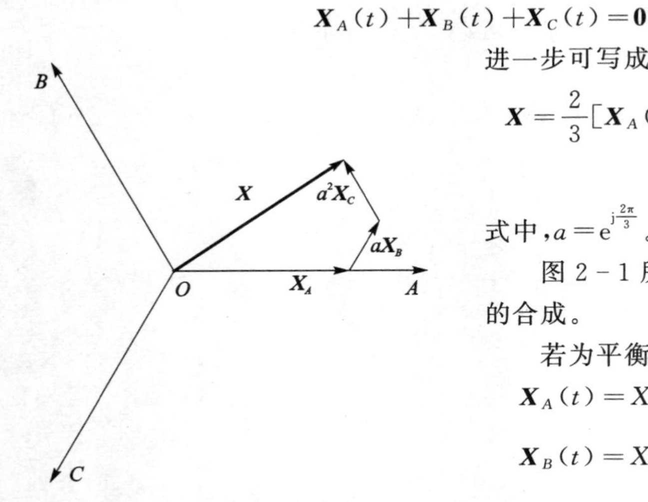

图 2-1　矢量 X 在 ABC 轴下的合成

进一步可写成

$$\boldsymbol{X}=\frac{2}{3}[\boldsymbol{X}_A(t)+a\boldsymbol{X}_B(t)+a^2\boldsymbol{X}_C(t)] \tag{2-2}$$

式中，$a=\mathrm{e}^{\mathrm{j}\frac{2\pi}{3}}$。

图 2-1 所示为矢量 $\boldsymbol{X}$ 在 ABC 轴下的合成。

若为平衡的三相变量，则

$$\left.\begin{aligned}\boldsymbol{X}_A(t)&=X_{\mathrm{m}}\cos\omega t\\ \boldsymbol{X}_B(t)&=X_{\mathrm{m}}\cos\left(\omega t-\frac{2\pi}{3}\right)\\ \boldsymbol{X}_C(t)&=X_{\mathrm{m}}\cos\left(\omega t+\frac{2\pi}{3}\right)\end{aligned}\right\} \tag{2-3}$$

代入式(2-2)可得

$$\boldsymbol{X}=X_{\mathrm{m}}\mathrm{e}^{\mathrm{j}\omega t} \tag{2-4}$$

式(2-4)表明，平衡正弦三相变量经过 Park 变换后是一个旋转空间矢量。矢量模长恒定且等于单相交流量的峰值，矢量旋转的角频率和单相正弦变量的角频率相同。Park 变换产生的空间矢量在 A、B、C 轴上的投影长度就是三相变量的大小。也就是说，除了在 ABC 坐标系下，还可以在 $\alpha\beta$ 和 dq 坐标系下研究三相电机中的问题。下面以三相定子电流 i_{sA}、i_{sB}、i_{sC} 为例进行讨论。

2.1.2　Clarke 变换($\boldsymbol{ABC-\alpha\beta}$)

图 2-2 为 ABC 坐标轴与 $\alpha\beta$ 坐标轴的关系。

由图 2-2 可知在 $\alpha\beta$ 坐标系下有

$$\dot{i}_{\mathrm{s}}=i_{\mathrm{s}\alpha}+\mathrm{j}i_{\mathrm{s}\beta} \tag{2-5}$$

式中

$$\left.\begin{aligned} i_{\mathrm{s}\alpha}&=\mathrm{Re}\left[\frac{2}{3}(i_{\mathrm{s}A}+ai_{\mathrm{s}B}+a^2 i_{\mathrm{s}C})\right] \\ i_{\mathrm{s}\beta}&=\mathrm{Im}\left[\frac{2}{3}(i_{\mathrm{s}A}+ai_{\mathrm{s}B}+a^2 i_{\mathrm{s}C})\right]\end{aligned}\right\} \tag{2-6}$$

若遵循变换前后电流产生的磁场等效原则，则有

$$\left.\begin{aligned} i_{\mathrm{s}\alpha}&=i_{\mathrm{s}A} \\ i_{\mathrm{s}\beta}&=\frac{1}{\sqrt{3}}(i_{\mathrm{s}A}+2i_{\mathrm{s}B})\end{aligned}\right\} \tag{2-7}$$

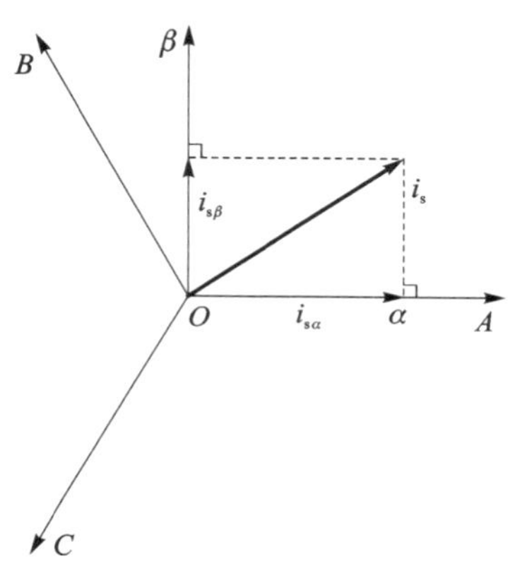

图 2-2　*ABC* 坐标轴与 *αβ* 坐标轴的关系

因此式(2-7)等效为(即 Clarke 变换)

$$\begin{bmatrix} i_{\mathrm{s}\alpha} \\ i_{\mathrm{s}\beta}\end{bmatrix}=\begin{bmatrix} 1 & 0 & 0 \\ \dfrac{1}{\sqrt{3}} & \dfrac{2}{\sqrt{3}} & 0\end{bmatrix}\begin{bmatrix} i_{\mathrm{s}A} \\ i_{\mathrm{s}B} \\ i_{\mathrm{s}C}\end{bmatrix} \tag{2-8}$$

因此，从 $\alpha\beta$ 坐标系至 ABC 坐标系的 Clarke 逆变换为

$$\begin{bmatrix} i_{\mathrm{s}A} \\ i_{\mathrm{s}B} \\ i_{\mathrm{s}C}\end{bmatrix}=\begin{bmatrix} 1 & 0 \\ -\dfrac{1}{2} & -\dfrac{\sqrt{3}}{2} \\ -\dfrac{1}{2} & \dfrac{\sqrt{3}}{2}\end{bmatrix}\begin{bmatrix} i_{\mathrm{s}\alpha} \\ i_{\mathrm{s}\beta}\end{bmatrix} \tag{2-9}$$

但这种变换并未考虑零序分量的影响，并且遵循变换前后电流产生的旋转磁场等效的原则。若以遵循变换前后两个坐标系统的电动机输出功率不变为原则，则有另外一套变换公式，推导如下：

$$\left.\begin{aligned} N_2 i_{s\alpha} &= N_3 i_{sA} + N_3 i_{sB}\cos 120° + N_3 i_{sC}\cos(-120°) \\ N_2 i_{s\beta} &= 0 + N_3 i_{sB}\sin 120° + N_3 i_{sC}\sin(-120°) \end{aligned}\right\} \tag{2-10}$$

式中,N_2、N_3 分别为两相和三相绕组的匝数,整理可得

$$\begin{bmatrix} i_{s\alpha} \\ i_{s\beta} \end{bmatrix} = \frac{N_3}{N_2}\begin{bmatrix} 1 & -\frac{1}{2} & -\frac{1}{2} \\ 0 & \frac{\sqrt{3}}{2} & -\frac{\sqrt{3}}{2} \end{bmatrix}\begin{bmatrix} i_{sA} \\ i_{sB} \\ i_{sC} \end{bmatrix} \tag{2-11}$$

为了便于矩阵逆变换,增加一项零序电流 i_0,定义

$$i_0 = \frac{N_3}{N_2}(Ki_{sA} + Ki_{sB} + Ki_{sC}) \tag{2-12}$$

式中,K 为待定系数,则式(2-11)改写为

$$\begin{bmatrix} i_0 \\ i_{s\alpha} \\ i_{s\beta} \end{bmatrix} = \frac{N_3}{N_2}\begin{bmatrix} K & K & K \\ 0 & \frac{\sqrt{3}}{2} & \frac{\sqrt{3}}{2} \\ 1 & -\frac{1}{2} & -\frac{1}{2} \end{bmatrix}\begin{bmatrix} i_{sA} \\ i_{sB} \\ i_{sC} \end{bmatrix} \tag{2-13}$$

因此,系数矩阵 $\boldsymbol{T} = \frac{N_3}{N_2}\begin{bmatrix} K & K & K \\ 0 & \frac{\sqrt{3}}{2} & \frac{\sqrt{3}}{2} \\ 1 & -\frac{1}{2} & -\frac{1}{2} \end{bmatrix}$。

为了符合功率不变原则,有 $\boldsymbol{T}^{\mathrm{T}} = \boldsymbol{T}^{-1}$,从而求得未知量。

遵循变换前后电流产生的旋转磁场等效原则,有

$$\begin{bmatrix} x_0 \\ x_\alpha \\ x_\beta \end{bmatrix} = \begin{bmatrix} \frac{1}{3} & \frac{1}{3} & \frac{1}{3} \\ \frac{2}{3} & -\frac{1}{3} & -\frac{1}{3} \\ 0 & \frac{1}{\sqrt{3}} & -\frac{1}{\sqrt{3}} \end{bmatrix}\begin{bmatrix} x_A \\ x_B \\ x_C \end{bmatrix} \text{(Clarke 变换)}, \quad T_{ABC\text{-}\alpha\beta 0} = \begin{bmatrix} \frac{1}{3} & \frac{1}{3} & \frac{1}{3} \\ \frac{2}{3} & -\frac{1}{3} & -\frac{1}{3} \\ 0 & \frac{1}{\sqrt{3}} & -\frac{1}{\sqrt{3}} \end{bmatrix}$$

$$\begin{bmatrix} x_A \\ x_B \\ x_C \end{bmatrix} = \begin{bmatrix} 1 & 1 & 0 \\ 1 & -\frac{1}{2} & \frac{\sqrt{3}}{2} \\ 1 & -\frac{1}{2} & -\frac{\sqrt{3}}{2} \end{bmatrix}\begin{bmatrix} x_0 \\ x_\alpha \\ x_\beta \end{bmatrix} \text{(Clarke 逆变换)}, \quad T_{\alpha\beta 0\text{-}ABC} = \begin{bmatrix} 1 & 1 & 0 \\ 1 & -\frac{1}{2} & \frac{\sqrt{3}}{2} \\ 1 & -\frac{1}{2} & -\frac{\sqrt{3}}{2} \end{bmatrix}$$

遵循变换前后两个坐标系统的电机输出功率不变的原则,有

$$\begin{bmatrix} x_\alpha \\ x_\beta \\ x_0 \end{bmatrix} = \sqrt{\frac{2}{3}} \begin{bmatrix} 1 & -\frac{1}{2} & -\frac{1}{2} \\ 0 & \frac{\sqrt{3}}{2} & -\frac{\sqrt{3}}{2} \\ \frac{1}{\sqrt{2}} & \frac{1}{\sqrt{2}} & \frac{1}{\sqrt{2}} \end{bmatrix} \begin{bmatrix} x_A \\ x_B \\ x_C \end{bmatrix} \quad \text{(Clarke 变换)}$$

$$T_{ABC-\alpha\beta 0} = \sqrt{\frac{2}{3}} \begin{bmatrix} 1 & -\frac{1}{2} & -\frac{1}{2} \\ 0 & \frac{\sqrt{3}}{2} & -\frac{\sqrt{3}}{2} \\ \frac{1}{\sqrt{2}} & \frac{1}{\sqrt{2}} & \frac{1}{\sqrt{2}} \end{bmatrix}$$

$$\begin{bmatrix} x_A \\ x_B \\ x_C \end{bmatrix} = \sqrt{\frac{2}{3}} \begin{bmatrix} 1 & 0 & \frac{\sqrt{2}}{2} \\ -\frac{1}{2} & \frac{\sqrt{3}}{2} & \frac{\sqrt{2}}{2} \\ -\frac{1}{2} & -\frac{\sqrt{3}}{2} & \frac{\sqrt{2}}{2} \end{bmatrix} \begin{bmatrix} x_\alpha \\ x_\beta \\ x_0 \end{bmatrix} \quad \text{(Clarke 逆变换)}$$

$$T_{\alpha\beta 0-ABC} = \sqrt{\frac{2}{3}} \begin{bmatrix} 1 & 0 & \frac{\sqrt{2}}{2} \\ -\frac{1}{2} & \frac{\sqrt{3}}{2} & \frac{\sqrt{2}}{2} \\ -\frac{1}{2} & -\frac{\sqrt{3}}{2} & \frac{\sqrt{2}}{2} \end{bmatrix}$$

2.1.3　Park 变换（$\alpha\beta-dq$）

若静止绕组产生的旋转磁动势角速度为 ω_1，则有 $\omega_1=2\pi f/p_n$。dq 旋转坐标系的旋转速度是任意的，如果令 dq 旋转坐标系的旋转速度是 ω，则旋转坐标系上旋转绕组中的电流角频率是 $\omega_1-\omega$。如果旋转坐标系的旋转速度等于 ω_1，则旋转绕组中的电流角频率为零，即旋转绕组中的电流为直流。也就是说，经过如此的坐标变换，交流电机和直流电机之间建立了等效关系，使交流电机可以按照直流电机的控制模式进行控制，这是交流电机矢量控制的重要思路。

图 2－3 把两个坐标系画在一起，其中 dq 坐标系以角频率 ω 在旋转（同时 ω 也是 $i_{s\alpha}$、$i_{s\beta}$ 的频率），φ 是 dq 坐标系和静止两相坐标系的夹角，它随时间的变化而变化，$\theta=\omega t$（假设初始夹角为 0°）。

由图 2－3 可知，在 dq 坐标系下，有

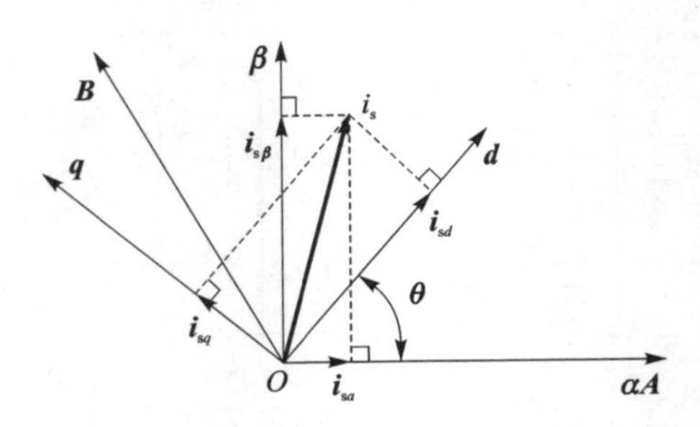

图 2-3　αβ 坐标轴与 dq 坐标轴的关系

$$\dot{i}_s = i_{sd} + \mathrm{j}i_{sq} \tag{2-14}$$

进一步可等效为

$$\dot{i}_s = (i_{s\alpha}\cos\theta + i_{s\beta}\sin\theta) + \mathrm{j}(i_{s\beta}\cos\theta - i_{s\alpha}\sin\theta) \tag{2-15}$$

因此,可以写成矩阵的形式

$$\dot{i}_s = \begin{bmatrix} i_{sd} \\ i_{sq} \end{bmatrix} = \begin{bmatrix} \cos\theta & \sin\theta \\ -\sin\theta & \cos\theta \end{bmatrix} \begin{bmatrix} i_{s\alpha} \\ i_{s\beta} \end{bmatrix} \tag{2-16}$$

Park 正变换为

$$T_{\alpha\beta\text{-}dq} = \begin{bmatrix} \cos\theta & \sin\theta \\ -\sin\theta & \cos\theta \end{bmatrix}$$

Park 逆变换为

$$T_{dq\text{-}\alpha\beta} = \begin{bmatrix} \cos\theta & -\sin\theta \\ \sin\theta & \cos\theta \end{bmatrix}$$

2.2　三相同步电机的模型分析

永磁同步电机(PMSM)的定子结构与普通感应电机基本相同,主要区别在于转子的磁路结构。根据永磁体在电机转子上的安装位置,永磁同步电机可分为凸装式(表面式)、嵌入式和内置式(内永磁式)3 种。不同转子磁路结构对应的控制系统、运行性能、制造工艺以及使用场合各有差异。

数学模型是研究实际物理对象的重要手段。建立能够反映研究对象本质规律的数学模型,可对实际对象进行有效的分析和控制,探讨系统参量的变化规律,研究对象控制系统的响应特性。

从同步电机的电磁关系可知,同步电机的微分方程是一组变系数微分方程,微分方程的系数是随转子和相对位置而变化的时间函数。因此,同步电机属于一种非线性多变量系统,分析和求解这些微分方程十分困难,需要借助于数值计算方法才可求解。Park 变换将同步电机定子坐标系中所有变量等效地由转子坐标系变量来替代,消除了同步电机数学模型中的时变系数,简化了同步电机数学模型,成为研究同步电

机的重要手段。人们在对电机进行分析与控制的研究过程中,还陆续提出了几种坐标变换公式,为电机在不同运行条件下建立简单的数学模型奠定了基础。以坐标变换为基础的矢量控制技术,为高性能交流电力传动提供了理论基础。本章将探讨在 ABC 坐标系和 $\alpha\beta 0$ 坐标系下的坐标变换及永磁同步电机的电磁特性,并阐述永磁同步电机的数学模型。

为了方便对永磁同步电机进行分析,作如下假设:

① 忽略磁路饱和、磁滞和涡流影响,视电机磁路是线性的,可以应用叠加原理对电机回路各参数进行分析;

② 电机的定子绕组三相对称,各绕组轴线在空间上互差 120°电角度;

③ 转子上没有阻尼绕组,永磁体没有阻尼作用;

④ 电机定子电势按正弦规律变化,定子电流在气隙中只产生正弦分布磁势,忽略磁场场路中的高次谐波磁势。

2.2.1　三相坐标系下的数学模型

在 ABC 坐标系中,将定子三相绕组中 A 相轴线作为空间坐标系的参考轴线 as,在确定好磁链和电流正方向后(见图 2-4),as、bs、cs 为电机三相定子绕组轴线,θ 为转子 d 轴轴线与 A 相绕组轴线之间的夹角,ψ_f 为转子产生的穿过定子的磁链,$\boldsymbol{i}_s$ 为电机定子三相电流的综合矢量。

永磁同步电机在 ABC 坐标系下的定子电压方程为

$$u_s = Ri_s + L\frac{\mathrm{d}i_s}{\mathrm{d}t} + \frac{\mathrm{d}\psi_s}{\mathrm{d}t} = Ri_s + \frac{\mathrm{d}\psi}{\mathrm{d}t} \tag{2-17}$$

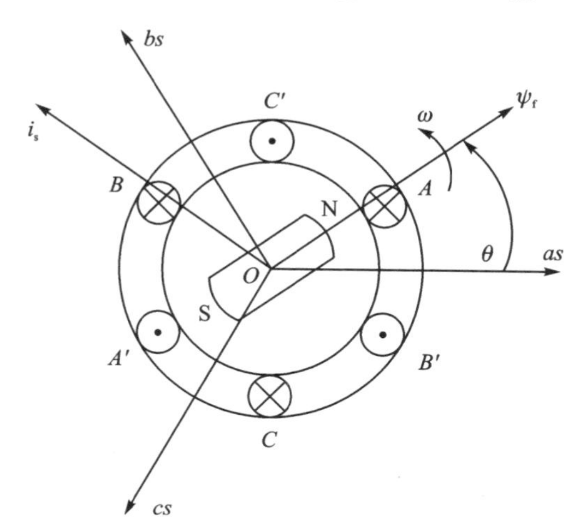

图 2-4　永磁同步电机的物理模型

在 ABC 三相坐标系下的磁链方程为

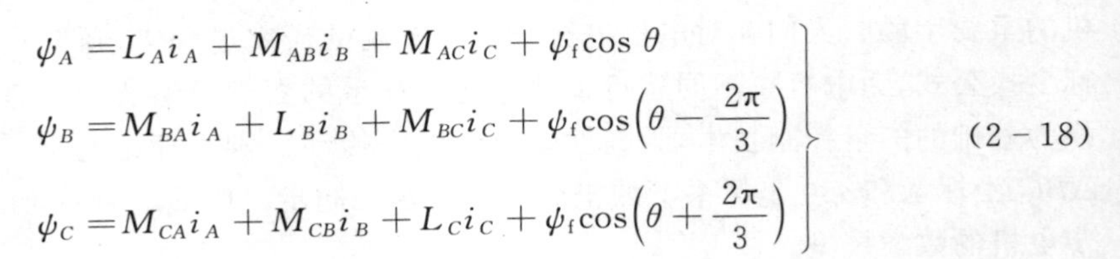

$$\left.\begin{aligned}\psi_A &= L_A i_A + M_{AB} i_B + M_{AC} i_C + \psi_f \cos\theta \\ \psi_B &= M_{BA} i_A + L_B i_B + M_{BC} i_C + \psi_f \cos\left(\theta - \frac{2\pi}{3}\right) \\ \psi_C &= M_{CA} i_A + M_{CB} i_B + L_C i_C + \psi_f \cos\left(\theta + \frac{2\pi}{3}\right)\end{aligned}\right\} \tag{2-18}$$

写成向量形式,上式可表示为 $\boldsymbol{\psi}=\boldsymbol{L}\boldsymbol{i}_s+\boldsymbol{\psi}_s$

对应式(2-17)、式(2-18),则 $\boldsymbol{u}_s=[u_A \quad u_B \quad u_C]^T$,$\boldsymbol{i}_s=[i_A \quad i_B \quad i_C]^T$,$\boldsymbol{\psi}_s=[\psi_A \quad \psi_B \quad \psi_C]^T$,

$$\boldsymbol{R}=\begin{bmatrix} R_s & 0 & 0 \\ 0 & R_s & 0 \\ 0 & 0 & R_s \end{bmatrix},\quad \boldsymbol{L}=\begin{bmatrix} L_A & M_{AB} & M_{AC} \\ M_{BA} & L_B & M_{BC} \\ M_{CA} & M_{CB} & L_C \end{bmatrix},\quad \boldsymbol{\psi}_s=\psi_f\begin{bmatrix} \cos\theta \\ \cos(\theta-2\pi/3) \\ \cos(\theta+2\pi/3) \end{bmatrix}$$

式中 i_A、i_B、i_C——A、B、C 三相绕组电流;

u_A、u_B、u_C——A、B、C 三相绕组电压;

R_s——电机定子相绕组电阻;

ψ_f——转子永磁体磁极的励磁磁链;

L_A、L_B、L_C——电机定子绕组自感系数;

$M_{XY}=M_{YX}$——定子绕组互感系数;

θ——转子 d 轴超前定子 A 相绕组轴线 as 的电角度。

除电压方程和磁链方程外,ABC 坐标系下的数学模型还包括电机的运动方程和转矩方程。ABC 坐标方程和磁链方程比较复杂,磁链的数值随永磁同步电机定转子的位置而变化;而电机运动方程是描述电机电磁转矩与电机运动状态之间的关系,方程的表述比较简单,但转矩方程涉及永磁同步电机电流向量和磁链矩阵,其表述相对复杂。

由 ABC 三相坐标系的电压方程(2-17)和磁链方程(2-18)可以看出,在 ABC 坐标系中因为电机的定、转子在磁电结构上的不对称,同步电机的数学模型是一组与转子瞬间位置有关的非线性时变方程。因此,采用 ABC 坐标系的数学模型对永磁同步电机进行分析和控制是十分困难的,需要对数学模型进行简化,以便对永磁同步电机进行分析与控制。

2.2.2 静止坐标系下的数学模型

将永磁同步电机在 ABC 三相坐标系中的电流参量进行坐标变换,可以将三相坐标系下的电机电压、磁链方程在 $\alpha\beta$ 坐标系中表示出来。将 α 轴与 A 相轴线重合,β 轴超前 α 轴 90°,如图 2-5 所示。在 $\alpha-\beta$ 轴中的电压、电流,直接从 ABC 三相坐标系中的电压电流通过简单的线性变换就可得到。一个旋转矢量从三相 ABC 定子坐标系变换到 $\alpha\beta$ 坐标系称为 3/2 变换,有

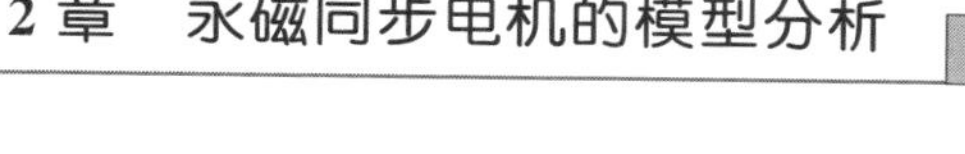

$$\begin{bmatrix} i_\alpha \\ i_\beta \end{bmatrix} = \frac{2}{3} \begin{bmatrix} 1 & -\frac{1}{2} & -\frac{1}{2} \\ 0 & \frac{\sqrt{3}}{2} & -\frac{\sqrt{3}}{2} \end{bmatrix} \begin{bmatrix} i_A \\ i_B \\ i_C \end{bmatrix} \tag{2-19}$$

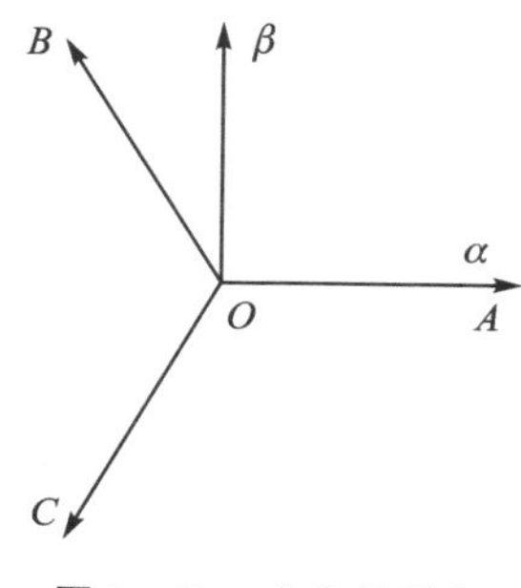

图 2-5　$\alpha\beta$ 坐标系和 ABC 三相坐标系

经过变换得到 $\alpha\beta$ 坐标系的电压方程为

$$\left.\begin{aligned} u_\alpha &= \frac{\mathrm{d}\psi_\alpha}{\mathrm{d}t} + Ri_\alpha \\ u_\beta &= \frac{\mathrm{d}\psi_\beta}{\mathrm{d}t} + Ri_\beta \end{aligned}\right\} \tag{2-20}$$

$\alpha\beta$ 坐标系的磁链方程为

$$\left.\begin{aligned} \psi_\alpha &= i_\alpha(L_d\cos^2\theta + L_q\sin^2\theta) + i_\beta(L_d - L_q)\sin\theta\cos\theta + \psi_\alpha\cos\theta \\ \psi_\beta &= i_\alpha(L_d - L_q)\sin\theta\cos\theta + i_\beta(L_d\cos^2\theta + L_q\sin^2\theta) + \psi_\alpha\sin\theta \end{aligned}\right\} \tag{2-21}$$

式中，L_d、L_q 为同步电机直轴、交轴电感；$\psi_\alpha(=\sqrt{3/2}\,\psi_f)$ 为永磁体产生的与定子绕组交链的磁链。

在 $\alpha\beta$ 坐标系中，经过线性变换式(2-21)使 ABC 三相坐标系中的电机数学模型方程得到一定的简化。针对内永磁同步电机，因为转子直、交轴的不对称而具有凸极效应，直轴、交轴电感不相等，即 $L_d \neq L_q$，因此在 $\alpha\beta$ 坐标系中的内永磁同步电机磁链、电压方程是一组非线性方程组，数学模型相当复杂。将该方程组用于内永磁同步电机的分析和控制时也很复杂，一般不采用该坐标系下的数学模型。然而，对于具有对称转子结构的表面式永磁同步电机，因为 $L_d = L_q$，电机的数学模型相对简单，故可以用于对该电机的分析与控制。但实际上，即便是面装式永磁同步电机，也不能保证 $L_d = L_q$，故在分析永磁同步电机时，一般不用这个模型。

2.2.3　同步旋转坐标系下的数学模型

dq 坐标系是随电机气隙磁场同步旋转的坐标系，可将其视为放置在电机转子上的旋转坐标系，其 d 轴的方向是永磁同步电机转子励磁磁链方向，q 轴超前 d 轴 90°，如图 2-6 所示。在 dq 坐标系中，永磁同步电机的等效模型如图 2-7 所示。

β 为电机定子三相电流合成空间矢量与永磁体励磁磁场轴线(直轴)之间的夹角，又称转矩角。θ 为 d 轴轴线与电机 A 相绕组轴线之间的夹角。ψ_f 为转子永磁体磁极的励磁磁链。

由 ABC 坐标系的三相电流到 dq 同步旋转坐标系的 $d-q$ 轴电流之间的变换(等功率变换)为

$$\begin{bmatrix} i_d \\ i_q \end{bmatrix} = \sqrt{\frac{2}{3}} \begin{bmatrix} \cos\theta & \cos(\theta - 2\pi/3) & \cos(\theta + 2\pi/3) \\ -\sin\theta & -\sin(\theta - 2\pi/3) & -\sin(\theta + 2\pi/3) \end{bmatrix} \begin{bmatrix} i_A \\ i_B \\ i_C \end{bmatrix} \tag{2-22}$$

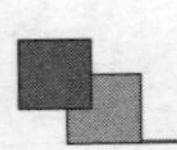

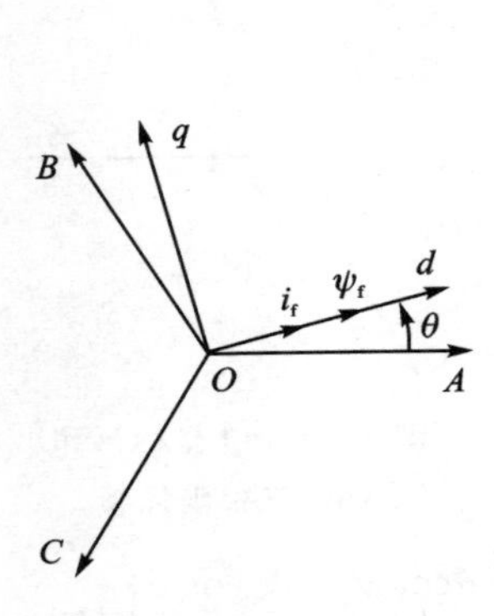

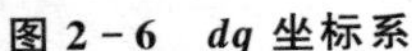
图 2-6 dq 坐标系

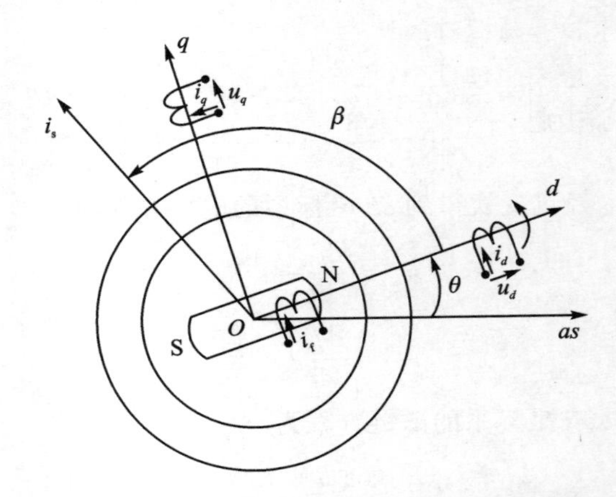

图 2-7 dq 坐标系中的永磁同步电机等效模型

永磁同步电机在 dq 同步旋转坐标系下的磁链、电压方程为

$$\left.\begin{aligned}\psi_d &= L_d i_d + \psi_f \\ \psi_q &= L_q i_q\end{aligned}\right\} \tag{2-23}$$

$$\left.\begin{aligned}u_d &= \frac{d\psi_d}{dt} - \omega\psi_q + R_s i_d \\ u_q &= \frac{d\psi_q}{dt} + \omega\psi_d + R_s i_q\end{aligned}\right\} \tag{2-24}$$

电磁转矩矢量方程为

$$T_e = p_n \dot{\psi}_s \times \dot{i}_s \tag{2-25}$$

用 dq 轴系分量来表示式(2-25)中磁链和电流综合矢量,有

$$\left.\begin{aligned}\dot{\psi}_s &= \psi_d + j\psi_q \\ \dot{i}_s &= i_d + j i_q\end{aligned}\right\} \tag{2-26}$$

将式(2-26)代入式(2-25),电机电磁转矩方程变换为

$$T_e = p_n(\psi_d i_q - \psi_q i_d) \tag{2-27}$$

将磁链方程式(2-23)代入式(2-27),可得永磁同步电机的电磁转矩为

$$T_e = p_n[\psi_f i_q + (L_d - L_q) i_d i_q] \tag{2-28}$$

由图 2-7 可知,$i_d = i_s \cos\beta$,$i_q = i_s \sin\beta$,将其代入式(2-28)得

$$T_e = p_n[\psi_f i_s \sin\beta + 0.5(L_d - L_q) i_s^2 \sin 2\beta] \tag{2-29}$$

式(2-20)~式(2-28)中,i_A、i_B、i_C 为 A、B、C 三相绕组电流,L_d、L_q 为电机直轴、交轴同步电感,R_s 为电机定子电阻,p_n 为电机定子绕组极对数,$\dot{\psi}_s$、$\dot{i}_s$ 为电机磁链、定子电流的综合矢量,i_d、i_q 为在 dq 同步旋转坐标系中直轴与交轴电流。

式(2-28)第一项是电机定子电流与永磁体磁场之间产生的电磁转矩,第二项是

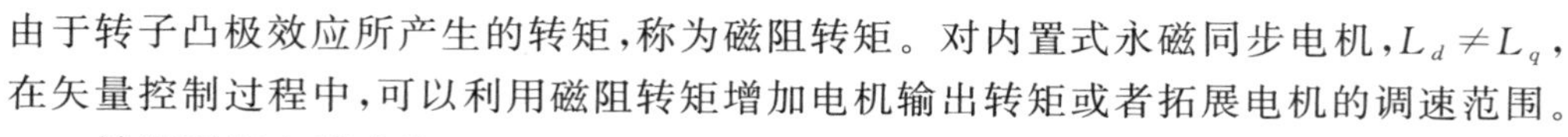

由于转子凸极效应所产生的转矩，称为磁阻转矩。对内置式永磁同步电机，$L_d \neq L_q$，在矢量控制过程中，可以利用磁阻转矩增加电机输出转矩或者拓展电机的调速范围。

转矩平衡方程式为

$$T_e - T_L = J\frac{d\omega_r}{dt} + R_\Omega \omega_r \tag{2-30}$$

式中，ω_r、T_L、J、R_Ω 分别是电机机械角速度（$\omega_r = \omega/p_n$）、电机的负载阻转矩、电机转动惯量、电机阻尼系数。

式(2-21)、式(2-22)、式(2-23)、式(2-24)便是永磁同步电机在 dq 同步旋转坐标系下的数学模型。由此数学模型可得永磁同步电机矢量图，如图 2-8 所示，图中 δ 为电机的功角。

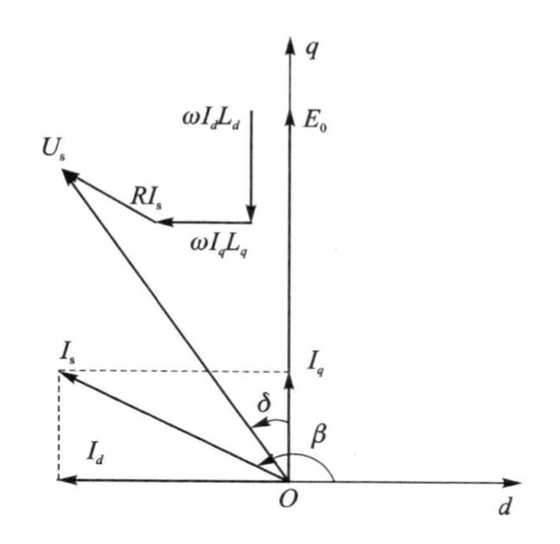

图 2-8　永磁同步电机的矢量图

从前面的分析可见，在 dq 坐标系下同步电机的数学模型比前两种静止坐标系下的数学模型要简单得多，将电机的变系数微分方程变换成常系数方程，消除了时变系数，从而简化了系统运算和分析，方便系统的控制。

对于表面式永磁同步电机，有 $L_d = L_q$，其数学模型成为

$$\left.\begin{aligned} u_d &= R_s i_d + L_d\frac{di_d}{dt} - \omega L_q i_q \\ u_q &= R_s i_q + L_q\frac{di_q}{dt} + \omega L_d i_d + \omega\psi_f \\ T_e &= p_n\psi_f i_q = J\frac{d(\omega/p_n)}{dt} + R_\Omega\frac{\omega}{p_n} + T_L \end{aligned}\right\} \tag{2-31}$$

对于内永磁同步电机，有 $L_d \neq L_q$，其数学模型为

$$\left.\begin{aligned} u_d &= R_s i_d + L_d\frac{di_d}{dt} - \omega L_q i_q \\ u_q &= R_s i_q + L_q\frac{di_q}{dt} + \omega L_d i_d + \omega\psi_f \\ T_e &= p_n[\psi_f i_q + (L_d - L_q)i_d i_q] = J\frac{d(\omega/p_n)}{dt} + R_\Omega\frac{\omega}{p_n} + T_L \end{aligned}\right\} \tag{2-32}$$

由表面式永磁同步电机和内永磁同步电机的数学模型可以看出，这两种电机的数学模型基本相同，差别仅在于其电磁转矩的表达式上。

2.3 双 Y 移 30°六相永磁同步电机的运动分析

双 Y 移 30°六相永磁同步电机是一个多变量、强耦合、非线性的时变系统，变量之间的耦合关系也变得更加复杂，给控制系统的分析带来了极大的困难。与传统三相永磁同步电机类似，对于多相电机，同样可以根据电磁关系写出在不同坐标下等效的电压、电流以及磁链的表达式。因此，应采取相应的坐标变换对其进行解耦，将模型简单化也是实施有效控制的基础。

电压型双 Y 移 30°六相永磁同步电机驱动系统的拓扑结构如图 2-9 所示。

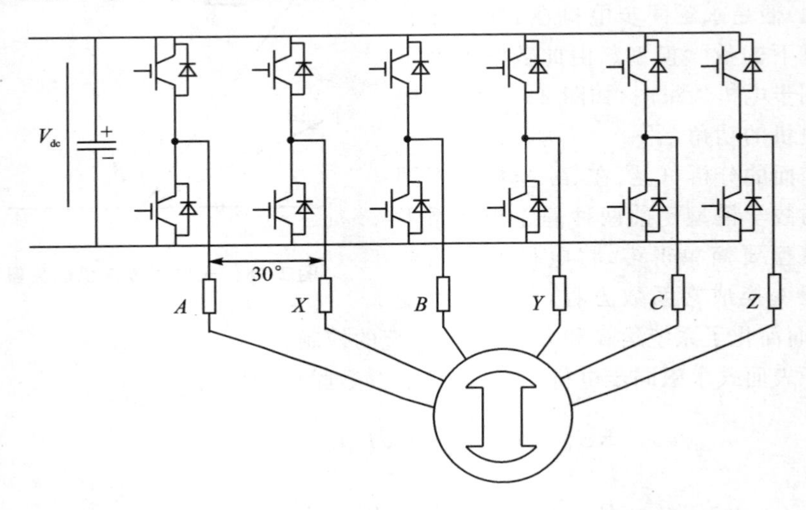

图 2-9　电压型双 Y 移 30°六相永磁同步电机驱动系统的拓扑

正确建立双 Y 移 30°六相电机的数学模型是实施各种控制策略的前提。建立双 Y 移 30°六相永磁同步电机在两相静止坐标系以及同步旋转坐标系下的数学模型，并根据基本的电磁关系推出相应的变换矩阵。为了便于分析，现做出如下假设：

① 定子绕组产生的电枢反应磁场和转子永磁体产生的励磁磁场在气隙中均为正弦分布；

② 忽略电机铁芯的磁饱和，不计涡流、磁滞损耗和定子绕组间的互漏感；

③ 转子上没有阻尼绕组；

④ 永磁材料的电导率为零，永磁内部的磁导率与空气相同，且产生的转子磁链恒定；

⑤ 电压、电流、磁链等变量的方向均按照电动机惯例选取，且符合右手螺旋定则。

2.3.1　坐标变换与运动方程

1. 双 Y 移 30°六相电机的坐标变换与变换矩阵

(1) 六相静止坐标系与两相静止坐标系之间的转化

令 α 轴的方向和 A 轴的方向相同，β 轴沿着 α 轴逆时针旋转 90°。为了保证坐标变换前后不会影响机电能量转换和电磁转矩的生成，要遵循变换前后磁动势不变的原则，即在 $\alpha\beta$ 坐标系下产生的磁势和六相绕组产生的磁势相等，如图 2－10 所示。根据图 2－10 可推出：

$$\left.\begin{aligned}F_\alpha &= F_A\cos 0° + F_X\cos 30° + F_B\cos 120° + F_Y\cos 150° + F_C\cos 240° + F_Z\cos 270° \\ F_\beta &= F_A\sin 0° + F_X\sin 30° + F_B\sin 120° + F_Y\sin 150° + F_C\sin 240° + F_Z\sin 270°\end{aligned}\right\} \tag{2-33}$$

将式(2－33)写成矩阵的形式：

$$\begin{bmatrix}F_\alpha \\ F_\beta\end{bmatrix} = \begin{bmatrix}1 & \dfrac{\sqrt{3}}{2} & -\dfrac{1}{2} & -\dfrac{\sqrt{3}}{2} & -\dfrac{1}{2} & 0 \\ 0 & \dfrac{1}{2} & \dfrac{\sqrt{3}}{2} & \dfrac{1}{2} & -\dfrac{\sqrt{3}}{2} & -1\end{bmatrix}\begin{bmatrix}F_A & F_X & F_B & F_Y & F_C & F_Z\end{bmatrix}^{\mathrm{T}} \tag{2-34}$$

为了将式(2－34)中的变换矩阵化为单位正交阵，在 $\alpha\beta$ 的基础上增加两个子空间 Z_1Z_2 和 O_1O_2，且各子空间彼此正交。其中，基波与 $12k\pm1(k=1,2,3,\cdots)$ 次谐波映射在 $\alpha\beta$ 子空间上，$6k\pm1(k=1,3,5,\cdots)$ 映射在 Z_1Z_2 子空间上，$6k\pm3(k=1,3,5,\cdots)$ 次谐波映射在 O_1O_2 子空间上。其中，只有 $\alpha\beta$ 子空间上的电流分量会在气隙中产生旋转的磁势并参与系统的机电能量转换，Z_1Z_2 和 O_1O_2 子空间上的电流分量不会产生旋转磁势，故这两个子空间与机电能量转换无关。对于中性点互相隔离的六相电机，映射在 O_1O_2 子空间上的变量均为零，故 O_1O_2 又称为零序子空间。由于子空间彼此的正交性，可得：

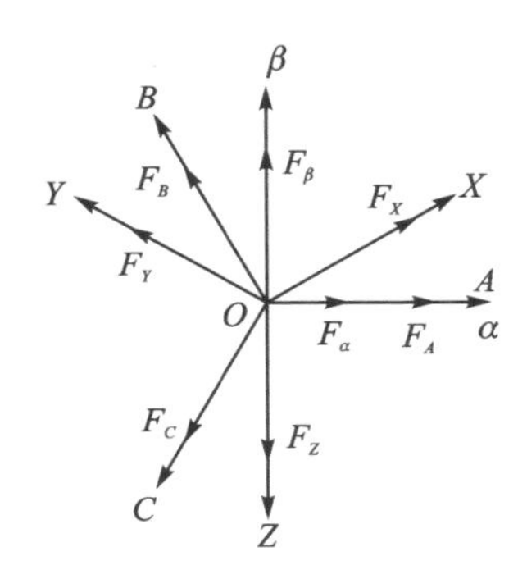

图 2－10　自然坐标系和 αβ 坐标系之间转换图

$$\left.\begin{aligned}&\beta\cdot\alpha^{\mathrm{T}}=0 \\ &Z_1\cdot\alpha^{\mathrm{T}}=Z_1\cdot\beta^{\mathrm{T}}=0 \\ &Z_2\cdot\alpha^{\mathrm{T}}=Z_2\cdot\beta^{\mathrm{T}}=Z_2\cdot Z_1^{\mathrm{T}}=0 \\ &O_1\cdot\alpha^{\mathrm{T}}=O_1\cdot\beta^{\mathrm{T}}=O_1\cdot Z_1^{\mathrm{T}}=O_1\cdot Z_2^{\mathrm{T}}=0 \\ &O_2\cdot\alpha^{\mathrm{T}}=O_2\cdot\beta^{\mathrm{T}}=O_2\cdot Z_1^{\mathrm{T}}=O_2\cdot Z_2^{\mathrm{T}}=O_2\cdot O_1^{\mathrm{T}}=0\end{aligned}\right\} \tag{2-35}$$

根据式(2－34)和式(2－35)可得

$$\begin{bmatrix}\alpha\\\beta\\Z_1\\Z_2\\O_1\\O_2\end{bmatrix}=\frac{1}{2}\begin{bmatrix}2 & \sqrt{3} & -1 & -\sqrt{3} & -1 & 0\\0 & 1 & \sqrt{3} & 1 & -\sqrt{3} & -2\\2 & -\sqrt{3} & -1 & \sqrt{3} & -1 & 0\\0 & 1 & -\sqrt{3} & 1 & \sqrt{3} & -2\\2 & 0 & 2 & 0 & 2 & 0\\0 & 2 & 0 & 2 & 0 & 2\end{bmatrix} \tag{2-36}$$

将式(2-36)中矩阵进行单位化得到单位正交阵,即得变换矩阵 $\boldsymbol{C}_{6s/2s}$ 为

$$\boldsymbol{C}_{6s/2s}=\left[\frac{\alpha}{|\alpha|}\quad\frac{\beta}{|\beta|}\quad\frac{Z_1}{|Z_1|}\quad\frac{Z_2}{|Z_2|}\quad\frac{O_1}{|O_1|}\quad\frac{O_2}{|O_2|}\right]^{\mathrm{T}}$$

$$=\frac{1}{\sqrt{3}}\begin{bmatrix}1 & \frac{\sqrt{3}}{2} & -\frac{1}{2} & -\frac{\sqrt{3}}{2} & -\frac{1}{2} & 0\\0 & \frac{1}{2} & \frac{\sqrt{3}}{2} & \frac{1}{2} & -\frac{\sqrt{3}}{2} & -1\\1 & -\frac{\sqrt{3}}{2} & -\frac{1}{2} & \frac{\sqrt{3}}{2} & -\frac{1}{2} & 0\\0 & \frac{1}{2} & -\frac{\sqrt{3}}{2} & \frac{1}{2} & \frac{\sqrt{3}}{2} & -1\\1 & 0 & 1 & 0 & 1 & 0\\0 & 1 & 0 & 1 & 0 & 1\end{bmatrix} \tag{2-37}$$

单位正交矩阵的转置等于自身的逆阵,即

$$\boldsymbol{C}_{2s/6s}=\boldsymbol{C}_{6s/2s}^{-1}=\boldsymbol{C}_{6s/2s}^{\mathrm{T}} \tag{2-38}$$

根据式(2-38)可实现六相电机的数学模型在自然坐标系下与两相静止坐标系下的互相转换。

(2) 两相静止坐标系与两相旋转坐标系之间的转换

从自然坐标系到两相静止坐标系的转换仅仅是一种相数上的变换,而从两相静止坐标系到两相旋转坐标系的转换却是一种频率上的变换。两个坐标系的转换关系如图 2-11 所示。

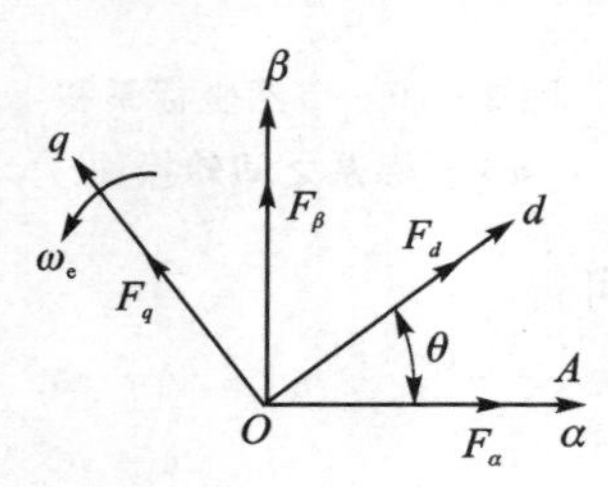

图 2-11 αβ 坐标系和 dq 坐标系之间转换图

通过此转换才可以将静止坐标系下的绕组变换成等效直流电动机的两个换向器绕组,也正是依靠此变换才使机电能量之间的转换关系更加清晰,控制策略得到简化。d 轴的方向和转子永磁体产生的励磁磁链 ψ_f 方向相同,q 轴沿着 d 轴逆时针旋转 90°,d 轴与 α 轴之间的夹角为 θ。上文提到,只有 $\alpha\beta$ 子空间上的变量参与机电能量的转换,所以仅对该子空间进行旋转坐标系的转换即可;并且对于 Z_1Z_2 和 O_1O_2 两个子空间上电机的

两相静止数学模型已经得到了简化，方程中并不包含转子位置角 θ 的函数。

同样根据两个坐标系生成磁动势等效的原则可得

$$\left.\begin{aligned} F_d &= F_\alpha \cos\theta + F_\beta \sin\theta \\ F_q &= -F_\alpha \sin\theta + F_\beta \cos\theta \end{aligned}\right\} \tag{2-39}$$

由于两坐标系内定子的绕组匝数相同，故将式(2-39)化为

$$\left.\begin{aligned} i_d &= i_\alpha \cos\theta + i_\beta \sin\theta \\ i_q &= -i_\alpha \sin\theta + i_\beta \cos\theta \end{aligned}\right\} \tag{2-40}$$

根据式(2-40)可得两相静止坐标系至两相旋转坐标系的变换矩阵：

$$\boldsymbol{C}_{2s/2r} = \begin{bmatrix} \cos\theta & \sin\theta \\ -\sin\theta & \cos\theta \end{bmatrix} \tag{2-41}$$

同理，为了计算，将式(2-41)中的变换矩阵改写成 6 阶方阵，由于 Z_1Z_2 和 O_1O_2 子空间的电流分量与机电能量转换无关，则将变换矩阵改写为

$$\boldsymbol{C}_{2s/2r} = \begin{bmatrix} \cos\theta & \sin\theta & 0 & 0 & 0 & 0 \\ -\sin\theta & \cos\theta & 0 & 0 & 0 & 0 \\ 0 & 0 & 1 & 0 & 0 & 0 \\ 0 & 0 & 0 & 1 & 0 & 0 \\ 0 & 0 & 0 & 0 & 1 & 0 \\ 0 & 0 & 0 & 0 & 0 & 1 \end{bmatrix} \tag{2-42}$$

易知，式(2-42)为单位正交矩阵，则有

$$\boldsymbol{C}_{2r/2s} = \boldsymbol{C}_{2s/2r}^{-1} = \boldsymbol{C}_{2s/2r}^{\mathrm{T}} \tag{2-43}$$

根据式(2-43)可实现在两相静止坐标系下与两相旋转坐标系下六相电机数学模型的互相转换。

(3) 六相静止坐标系与两相旋转坐标系之间的转换

令 d 轴和 A 轴之间的夹角为 θ，且 dq 坐标系以同步角速度 ω_e 旋转，如图 2-12 所示。

根据上述推导，首先将自然坐标系下的数学模型变换为两相静止坐标系下的模型，然后再变换为两相旋转坐标系下的模型，可得变换矩阵：

$$\boldsymbol{C}_{6s/2r} = \frac{1}{\sqrt{3}} \begin{bmatrix} \cos\theta & \cos\left(\theta - \frac{\pi}{6}\right) & \cos\left(\theta - \frac{4\pi}{6}\right) & \cos\left(\theta - \frac{5\pi}{6}\right) & \cos\left(\theta - \frac{8\pi}{6}\right) & \cos\left(\theta - \frac{9\pi}{6}\right) \\ -\sin\theta & -\sin\left(\theta - \frac{\pi}{6}\right) & -\sin\left(\theta - \frac{\pi}{6}\right) & -\sin\left(\theta - \frac{5\pi}{6}\right) & -\sin\left(\theta - \frac{8\pi}{6}\right) & -\sin\left(\theta - \frac{9\pi}{6}\right) \\ 1 & -\frac{\sqrt{3}}{2} & -\frac{1}{2} & \frac{\sqrt{3}}{2} & -\frac{1}{2} & 0 \\ 0 & \frac{1}{2} & -\frac{\sqrt{3}}{2} & \frac{1}{2} & \frac{\sqrt{3}}{2} & -1 \\ 1 & 0 & 1 & 0 & 1 & 0 \\ 0 & 1 & 0 & 1 & 0 & 1 \end{bmatrix} \tag{2-44}$$

同理,由于式(2-44)为单位正交矩阵,则有

$$\boldsymbol{C}_{2r/6s}=\boldsymbol{C}_{6s/2r}^{-1}=\boldsymbol{C}_{6s/2r}^{T} \quad (2-45)$$

根据式(2-45)可实现六相电机的数学模型在自然坐标系下与两相旋转坐标系下的互相转换。

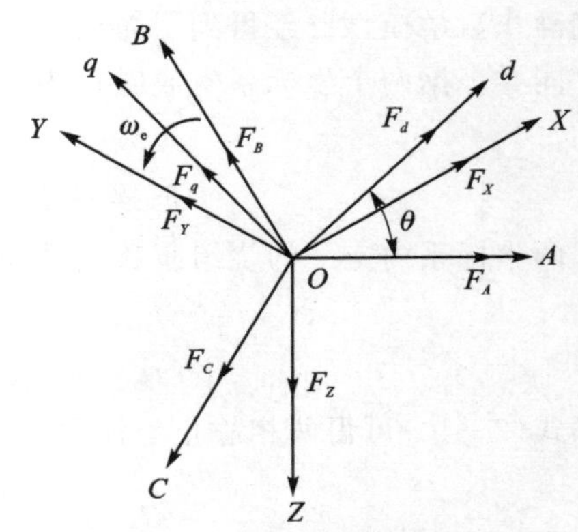

图 2-12　六相坐标系和 dq 坐标系之间的转换图

2. 双 Y 移 30°六相电机在矢量空间解耦下的数学模型

按照各坐标系下的变换矩阵,就可以得出双 Y 移 30°六相永磁同步电机在基于矢量空间解耦下各变量的数学模型。

(1) 磁链方程

$$\boldsymbol{\Psi}_{6s}=\boldsymbol{L}_{6s}\boldsymbol{i}_{6s}+\psi_f\boldsymbol{F}_{6s}(\theta) \tag{2-46}$$

式中　$\boldsymbol{\Psi}_{6s}$——六相绕组的磁链矩阵,$\boldsymbol{\Psi}_{6s}=[\psi_A \quad \psi_X \quad \psi_B \quad \psi_Y \quad \psi_C \quad \psi_Z]^T$;

$\boldsymbol{L}_{6s}$——六相定子电感矩阵,包括定子各相绕组自感和相绕组间的互感,其中自感分为励磁电感和漏电感;

$\boldsymbol{i}_{6s}$——六相定子相电流矩阵,$\boldsymbol{i}_{6s}=[i_A \quad i_X \quad i_B \quad i_Y \quad i_C \quad i_Z]^T$;

θ——励磁磁链 ψ_f 和定子 A 相坐标轴的夹角。

在式(2-46)两端同时左乘变换矩阵 $\boldsymbol{C}_{6s/2s}$ 可得

$$\boldsymbol{\Psi}_{6s}=(\boldsymbol{C}_{6s/2s}\cdot\boldsymbol{L}_{6s}\cdot\boldsymbol{C}_{6s/2s}^{-1})\boldsymbol{i}_{6s}+\psi_f\boldsymbol{F}_{6s}(\theta) \tag{2-47}$$

将变换矩阵 $\boldsymbol{C}_{6s/2s}$ 及 $\boldsymbol{C}_{6s/2s}^{-1}$ 代入,且忽略定子相绕组的漏感可得

$$\begin{bmatrix}\psi_\alpha\\ \psi_\beta\\ \psi_{Z_1}\\ \psi_{Z_2}\\ \psi_{O_1}\\ \psi_{O_2}\end{bmatrix}=\begin{bmatrix}3L_m & 0 & 0 & 0 & 0 & 0\\ 0 & 3L_m & 0 & 0 & 0 & 0\\ 0 & 0 & 0 & 0 & 0 & 0\\ 0 & 0 & 0 & 0 & 0 & 0\\ 0 & 0 & 0 & 0 & 0 & 0\\ 0 & 0 & 0 & 0 & 0 & 0\end{bmatrix}\begin{bmatrix}i_\alpha\\ i_\beta\\ i_{Z_1}\\ i_{Z_2}\\ i_{O_1}\\ i_{O_2}\end{bmatrix}+\psi_f\begin{bmatrix}\sqrt{3}\cos\theta\\ \sqrt{3}\sin\theta\\ 0\\ 0\\ 0\\ 0\end{bmatrix} \tag{2-48}$$

对式(2-48)中 $\alpha\beta$ 子空间下的变量进行旋转坐标系的转换,左乘变换矩阵可得

$$\boldsymbol{\Psi}_{6r}=(\boldsymbol{C}_{6s/2r}\cdot\boldsymbol{L}_{6s}\cdot\boldsymbol{C}_{6s/2r}^{-1})\boldsymbol{i}_{6r}+\psi_f\boldsymbol{F}_{6r}(\theta) \tag{2-49}$$

将变换矩阵 $\boldsymbol{C}_{6s/2r}$ 及 $\boldsymbol{C}_{6s/2r}^{-1}$ 代入可得

$$\begin{bmatrix}\psi_d\\ \psi_q\end{bmatrix}=\begin{bmatrix}L_d & 0\\ 0 & L_q\end{bmatrix}\begin{bmatrix}i_d\\ i_q\end{bmatrix}+\psi_f\begin{bmatrix}\sqrt{3}\\ 0\end{bmatrix} \tag{2-50}$$

式中,$L_d=L_q=3L_m$,L_d 被称为直轴同步电感,L_q 被称为交轴同步电感。

(2) 电压方程

$$\boldsymbol{u}_{6s}=\boldsymbol{R}_{6s}\boldsymbol{i}_{6s}+\frac{d\boldsymbol{\Psi}_{6s}}{dt} \tag{2-51}$$

将式(2-51)中自然坐标系下的电压矢量方程变换为 dq 坐标系下的电压矢量方程，由于 d 轴与 A 轴之间相差 θ 电角度，根据旋转因子 $e^{j\theta}$ 可得

$$\left.\begin{aligned}\boldsymbol{u}_{6s}&=\boldsymbol{u}_s^{dq}e^{j\theta}\\\boldsymbol{i}_{6s}&=\boldsymbol{i}_s^{dq}e^{j\theta}\\\boldsymbol{\Psi}_{6s}&=\boldsymbol{\Psi}_s^{dq}e^{j\theta}\end{aligned}\right\} \tag{2-52}$$

式中，$\boldsymbol{u}_s^{dq}$、$\boldsymbol{i}_s^{dq}$、$\boldsymbol{\Psi}_s^{dq}$ 均为 dq 坐标系下的电压、电流和磁链的合成矢量。

将矢量用实部和虚部表示，可得

$$\left.\begin{aligned}\boldsymbol{u}_s^{dq}&=u_d+ju_q\\\boldsymbol{i}_s^{dq}&=i_d+ji_q\\\boldsymbol{\Psi}_s^{dq}&=\psi_d+j\psi_q\end{aligned}\right\} \tag{2-53}$$

将式(2-52)代入式(2-51)中，可得

$$\boldsymbol{u}_s^{dq}=R\boldsymbol{i}_s^{dq}+j\omega_r\boldsymbol{\Psi}_s^{dq}+\frac{d\boldsymbol{\Psi}_s^{dq}}{dt} \tag{2-54}$$

将式(2-54)中的各矢量用坐标分量表示，即将式(2-53)代入式(2-54)可得 dq 坐标系下电压分量方程为

$$\left.\begin{aligned}u_d&=Ri_d+\frac{d\psi_d}{dt}-\omega_e\psi_q\\u_q&=Ri_q+\frac{d\psi_q}{dt}+\omega_e\psi_d\end{aligned}\right\} \tag{2-55}$$

(3) 电磁转矩方程

根据机电能量转换和电机统一理论可知，电磁转矩方程为

$$T_e=-n_p\mathrm{Im}(\psi_s\cdot i_s^*) \tag{2-56}$$

式中，Im 表示取复数的虚部，i_s^* 表示取 i_s 的共轭复数。

由于仅 $\alpha\beta$ 子空间上的分量参与了机电能量转换，又仅将 $\alpha\beta$ 子空间转换为旋转坐标系 dq，故只将 dq 坐标轴系下的直轴分量和交轴分量代入即可，将式(2-54)和式(2-53)代入式(2-56)中可得

$$T_e=n_p[(L_d-L_q)i_di_q+\sqrt{3}\psi_fi_q] \tag{2-57}$$

对于面贴式的 PMSM 而言，由于不存在凸极效应，故 L_d-L_q 的值为 0。

(4) 运动方程

旋转坐标系下的运动方程为

$$T_e-T_L-B\omega_m=J\frac{d\omega_m}{dt} \tag{2-58}$$

2.3.2 控制方式比较分析

1. 滞环控制方式

滞环控制的双 Y 移 30°六相 PMSM 调速系统仿真框图如图 2-13 所示。

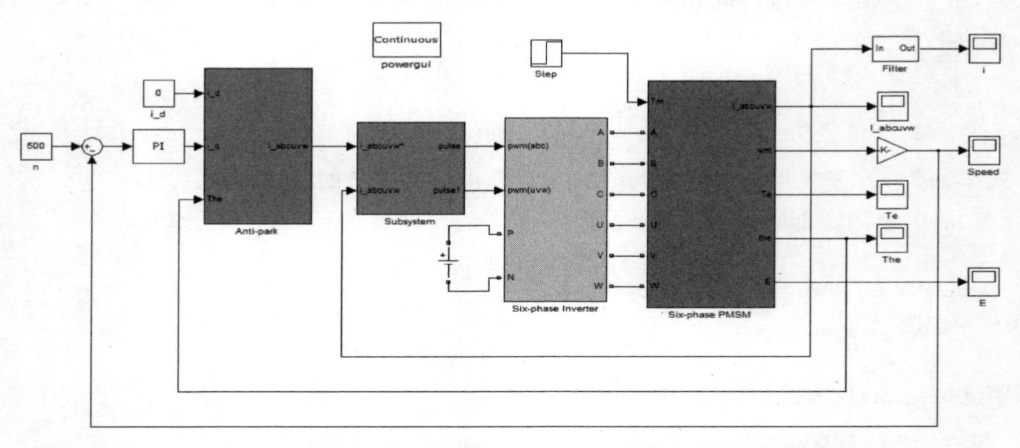

图 2-13 滞环控制的双 Y 移 30°六相 PMSM 调速系统仿真框图

选用双 Y 移 30°六相永磁同步电机的参数如表 2-1 所列。

表 2-1 双 Y 移 30°六相永磁同步电机仿真参数

参 数	R/Ω	L_d/mH	L_q/mH	ψ_f/Wb	$J/(\mathrm{kg \cdot m^2})$	$B/(\mathrm{N \cdot m \cdot s})$	p/对
数 值	1.4	8	8	0.68	0.015	0	3

给定电机的转速为 500 r/min,0.15 s 之前电机空载运行;在 $t=0.15$ s 时,突加 $T_L=50$ N·m 的负载转矩,系统仿真结果如图 2-14 所示。

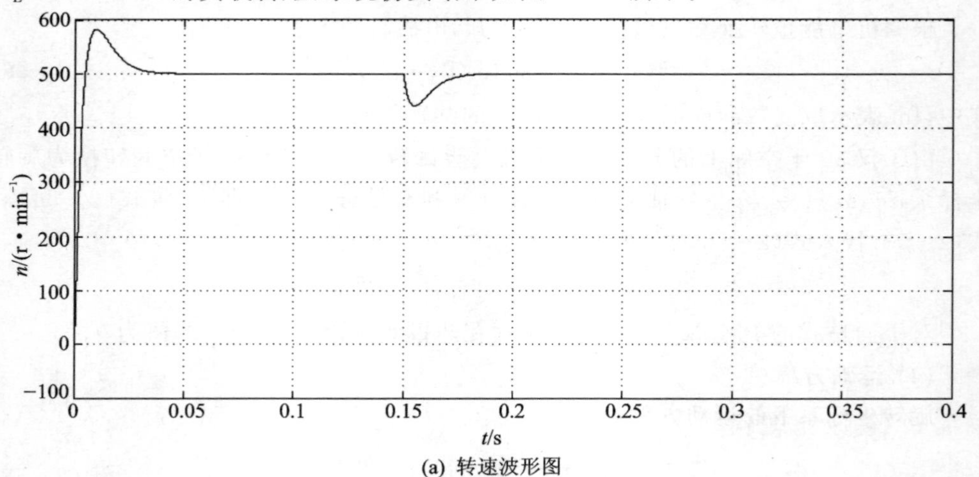

(a) 转速波形图

图 2-14 滞环控制仿真结果图

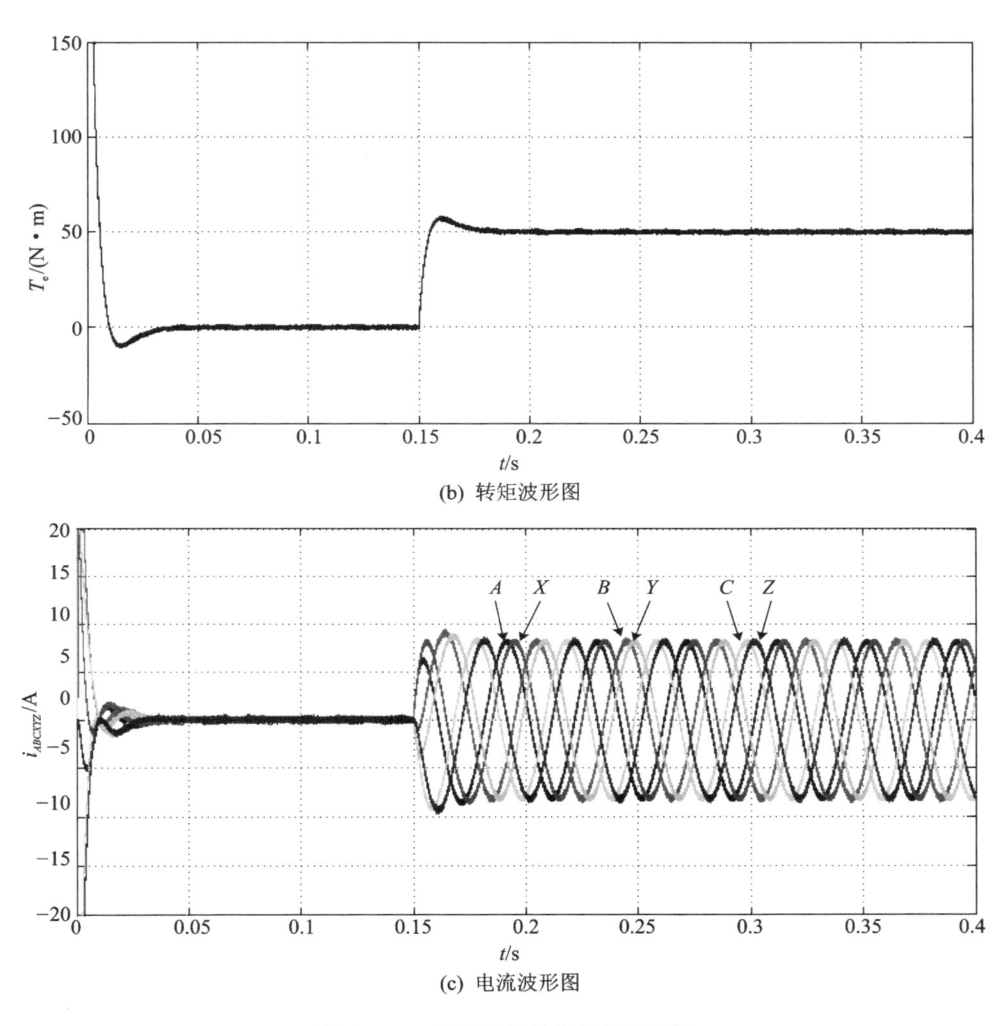

(b) 转矩波形图

(c) 电流波形图

图 2－14　滞环控制仿真结果图(续)

由图 2－14(a)所示的转速波形可知,电机的转速很快上升至给定转速,且达到稳态所需的调节时间短。当在 0.15 s 突加负载转矩时,转速波动较小,恢复至给定转速的时间短。分析图 2－14(b)所示的电磁转矩波形可得,电机空载运行时,电磁转矩约为 0,突加负载后,电磁转矩较快地与负载转矩相平衡,且脉动的幅值很小。图 2－14(c)为六相电流的波形,从图中可得六相电流幅值相同,空载时相电流幅值约为 0;电机负载运行后,电流波形呈正弦状变化,六相电流 A 与 X、B 与 Y、C 与 Z 的相位分别相差 30°,符合理论推导。

2. 载波比较代替滞环比较的控制方式

选用双 Y 移 30°六相永磁同步电机的参数如表 2－1 所列。给定电机的转速为

500 r/min,0.15 s之前电机空载运行。在 $t=0.15$ s时,突加 $T_L=50$ N·m的负载转矩,系统仿真结果如图 2-15 所示。

根据图 2-15(a)转速波形可知,电机的转速很快上升至给定转速,且达到稳态所需的调节时间短,转速波动较大。当在 0.15 s突加负载转矩时,恢复至给定转速的时间短。由图 2-15(b)电磁转矩波形可得,电机空载运行时,电磁转矩约为 0,突加负载后,电磁转矩较快地与负载转矩相平衡,脉动的幅值较大。图 2-15(c)为滤波后的六相电流的波形,空载时相电流幅值约为 0;电机负载运行后,电流波形呈正弦状变化,六相电流 A 与 X、B 与 Y、C 与 Z 的相位分别相差 30°。

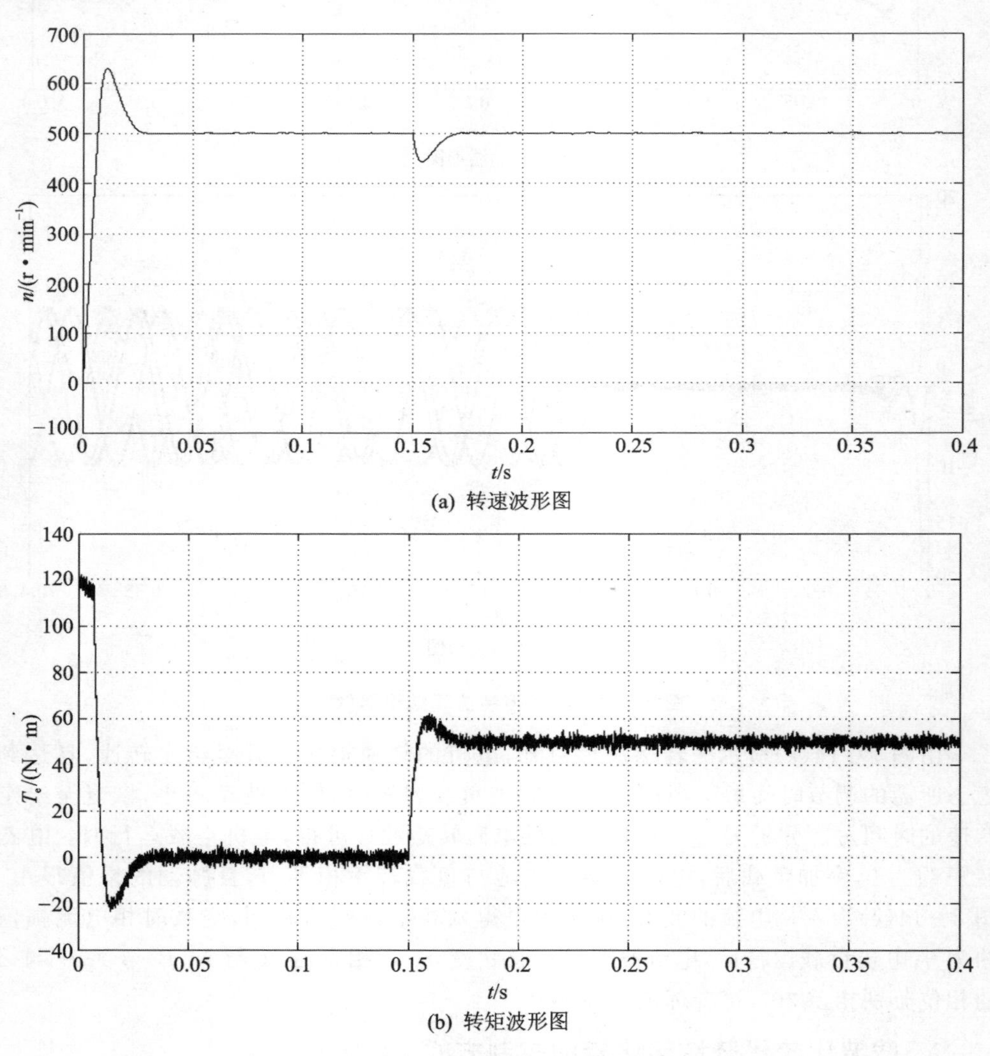

(a) 转速波形图

(b) 转矩波形图

图 2-15　载波比较控制仿真结果图

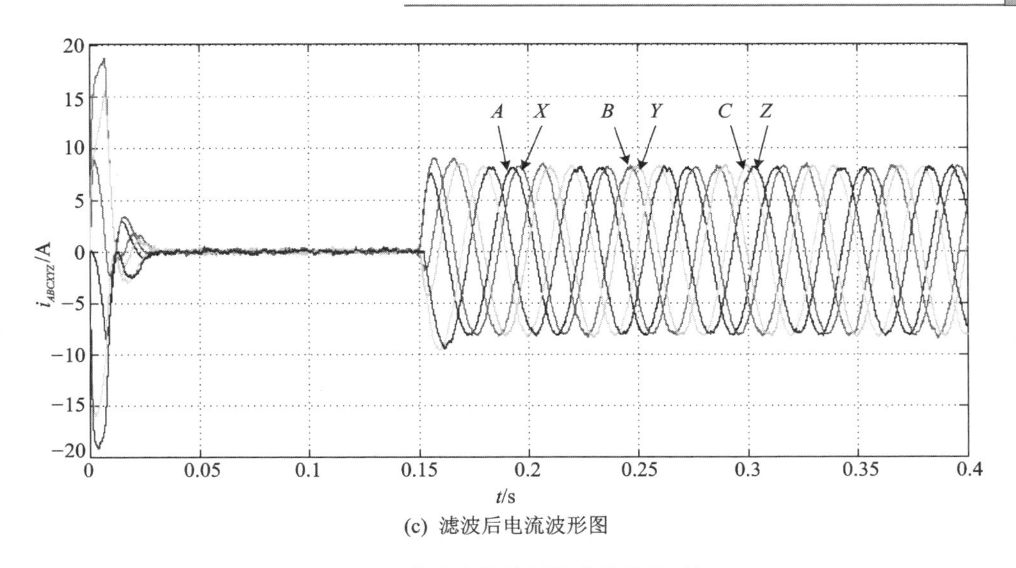

(c) 滤波后电流波形图

图 2－15　载波比较控制仿真结果图(续)

3. 矢量控制

双 Y 移 30°六相永磁同步电机的定子绕组采用隔离中性点的星形连接方式，一个桥臂中的功率管不允许同时导通，否则将发生短路故障而烧毁功率管。因此，每个桥臂有两种开关状态，整个逆变器一共有 $2^6=64$ 个开关状态。以 A 相为例定义开关函数 S_k，当 A 相的上桥臂开通时，则记为 $S_A=1$；下桥臂开通时，则 $S_A=0$，其余相以此类推。64 种开关状态可转换成 64 个电压矢量，每个电压矢量均可用二进制数来表示开关状态，其高位到低位的顺序为 $ABCXYZ$。例如，开关状态 011110 代表电压矢量 $\boldsymbol{V}_{36}$，用十进制表示为 30。在 000000、000111、111000 和 111111 的 4 种开关状态下，电机的端电压为 0，故与之相对应的电压矢量 $\boldsymbol{V}_{00}$、$\boldsymbol{V}_{07}$、$\boldsymbol{V}_{70}$ 和 $\boldsymbol{V}_{77}$ 称为零矢量。由于两套绕组的中性点互相隔离，所以 O_1O_2 平面上的电压矢量均为 $\boldsymbol{0}$，从而得到不同的开关状态在 $\alpha\beta$ 和 Z_1Z_2 平面上的电压矢量为：

$$\left.\begin{aligned}\boldsymbol{V}_{\alpha\beta}&=\frac{1}{3}U_{\mathrm{dc}}(S_A\mathrm{e}^{\mathrm{j}0^\circ}+S_B\mathrm{e}^{\mathrm{j}120^\circ}+S_C\mathrm{e}^{\mathrm{j}240^\circ}+S_X\mathrm{e}^{\mathrm{j}30^\circ}+S_Y\mathrm{e}^{\mathrm{j}150^\circ}+S_Z\mathrm{e}^{\mathrm{j}270^\circ})\\ \boldsymbol{V}_{Z_1Z_2}&=\frac{1}{3}U_{\mathrm{dc}}(S_A\mathrm{e}^{\mathrm{j}0^\circ}+S_B\mathrm{e}^{\mathrm{j}240^\circ}+S_C\mathrm{e}^{\mathrm{j}120^\circ}+S_X\mathrm{e}^{\mathrm{j}150^\circ}+S_Y\mathrm{e}^{\mathrm{j}30^\circ}+S_Z\mathrm{e}^{\mathrm{j}270^\circ})\end{aligned}\right\}\tag{2-59}$$

于是可得到 $\alpha\beta$ 和 Z_1Z_2 两个空间上的电压矢量图，如图 2－16 所示。

图 2－16 根据幅值不同，将电压矢量分成 4 组，每组电压矢量均可围成一个正十二边形。可将幅值为 $U_{\mathrm{dc}}/3$ 的电压矢量当作基本电压矢量，每个基本电压矢量均包含一个三相零矢量，例如，$\boldsymbol{V}_{02}$ 和 $\boldsymbol{V}_{27}$ 的大小和相位将由另一组不为零的矢量决定。这导致 24 个基本电压矢量有 12 个是相同的，例如，$\boldsymbol{V}_{76}$ 和 $\boldsymbol{V}_{06}$ 代表着同一矢量。这

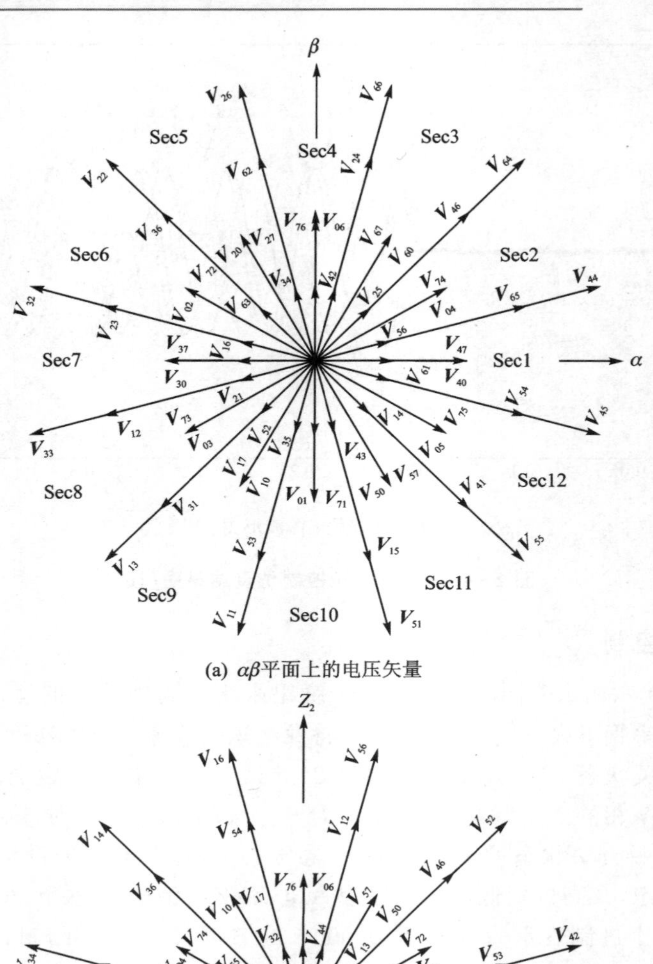

(a) $\alpha\beta$平面上的电压矢量

(b) Z_1Z_2平面上的电压矢量

图 2-16　$\alpha\beta$ 与 Z_1Z_2 平面的电压矢量分布

12 个基本电压矢量的分布可合成其余的 36 个电压矢量,定义 4 种幅值大小分别为 $|\boldsymbol{V}_{\max}|$、$|\boldsymbol{V}_{\mathrm{midl}}|$、$|\boldsymbol{V}_{\mathrm{mids}}|$和$|\boldsymbol{V}_{\min}|$,其大小可由下式得出:

$$\left.\begin{aligned} |\boldsymbol{V}_{\max}| &= \frac{\sqrt{6}+\sqrt{2}}{6}U_{\mathrm{dc}} \\ |\boldsymbol{V}_{\mathrm{mid1}}| &= \frac{\sqrt{2}}{3}U_{\mathrm{dc}} \\ |\boldsymbol{V}_{\mathrm{mids}}| &= \frac{1}{3}U_{\mathrm{dc}} \\ |\boldsymbol{V}_{\min}| &= \frac{\sqrt{6}-\sqrt{2}}{6}U_{\mathrm{dc}} \end{aligned}\right\} \tag{2-60}$$

仿真框图如图 2-17 所示。

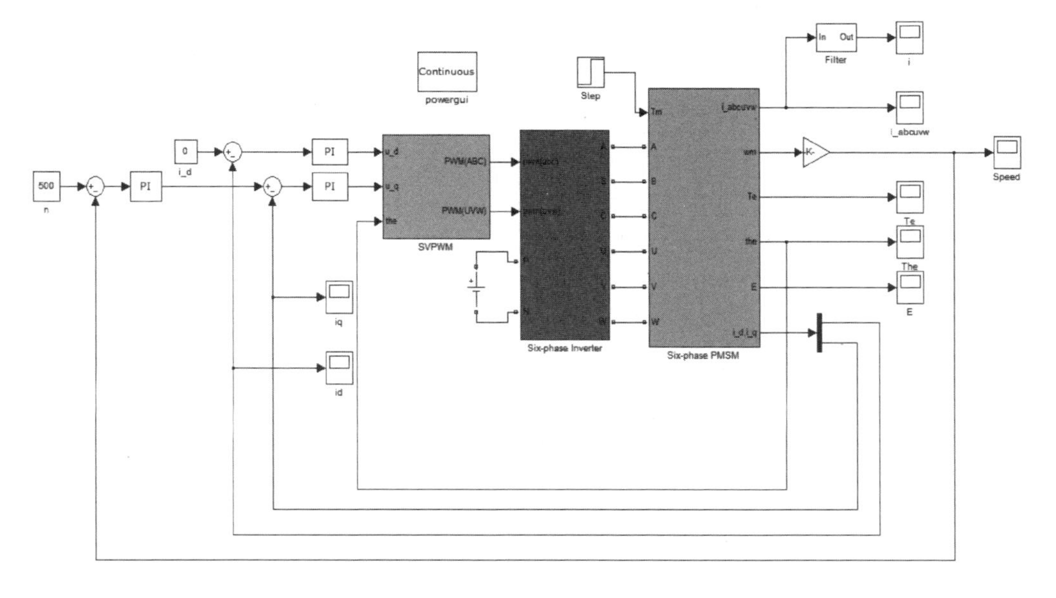

图 2-17　双 Y 移 30°六相 PMSM 的 SVPWM 调速系统仿真框图

(1) 七段式 SVPWM

当采用七段式 SVPWM 时，其波形如图 2-18 所示。

为了减少功率器件的开关次数，选择零矢量 $\boldsymbol{V}_{00}$ 和 $\boldsymbol{V}_{77}$，基本电压矢量和零矢量的作用顺序为 $\boldsymbol{V}_{00}$—$\boldsymbol{V}_{45}$—$\boldsymbol{V}_{55}$—$\boldsymbol{V}_{77}$—$\boldsymbol{V}_{64}$—$\boldsymbol{V}_{44}$—$\boldsymbol{V}_{00}$。由于七段式 SVPWM 的波形不是中心对称的，故逆变器输出的相电压中会有较大谐波。

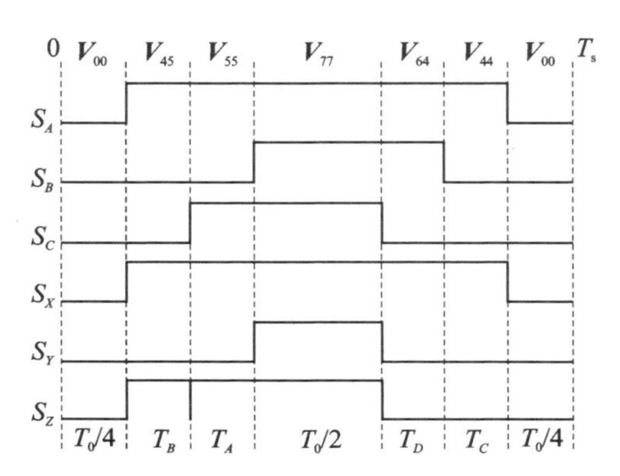

图 2-18　第一扇区内的 PWM 波形

选用双 Y 移 30°六相永磁同步电机的参数如表 2-1 所列。给定电机的转速为 500 r/min,0.2 s 之前电机空载运行;在 $t=0.2$ s 时,突加 $T_L=50$ N·m 的负载转矩,系统仿真结果如图 2-19 所示。

根据图 2-19(a)中转速波形可知,电机的转速很快上升至给定转速,且达到稳态所需的调节时间短,但转速波动较大。当在 0.2 s 突加负载转矩时,恢复至给定转速的时间短。由图 2-19(b)电磁转矩波形可得,电机空载运行时,电磁转矩约为 0;突加负载后,电磁转矩较快地与负载转矩相平衡,脉动的幅值较大。图 2-19(c)为六相电流的波形,由于七段式 SVPWM 的 PWM 波形不对称,因此高次谐波含量高。空载时相电流幅值约为 0;电机负载运行后,电流波形呈正弦状变化,六相电流 A 与 X、B 与 Y、C 与 Z 的相位分别相差 30°。图 2-19(d)为 A 相电流的谐波分析图,总谐波含量为 8.38%,其中 5 次谐波含量为 4.86%,7 次谐波含量为 2.66%。

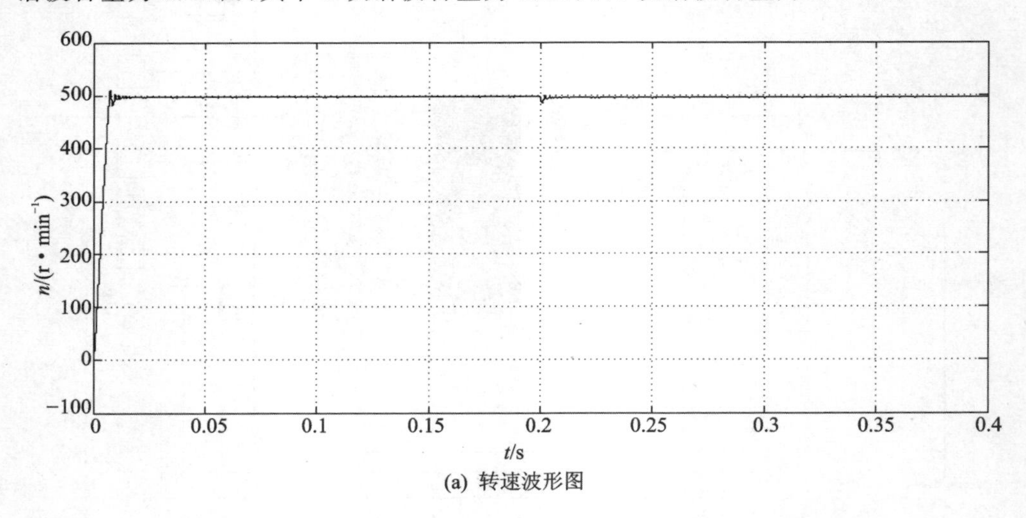

(a) 转速波形图

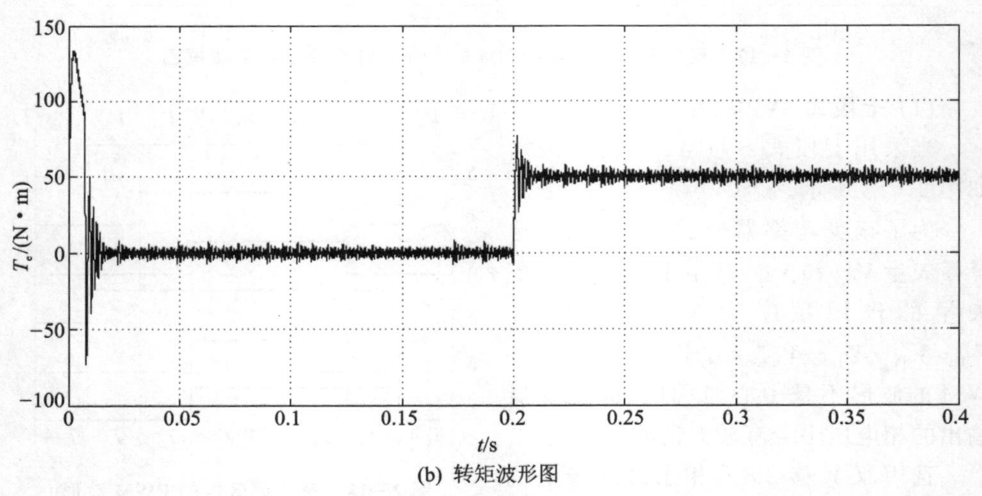

(b) 转矩波形图

图 2-19 七段式 SVPWM 调速系统仿真框图

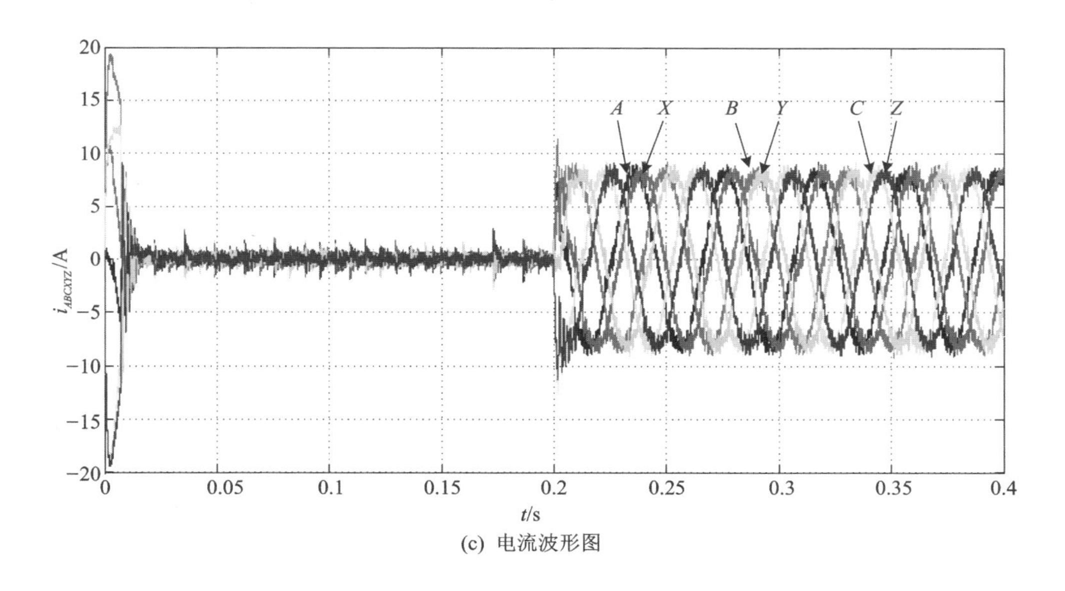

(c) 电流波形图

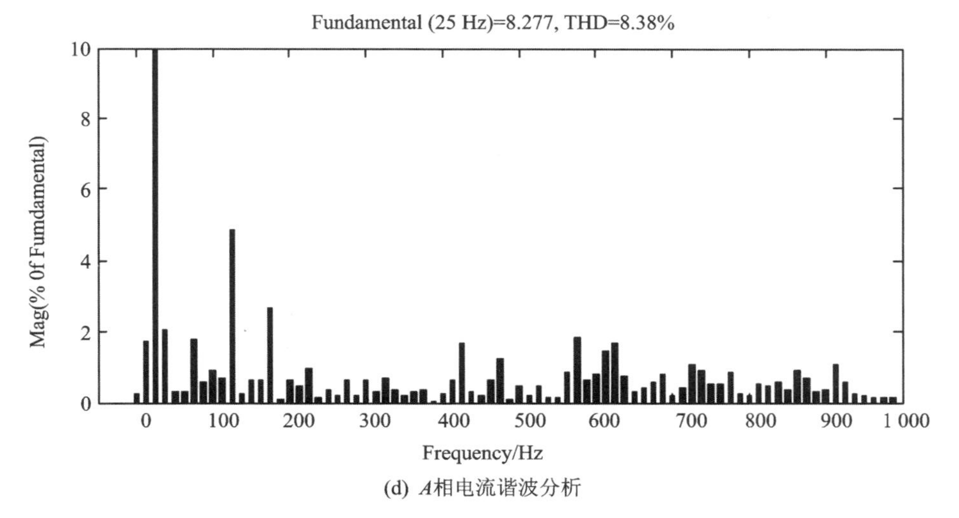

(d) A相电流谐波分析

图 2-19　七段式 SVPWM 调速系统仿真框图(续)

(2) 十一段式 SVPWM

将载波周期扩大为原来的两倍,重新调整基本电压矢量和零矢量的作用顺序,即可得到开关频率最小且中心对称的十一段式 SVPWM 波形,如图 2-20 所示。

选用双 Y 移 30°六相永磁同步电机的参数如表 2-1 所列。给定电机的转速为 500 r/min,0.2 s 之前电机空载运行;在 $t=0.2$ s 时,突加 $T_L=50$ N·m 的负载转矩,系统仿真结果如图 2-21 所示。

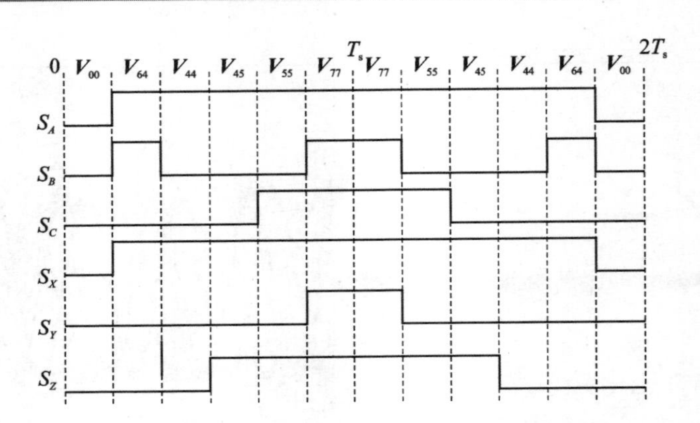

图 2-20　第一扇区内十一段式的 PWM 波形

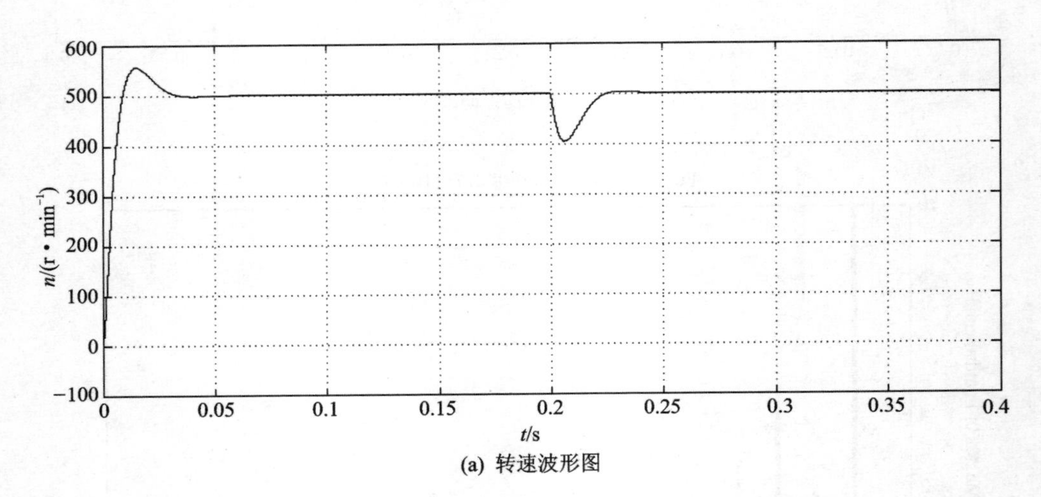

(a) 转速波形图

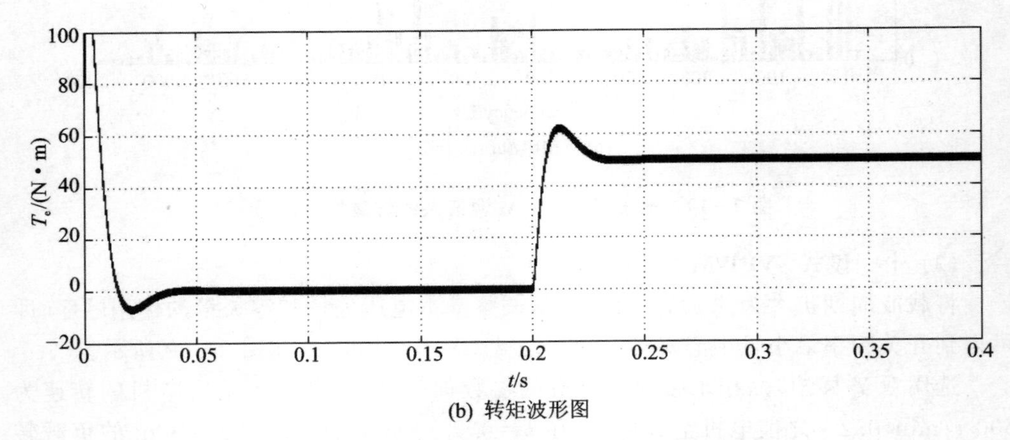

(b) 转矩波形图

图 2-21　十一段式 SVPWM 调速系统仿真框图

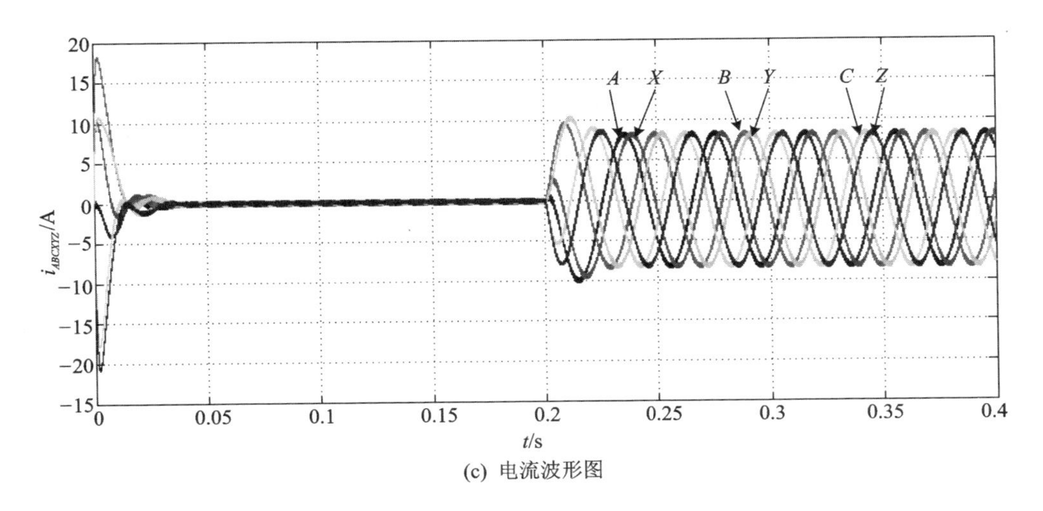

(c) 电流波形图

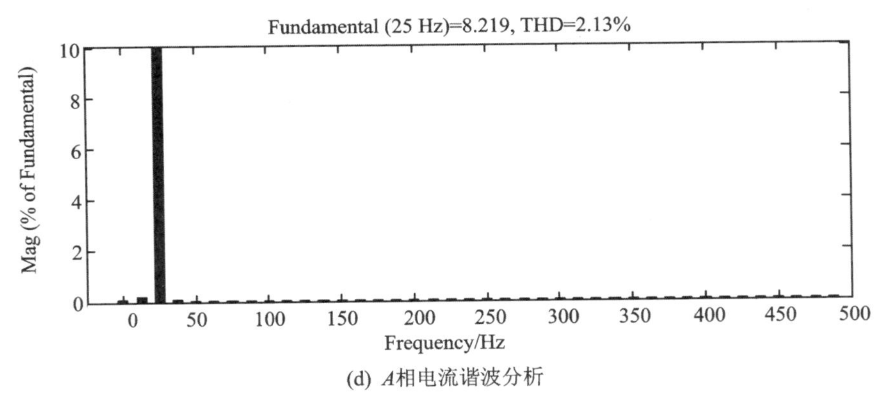

(d) A相电流谐波分析

图 2-21　十一段式 SVPWM 调速系统仿真框图(续)

根据图 2-21(a)所示的转速波形可知,电机的转速很快上升至给定转速,且达到稳态所需的调节时间短,转速波动很小。当在 0.2 s 突加负载转矩时,恢复至给定转速的时间短。分析图 2-21(b)所示电磁转矩波形可得,电机空载运行时,电磁转矩约为 0;突加负载后,电磁转矩较快地与负载转矩相平衡。图 2-21(c)为六相电流的波形,波形比较光滑。空载时相电流幅值约为 0;电机负载运行后,电流波形呈正弦状变化,六相电流 A 与 X、B 与 Y、C 与 Z 的相位分别相差 30°。图 2-21(d)为 A 相电流的谐波分析图,总谐波含量为 2.13%,其中 5 次谐波含量为 0.04%,7 次谐波含量为 0.03%。

综上,通过比较七段式 SVPWM 和十一段式 SVPWM 仿真结果可知,十一段式 SVPWM 比七段式 SVPWM 控制效果更好,其谐波含量更低。

2.3.3 三电平逆变拓扑在六相电机中的应用示例

1. 载波层叠比较 PWM 控制

载波层叠比较 PWM 控制的六相 PMSM 调速系统仿真框图如图 2-22 所示。

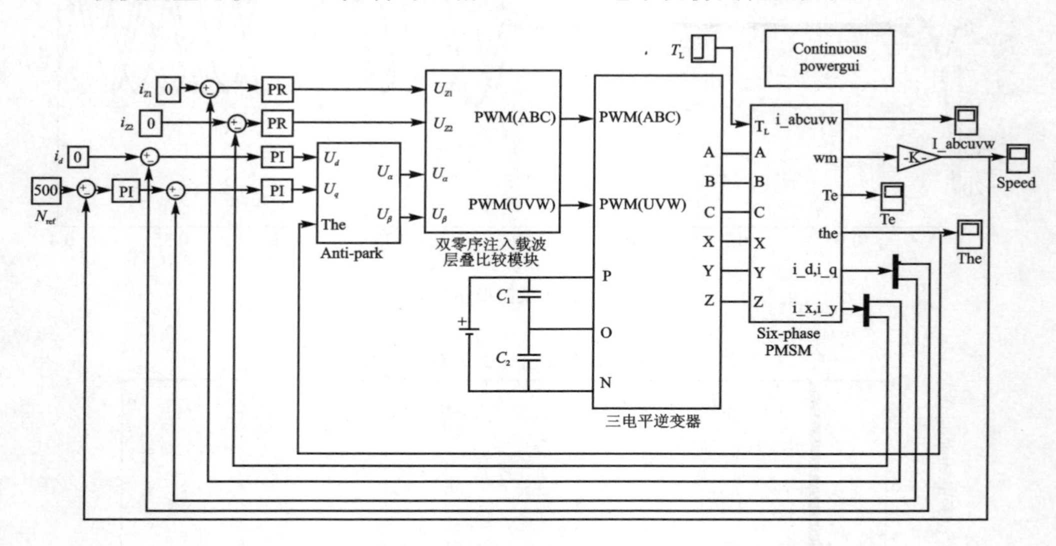

图 2-22 载波层叠比较 PWM 控制的六相 PMSM 调速系统仿真框图

选用双 Y 移 30°六相永磁同步电机的参数如表 2-1 所列。给定电机的转速为 500 r/min,0.2 s 之前电机空载运行;在 $t=0.2$ s 时,突加 $T_L=50$ N·m 的负载转矩,系统仿真结果如图 2-23 所示。

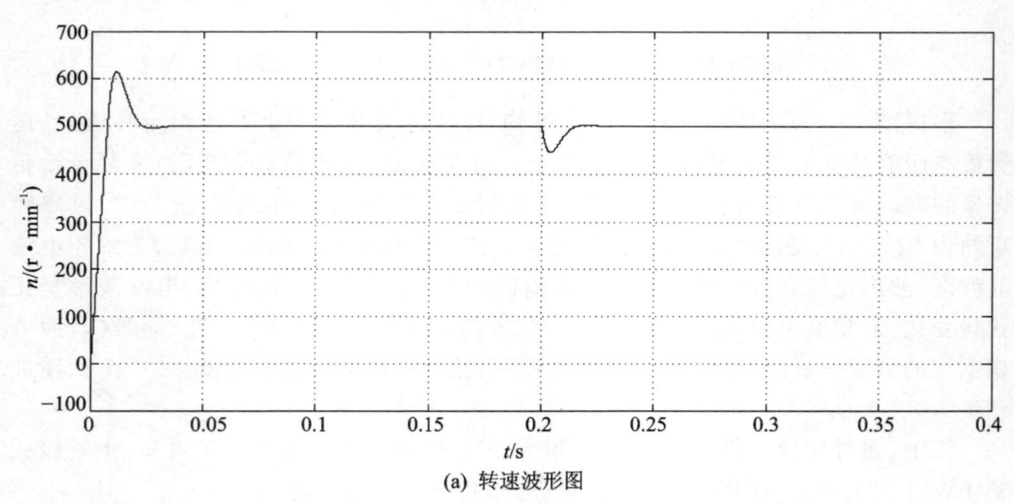

(a) 转速波形图

图 2-23 载波层叠比较 PWM 控制仿真结果图

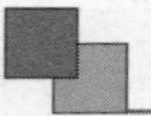

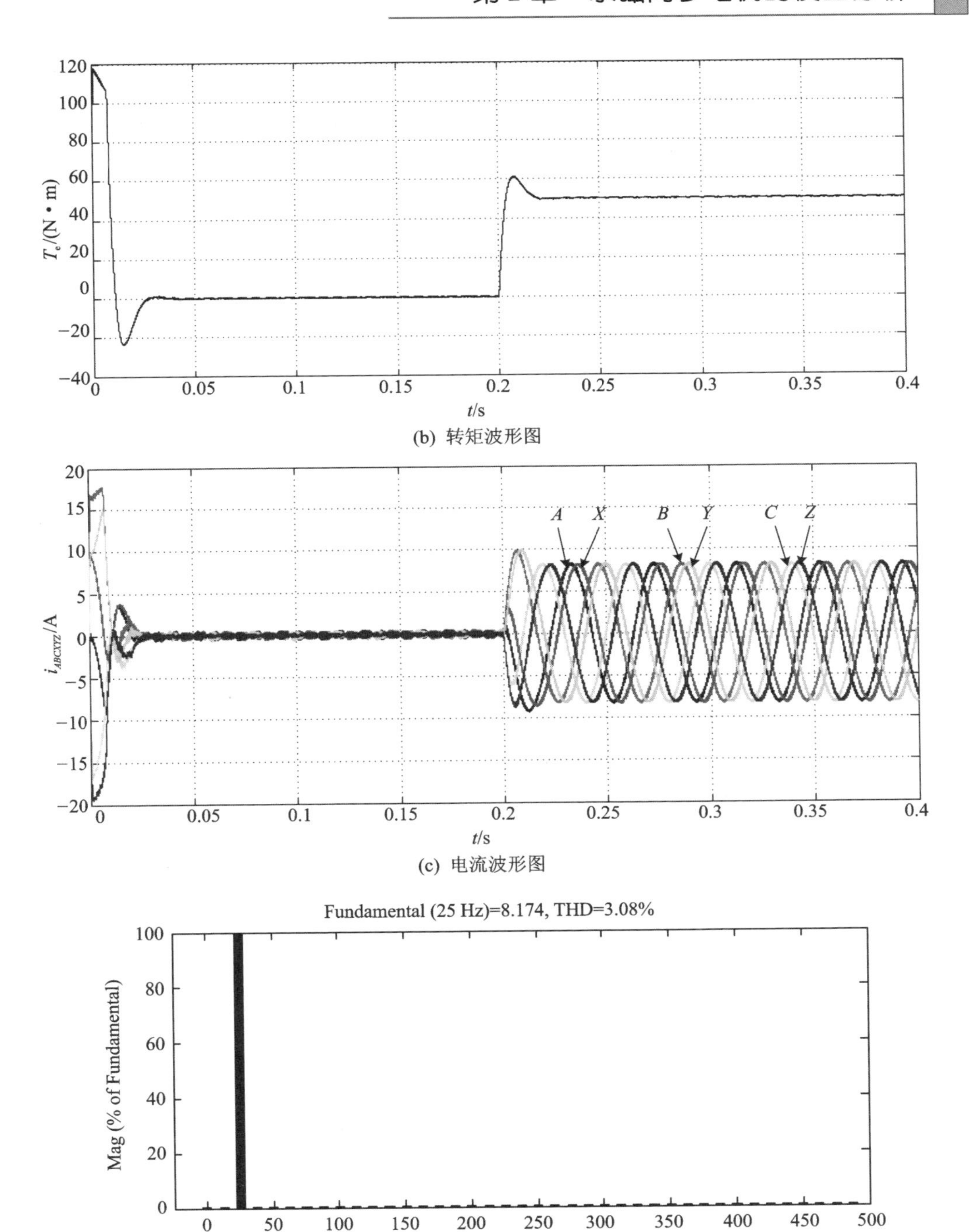

(b) 转矩波形图

(c) 电流波形图

(d) A相电流谐波分析

图 2－23　载波层叠比较 PWM 控制仿真结果图(续)

根据图 2－23(a)中转速波形可知，电机的转速很快上升至给定转速，且达到稳态所需的调节时间短。当在 0.2 s 突加负载转矩时，转速波动较小，恢复至给定转速的时间短。分析图 2－23(b)电磁转矩波形可得，电机空载运行时，电磁转矩约为 0；突加负载后，电磁转矩较快地与负载转矩相平衡。图 2－23(c)为六相电流的波形，从图中可得六相电流幅值相同，空载时相电流幅值近似为 0；电机负载运行后，电流波形呈正弦状变化，六相电流 A 与 X、B 与 Y、C 与 Z 的相位分别相差 30°。从图 2－23(d)可知，谐波总畸变率为 3.08%，其中 5 次谐波含量为 0.13%，7 次谐波含量为 0.09%。

2. 双三电平 SVPWM 控制

仿真框图如图 2－24 所示。

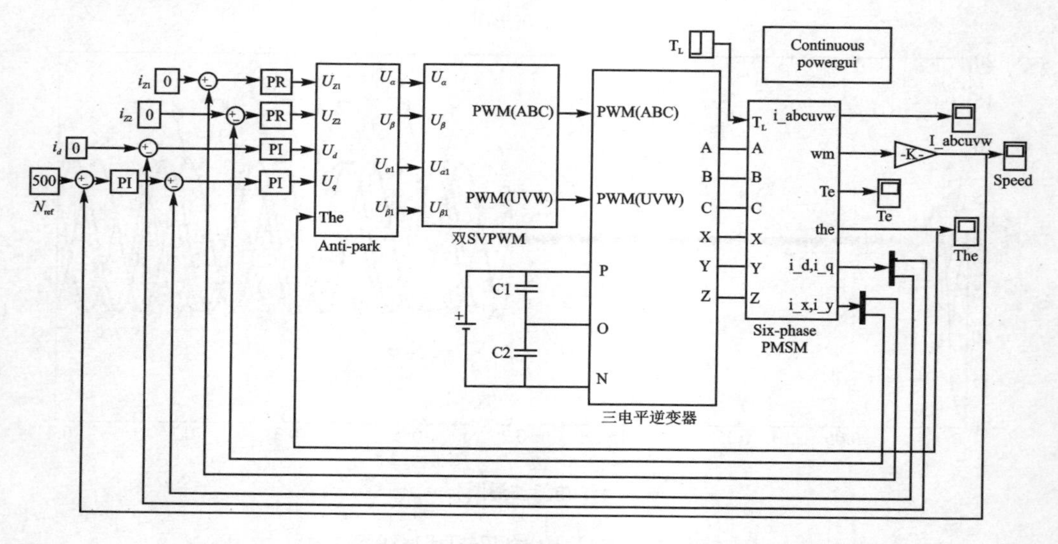

图 2－24　双三电平 SVPWM 控制的六相 PMSM 调速系统仿真框图

选用双 Y 移 30°六相永磁同步电机的参数如表 2－1 所列。给定电机的转速为 500 r/min，0.2 s之前电机空载运行；在 $t=0.2$ s 时，突加 $T_L=50$ N·m 的负载转矩，系统仿真结果如图 2－25 所示。

根据图 2－25(a)所示转速波形可知，电机的转速很快上升至给定转速，且达到稳态所需的调节时间短。当在 0.2 s 突加负载转矩时，转速波动较小，恢复至给定转速的时间短。分析图 2－25(b)所示电磁转矩波形可得，电机空载运行时，电磁转矩约为 0；突加负载后，电磁转矩较快地与负载转矩相平衡。图 2－25(c)为六相电流的波形，从图中可得六相电流幅值相同，空载时相电流幅值近似为 0，电机负载运行后，电流波形呈正弦状变化，六相电流 A 与 X、B 与 Y、C 与 Z 的相位分别相差 30°。从图 2－25(d)可知，谐波总畸变率为 6.54%，其中 5 次谐波含量为 0.79%，7 次谐波含量为 0.25%。

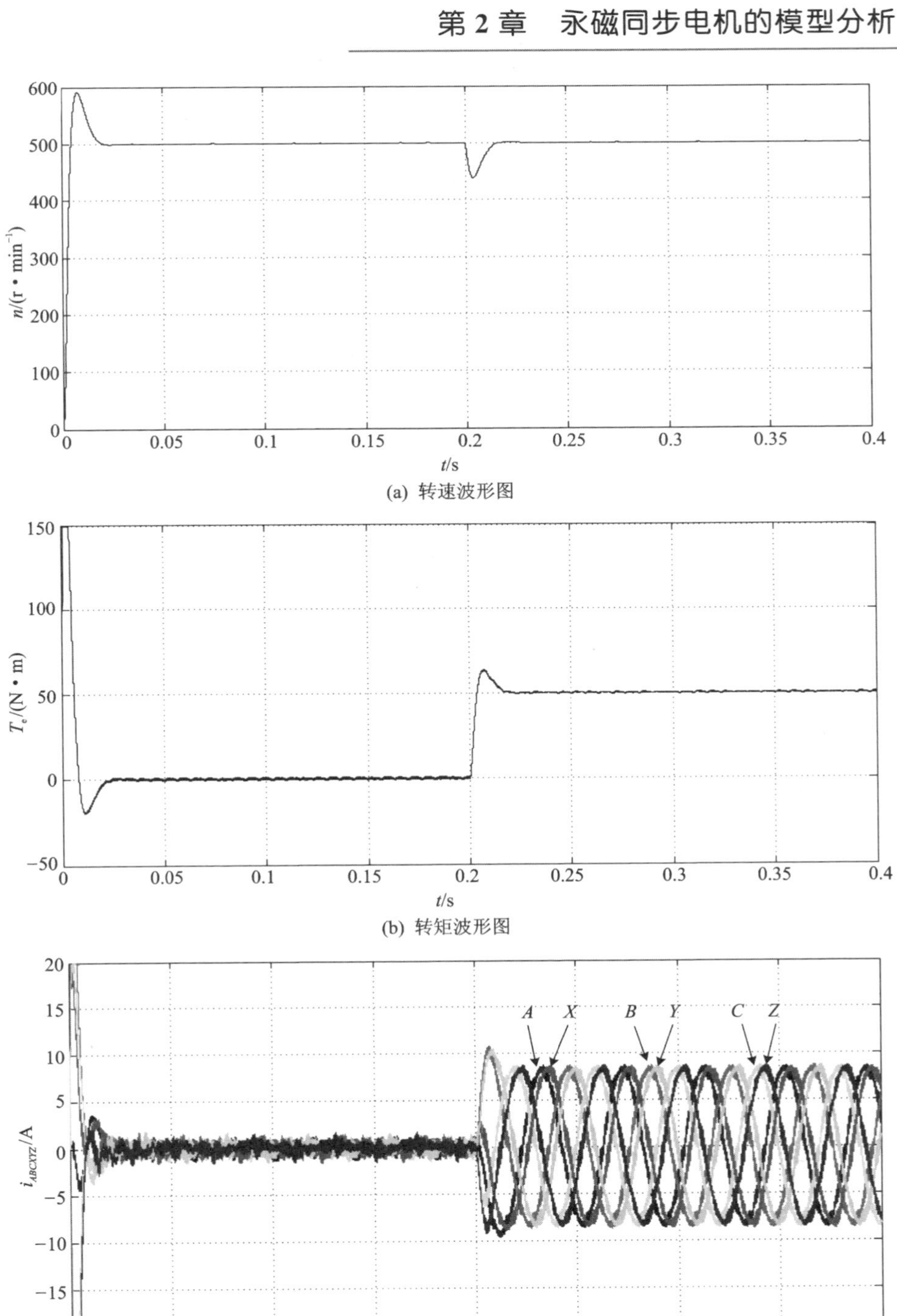

(a) 转速波形图

(b) 转矩波形图

(c) 电流波形图

图 2 - 25　双三电平 SVPWM 控制仿真结果图

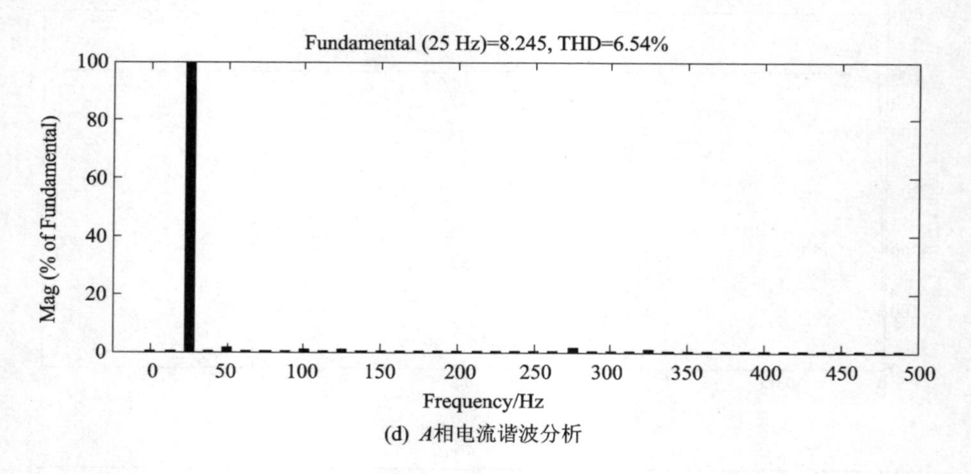

(d) A相电流谐波分析

图 2-25　双三电平 SVPWM 控制仿真结果图(续)

2.3.4　双 Y 移 30°六相电机缺相运行的容错控制

当电机发生开路故障时,根据磁动势不变原则对剩余各相电流幅值和相位进行优化调整,然后采用基于滞环电流控制的六相 PMSM 容错控制策略,保证电机缺相后的稳定运行。下面以 Z 相发生开路故障为例进行分析。

双 Y 移 30°六相永磁同步电机在正常运行时的各相电流为

$$\left.\begin{aligned} i_A &= I_{\mathrm{m}}\cos\omega t \\ i_X &= I_{\mathrm{m}}\cos(\omega t-30^\circ) \\ i_B &= I_{\mathrm{m}}\cos(\omega t-120^\circ) \\ i_Y &= I_{\mathrm{m}}\cos(\omega t-150^\circ) \\ i_C &= I_{\mathrm{m}}\cos(\omega t-240^\circ) \\ i_Z &= I_{\mathrm{m}}\cos(\omega t-270^\circ) \end{aligned}\right\} \tag{2-61}$$

式中,I_{m} 为定子相电流的幅值。

双 Y 移 30°六相永磁同步电机在正常运行状况下的合成总磁势为

$$F_{6\mathrm{s}} = \frac{3}{2}I_{\mathrm{m}}\cos(\omega t-\varphi) = \frac{3}{4}NI_{\mathrm{m}}(\mathrm{e}^{\mathrm{j}\omega t}\mathrm{e}^{-\mathrm{j}\varphi}+\mathrm{e}^{-\mathrm{j}\omega t}\mathrm{e}^{\mathrm{j}\varphi}) \tag{2-62}$$

当 Z 相发生开路时,$i_Z=0$,该相不会产生脉振磁势,则 Z 相开路下的五相合成磁势为

$$F_{5\mathrm{s}} = F_A+F_X+F_B+F_Y+F_C \tag{2-63}$$

根据断路前后合成的磁势不变可得 $F_{6\mathrm{s}}=F_{5\mathrm{s}}$,则有

$$3I_{\mathrm{m}}\mathrm{e}^{\mathrm{j}\omega t} = i_A+i_X\mathrm{e}^{\mathrm{j}30^\circ}+i_B\mathrm{e}^{\mathrm{j}120^\circ}+i_Y\mathrm{e}^{\mathrm{j}150^\circ}+i_C\mathrm{e}^{\mathrm{j}240^\circ} \tag{2-64}$$

根据三角函数公式,可将剩余相电流表示为

$$i_X = a_X I_m \cos \omega t + b_X I_m \sin \omega t = a_X i_\alpha + b_X i_\beta \tag{2-65}$$

将正弦项和余弦项分离可得

$$\left.\begin{aligned} & a_A + \frac{\sqrt{3}}{2}a_X - \frac{1}{2}a_B - \frac{\sqrt{3}}{2}a_Y - \frac{1}{2}a_C = 3 \\ & b_A + \frac{\sqrt{3}}{2}b_X - \frac{1}{2}b_B - \frac{\sqrt{3}}{2}b_Y - \frac{1}{2}b_C = 3 \\ & \frac{1}{2}a_X + \frac{\sqrt{3}}{2}a_B + \frac{1}{2}a_Y - \frac{\sqrt{3}}{2}a_C = 0 \\ & \frac{1}{2}b_X + \frac{\sqrt{3}}{2}b_B + \frac{1}{2}b_Y - \frac{\sqrt{3}}{2}b_C = 3 \end{aligned}\right\} \tag{2-66}$$

电机的六相绕组采取中性点隔离的连接方式，则满足

$$\left.\begin{aligned} & a_A + a_B + a_C = 0 \\ & b_A + b_B + b_C = 0 \\ & a_X + a_Y = 0 \\ & b_X + b_Y = 0 \end{aligned}\right\} \tag{2-67}$$

通过联立式(2-66)和式(2-67)，方程的解不是唯一的。

① 若以定子铜耗最小为最优化目标，计算剩余各相电流，并构建其目标函数：

$$f = \sum_{X=1}^{5}(a_X^2 + b_X^2) \tag{2-68}$$

则构建其拉格朗日函数为

$$\begin{aligned} L_1 = & \sum_{X=1}^{5}(a_X^2 + b_X^2) + \\ & \lambda_1\left(a_A + \frac{\sqrt{3}}{2}a_X - \frac{1}{2}a_B - \frac{\sqrt{3}}{2}a_Y - \frac{1}{2}a_C - 3\right) + \\ & \lambda_2\left(b_A + \frac{\sqrt{3}}{2}b_X - \frac{1}{2}b_B - \frac{\sqrt{3}}{2}b_Y - \frac{1}{2}b_C\right) + \\ & \lambda_3\left(\frac{1}{2}a_X + \frac{\sqrt{3}}{2}a_B + \frac{1}{2}a_Y - \frac{\sqrt{3}}{2}a_C\right) + \\ & \lambda_4\left(\frac{1}{2}b_X + \frac{\sqrt{3}}{2}b_B + \frac{1}{2}b_Y - \frac{\sqrt{3}}{2}b_C - 3\right) + \\ & \lambda_5(a_A + a_B + a_C) + \lambda_6(b_A + b_B + b_C) + \lambda_7(a_X + a_Y) + \lambda_8(b_X + b_Y) \end{aligned} \tag{2-69}$$

依据拉格朗日乘数法，剩余各相电流可表示为

$$\left.\begin{aligned} i_A &= I_m \cos\theta \\ i_X &= 0.866 I_m \cos\theta \\ i_B &= 1.803 I_m \cos(\theta - 106.1°) \\ i_Y &= 0.866 I_m \cos(\theta - 180°) \\ i_C &= 1.803 I_m \cos(\theta + 106°) \end{aligned}\right\} \tag{2-70}$$

② 若将输出转矩最大作为优化目标,则应平衡剩余相电流的幅值,并使相电流的幅值尽量小,则功率器件的容量也减小,有利于逆变器的设计。将各相电流的最大幅值作为目标函数:

$$f_1 = \max(a_A^2 + b_A^2, a_B^2 + b_B^2, a_C^2 + b_C^2, a_D^2 + b_D^2, a_E^2 + b_E^2) \tag{2-71}$$

电流的优化目标是使 f_1 的值为最小,通过常规的解析法很难对其进行求解,可以利用 MATLAB 最优工具箱提供的极小值计算函数 fminimax 来进行求解。该函数允许以方程组或不等式组作为约束条件,并可以限定任一变量的变化范围,适用于各种场合下极值的求解。将 f_1 作为目标函数,可求解出剩余五相电流的表达式:

$$\left.\begin{aligned} i_A &= 0 \\ i_X &= 1.732 I_m \cos\theta \\ i_B &= 1.732 I_m \cos(\theta - 90°) \\ i_Y &= 1.732 I_m \cos(\theta - 180°) \\ i_C &= 1.732 I_m \cos(\theta + 90°) \end{aligned}\right\} \tag{2-72}$$

其控制系统框图如图 2-26 所示。

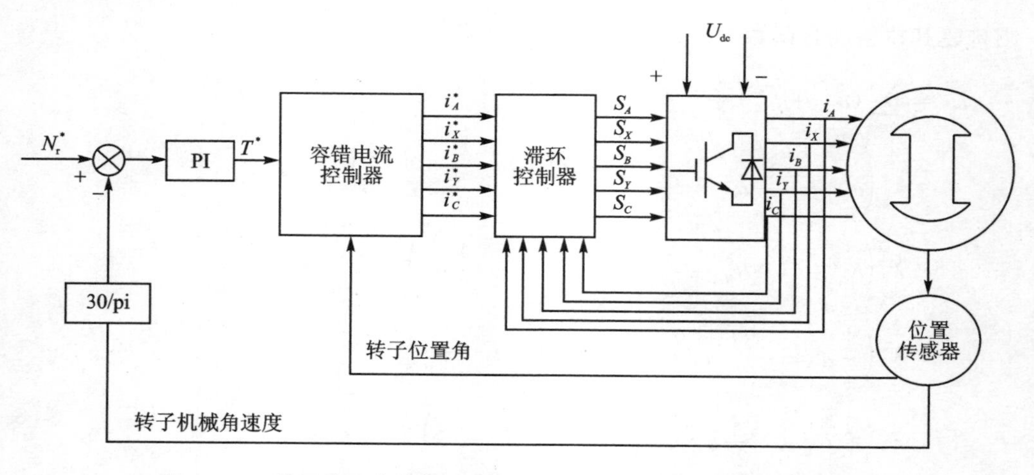

图 2-26 基于滞环电流控制的双 Y 移 30°六相 PMSM 容错控制策略

1. 基于定子铜耗最小方式控制

选用双 Y 移 30°六相永磁同步电机的参数如表 2-1 所列。给定电机的转速为 500 r/min,给定负载 $T_L = 50$ N·m,0.2 s 之前电机正常运行;在 $t = 0.2$ s 时,电机

发生开路故障,电机缺相运行。

(1) A 相发生开路故障

当 A 相发生开路故障时,剩余各相相电流的表达式为

$$\left.\begin{aligned} i_A &= 0 \\ i_B &= 0.866 I_m \sin(\theta + 90^\circ) \\ i_C &= 0.866 I_m \sin(\theta - 90^\circ) \\ i_X &= 1.803 I_m \sin(\theta + 163.9^\circ) \\ i_Y &= 1.803 I_m \sin(\theta + 16.1^\circ) \\ i_Z &= I_m \sin(\theta - 90^\circ) \end{aligned}\right\} \tag{2-73}$$

式中,I_m 为电机正常运行时的电流幅值。

系统仿真结果如图 2-27 所示。

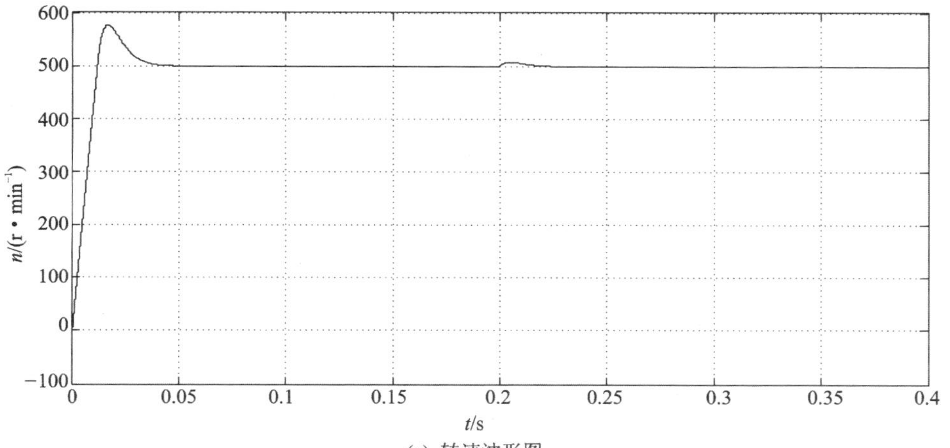

(a) 转速波形图

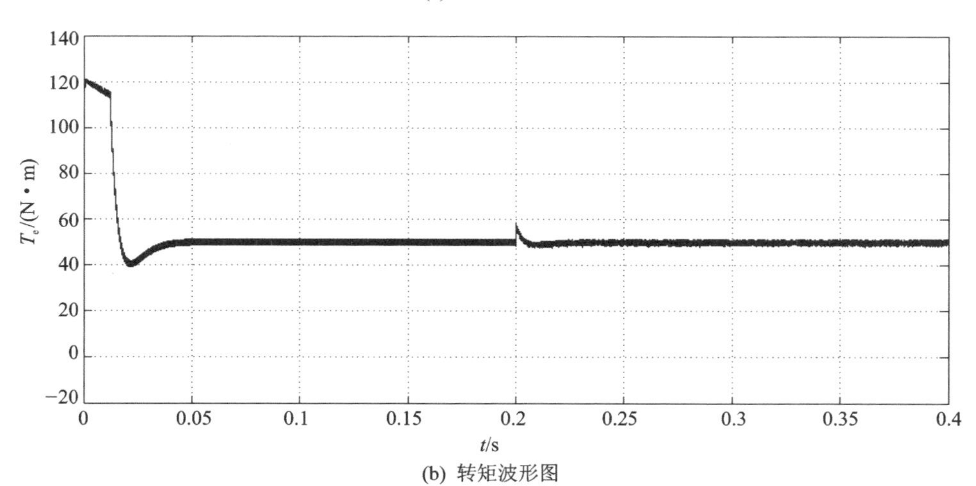

(b) 转矩波形图

图 2-27 A 相发生开路仿真结果图

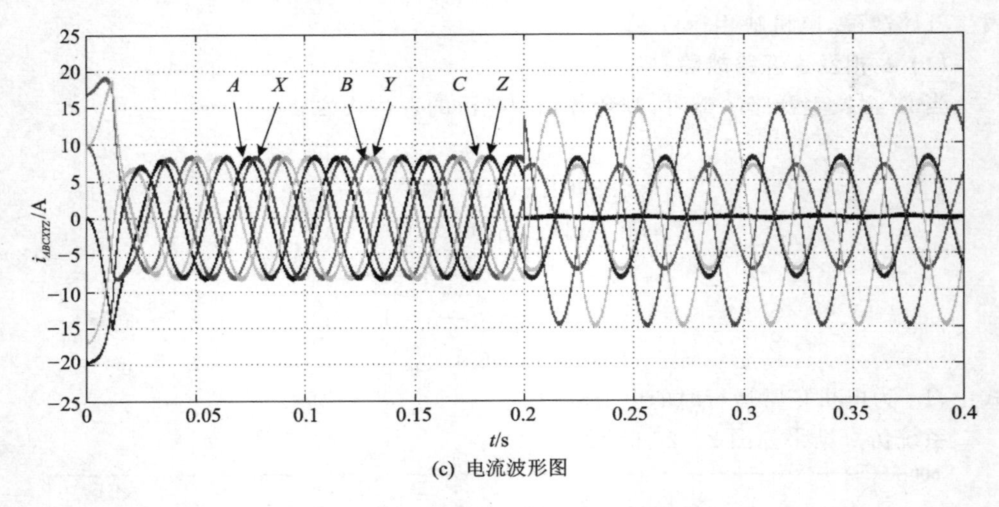

(c) 电流波形图

图 2-27 A 相发生开路仿真结果图(续)

由图 2-27(a)和图 2-27(b)可知,在 0.2 s 时 A 相发生开路故障,切换成基于定子铜耗最小的容错控制方式,电机的转速和转矩依然与正常运行状态保持一致,而且响应较快。由图 2-27(c)可以看出,电流波形的正弦度高,其中 Z 相电流幅值是 C 相电流幅值的 1.154 倍,并且其相位相同,B 相与其相位互差 180°;X 相与 Y 相、B 相与 C 相的电流幅值大小相同,但两者的相位不同;A 相电流为 0。因此,上述基于定子铜耗最小的容错控制优化策略是可行的。

(2) *B* 相发生开路故障

当 B 相发生开路故障时,剩余各相相电流的表达式为

$$\left.\begin{aligned} i_A &= 0.866I_m\sin(\theta+150^\circ) \\ i_B &= 0 \\ i_C &= 0.866I_m\sin(\theta+30^\circ) \\ i_X &= I_m\sin(\theta+150^\circ) \\ i_Y &= 1.803I_m\sin(\theta+43.9^\circ) \\ i_Z &= 1.803I_m\sin(\theta-103.9^\circ) \end{aligned}\right\} \tag{2-74}$$

式中,I_m 为电机正常运行时的电流幅值。

系统仿真结果如图 2-28 所示。由图 2-28(a)和图 2-28(b)可知,在 0.2 s 时 B 相发生开路故障,切换成基于定子铜耗最小的容错控制方式,电机的转速和转矩依然与正常运行状态保持一致,而且响应较快。由图 2-28(c)可以看出,电流波形的正弦度高,其中 X 相电流幅值是 A 相电流幅值的 1.154 倍,并且其相位相同,C 相与其相位互差 180°;Y 相与 Z 相、A 相与 C 相的电流幅值大小相同,但两者的相位不同;B 相电流为 0。因此,上述基于定子铜耗最小的容错控制优化策略是可行的。

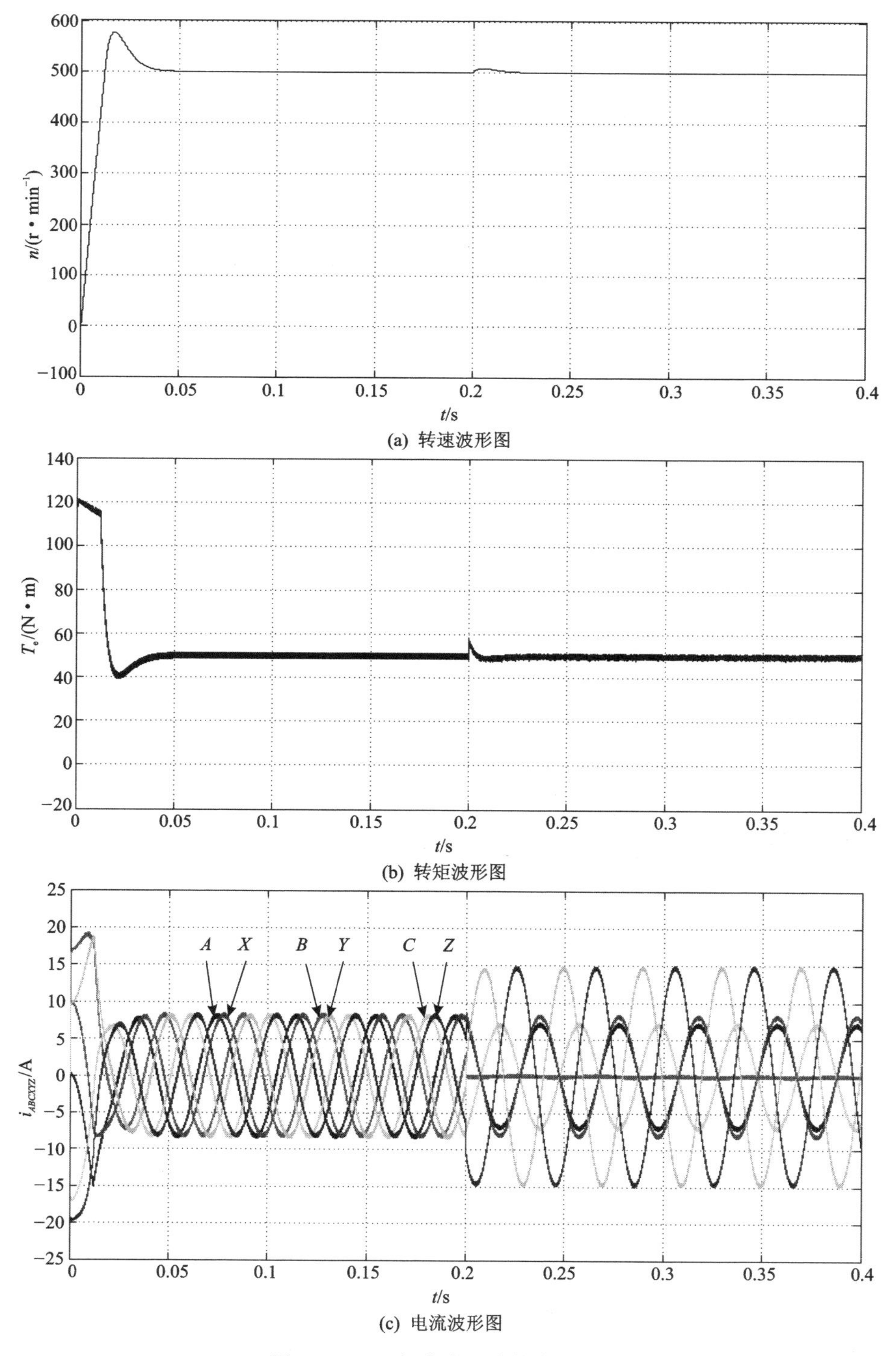

(a) 转速波形图

(b) 转矩波形图

(c) 电流波形图

图 2-28　B 相发生开路仿真结果图

(3) C 相发生开路故障

当 C 相发生开路故障时,剩余各相相电流的表达式为

$$\left.\begin{aligned}i_A&=0.866I_m\sin(\theta-150°)\\i_B&=0.866I_m\sin(\theta+30°)\\i_C&=0\\i_X&=1.803I_m\sin(\theta+136.1°)\\i_Y&=I_m\sin(\theta+30°)\\i_Z&=1.803I_m\sin(\theta-76.1°)\end{aligned}\right\}\tag{2-75}$$

式中,I_m 为电机正常运行时的电流幅值。

系统仿真结果如图 2-29 所示。

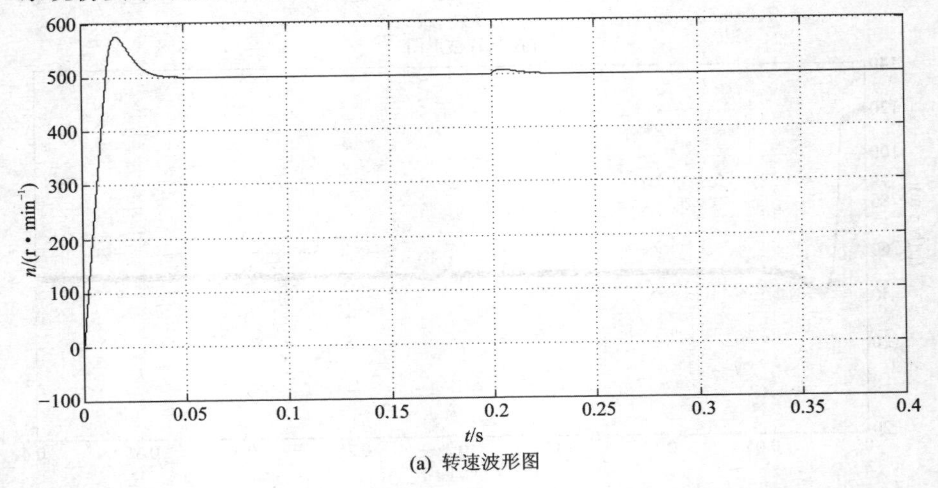

(a) 转速波形图

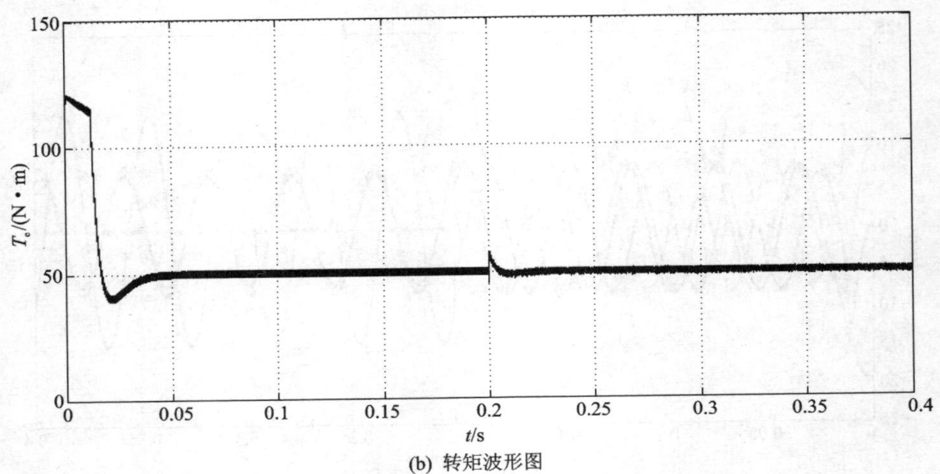

(b) 转矩波形图

图 2-29 C 相发生开路仿真结果图

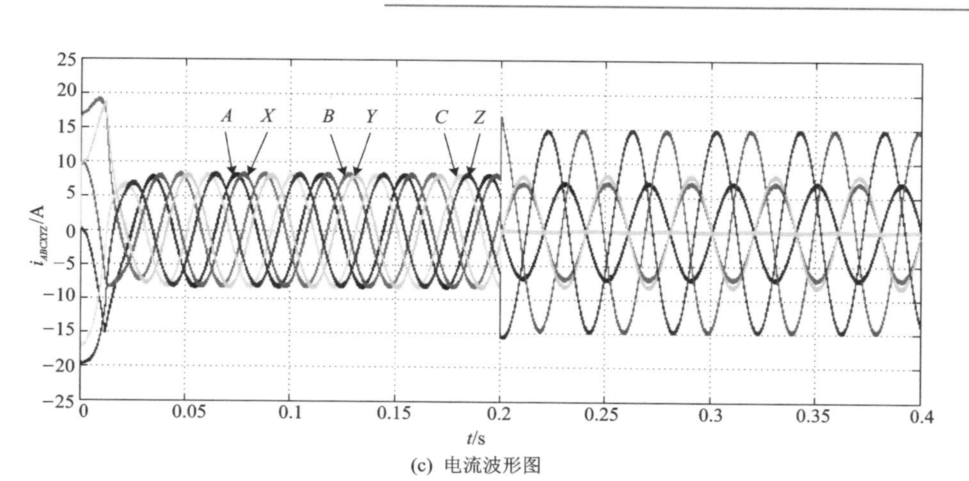

(c) 电流波形图

图 2-29　C 相发生开路仿真结果图(续)

由图 2-29(a)和图 2-29(b)可知,在 0.2 s 时 C 相发生开路故障,切换成基于定子铜耗最小的容错控制方式,电机的转速和转矩依然与正常运行状态保持一致,而且响应较快。由图 2-29(c)可以看出,电流波形的正弦度高,其中 Y 相电流幅值是 B 相电流幅值的 1.154 倍,并且其相位相同,A 相与其相位互差 180°;X 相与 Z 相、A 相与 B 相的电流幅值大小相同,但两者的相位不同;C 相电流为 0。因此,上述基于定子铜耗最小的容错控制优化策略是可行的。

(4) X 相发生开路故障

当 X 相发生开路故障时,剩余各相相电流的表达式为

$$\left.\begin{aligned}
i_A &= 1.803 I_m \sin(\theta + 166.1°) \\
i_B &= I_m \sin(\theta + 60°) \\
i_C &= 1.803 I_m \sin(\theta - 46.1°) \\
i_X &= 0 \\
i_Y &= 0.866 I_m \sin(\theta + 60°) \\
i_Z &= 0.866 I_m \sin(\theta - 120°)
\end{aligned}\right\} \tag{2-76}$$

式中,I_m 为电机正常运行时的电流幅值。

系统仿真结果如图 2-30 所示。

由图 2-30(a)和图 2-30(b)可知,在 0.2 s 时 X 相发生开路故障,切换成基于定子铜耗最小的容错控制方式,电机的转速和转矩依然与正常运行状态保持一致,而且响应较快。由图 2-30(c)可以看出,电流波形的正弦度高,其中 B 相电流幅值是 Y 相电流幅值的 1.154 倍,并且其相位相同,Z 相与其相位互差 180°;Y 相与 Z 相、A 相与 C 相的电流幅值大小相同,但两者的相位不同;X 相电流为 0。因此,上述基于定子铜耗最小的容错控制优化策略是可行的。

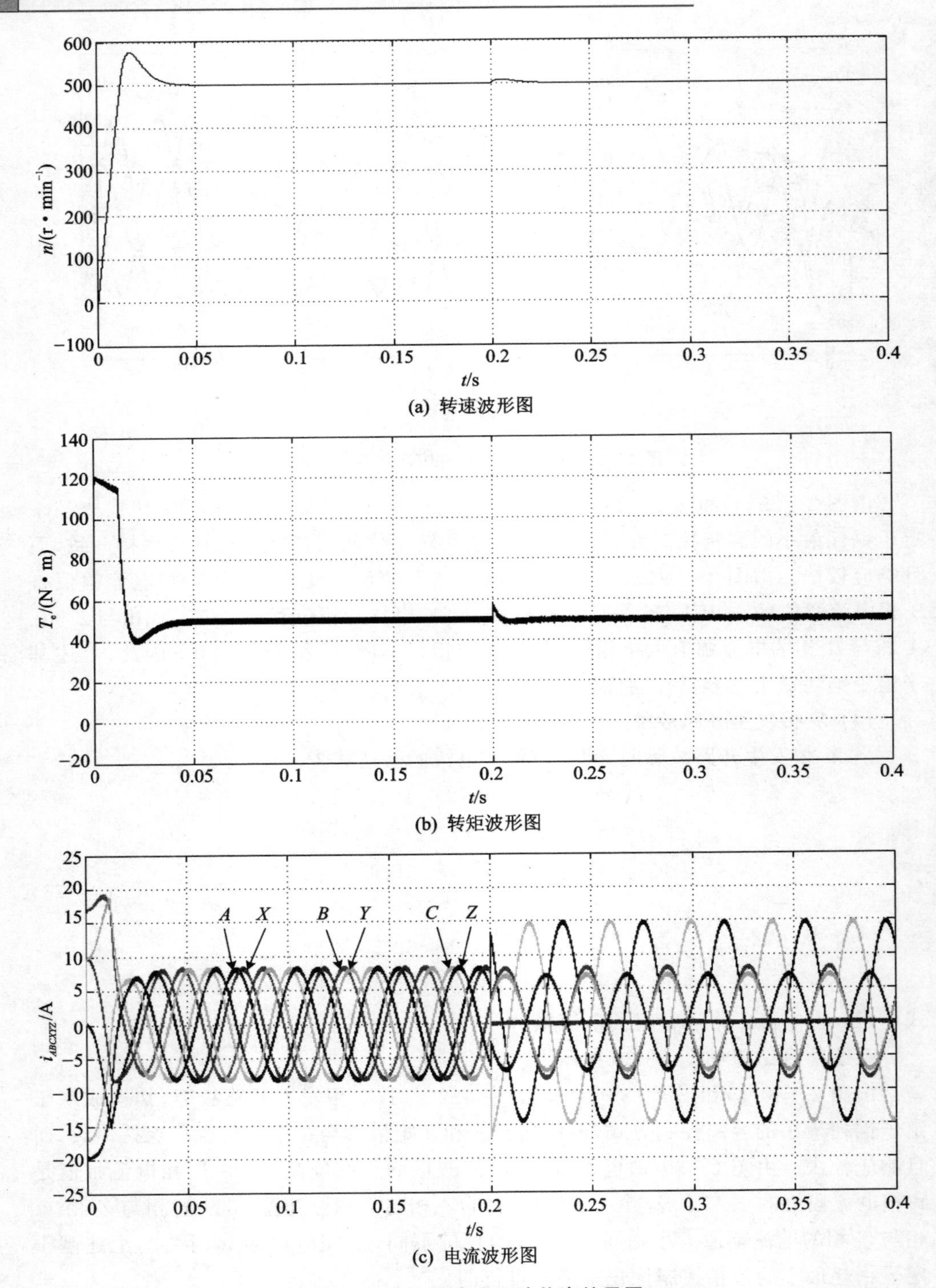

(a) 转速波形图

(b) 转矩波形图

(c) 电流波形图

图 2-30　X 相发生开路仿真结果图

(5) Y 相发生开路故障

当 Y 相发生开路故障时，剩余各相相电流的表达式为

$$\left.\begin{aligned}i_A&=1.803I_m\sin(\theta-166.1^\circ)\\i_B&=1.803I_m\sin(\theta+46.1^\circ)\\i_C&=I_m\sin(\theta-60^\circ)\\i_X&=0.866I_m\sin(\theta+120^\circ)\\i_Y&=0\\i_Z&=0.866I_m\sin\theta\end{aligned}\right\}\tag{2-77}$$

式中，I_m 为电机正常运行时的电流幅值。

系统仿真结果如图 2-31 所示。

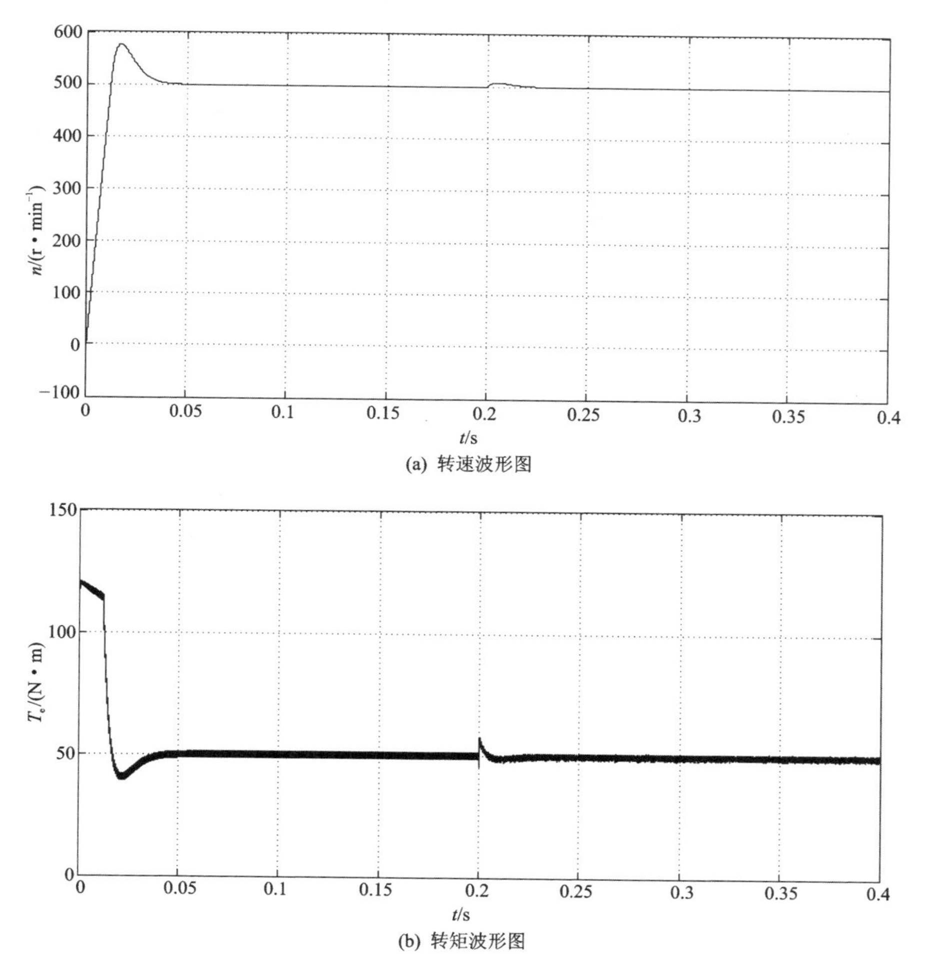

(a) 转速波形图

(b) 转矩波形图

图 2-31　Y 相发生开路仿真结果图

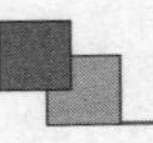

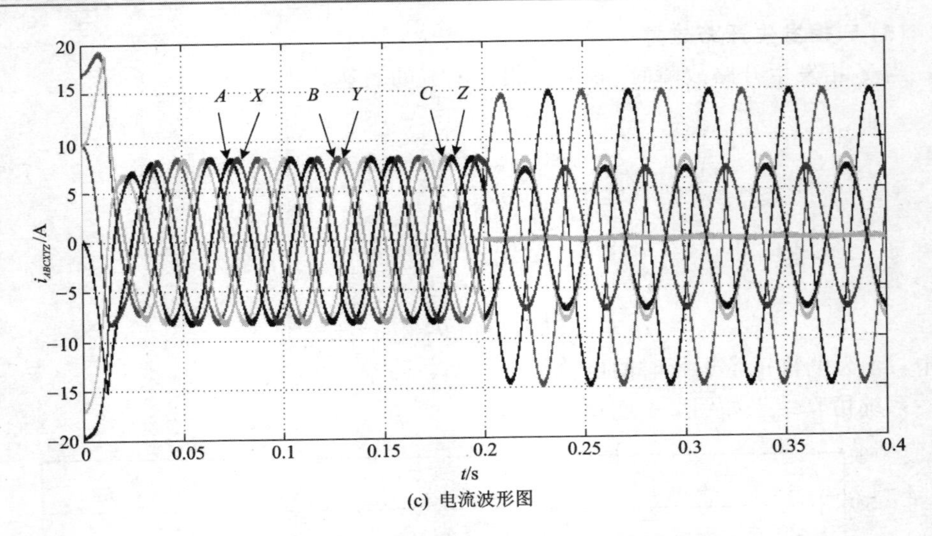

(c) 电流波形图

图 2-31　Y 相发生开路仿真结果图(续)

由图 2-31(a)和图 2-31(b)可知,在 0.2 s 时 Y 相发生开路故障,切换成基于定子铜耗最小的容错控制方式,电机的转速和转矩依然与正常运行状态保持一致,而且响应较快。由图 2-31(c)可以看出,电流波形的正弦度高,其中,C 相电流幅值是 Z 相电流幅值的 1.154 倍,并且其相位相同,X 相与其相位互差 180°;X 相与 Z 相、A 相与 B 相的电流幅值大小相同,但两者的相位不同;Y 相电流为 0。因此,上述基于定子铜耗最小的容错控制优化策略是可行的。

(6) Z 相发生开路故障

当 Z 相发生开路故障时,剩余各相相电流的表达式为

$$\left.\begin{aligned} i_A &= I_m \sin(\theta + 180°) \\ i_B &= 1.803 I_m \sin(\theta + 73.9°) \\ i_C &= 1.803 I_m \sin(\theta - 73.9°) \\ i_X &= 0.866 I_m \sin(\theta + 180°) \\ i_Y &= 0.866 I_m \sin\theta \\ i_Z &= 0 \end{aligned}\right\} \tag{2-78}$$

式中,I_m 为电机正常运行时的电流幅值。

系统仿真结果如图 2-32 所示。

由图 2-32(a)和图 2-32(b)可知,在 0.2 s 时 Z 相发生开路故障,切换成基于定子铜耗最小的容错控制方式,电机的转速和转矩依然与正常运行状态保持一致,而且响应较快。由图 2-32(c)可以看出,电流波形的正弦度高,其中,A 相电流幅值是 X 相电流幅值的 1.154 倍,并且其相位相同,Y 相与其相位互差 180°;X 相与 Y 相、B 相与 C 相的电流幅值大小相同,但两者的相位不同;Z 相电流为 0。因此,上述基于定子铜耗最小的容错控制优化策略是可行的。

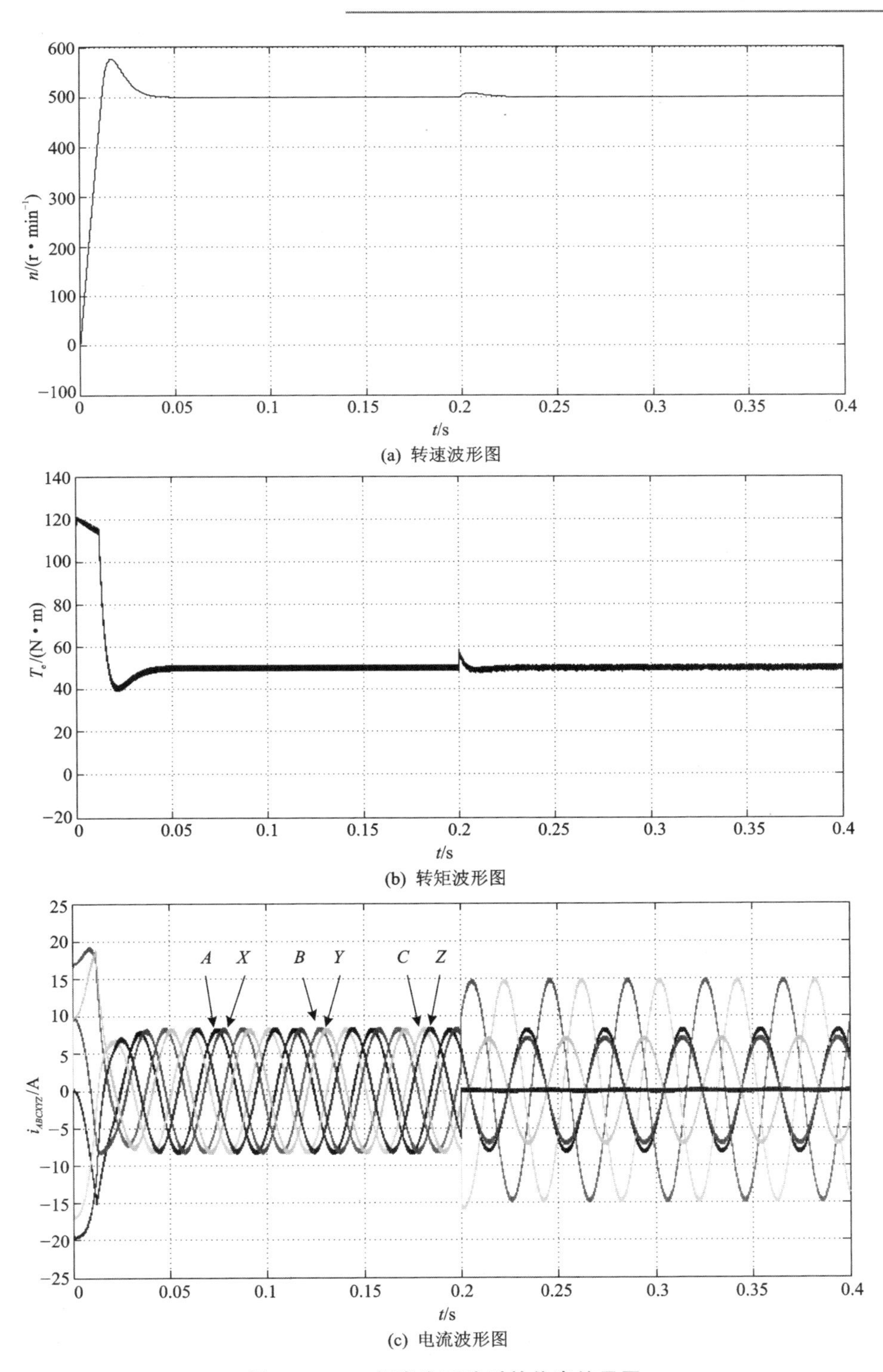

(a) 转速波形图

(b) 转矩波形图

(c) 电流波形图

图 2－32　*Z* 相发生开路时的仿真结果图

2. 基于输出转矩最大方式控制

选用双 Y 移 30°六相永磁同步电机的参数如表 2-1 所列。给定电机的转速为 500 r/min,给定负载 $T_L=50$ N·m,0.2 s 之前电机正常运行;在 $t=0.2$ s 时,电机发生开路故障,电机缺相运行。

(1) A 相发生开路故障

当 A 相发生开路故障时,剩余各相相电流的表达式为

$$\left.\begin{aligned} i_A &= 0 \\ i_B &= 1.732 I_m \sin(\theta + 90°) \\ i_C &= 1.732 I_m \sin(\theta - 90°) \\ i_X &= 1.732 I_m \sin(\theta + 180°) \\ i_Y &= 1.732 I_m \sin\theta \\ i_Z &= 0 \end{aligned}\right\} \tag{2-79}$$

式中,I_m 为电机正常运行时的电流幅值。

由上式可知,当 A 相发生开路故障后,基于输出转矩最大方式对剩余各相电流进行优化后的电流表达式中,Z 相电流也为零,故此时的控制方法也适用于 Z 相发生开路故障以及 A、Z 两相发生开路故障时。

系统仿真结果如图 2-33 所示。

由图 2-33(a)和图 2-33(b)可知,在 0.2 s 时 A 相发生开路故障,切换成基于输出转矩最大的容错控制方式,电机的转速和转矩依然与正常运行状态保持一致,而且响应较快。由图 2-33(c)可知,A 相与 Z 相的电流均为 0,剩余各相的电流幅值均相等,其中,X 相电流与 Y 相电流、B 相电流与 C 相电流之间的相位相差 180°电角度。因此,上述基于输出转矩最大的容错控制优化策略是可行的。

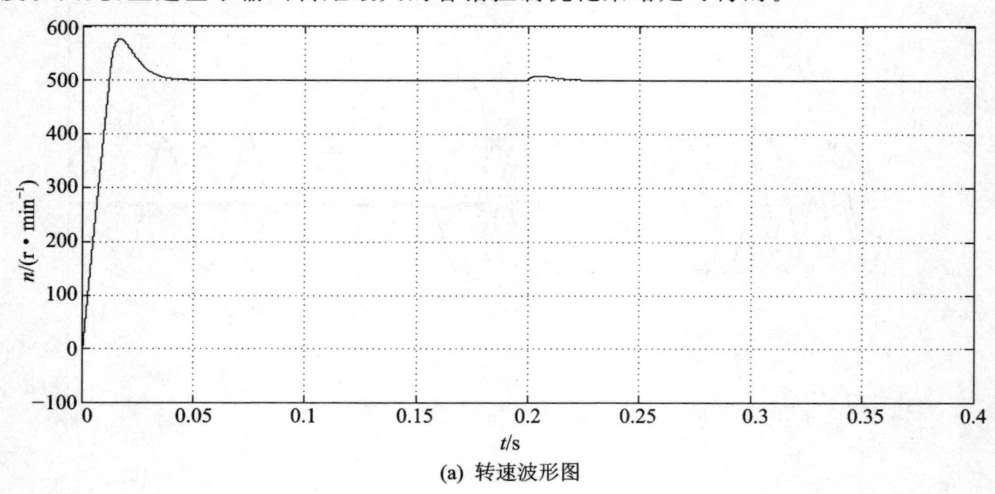

(a) 转速波形图

图 2-33 A 相发生开路故障时的仿真结果图

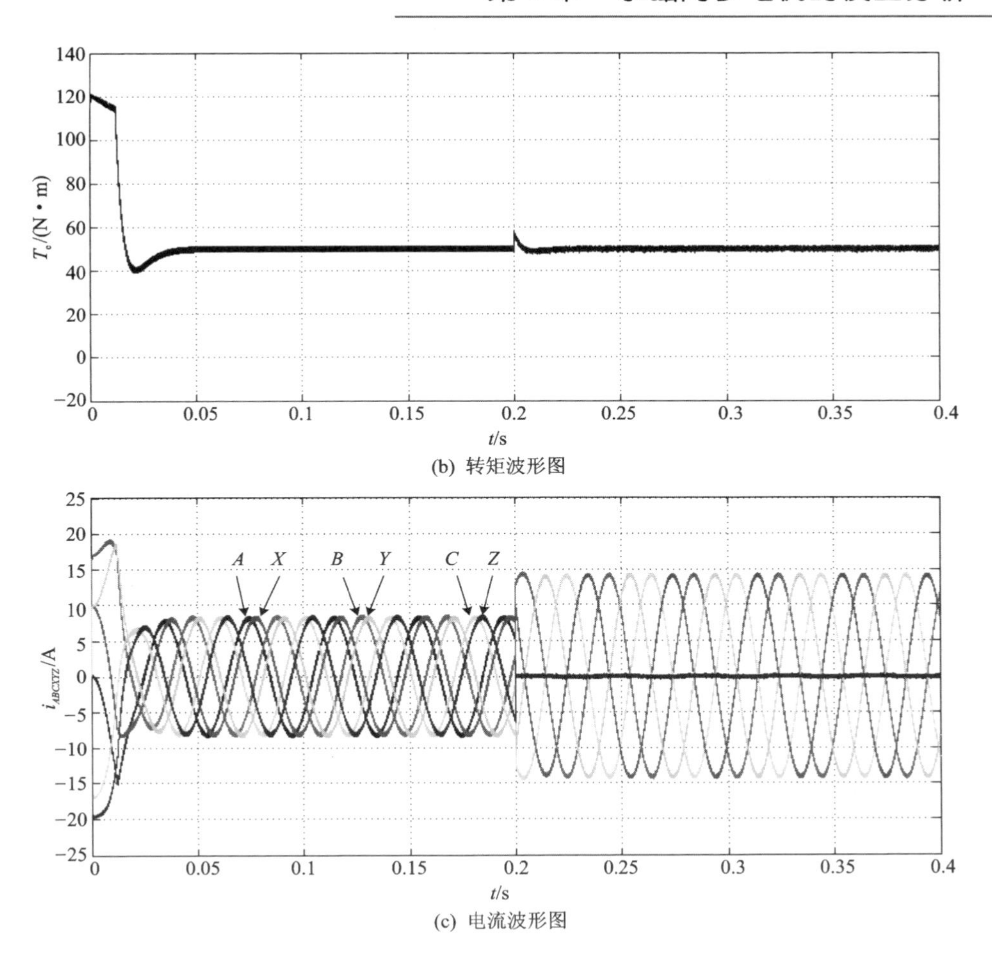

(b) 转矩波形图

(c) 电流波形图

图 2-33 A 相发生开路故障时的仿真结果图(续)

(2) *B* 相发生开路故障

当 B 相发生开路故障时,剩余各相相电流的表达式为

$$\left.\begin{aligned} i_A &= 1.732 I_m \sin(\theta + 150°) \\ i_B &= 0 \\ i_C &= 1.732 I_m \sin(\theta - 30°) \\ i_X &= 0 \\ i_Y &= 1.732 I_m \sin(\theta + 60°) \\ i_Z &= 1.732 I_m \sin(\theta - 120°) \end{aligned}\right\} \tag{2-80}$$

式中,I_m 为电机正常运行时的电流幅值。

由上式可知,当 B 相发生开路故障后,基于输出转矩最大方式对剩余各相电流进行优化后的电流表达式中,X 相电流也为 0,故此时的控制方法也适用于 X 相发生开路故障以及 B、X 两相发生开路故障时。

系统仿真结果如图 2-34 所示。

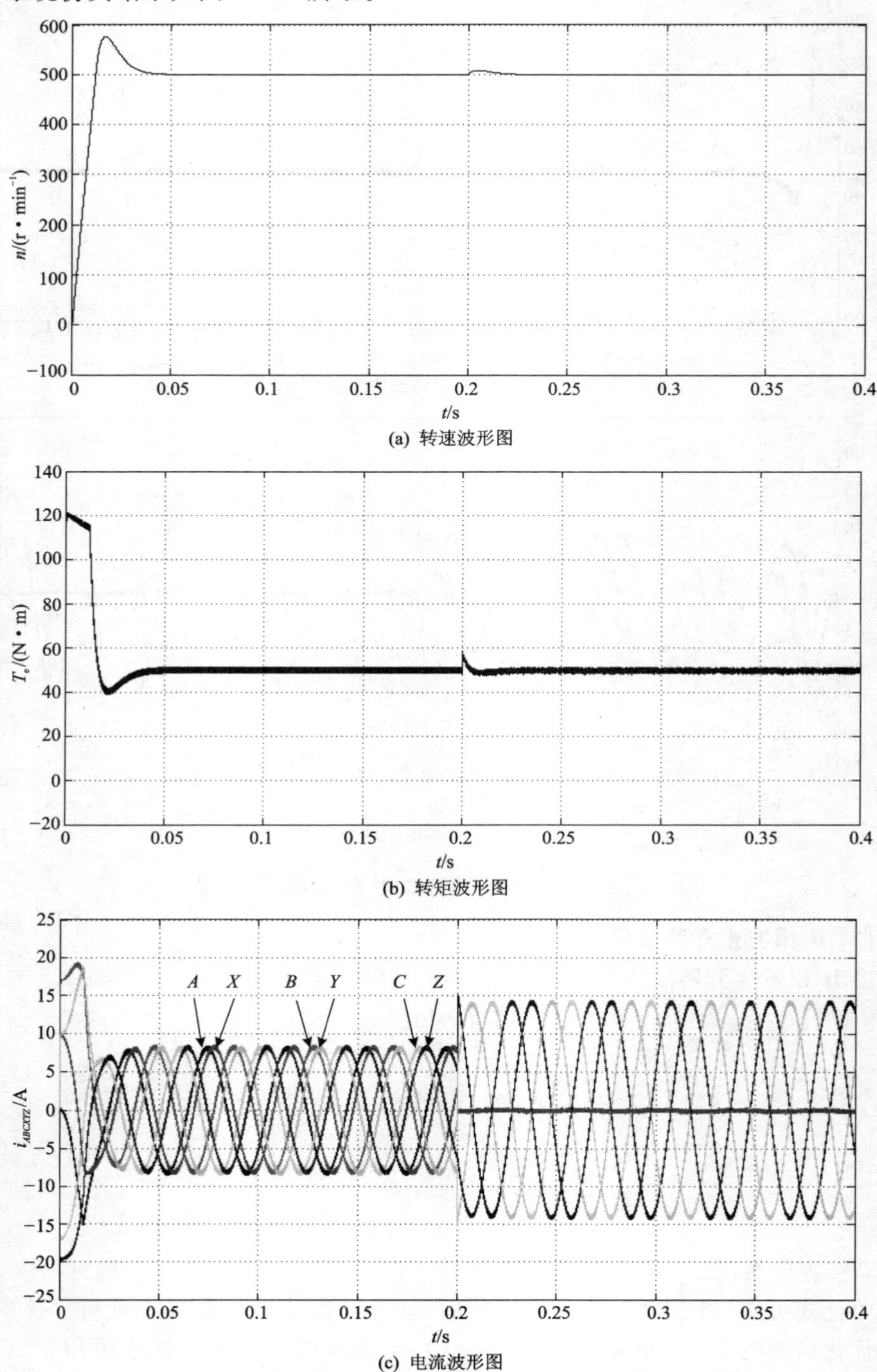

(a) 转速波形图

(b) 转矩波形图

(c) 电流波形图

图 2-34 *B* 相发生开路故障时的仿真结果图

由图2-34(a)和图2-34(b)可知，在0.2 s时B相发生开路故障，切换成基于输出转矩最大的容错控制方式，电机的转速和转矩依然与正常运行状态保持一致，而且响应较快。由图2-34(c)可知，B相与X相的电流均为0，剩余各相的电流幅值均相等，其中，A相电流与C相电流、Y相电流与Z相电流之间的相位相差180°电角度。因此，上述基于输出转矩最大的容错控制优化策略是可行的。

(3) C相发生开路故障

当C相发生开路故障时，剩余各相相电流的表达式为

$$\left.\begin{aligned}i_A&=1.732I_m\sin(\theta-150^\circ)\\i_B&=1.732I_m\sin(\theta+30^\circ)\\i_C&=0\\i_X&=1.732I_m\sin(\theta+120^\circ)\\i_Y&=0\\i_Z&=1.732I_m\sin(\theta-60^\circ)\end{aligned}\right\}\tag{2-81}$$

式中，I_m为电机正常运行时的电流幅值。

由上式可知，当C相发生开路故障后，基于输出转矩最大方式对剩余各相电流进行优化后的电流表达式中，Y相电流也为0，故此时的控制方法也适用于Y相发生开路故障以及C、Y两相发生开路故障时。

系统仿真结果如图2-35所示。

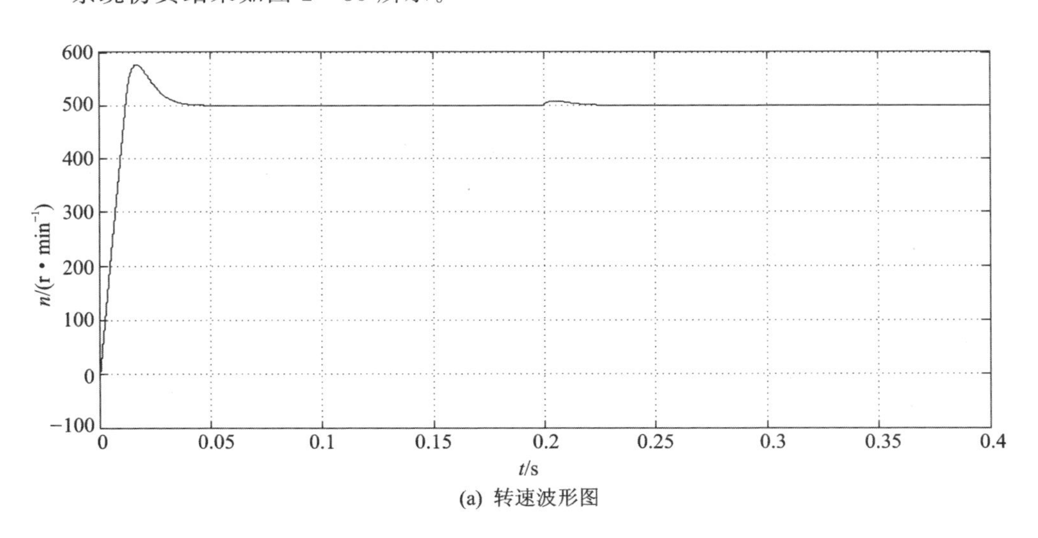

(a) 转速波形图

图2-35　C相发生开路故障时的仿真结果图

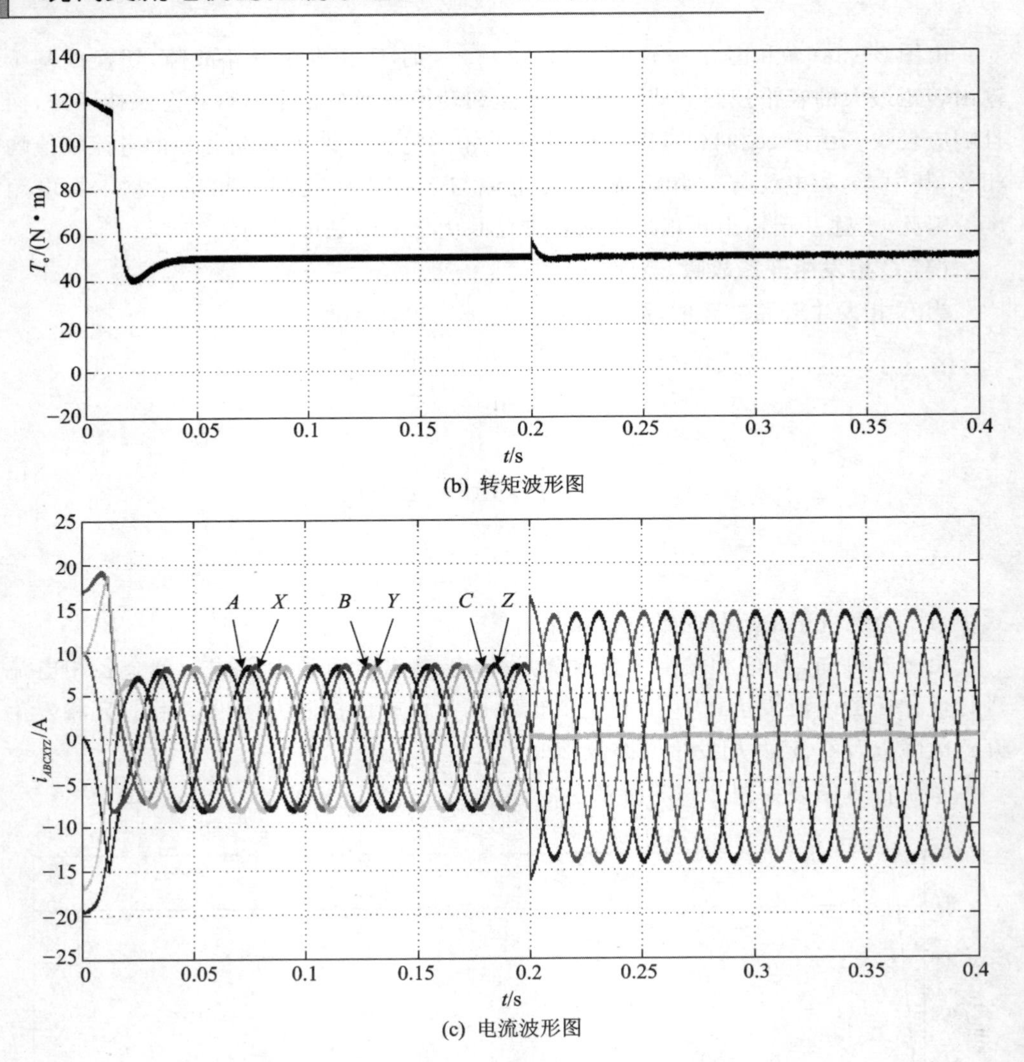

(b) 转矩波形图

(c) 电流波形图

图 2-35　C 相发生开路故障时的仿真结果图(续)

由图 2-35(a)和图 2-35(b)可知,在 0.2 s 时 C 相发生开路故障,切换成基于输出转矩最大的容错控制方式,电机的转速和转矩依然与正常运行状态保持一致,而且响应较快。由图 2-35(c)可知,C 相与 Y 相的电流均为 0,剩余各相的电流幅值均相等,其中 A 相电流与 B 相电流、X 相电流与 Z 相电流之间的相位相差 180°电角度。因此,上述基于输出转矩最大的容错控制优化策略是可行的。

3. 同一套绕组中的任意两相发生开路故障

(1) *XY/XZ/YZ* 任意两相发生开路故障

如果第二套绕组中的 $XY/XZ/YZ$ 任意两相发生开路故障,则直接切除其所在的整套绕组,只控制剩余的第一套绕组。此时六相电机定子电流为

$$
\left.\begin{aligned}
i_A &= 2I_m \sin(\theta + 180^\circ) \\
i_B &= 2I_m \sin(\theta + 60^\circ) \\
i_C &= 2I_m \sin(\theta - 60^\circ) \\
i_X &= 0 \\
i_Y &= 0 \\
i_Z &= 0
\end{aligned}\right\} \tag{2-82}
$$

式中，I_m 为电机正常运行时的电流幅值。

系统仿真结果如图 2-36 所示。

由图 2-36(a)和图 2-36(b)可知，当切除第二套绕组后，电机仍能保持稳定运行；由图 2-36(c)可以看出，当切除第二套绕组后，剩余三相绕组的相电流幅值变为原来的 2 倍，A、B、C 三相之间依然是互差 120°相位角。

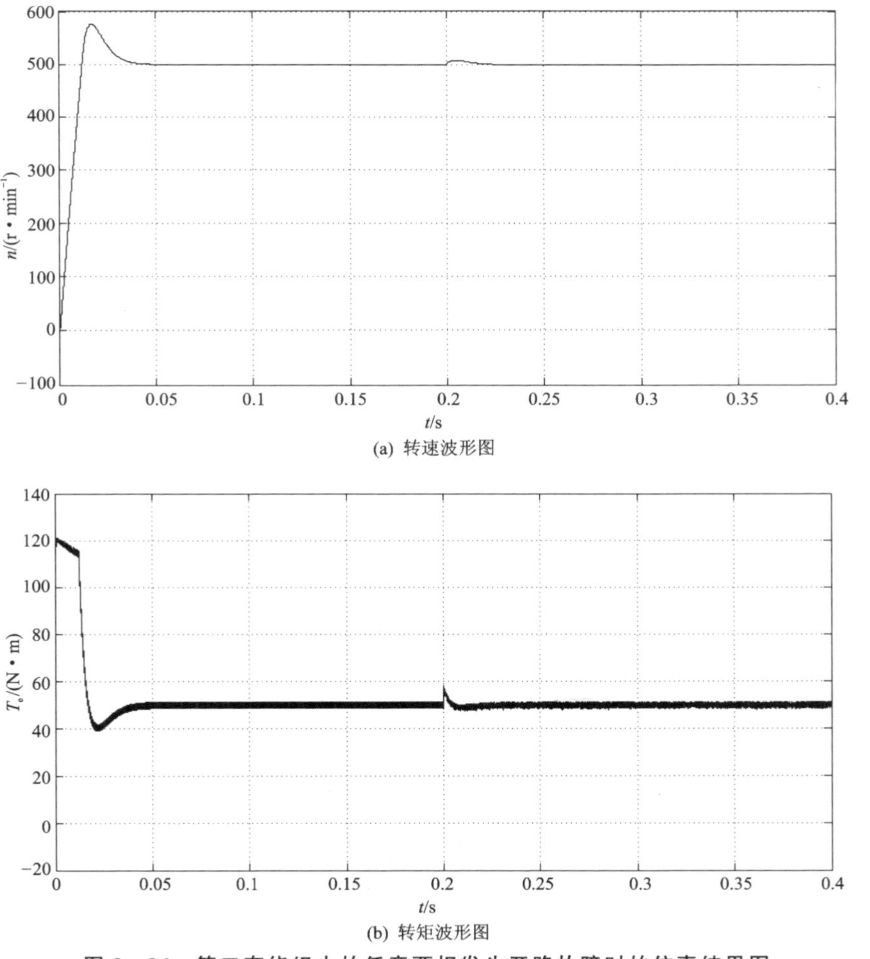

(a) 转速波形图

(b) 转矩波形图

图 2-36　第二套绕组中的任意两相发生开路故障时的仿真结果图

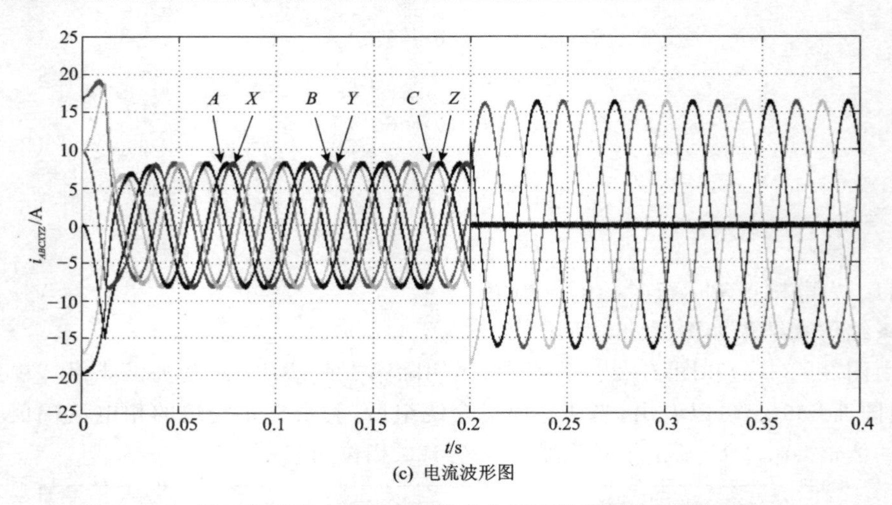

(c) 电流波形图

图 2-36　第二套绕组中的任意两相发生开路故障时的仿真结果图(续)

(2) *AB*/*AC*/*BC* 任意两相发生开路故障

如果第一套绕组中的 $AB/AC/BC$ 任意两相发生开路故障,则直接切除其所在的整套绕组,只控制剩余的第二套绕组。此时六相电机定子电流为

$$\left.\begin{aligned}i_A &= 0\\ i_B &= 0\\ i_C &= 0\\ i_X &= 2I_m\sin(\theta + 150°)\\ i_Y &= 2I_m\sin(\theta + 30°)\\ i_Z &= 2I_m\sin(\theta - 90°)\end{aligned}\right\}\tag{2-83}$$

式中,I_m 为电机正常运行时的电流幅值。

系统仿真结果如图 2-37 所示。

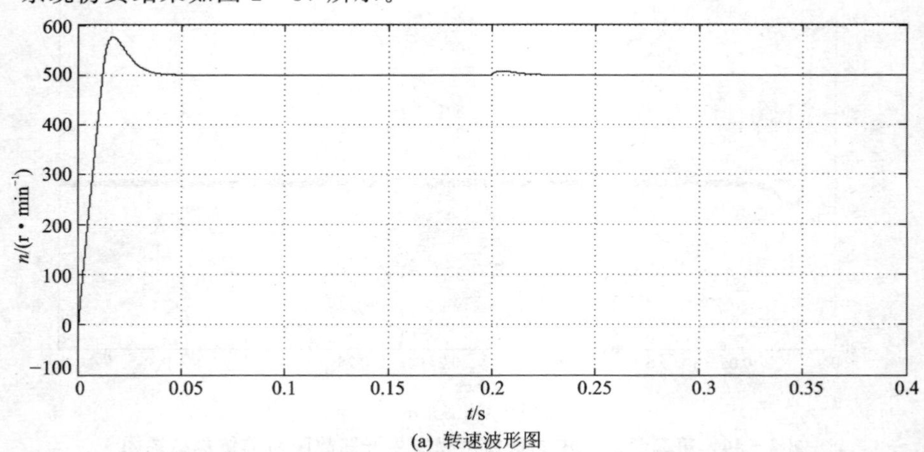

(a) 转速波形图

图 2-37　第一套绕组中的任意两相发生开路故障时的仿真结果图

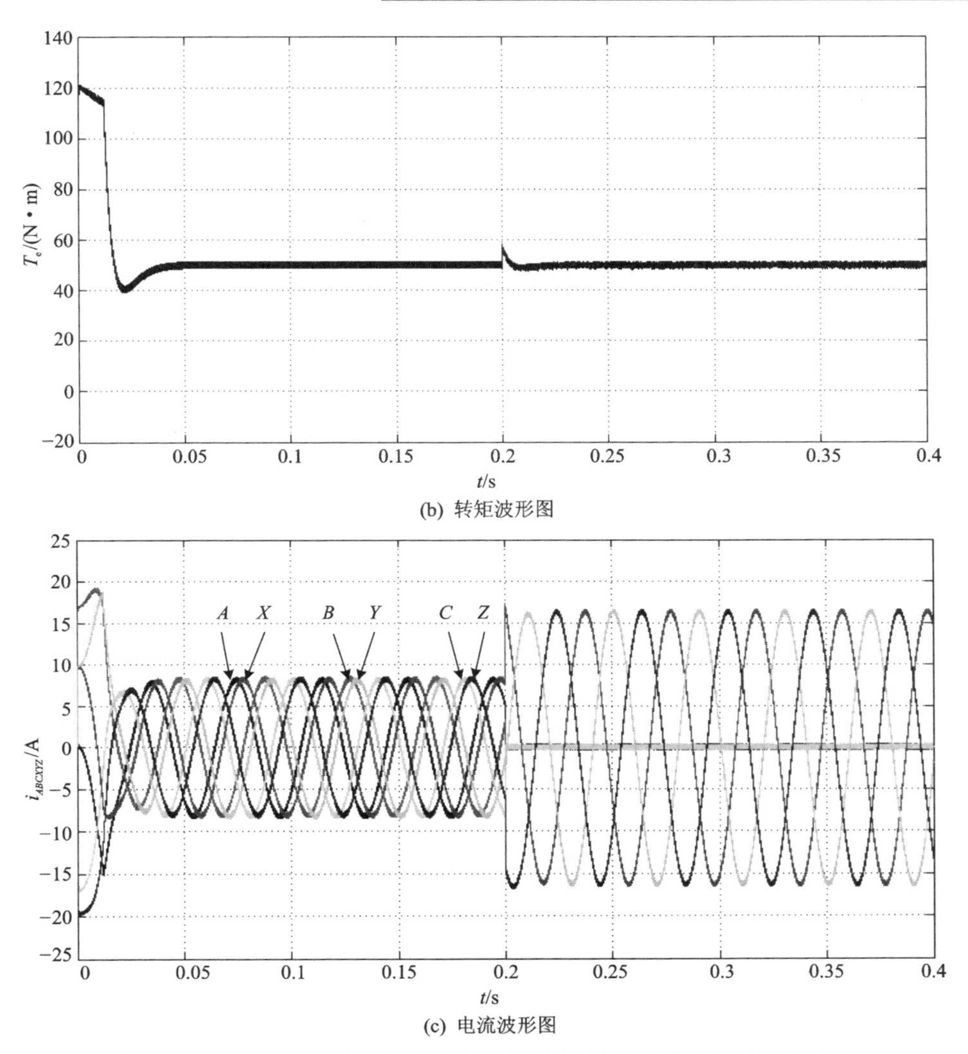

(b) 转矩波形图

(c) 电流波形图

图 2-37　第一套绕组中的任意两相发生开路故障时的仿真结果图(续)

由图 2-37(a)和图 2-37(b)可知，当切除第一套绕组后，电机仍能保持稳定运行；由图 2-37(c)可以看出，当切除第一套绕组后，剩余三相绕组的相电流幅值变为原来的两倍，XYZ 三相之间依然是互差 120°相位角。

2.4　双 Y 移 60°六相永磁同步电机的运行分析

2.4.1　坐标变换与运动方程

电压型双 Y 移 60°六相永磁同步电机驱动系统的拓扑结构如图 2-38 所示。

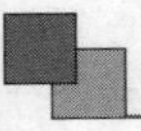

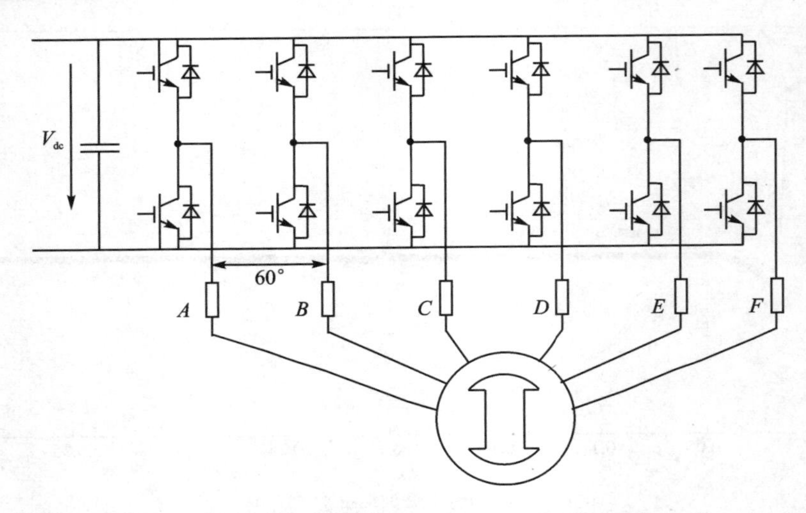

图 2-38　电压型双 Y 移 60°六相逆变器拓扑结构图

1. 双 Y 移 60°六相电机的坐标变换与变换矩阵

(1) 六相静止坐标系与两相静止坐标系之间的转换

令 α 轴的方向和 A 轴的方向相同，β 轴沿着 α 轴逆时针旋转 90°。为了保证坐标变换前后不会影响机电能量转换和电磁转矩的生成，要遵循变换前后磁动势不变的原则，即在 $\alpha\beta$ 坐标下产生的磁势和六相绕组产生的磁势相等，如图 2-39 所示。

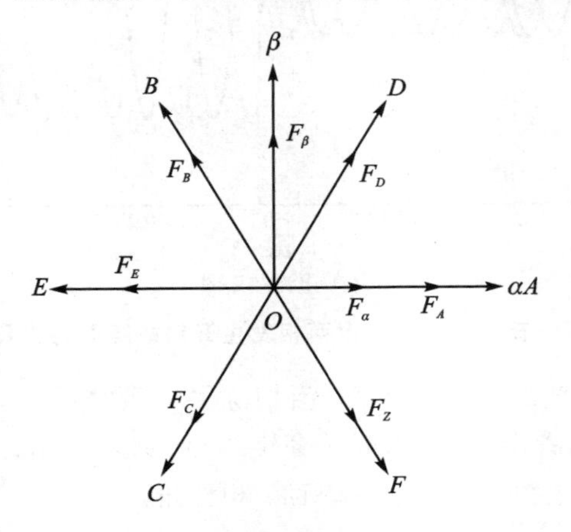

图 2-39　自然坐标系和 $\alpha\beta$ 坐标系之间的转换图

根据图 2-39 可推出

$$\left.\begin{aligned} F_\alpha &= F_A\cos 0° + F_D\cos 60° + F_B\cos 120° + F_E\cos 180° + F_C\cos 240° + F_F\cos 300° \\ F_\beta &= F_A\sin 0° + F_D\sin 60° + F_B\sin 120° + F_E\sin 180° + F_C\sin 240° + F_F\sin 300° \end{aligned}\right\} \tag{2-84}$$

将式(2-84)写成矩阵的形式：

$$\begin{bmatrix} F_\alpha \\ F_\beta \end{bmatrix} = \begin{bmatrix} 1 & \frac{1}{2} & -\frac{1}{2} & -1 & -\frac{1}{2} & \frac{1}{2} \\ 0 & \frac{\sqrt{3}}{2} & \frac{\sqrt{3}}{2} & 0 & -\frac{\sqrt{3}}{2} & -\frac{\sqrt{3}}{2} \end{bmatrix} [F_A \quad F_D \quad F_B \quad F_E \quad F_C \quad F_F]^{\mathrm{T}} \tag{2-85}$$

为实现六相电机数学模型从自然坐标系 $ABCDEF$ 到 $\alpha\beta Z_1Z_2Z_3Z_4$ 静止坐标系下的转换，采用恒功率变换矩阵 $\boldsymbol{T}_6$，其中，$\alpha\beta$ 为参与机电能量转换的子空间，$Z_1Z_2Z_3Z_4$ 为零序子空间。$\boldsymbol{T}_6$ 具体形式如下：

$$\begin{bmatrix} \alpha \\ \beta \\ Z_1 \\ Z_2 \\ Z_3 \\ Z_4 \end{bmatrix} = \frac{1}{\sqrt{3}} \begin{bmatrix} 1 & \frac{1}{2} & -\frac{1}{2} & -1 & -\frac{1}{2} & \frac{1}{2} \\ 0 & \frac{\sqrt{3}}{2} & \frac{\sqrt{3}}{2} & 0 & -\frac{\sqrt{3}}{2} & -\frac{\sqrt{3}}{2} \\ 1 & -\frac{1}{2} & -\frac{1}{2} & 1 & -\frac{1}{2} & -\frac{1}{2} \\ 0 & \frac{\sqrt{3}}{2} & -\frac{\sqrt{3}}{2} & 0 & \frac{\sqrt{3}}{2} & -\frac{\sqrt{3}}{2} \\ \frac{1}{\sqrt{2}} & \frac{1}{\sqrt{2}} & \frac{1}{\sqrt{2}} & \frac{1}{\sqrt{2}} & \frac{1}{\sqrt{2}} & \frac{1}{\sqrt{2}} \\ \frac{1}{\sqrt{2}} & -\frac{1}{\sqrt{2}} & \frac{1}{\sqrt{2}} & -\frac{1}{\sqrt{2}} & \frac{1}{\sqrt{2}} & -\frac{1}{\sqrt{2}} \end{bmatrix} \tag{2-86}$$

单位正交矩阵的转置等于自身的逆阵，即

$$\boldsymbol{C}_{2s/6s} = \boldsymbol{C}_{6s/2s}^{-1} = \boldsymbol{C}_{6s/2s}^{\mathrm{T}} \tag{2-87}$$

根据式(2-87)可实现六相电机的数学模型在自然坐标系下与两相静止坐标系下的互相转换。

(2) 两相静止坐标系与两相旋转坐标系之间的转换

从自然坐标系到两相静止坐标系的转换仅仅是一种相数上的变换，而从两相静止坐标系到两相旋转坐标系的转换却是一种频率上的变换。两个坐标系的转换关系如图 2-40 所示。

通过此转换才可以将静止坐标系下的绕组转换成等效直流电机的两个换向器绕组。也正是依靠此转换，机电能量之间的转换关系更加清晰，控制策略得到简化。d 轴的方向和转子永磁体产生的励磁磁链 ψ_f 方向相同，q 轴沿着 d 轴逆时针旋转 90°，d 轴和 α 轴之间的夹角为 θ。上文提到，只有 $\alpha\beta$ 子空间上的变量参与机电能量的转换，所以仅对该子空间进行旋转坐标系的转换即可，并且对于 Z_1-Z_2-

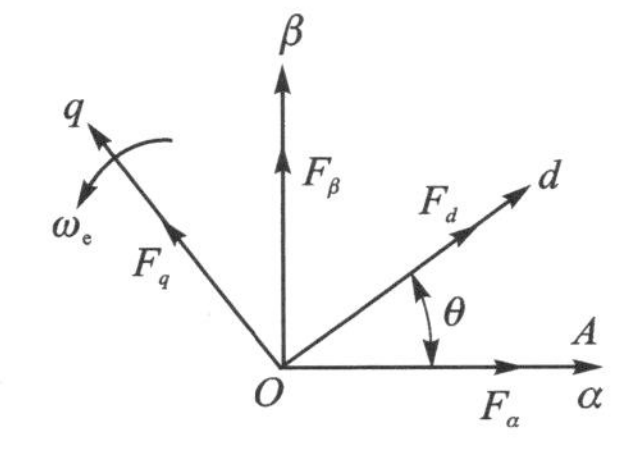

图 2-40　$\alpha\beta$ 坐标系和 dq 坐标系之间转换图

Z_3-Z_4 子空间上电机的两相静止数学模型已经得到了简化,方程中并不包含转子位置角 θ 的函数。

同样,根据两个坐标系生成磁动势等效的原则可得

$$\left.\begin{aligned} F_d &= F_\alpha \cos\theta + F_\beta \sin\theta \\ F_q &= -F_\alpha \sin\theta + F_\beta \cos\theta \end{aligned}\right\} \tag{2-88}$$

由于两坐标系内定子的绕组匝数相同,则将式(2-88)化为

$$\left.\begin{aligned} i_d &= i_\alpha \cos\theta + i_\beta \sin\theta \\ i_q &= -i_\alpha \sin\theta + i_\beta \cos\theta \end{aligned}\right\} \tag{2-89}$$

根据式(2-89)可得两相静止坐标系至两相旋转坐标系的变换矩阵:

$$\boldsymbol{C}_{2s/2r} = \begin{bmatrix} \cos\theta & \sin\theta \\ -\sin\theta & \cos\theta \end{bmatrix} \tag{2-90}$$

同理,为了计算,将式(2-90)中的变换矩阵改写成 6 阶方阵,由于 $Z_1-Z_2-Z_3-Z_4$ 子空间的电流分量与机电能量转换无关,则将变换矩阵改写为

$$\boldsymbol{C}_{2s/2r} = \begin{bmatrix} \cos\theta & \sin\theta & 0 & 0 & 0 & 0 \\ -\sin\theta & \cos\theta & 0 & 0 & 0 & 0 \\ 0 & 0 & 1 & 0 & 0 & 0 \\ 0 & 0 & 0 & 1 & 0 & 0 \\ 0 & 0 & 0 & 0 & 1 & 0 \\ 0 & 0 & 0 & 0 & 0 & 1 \end{bmatrix} \tag{2-91}$$

易知式(2-91)为单位正交阵,则有

$$\boldsymbol{C}_{2r/2s} = \boldsymbol{C}_{2s/2r}^{-1} = \boldsymbol{C}_{2s/2r}^{\mathrm{T}} \tag{2-92}$$

根据式(2-92)可实现在两相静止坐标系下与两相旋转坐标系下六相电机数学模型的互相转换。

2. 双 Y 移 60°六相电机在矢量空间解耦下的数学模型

按照上节求出各坐标系下的变换矩阵,就可以得出六相电机在基于矢量空间解耦下各变量的数学模型。

(1) 磁链方程

磁链方程如下:

$$\boldsymbol{\Psi}_{6s} = \boldsymbol{L}_{6s}\boldsymbol{i}_{6s} + \boldsymbol{\psi}_f \boldsymbol{F}_{6s}(\theta) \tag{2-93}$$

式中,$\boldsymbol{\Psi}_{6s}$ 为六相绕组的磁链矩阵,$\boldsymbol{\Psi}_{6s}=[\psi_A \quad \psi_D \quad \psi_B \quad \psi_E \quad \psi_C \quad \psi_F]^{\mathrm{T}}$;$\boldsymbol{L}_{6s}$ 为六相定子电感矩阵,包括定子各相绕组自感和相绕组间的互感,其中,自感分为励磁电感和漏电感;$\boldsymbol{i}_{6s}$ 为六相定子相电流矩阵,$\boldsymbol{i}_{6s}=[i_A \quad i_D \quad i_B \quad i_E \quad i_C \quad i_F]^{\mathrm{T}}$;$\theta$ 为励磁磁链 ψ_f 与定子 A 相坐标轴的夹角。

$$\boldsymbol{\Psi}_{2s} = (\boldsymbol{C}_{6s/2s} \cdot \boldsymbol{L}_{6s} \cdot \boldsymbol{C}_{6s/2s}^{-1})\,\boldsymbol{i}_{2s} + \boldsymbol{\psi}_f \boldsymbol{F}_{2s}(\theta) \tag{2-94}$$

由式(2-94)得出旋转坐标系下的磁链方程为

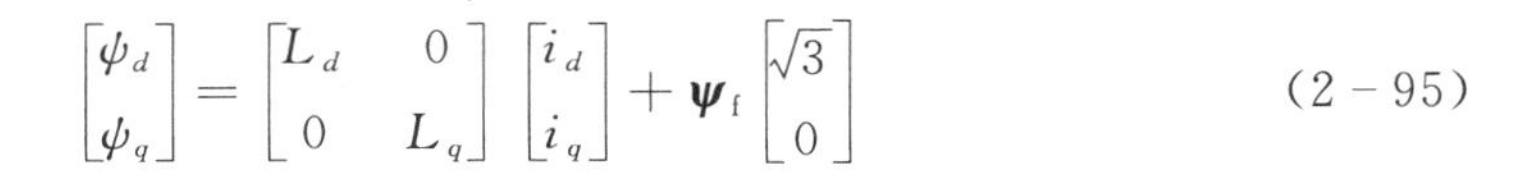

$$\begin{bmatrix}\psi_d\\ \psi_q\end{bmatrix}=\begin{bmatrix}L_d & 0\\ 0 & L_q\end{bmatrix}\begin{bmatrix}i_d\\ i_q\end{bmatrix}+\boldsymbol{\psi}_{\mathrm{f}}\begin{bmatrix}\sqrt{3}\\ 0\end{bmatrix} \tag{2-95}$$

(2) 电压方程

$$\boldsymbol{u}_{6\mathrm{s}}=\boldsymbol{R}_{6\mathrm{s}}\boldsymbol{i}_{6\mathrm{s}}+\frac{\mathrm{d}\boldsymbol{\Psi}_{6\mathrm{s}}}{\mathrm{d}t} \tag{2-96}$$

由式(2－96)得出旋转坐标系下的定子电压方程为

$$\left.\begin{aligned}u_d&=Ri_d+\frac{\mathrm{d}\psi_d}{\mathrm{d}t}-\omega_{\mathrm{e}}\psi_q\\ u_q&=Ri_q+\frac{\mathrm{d}\psi_q}{\mathrm{d}t}+\omega_{\mathrm{e}}\psi_d\end{aligned}\right\} \tag{2-97}$$

(3) 电磁转矩方程

根据机电能量转换和电机统一理论，可知电磁转矩方程为

$$T_{\mathrm{e}}=-n_{\mathrm{p}}\mathrm{Im}(\psi_{\mathrm{s}}\cdot i_{\mathrm{s}}^{*}) \tag{2-98}$$

式中，Im 表示取复数的虚部，i_{s}^{*} 表示取 i_{s} 的共轭复数。

由于仅 $\alpha\beta$ 子空间上的分量参与了机电能量的转换，又仅将 $\alpha\beta$ 子空间转换为旋转坐标系 dq，故只将 dq 轴系下的直轴分量和交轴分量代入即可得

$$T_{\mathrm{e}}=n_{\mathrm{p}}\left\lfloor(L_d-L_q)i_di_q+\sqrt{3}\psi_{\mathrm{f}}i_q\right\rfloor \tag{2-99}$$

对于面贴式的 PMSM 而言，由于不存在凸极效应，故 L_d-L_q 的值为 0。

(4) 运动方程

旋转坐标系下的运动方程为

$$T_{\mathrm{e}}-T_{\mathrm{L}}-B\omega_{\mathrm{m}}=J\frac{\mathrm{d}\omega_{\mathrm{m}}}{\mathrm{d}t} \tag{2-100}$$

2.4.2　滞环控制方式

滞环控制方式仿真框图如图 2－41 所示。

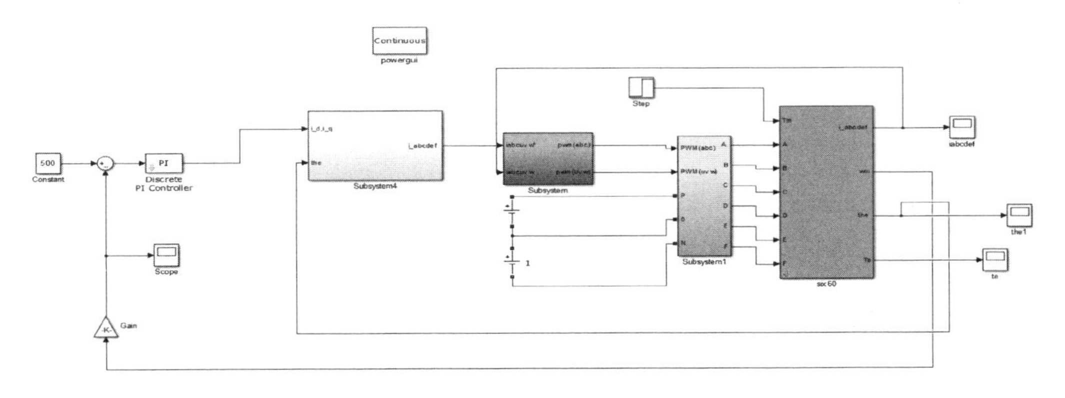

图 2－41　滞环控制的对称绕组互差 60°六相 PMSM 调速系统仿真框图

选用六相电机的参数如表 2-2 所列。给定电机的转速为 500 r/min,0.15 s 之前电机空载运行;在 $t=0.15$ s 时,突加 $T_L=50$ N·m 的负载转矩。系统仿真如图 2-42 所示。

表 2-2 六相永磁同步电机仿真参数

参 数	R/Ω	L_d/mH	L_q/mH	ψ_f/Wb	$J/(\mathrm{kg \cdot m^2})$	$B/(\mathrm{N \cdot m \cdot s})$	p/对
数 值	1.4	8	8	0.68	0.015	0	3

根据图 2-42(a)所示的转速波形可知,电机的转速很快上升至给定转速,且达到稳态所需的调节时间短。当在 0.15 s 突加负载转矩时,转速波动较小,恢复至给定转速的时间短。分析图 2-42(b)所示电磁转矩波形可得,电机空载运行时,电磁转矩约为 0;突加负载后,电磁转矩较快地与负载转矩相平衡,且脉动的幅值很小。图 2-42(c)为六相电流的波形,从图中可得六相电流幅值相同,空载时相电流幅值

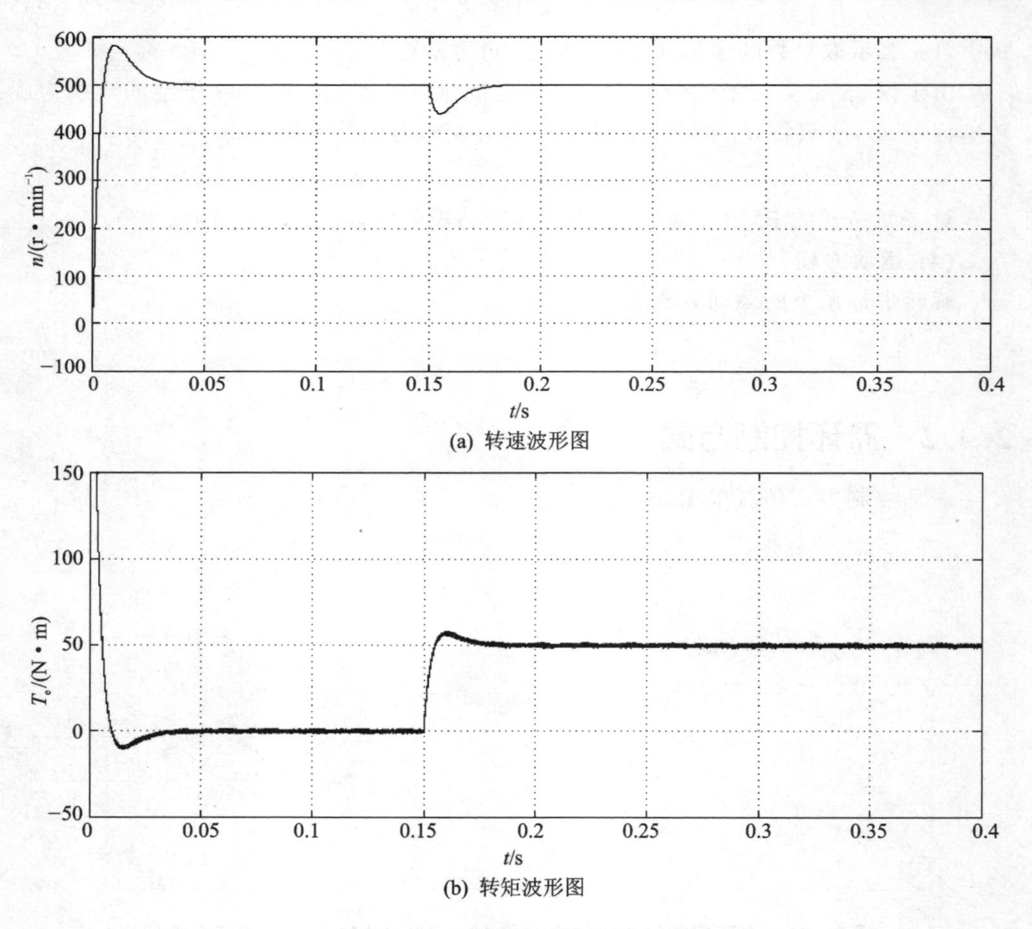

(a) 转速波形图

(b) 转矩波形图

图 2-42 滞环控制仿真结果图

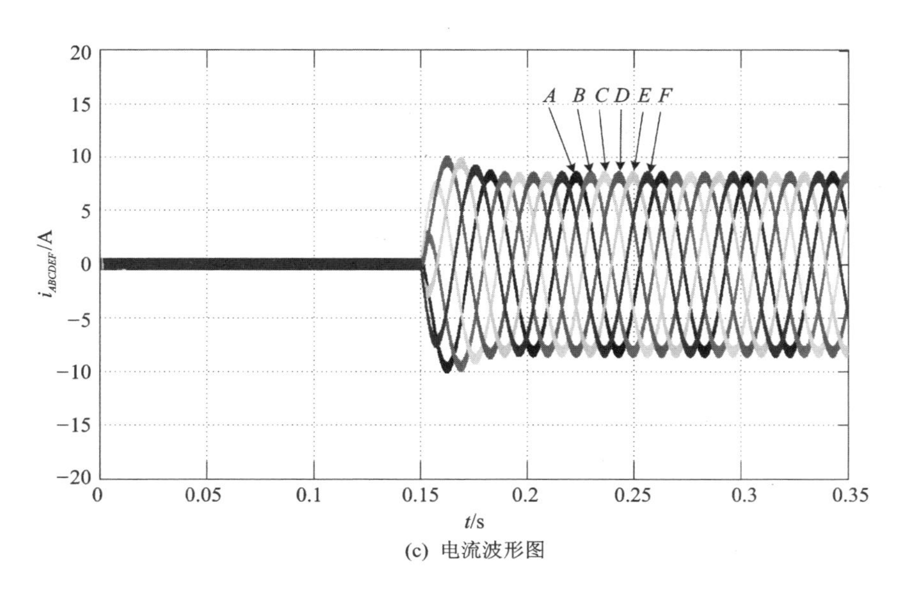

(c) 电流波形图

图 2-42　滞环控制仿真结果图(续)

约为 0;电机负载运行后,电流波形呈正弦状变化,六相电流 A 与 B、C 与 D、E 与 F 的相位分别相差 60°。

2.4.3　双 Y 移 60°六相电机缺相运行的容错控制

1. 任意一相发生开路故障

当电机发生开路故障时,根据磁动势不变原则对剩余各相电流幅值和相位进行优化调整,然后采用基于滞环电流控制的六相 PMSM 容错控制策略,保证电机缺相后的稳定运行。下面以 F 相发生开路故障为例进行分析。

六相电机在正常运行时的各相电流为

$$\left.\begin{aligned} i_A &= I_m \cos \omega t \\ i_B &= I_m \cos(\omega t - 60°) \\ i_C &= I_m \cos(\omega t - 120°) \\ i_D &= I_m \cos(\omega t - 180°) \\ i_E &= I_m \cos(\omega t - 240°) \\ i_F &= I_m \cos(\omega t - 300°) \end{aligned}\right\} \tag{2-101}$$

式中,I_m 为定子相电流的幅值。

六相电机在正常运行状况下的合成总磁势为

$$F_{6s} = \frac{3}{2} I_m \cos(\omega t - \varphi) = \frac{3}{4} N I_m (e^{j\omega t} e^{-j\varphi} + e^{-j\omega t} e^{j\varphi}) \tag{2-102}$$

当 F 相发生开路时，则 $i_F=0$，该相不会产生脉振磁势，F 相开路下的五相合成磁势为

$$F_{5s}=F_A+F_B+F_C+F_D+F_E \tag{2-103}$$

根据三角函数公式，可将剩余相电流表示为

$$i_X=a_X I_m \cos \omega t+b_X I_m \sin \omega t=a_X i_\alpha+b_X i_\beta \tag{2-104}$$

将正弦项和余弦项分离可得

$$\left.\begin{aligned}&a_A+\frac{1}{2}a_B-\frac{1}{2}a_C-a_D-\frac{1}{2}a_E=3\\&b_A+\frac{1}{2}b_B-\frac{1}{2}b_C-b_D-\frac{1}{2}b_E=0\\&\frac{\sqrt{3}}{2}a_B+\frac{\sqrt{3}}{2}a_C-\frac{\sqrt{3}}{2}a_D-\frac{1}{2}a_E=0\\&\frac{\sqrt{3}}{2}b_B+\frac{\sqrt{3}}{2}b_C-\frac{\sqrt{3}}{2}b_D-\frac{1}{2}b_E=3\end{aligned}\right\} \tag{2-105}$$

$$\begin{cases}a_A+a_B+a_C+a_D+a_E=0\\b_A+b_B+b_C+b_D+b_E=0\end{cases}$$

将输出转矩最大作为优化目标，则应平衡剩余相电流的幅值，并使相电流的幅值尽量小，功率器件的容量也减小，有利于逆变器的设计。将各相电流的最大幅值作为目标函数：

$$f_1=\max(a_A^2+b_A^2,a_B^2+b_B^2,a_C^2+b_C^2,a_D^2+b_D^2,a_E^2+b_E^2) \tag{2-106}$$

电流的优化目标是使 f_1 的值为最小，通过常规的解析法很难对其进行求解，可以利用 MATLAB 最优工具箱提供的极小值计算函数 fminimax 来进行求解。该函数允许以方程组或不等式组作为约束条件，并可以限定任一变量的变化范围，适用于各种场合下极值的求解。将 f_1 作为目标函数，式(2-106)为约束条件，当 F 相断相时，可求解出剩余五相电流的表达式：

$$\left.\begin{aligned}i_A&=1.297I_m\cos(\theta+35^\circ)\\i_B&=1.297I_m\cos(\theta-54^\circ)\\i_C&=1.297I_m\cos(\theta-120^\circ)\\i_D&=1.297I_m\cos(\theta+174^\circ)\\i_E&=1.297I_m\cos(\theta+85^\circ)\end{aligned}\right\} \tag{2-107}$$

式中，I_m 为电机正常运行时的电流幅值。

其控制系统框图如图 2-43 所示。

单相故障时的系统仿真结果如图 2-44 所示。由图 2-44(a)、图 2-44(b)可知，在 0.2 s 时 F 相发生开路故障，切换成基于磁动势不变原则最大转矩输出的容错控制方式，电机的转速和转矩依然与正常运行状态保持一致，而且响应较快。由图 2-44(c)可以看出，电流波形的正弦度高，其中，$ABCDE$ 相电流幅值相同，但是

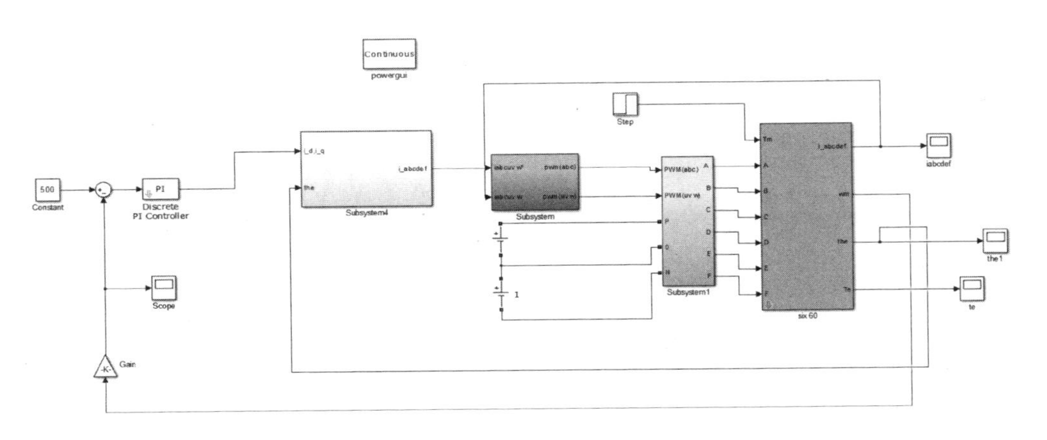

图 2-43　基于滞环电流控制的对称绕组互差 60°六相 PMSM 容错控制策略

其相位不相同，且 A 相与 B 相相位互差 89°，B 相与 C 相相位互差 66°，C 相与 D 相相位互差 54°，D 相与 E 相相位互差 90°。

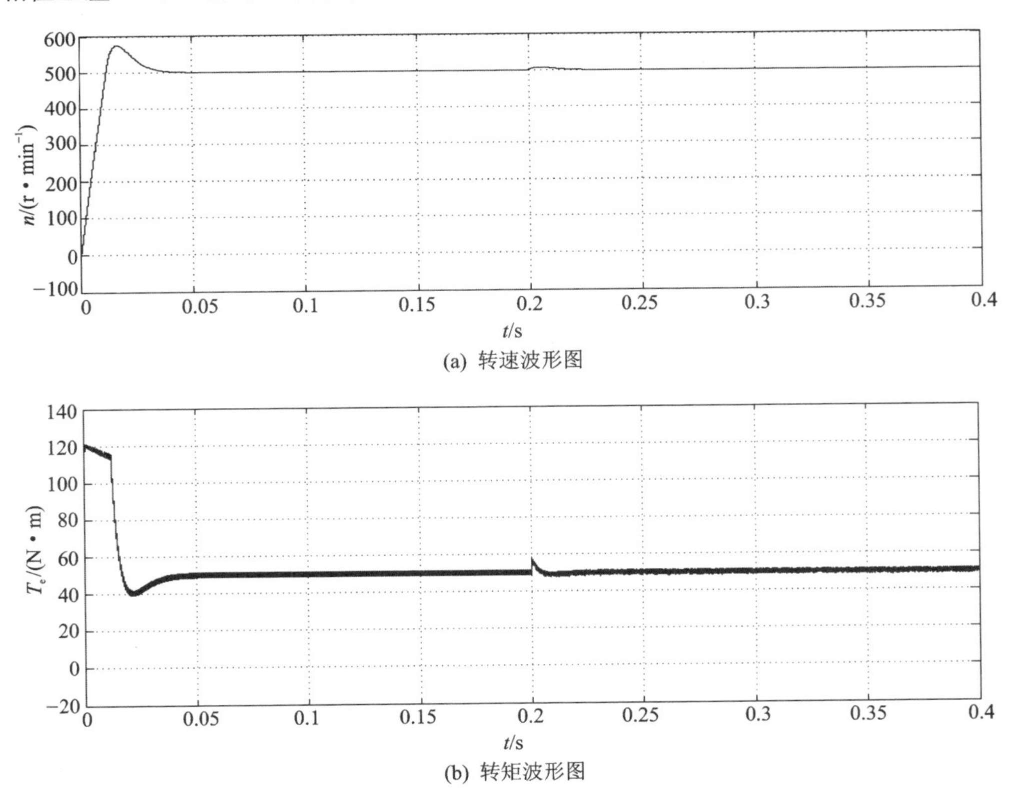

(a) 转速波形图

(b) 转矩波形图

图 2-44　单相故障时系统仿真结果图

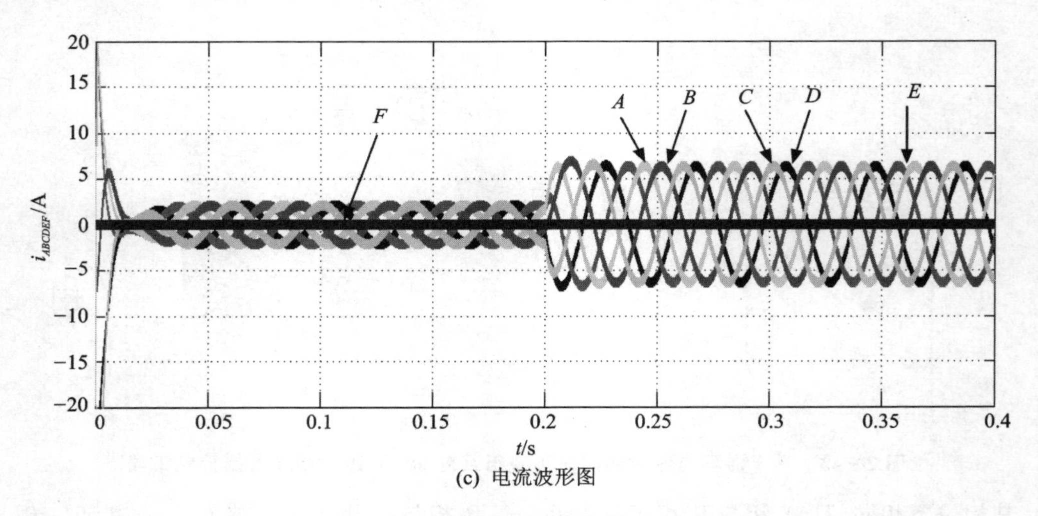

(c) 电流波形图

图 2-44 单相故障时系统仿真结果图(续)

2. 任意两相发生开路故障

① 互差 60°两相发生开路故障,以 E、F 相开路为例,剩余四相电流为

$$\left.\begin{aligned} i_A &= 2I_m\cos(\theta + 60°) \\ i_B &= 2I_m\cos(\theta - 60°) \\ i_C &= 2I_m\cos(\theta - 120°) \\ i_D &= 2I_m\cos(\theta + 120°) \end{aligned}\right\} \tag{2-108}$$

式中,I_m 为电机正常运行时的电流幅值。

两相故障时系统仿真结果图如图 2-45 所示。

由图 2-45(a)、图 2-45(b)可知,在 0.2 s 时 E、F 相发生开路故障,切换成基于磁动势不变原则最大转矩输出的容错控制方式,电机的转速和转矩依然与正常

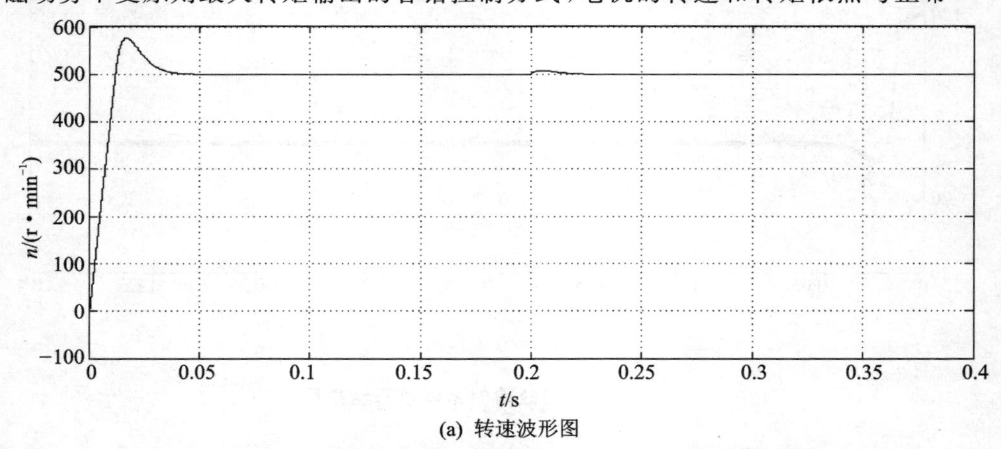

(a) 转速波形图

图 2-45 两相故障时系统仿真图(互差 60°两相发生开路故障)

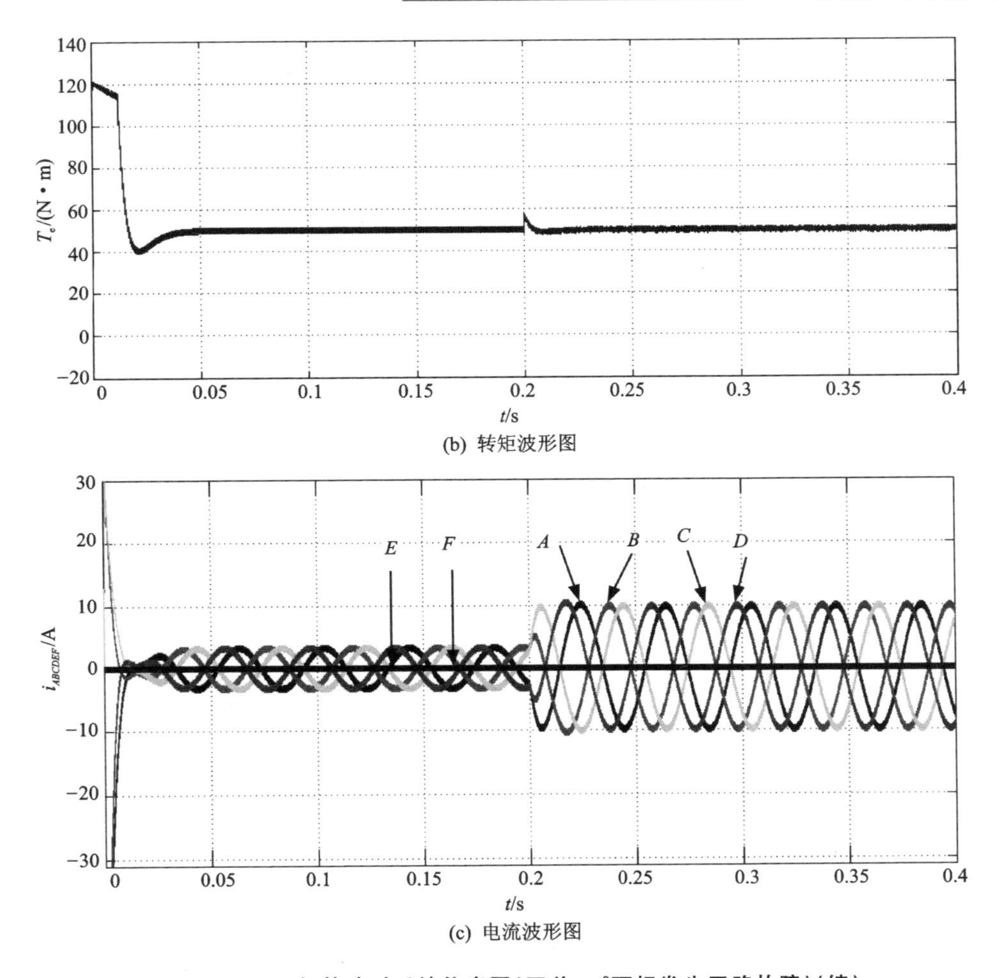

(b) 转矩波形图

(c) 电流波形图

图 2-45　两相故障时系统仿真图(互差 60°两相发生开路故障)(续)

运行状态保持一致,而且响应较快。由图 2-45(c)可以看出,电流波形的正弦度高,其中,$ABCD$ 相电流幅值相同,但是其相位不相同,且 A 相与 B 相相位互差 120°,B 相与C 相相位互差 60°,C 相与 D 相相位互差 240°。

② 互差 120°两相发生开路故障,以 B、F 相开路为例,剩余四相电流为

$$\left.\begin{aligned} i_A &= 1.5I_m\cos\theta \\ i_C &= 1.732I_m\cos(\theta-90°) \\ i_D &= 1.5I_m\cos(\theta+180°) \\ i_E &= 1.732I_m\cos(\theta+90°) \end{aligned}\right\} \tag{2-109}$$

式中,I_m 为电机正常运行时的电流幅值。

系统仿真结果如图 2-46 所示。

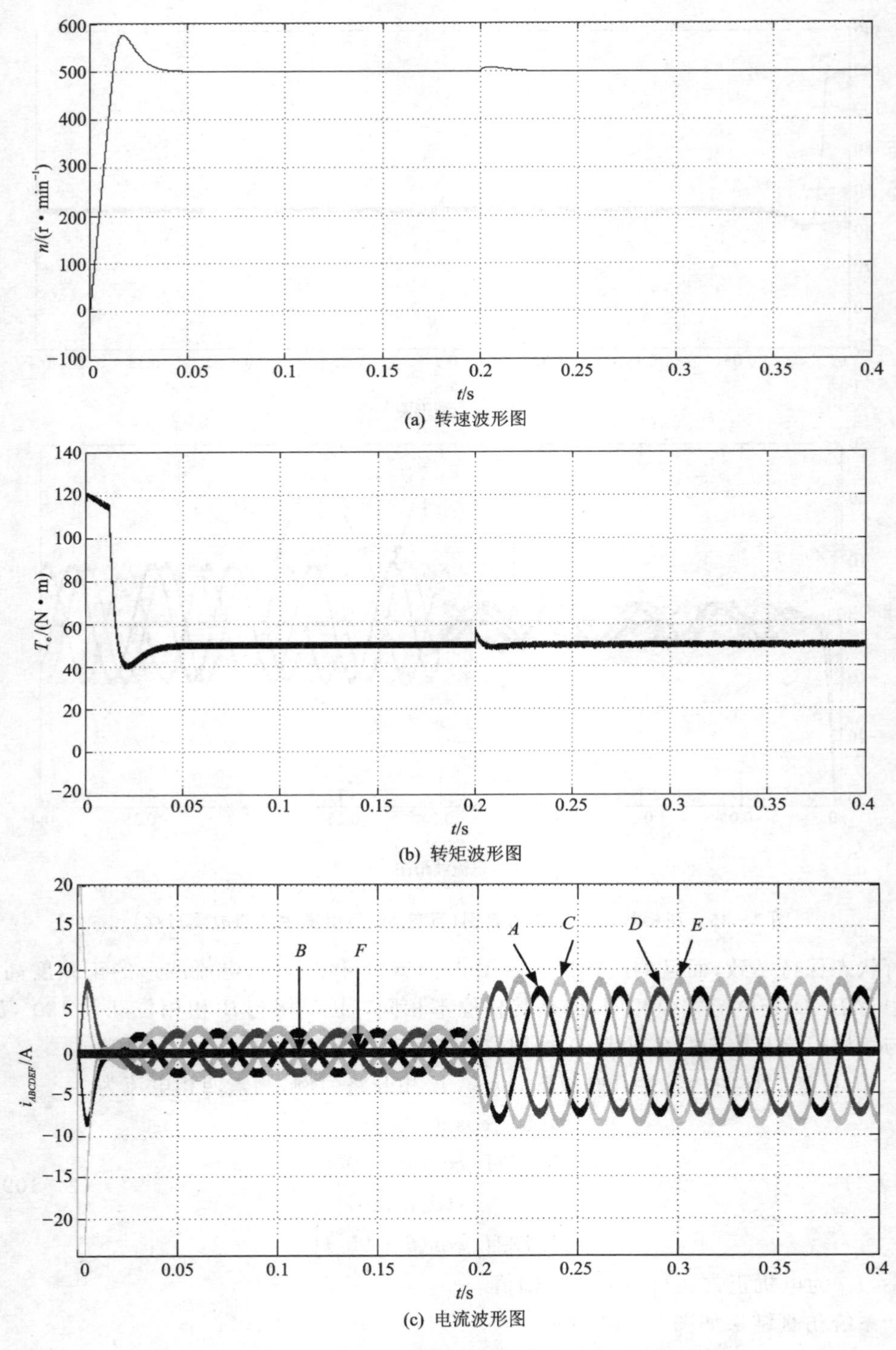

(a) 转速波形图

(b) 转矩波形图

(c) 电流波形图

图 2-46　互差 120°两相发生开路故障时的系统仿真图

由图 2-46(a)和图 2-46(b)可知，在 0.2 s 时 B、F 相发生开路故障，切换成基于磁动势不变原则最大转矩输出的容错控制方式，电机的转速和转矩依然与正常运行状态保持一致，而且响应较快。由图 2-46(c)可以看出，电流波形的正弦度高，其中，A、C、D、E 相电流幅值相同，但是其相位不相同，且 A 相与 C 相相位互差 90°；C 相与 D 相位互差 270°、D 相与 E 相相位互差 90°。

③ 互差 180°两相发生故障，以 C、F 相为例，剩余四相电流为

$$\left.\begin{aligned} i_A &= 1.732 I_m \cos(\theta + 30°) \\ i_B &= 1.732 I_m \cos(\theta - 90°) \\ i_D &= 1.732 I_m \cos(\theta - 150°) \\ i_E &= 1.732 I_m \cos(\theta + 90°) \end{aligned}\right\} \tag{2-110}$$

式中，I_m 为电机正常运行时的电流幅值。

系统仿真结果如图 2-47 所示。

由图 2-47(a)、图 2-47(b)可知，在 0.2 s 时 C、F 相发生开路故障，切换成基于磁动势不变原则最大转矩输出的容错控制方式，电机的转速和转矩依然与正常运行

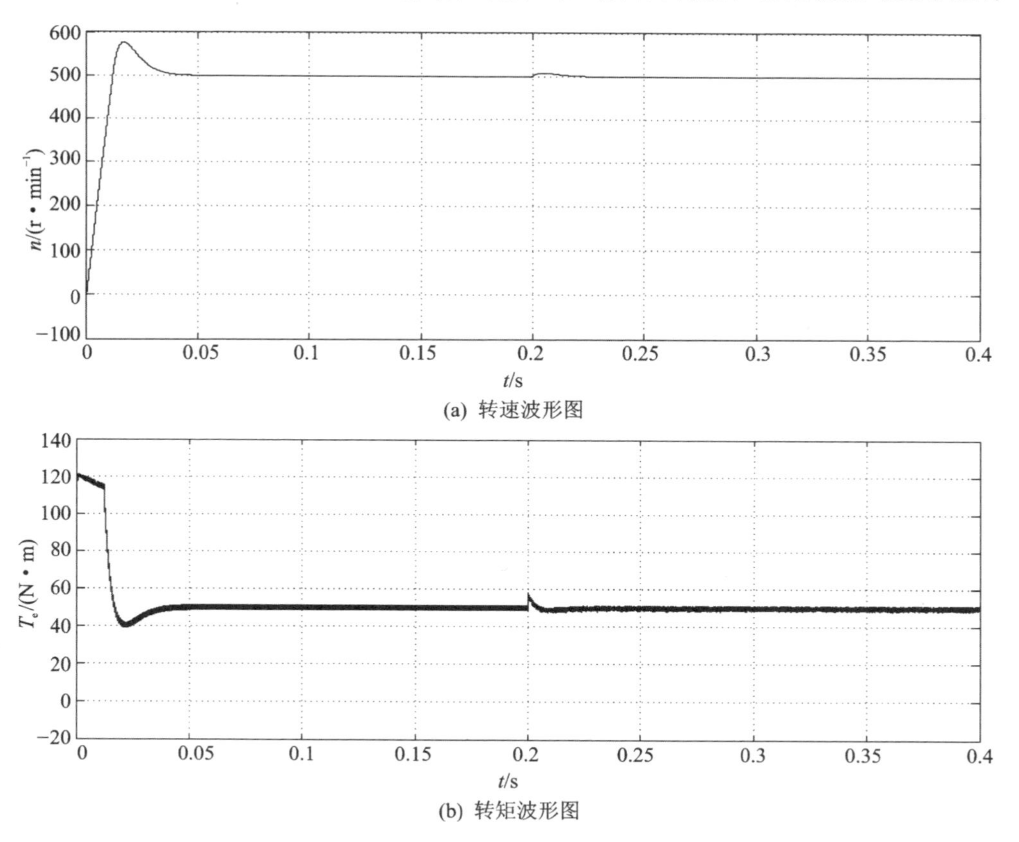

(a) 转速波形图

(b) 转矩波形图

图 2-47　互差 180°两相发生故障时的系统仿真图

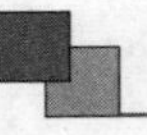

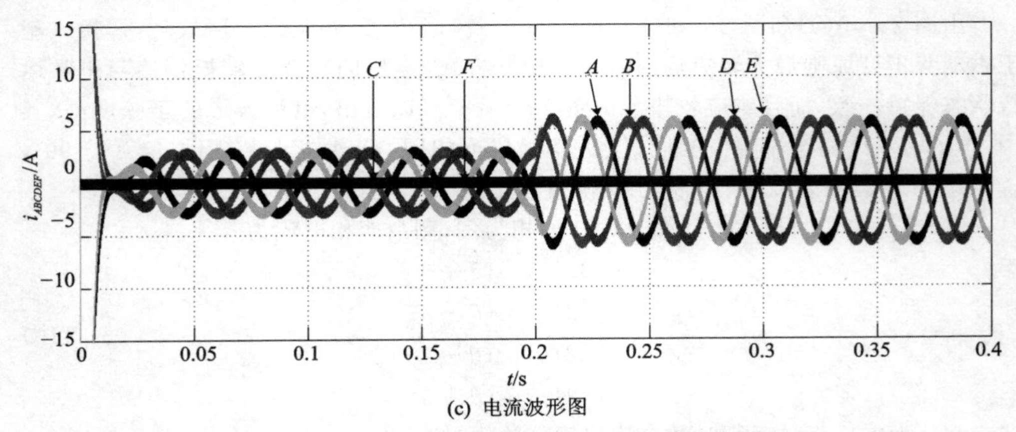

(c) 电流波形图

图 2-47 互差 180°两相发生故障时的系统仿真图(续)

状态保持一致,而且响应较快。由图 2-47(c)可以看出,电流波形的正弦度高,其中,A、B、D、E 相电流幅值相同,但是其相位不相同,且 A 相与 B 相相位互差 120°,B 相与 D 相相位互差 60°,D 相与 E 相相位互差 240°。

2.5 十二相同步电机的运行分析

与三相电机类似,多相电机在自然坐标系下的数学模型中,相变量(电流、电压)之间存在强烈的耦合,无法直接进行有效控制——这在六相电机的分析中已经有了详细的介绍。因此,多相电机同样需要解耦变换。矢量空间解耦建模方法(Vector Space Decomposition,VSD)将 n 相电机看作一个整体,将电机中的各个变量分解到参与机电能量转换的 $\alpha\beta$ 平面中以及与机电能量转换无关的其他平面中,此方法更具有一般性。n 相对称多相电机的 Clark 变换矩阵:

$$
\boldsymbol{T}=\sqrt{\frac{2}{n}}\begin{bmatrix}
1 & \cos\gamma & \cos 2\gamma & \cdots & \cos(n-1)\gamma \\
0 & \sin\gamma & \sin 2\gamma & \cdots & \sin(n-1)\gamma \\
1 & \cos 2\gamma & \cos(2\cdot 2\gamma) & \cdots & \cos[(n-1)\cdot 2\gamma] \\
0 & \sin 2\gamma & \sin(2\cdot 2\gamma) & \cdots & \sin[(n-1)\cdot 2\gamma] \\
\vdots & \vdots & \vdots & \vdots & \vdots \\
1 & \cos m\gamma & \cos(2\cdot m\gamma) & \cdots & \cos[(n-1)\cdot m\gamma] \\
0 & \sin m\gamma & \sin(2\cdot m\gamma) & \cdots & \sin[(n-1)\cdot m\gamma] \\
\frac{1}{\sqrt{2}} & \frac{1}{\sqrt{2}} & \frac{1}{\sqrt{2}} & \cdots & \frac{1}{\sqrt{2}} \\
\frac{1}{\sqrt{2}} & \frac{1}{\sqrt{2}} & \frac{1}{\sqrt{2}} & \cdots & \frac{1}{\sqrt{2}}
\end{bmatrix}
\begin{matrix}
\to \alpha \\ \to \beta \\ \to x_1 \\ \to y_1 \\ \\ \to x_{m-1} \\ \to y_{m-1} \\ \to o_1 \\ \to o_2
\end{matrix}
\tag{2-111}
$$

式中，$\gamma=2\pi/n$，为每两套绕组之间相差的电角度；m 的取值与电机的相数有关，当 n 为偶数时，$m=(n-2)/2$；当 n 为奇数时，$m=(n-1)/2$，且如式(2-111)所示的最后一行向量将不存在。当定、转子磁势正弦分布时，前两行向量对应的是 $\alpha\beta$ 子空间，其对应的是基波磁链和转矩分量，这些分量与三相电机相同且参与电机的机电能量转换；中间行向量中的 $m-1$ 对 $x-y$ 分量对应着 $m-1$ 个 $x-y$ 子空间，其对应的是谐波分量，虽然该子空间并不参与机电能量转换，但会影响电机定子损耗的大小；最后两行对应的是零序分量，当电机的中性点隔离时，可以忽略零序分量的影响。另外，式(2-111)中的系数 $\sqrt{2/n}$ 是以功率不变作为约束条件得到的，当以幅值不变为约束条件时，只须将式(2-111)中的系数修改为 $2/n$ 即可。

特别地，当 n 相电机由 k 个相互独立的绕组结构构成，且 k 个绕组中每两个绕组之间的中性点相互隔离时，采用 VSD 变换矩阵后，由于零序分量在每两个绕组之间不能相互作用，故 n 相电机的变量个数由最初的 n 个减少为 $n-k$ 个。

2.5.1　十二相 PMSM 的运动方程

十二相 PMSM 的定子由四套 Y 形连接的三相对称绕组组成（$A_1B_1C_1$ 为第一套绕组，$A_2B_2C_2$ 为第二套绕组，$A_3B_3C_3$ 为第三套绕组，$A_4B_4C_4$ 为第四套绕组），且 4 套绕组在空间上相差 15°电角度，其绕组结构如图 2-48 所示。

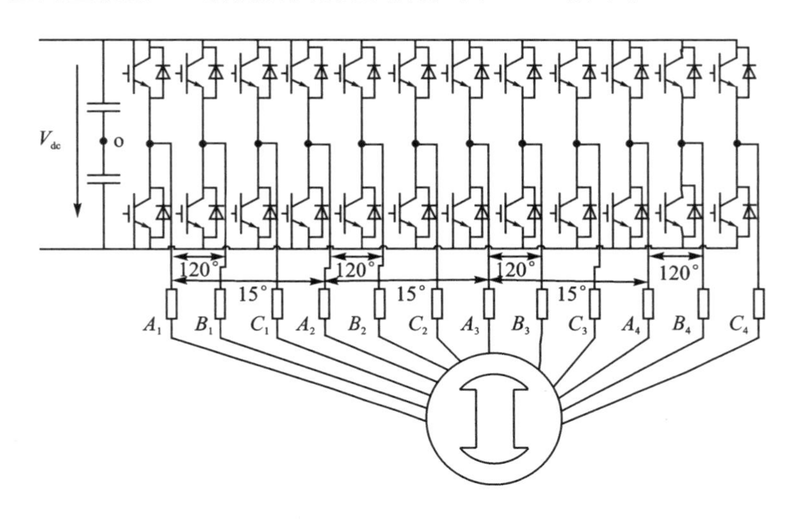

图 2-48　十二相 PMSM 的绕组结构

为了便于分析，现做出如下假设：

① 定子绕组产生的电枢反应磁场和转子永磁体产生的励磁磁场在气隙中均为正弦分布；

② 忽略电机铁芯的磁饱和,不计涡流、磁滞损耗和定子绕组间的互漏感;

③ 转子上没有阻尼绕组;

④ 永磁材料的电导率为零,永磁内部的磁导率与空气相同,且产生的转子磁链恒定;

⑤ 电压、电流、磁链等变量的方向均按照电机惯例选取,且符合右手螺旋定则。

十二相电机的 4 套绕组采用隔离中性点星形连接方式,其具体连接方式如图 2-49 所示。

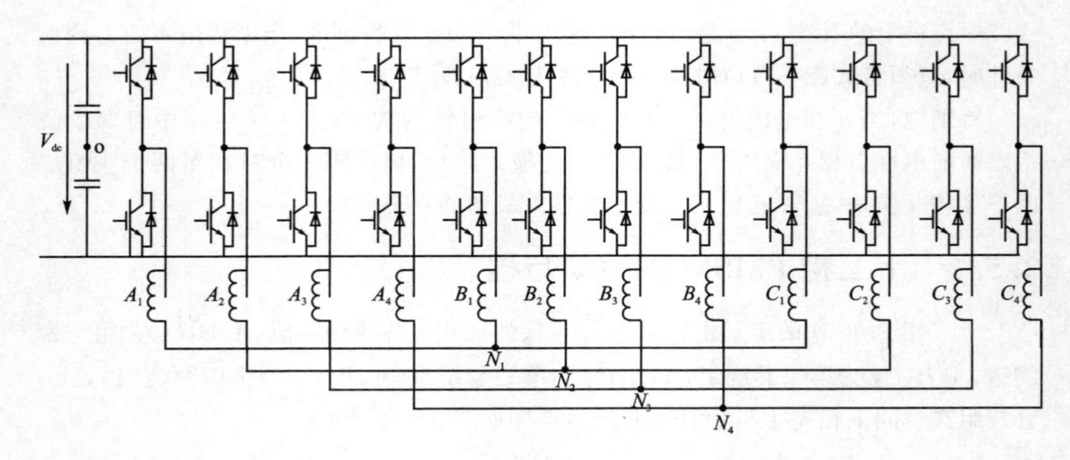

图 2-49　十二相电机定子绕组隔离中性点星形连接方式

采取隔离中性点星形连接方式,则电流满足

$$\left.\begin{aligned}i_{A_1}+i_{B_1}+i_{C_1}=0\\i_{A_2}+i_{B_2}+i_{C_2}=0\\i_{A_3}+i_{B_3}+i_{C_3}=0\\i_{A_4}+i_{B_4}+i_{C_4}=0\end{aligned}\right\}\tag{2-112}$$

1. 磁链方程

$$\boldsymbol{\Psi}_{12s}=\boldsymbol{L}_{12s}\boldsymbol{i}_{12s}+\boldsymbol{\psi}_{f}\boldsymbol{F}_{12s}(\theta)\tag{2-113}$$

式中,$\boldsymbol{\Psi}_{12s}=[\psi_{A_1}\quad\psi_{A_2}\quad\psi_{A_3}\quad\psi_{A_4}\quad\psi_{B_1}\quad\psi_{B_2}\quad\psi_{B_3}\quad\psi_{B_4}\quad\psi_{C_1}\quad\psi_{C_2}\quad\psi_{C_3}\quad\psi_{C_4}]^{\mathrm{T}}$,为十二相绕组的磁链矩阵;$\boldsymbol{L}_{12s}$ 为十二相定子电感矩阵,包括定子各相绕组自感和相绕组间的互感,其中,自感分为励磁电感和漏电感;$\boldsymbol{i}_{12s}=[i_{A_1}\quad i_{A_2}\quad i_{A_3}\quad i_{A_4}\quad i_{B_1}\quad i_{B_2}\quad i_{B_3}\quad i_{B_4}\quad i_{C_1}\quad i_{C_2}\quad i_{C_3}\quad i_{C_4}]^{\mathrm{T}}$,为十二相定子相电流矩阵;$\theta$ 为励磁磁链 ψ_{f} 和定子 A 相坐标轴的夹角。

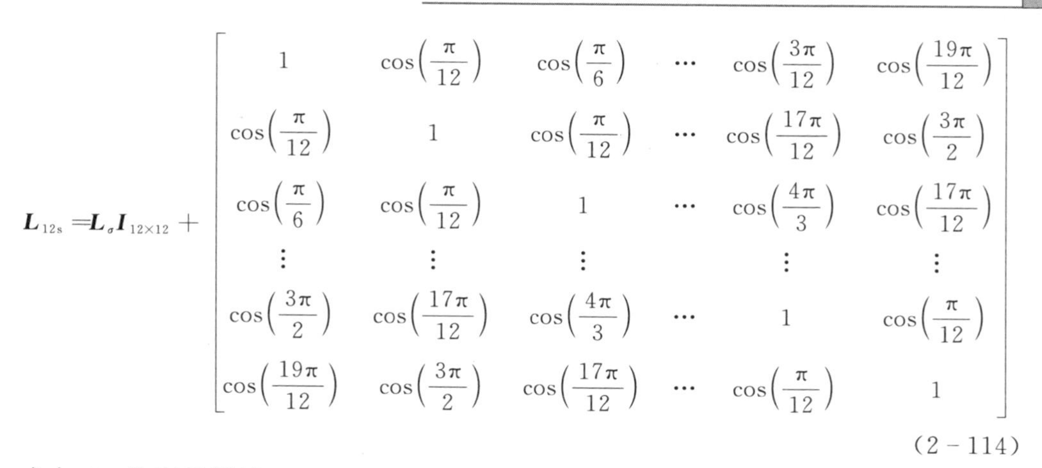

$$
\boldsymbol{L}_{12s}=\boldsymbol{L}_{\sigma}\boldsymbol{I}_{12\times12}+\begin{bmatrix}
1 & \cos\left(\frac{\pi}{12}\right) & \cos\left(\frac{\pi}{6}\right) & \cdots & \cos\left(\frac{3\pi}{12}\right) & \cos\left(\frac{19\pi}{12}\right)\\
\cos\left(\frac{\pi}{12}\right) & 1 & \cos\left(\frac{\pi}{12}\right) & \cdots & \cos\left(\frac{17\pi}{12}\right) & \cos\left(\frac{3\pi}{2}\right)\\
\cos\left(\frac{\pi}{6}\right) & \cos\left(\frac{\pi}{12}\right) & 1 & \cdots & \cos\left(\frac{4\pi}{3}\right) & \cos\left(\frac{17\pi}{12}\right)\\
\vdots & \vdots & \vdots & & \vdots & \vdots\\
\cos\left(\frac{3\pi}{2}\right) & \cos\left(\frac{17\pi}{12}\right) & \cos\left(\frac{4\pi}{3}\right) & \cdots & 1 & \cos\left(\frac{\pi}{12}\right)\\
\cos\left(\frac{19\pi}{12}\right) & \cos\left(\frac{3\pi}{2}\right) & \cos\left(\frac{17\pi}{12}\right) & \cdots & \cos\left(\frac{\pi}{12}\right) & 1
\end{bmatrix} \tag{2-114}
$$

式中，$\boldsymbol{L}_{\sigma}$ 为定子漏感。

$$
\boldsymbol{F}_{12s}(\theta)=[\cos\theta\quad \cos(\theta-15^{\circ})\quad \cos(\theta-30^{\circ})\quad \cos(\theta-45^{\circ})\quad \cos(\theta-120^{\circ})\quad \cos(\theta-135^{\circ})\quad \cos(\theta-150^{\circ})\quad \cos(\theta-165^{\circ})\quad \cos(\theta-240^{\circ})\quad \cos(\theta-255^{\circ})\quad \cos(\theta-270^{\circ})\quad \cos(\theta-285^{\circ})]^{\mathrm{T}} \tag{2-115}
$$

2. 电压方程

$$
\boldsymbol{u}_{12s}=\boldsymbol{R}_{12s}\boldsymbol{i}_{12s}+\frac{\mathrm{d}\boldsymbol{\Psi}_{12s}}{\mathrm{d}t} \tag{2-116}
$$

式中，$\boldsymbol{u}_{12s}=[u_{A_1}\quad u_{A_2}\quad u_{A_3}\quad u_{A_4}\quad u_{B_1}\quad u_{B_2}\quad u_{B_3}\quad u_{B_4}\quad u_{C_1}\quad u_{C_2}\quad u_{C_3}\quad u_{C_4}]^{\mathrm{T}}$，为式中定子相电压矩阵；$\boldsymbol{R}_{12s}=\mathrm{diag}[R\quad R\quad R\quad R\quad R\quad R\quad R\quad R\quad R\quad R\quad R\quad R]$ 为定子电阻矩阵，其中，R 为定子每相的电阻。

3. 电磁转矩方程

从机电能量转换的角度出发，在忽略了铁芯饱和的情况下，磁路曲线 $\psi-i$ 是线性变化的，即磁能和磁共能相等：

$$
W_{\mathrm{m}}=W'_{\mathrm{m}}=\frac{1}{2}\boldsymbol{i}_{12s}^{\mathrm{T}}\cdot\boldsymbol{\psi}_{12s} \tag{2-117}
$$

由机电能量转换关系可知，电磁转矩等于磁共能对机械角度的偏导数，而电角度等于机械角度和电机极对数的乘积，即可得到十二相电机的电磁转矩为

$$
T_{\mathrm{e}}=\frac{1}{2}n_{\mathrm{p}}\frac{\partial}{\partial\theta_{\mathrm{m}}}(\boldsymbol{i}_{12s}^{\mathrm{T}}\cdot\boldsymbol{\psi}_{12s}) \tag{2-118}
$$

式中，n_{p} 为电机的极对数；θ_{m} 为电机的电角度。

4. 运动方程

$$
T_{\mathrm{e}}-T_{\mathrm{L}}-B\omega_{\mathrm{m}}=J\frac{\mathrm{d}\omega_{\mathrm{m}}}{\mathrm{d}t} \tag{2-119}
$$

式中，T_{L} 为负载转矩，B 为阻尼系数，ω_{m} 为机械角频率，J 为转动惯量。

2.5.2　十二相电机的解耦变换

1. 十二相静止坐标系与两相静止坐标系之间的变换

令 α 轴的方向和 A_1 轴的方向相同,β 轴沿着 α 轴逆时针旋转 90°,如图 2 - 50 所示。

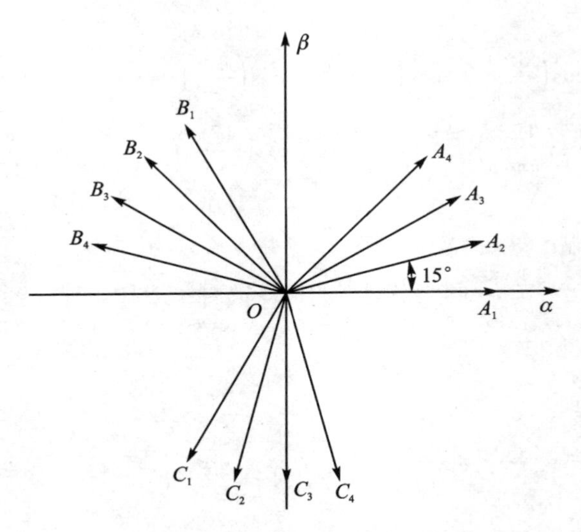

图 2 - 50　自然坐标系和 $\alpha\beta$ 坐标系之间变换图

$$
T_{\alpha\beta}=\sqrt{\frac{1}{6}}\begin{bmatrix}
1 & -\frac{1}{2} & -\frac{1}{2} & \frac{\sqrt{6}+\sqrt{2}}{4} & -\frac{\sqrt{2}}{2} & -\frac{\sqrt{6}-\sqrt{2}}{4} & \frac{\sqrt{3}}{2} & -\frac{\sqrt{3}}{2} & 0 & \frac{\sqrt{2}}{2} & -\frac{\sqrt{6}+\sqrt{2}}{4} & \frac{\sqrt{6}-\sqrt{2}}{4} \\
0 & \frac{\sqrt{3}}{2} & -\frac{\sqrt{3}}{2} & \frac{\sqrt{6}-\sqrt{2}}{4} & \frac{\sqrt{2}}{2} & -\frac{\sqrt{6}+\sqrt{2}}{4} & \frac{1}{2} & \frac{1}{2} & -1 & \frac{\sqrt{2}}{2} & \frac{\sqrt{6}-\sqrt{2}}{4} & -\frac{\sqrt{6}+\sqrt{2}}{4} \\
1 & 1 & 1 & \frac{\sqrt{2}}{2} & \frac{\sqrt{2}}{2} & \frac{\sqrt{2}}{2} & 0 & 0 & 0 & -\frac{\sqrt{2}}{2} & -\frac{\sqrt{2}}{2} & -\frac{\sqrt{2}}{2} \\
0 & 0 & 0 & \frac{\sqrt{2}}{2} & \frac{\sqrt{2}}{2} & \frac{\sqrt{2}}{2} & 1 & 1 & 1 & \frac{\sqrt{2}}{2} & \frac{\sqrt{2}}{2} & \frac{\sqrt{2}}{2} \\
1 & -\frac{1}{2} & -\frac{1}{2} & \frac{\sqrt{6}-\sqrt{2}}{4} & \frac{\sqrt{2}}{2} & -\frac{\sqrt{6}+\sqrt{2}}{4} & -\frac{\sqrt{3}}{2} & \frac{\sqrt{3}}{2} & 0 & -\frac{\sqrt{2}}{2} & -\frac{\sqrt{6}-\sqrt{2}}{4} & \frac{\sqrt{6}+\sqrt{2}}{4} \\
0 & -\frac{\sqrt{3}}{2} & \frac{\sqrt{3}}{2} & \frac{\sqrt{6}+\sqrt{2}}{4} & -\frac{\sqrt{2}}{2} & -\frac{\sqrt{6}-\sqrt{2}}{4} & \frac{1}{2} & \frac{1}{2} & -1 & -\frac{\sqrt{2}}{2} & \frac{\sqrt{6}+\sqrt{2}}{4} & -\frac{\sqrt{6}-\sqrt{2}}{4} \\
1 & -\frac{1}{2} & -\frac{1}{2} & -\frac{\sqrt{6}-\sqrt{2}}{4} & -\frac{\sqrt{2}}{2} & \frac{\sqrt{6}+\sqrt{2}}{4} & -\frac{\sqrt{3}}{2} & \frac{\sqrt{3}}{2} & 0 & \frac{\sqrt{2}}{2} & \frac{\sqrt{6}-\sqrt{2}}{4} & -\frac{\sqrt{6}+\sqrt{2}}{4} \\
0 & \frac{\sqrt{3}}{2} & -\frac{\sqrt{3}}{2} & \frac{\sqrt{6}+\sqrt{2}}{4} & -\frac{\sqrt{2}}{2} & -\frac{\sqrt{6}-\sqrt{2}}{4} & -\frac{1}{2} & -\frac{1}{2} & 1 & -\frac{\sqrt{2}}{2} & \frac{\sqrt{6}+\sqrt{2}}{4} & -\frac{\sqrt{6}-\sqrt{2}}{4} \\
1 & 1 & 1 & -\frac{\sqrt{2}}{2} & -\frac{\sqrt{2}}{2} & -\frac{\sqrt{2}}{2} & 0 & 0 & 0 & \frac{\sqrt{2}}{2} & \frac{\sqrt{2}}{2} & \frac{\sqrt{2}}{2} \\
0 & 0 & 0 & \frac{\sqrt{2}}{2} & \frac{\sqrt{2}}{2} & \frac{\sqrt{2}}{2} & -1 & -1 & -1 & \frac{\sqrt{2}}{2} & \frac{\sqrt{2}}{2} & \frac{\sqrt{2}}{2} \\
1 & -\frac{1}{2} & -\frac{1}{2} & -\frac{\sqrt{6}+\sqrt{2}}{4} & \frac{\sqrt{2}}{2} & \frac{\sqrt{6}-\sqrt{2}}{4} & \frac{\sqrt{3}}{2} & -\frac{\sqrt{3}}{2} & 0 & -\frac{\sqrt{2}}{2} & \frac{\sqrt{6}+\sqrt{2}}{4} & -\frac{\sqrt{6}-\sqrt{2}}{4} \\
0 & -\frac{\sqrt{3}}{2} & \frac{\sqrt{3}}{2} & \frac{\sqrt{6}-\sqrt{2}}{4} & \frac{\sqrt{2}}{2} & -\frac{\sqrt{6}+\sqrt{2}}{4} & -\frac{1}{2} & -\frac{1}{2} & 1 & \frac{\sqrt{2}}{2} & \frac{\sqrt{6}-\sqrt{2}}{4} & -\frac{\sqrt{6}+\sqrt{2}}{4}
\end{bmatrix}
\tag{2-120}
$$

其可以分为 6 个空间,分别为 $\alpha-\beta$ 基波子空间、3 次谐波子空间 $z_{x1}-z_{y1}$、5 次

谐波子空间 $z_{x2}-z_{y2}$、7 次谐波子空间 $z_{x3}-z_{y3}$、9 次谐波子空间 o_1-o_2、11 次谐波子空间 o_3-o_4。其中，3 次谐波和 9 次谐波对应的行向量为零序分量，因此，将其放到最后 4 行，最后得到的静止坐标变换矩阵为

$$
\boldsymbol{T}_{\alpha\beta}=\sqrt{\frac{1}{6}}\begin{bmatrix}
1 & -\frac{1}{2} & -\frac{1}{2} & \frac{\sqrt{6}+\sqrt{2}}{4} & -\frac{\sqrt{2}}{2} & -\frac{\sqrt{6}-\sqrt{2}}{4} & \frac{\sqrt{3}}{2} & -\frac{\sqrt{3}}{2} & 0 & \frac{\sqrt{2}}{2} & -\frac{\sqrt{6}+\sqrt{2}}{4} & \frac{\sqrt{6}-\sqrt{2}}{4} \\
0 & \frac{\sqrt{3}}{2} & -\frac{\sqrt{3}}{2} & \frac{\sqrt{6}-\sqrt{2}}{4} & \frac{\sqrt{2}}{2} & -\frac{\sqrt{6}+\sqrt{2}}{4} & \frac{1}{2} & \frac{1}{2} & -1 & \frac{\sqrt{2}}{2} & \frac{\sqrt{6}-\sqrt{2}}{4} & -\frac{\sqrt{6}+\sqrt{2}}{4} \\
1 & -\frac{1}{2} & -\frac{1}{2} & \frac{\sqrt{6}-\sqrt{2}}{4} & \frac{\sqrt{2}}{2} & -\frac{\sqrt{6}+\sqrt{2}}{4} & -\frac{\sqrt{3}}{2} & \frac{\sqrt{3}}{2} & 0 & -\frac{\sqrt{2}}{2} & -\frac{\sqrt{6}-\sqrt{2}}{4} & \frac{\sqrt{6}+\sqrt{2}}{4} \\
0 & -\frac{\sqrt{3}}{2} & \frac{\sqrt{3}}{2} & \frac{\sqrt{6}+\sqrt{2}}{4} & -\frac{\sqrt{2}}{2} & -\frac{\sqrt{6}-\sqrt{2}}{4} & \frac{1}{2} & \frac{1}{2} & -1 & -\frac{\sqrt{2}}{2} & \frac{\sqrt{6}+\sqrt{2}}{4} & -\frac{\sqrt{6}-\sqrt{2}}{4} \\
1 & -\frac{1}{2} & -\frac{1}{2} & -\frac{\sqrt{6}-\sqrt{2}}{4} & -\frac{\sqrt{2}}{2} & \frac{\sqrt{6}+\sqrt{2}}{4} & -\frac{\sqrt{3}}{2} & \frac{\sqrt{3}}{2} & 0 & \frac{\sqrt{2}}{2} & \frac{\sqrt{6}-\sqrt{2}}{4} & -\frac{\sqrt{6}+\sqrt{2}}{4} \\
0 & \frac{\sqrt{3}}{2} & -\frac{\sqrt{3}}{2} & \frac{\sqrt{6}+\sqrt{2}}{4} & -\frac{\sqrt{2}}{2} & -\frac{\sqrt{6}-\sqrt{2}}{4} & -\frac{1}{2} & -\frac{1}{2} & 1 & -\frac{\sqrt{2}}{2} & \frac{\sqrt{6}+\sqrt{2}}{4} & -\frac{\sqrt{6}-\sqrt{2}}{4} \\
1 & -\frac{1}{2} & -\frac{1}{2} & -\frac{\sqrt{6}+\sqrt{2}}{4} & \frac{\sqrt{2}}{2} & \frac{\sqrt{6}-\sqrt{2}}{4} & \frac{\sqrt{3}}{2} & -\frac{\sqrt{3}}{2} & 0 & -\frac{\sqrt{2}}{2} & \frac{\sqrt{6}+\sqrt{2}}{4} & -\frac{\sqrt{6}-\sqrt{2}}{4} \\
0 & -\frac{\sqrt{3}}{2} & \frac{\sqrt{3}}{2} & \frac{\sqrt{6}-\sqrt{2}}{4} & \frac{\sqrt{2}}{2} & -\frac{\sqrt{6}+\sqrt{2}}{4} & -\frac{1}{2} & -\frac{1}{2} & 1 & \frac{\sqrt{2}}{2} & \frac{\sqrt{6}-\sqrt{2}}{4} & -\frac{\sqrt{6}+\sqrt{2}}{4} \\
1 & 1 & 1 & \frac{\sqrt{2}}{2} & \frac{\sqrt{2}}{2} & \frac{\sqrt{2}}{2} & 0 & 0 & 0 & -\frac{\sqrt{2}}{2} & -\frac{\sqrt{2}}{2} & -\frac{\sqrt{2}}{2} \\
0 & 0 & 0 & \frac{\sqrt{2}}{2} & \frac{\sqrt{2}}{2} & \frac{\sqrt{2}}{2} & 1 & 1 & 1 & \frac{\sqrt{2}}{2} & \frac{\sqrt{2}}{2} & \frac{\sqrt{2}}{2} \\
1 & 1 & 1 & -\frac{\sqrt{2}}{2} & -\frac{\sqrt{2}}{2} & -\frac{\sqrt{2}}{2} & 0 & 0 & 0 & \frac{\sqrt{2}}{2} & \frac{\sqrt{2}}{2} & \frac{\sqrt{2}}{2} \\
0 & 0 & 0 & \frac{\sqrt{2}}{2} & \frac{\sqrt{2}}{2} & \frac{\sqrt{2}}{2} & -1 & -1 & -1 & \frac{\sqrt{2}}{2} & \frac{\sqrt{2}}{2} & \frac{\sqrt{2}}{2}
\end{bmatrix}\begin{matrix}
\to\alpha \\ \to\beta \\ \to x_1 \\ \to y_1 \\ \to x_2 \\ \to y_2 \\ \to x_3 \\ \to y_3 \\ \to o_1 \\ \to o_2 \\ \to o_3 \\ \to o_4
\end{matrix} \tag{2-121}
$$

$$
\left.\begin{aligned}
\boldsymbol{i}_k &= \begin{bmatrix} i_{A_1} & i_{B_1} & i_{C_1} & i_{A_2} & i_{B_2} & i_{C_2} & i_{A_3} & i_{B_3} & i_{C_3} & i_{A_4} & i_{B_4} & i_{C_4} \end{bmatrix}^{\mathrm{T}} \\
\boldsymbol{i}_n &= \begin{bmatrix} i_\alpha & i_\beta & i_{x1} & i_{y1} & i_{x2} & i_{y2} & i_{x3} & i_{y3} & i_{o1} & i_{o2} & i_{o3} & i_{o4} \end{bmatrix}^{\mathrm{T}} = \boldsymbol{T}_{\alpha\beta}\cdot\boldsymbol{i}_k
\end{aligned}\right\} \tag{2-122}
$$

式(2-121)为单位正交矩阵，则有

$$
\left.\begin{aligned}
\boldsymbol{T}_{\alpha\beta/12\mathrm{s}} &= \boldsymbol{T}_{\alpha\beta}^{-1} = \boldsymbol{T}_{\alpha\beta}^{\mathrm{T}} \\
\boldsymbol{i}_k &= \boldsymbol{T}_{\alpha\beta}^{-1}\cdot\boldsymbol{i}_n = \boldsymbol{T}_{\alpha\beta}^{\mathrm{T}}\cdot\boldsymbol{i}_n
\end{aligned}\right\} \tag{2-123}
$$

对 6 个空间进行分析可得以下结论：

① 6 个子空间相互垂直正交。

② 空间矢量的基波以及 $24k\pm1(k=1,2,3,\cdots)$ 次分量，全部映射到由相量 $\alpha-\beta$ 构成的 $\alpha\beta$ 基波空间内，它是机电能量空间，参与电机能量转换，在气隙中产生旋转磁动势。

③ 空间矢量的 $12k\pm5(k=1,2,3,\cdots)$ 次谐波分量，全部映射到由 $z_{x1}-z_{y1}$ 构成的 5 次谐波子空间内，它与基波空间垂直，是非机电能量子空间，在气隙中不产生旋转磁动势，但会产生谐波损耗。

④ 空间矢量的 $12k\pm7(k=1,2,3,\cdots)$ 次谐波分量，全部映射到由 $z_{x2}-z_{y2}$ 构成的 7 次谐波子空间内，是非机电能量子空间，与基波空间垂直，在气隙中不产生旋转

磁动势,但是产生谐波损耗。

⑤ 空间矢量的 $12k\pm11(k=1,2,3,\cdots)$次谐波部分,全部映射到由 $z_{x3}-z_{y3}$ 构成的 11 次谐波子空间内,是非机电能量子空间;此空间与基波空间垂直,在气隙中不产生旋转磁动势,但会产生谐波损耗。

⑥ 空间矢量的 $12k\pm3(k=1,2,3,\cdots)$次分量,全部映射到由 o_1-o_2 构成的 3 次谐波子空间内,与基波空间垂直;当采用十二相对称正弦供电时,此次谐波不在系统内流动,不产生旋转磁动势,属于非机电能量。

⑦ 空间矢量的 $12k\pm9(k=1,2,3,\cdots)$次分量,全部映射到由 o_3-o_4 构成的 9 次谐波子空间内,与基波空间垂直,是非机电能量空间;当采用十二相对称正弦供电时,此次谐波不在系统内流动,不产生旋转磁动势。

2. 两相静止坐标系与两相旋转坐标系之间的变换

从自然坐标系到两相静止坐标系的变换仅仅是一种相数上的变换,而从两相静止坐标系到两相旋转坐标系的变换却是一种频率上的变换。两个坐标系的变换关系如图 2-51 所示。

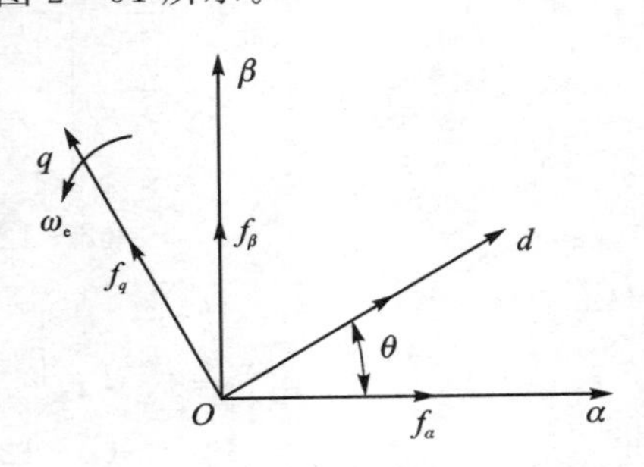

图 2-51　αβ 坐标系和 dq 坐标系之间的变换图

通过此变换才可以将静止坐标系下的绕组变换成等效直流电动机的两个换向器绕组,才能使机电能量之间的转换关系更加清晰,控制策略得到简化。d 轴的方向和转子永磁体产生的励磁磁链 ψ_f 方向相同,q 轴沿着 d 轴逆时针旋转 90°,d 轴与 α 轴之间的夹角为 θ。上文提到,只有 $\alpha\beta$ 子空间上的变量参与机电能量的转换,所以仅对该子空间进行旋转坐标系的变换即可。

由于两坐标系内定子的绕组匝数相同,则

$$\left.\begin{aligned} i_d &= i_\alpha\cos\theta + i_\beta\sin\theta \\ i_q &= -i_\alpha\sin\theta + i_\beta\cos\theta \end{aligned}\right\} \tag{2-124}$$

根据式(2-124)可得两相静止坐标系至两相旋转坐标系的变换矩阵

$$\boldsymbol{C}_{2s/2r} = \begin{bmatrix} \cos\theta & \sin\theta \\ -\sin\theta & \cos\theta \end{bmatrix} \tag{2-125}$$

同理,为了计算,将式(2-125)中的变换矩阵改写成 12 阶方阵,由于只有 $\alpha\beta$ 子空间上的变量参与机电能量的转换,其余子空间的电流分量与机电能量转换无关,则将变换矩阵改写为

$$C_{2s/2r}=\begin{bmatrix}\cos\theta & \sin\theta & 0 & 0 & 0 & 0 & 0 & 0 & 0 & 0 & 0 & 0\\ -\sin\theta & \cos\theta & 0 & 0 & 0 & 0 & 0 & 0 & 0 & 0 & 0 & 0\\ 0 & 0 & 1 & 0 & 0 & 0 & 0 & 0 & 0 & 0 & 0 & 0\\ 0 & 0 & 0 & 1 & 0 & 0 & 0 & 0 & 0 & 0 & 0 & 0\\ 0 & 0 & 0 & 0 & 1 & 0 & 0 & 0 & 0 & 0 & 0 & 0\\ 0 & 0 & 0 & 0 & 0 & 1 & 0 & 0 & 0 & 0 & 0 & 0\\ 0 & 0 & 0 & 0 & 0 & 0 & 1 & 0 & 0 & 0 & 0 & 0\\ 0 & 0 & 0 & 0 & 0 & 0 & 0 & 1 & 0 & 0 & 0 & 0\\ 0 & 0 & 0 & 0 & 0 & 0 & 0 & 0 & 1 & 0 & 0 & 0\\ 0 & 0 & 0 & 0 & 0 & 0 & 0 & 0 & 0 & 1 & 0 & 0\\ 0 & 0 & 0 & 0 & 0 & 0 & 0 & 0 & 0 & 0 & 1 & 0\\ 0 & 0 & 0 & 0 & 0 & 0 & 0 & 0 & 0 & 0 & 0 & 1\end{bmatrix} \tag{2-126}$$

易知式(2－126)为单位正交阵，则有

$$C_{2r/2s}=C_{2s/2r}^{-1}=C_{2s/2r}^{\mathrm{T}} \tag{2-127}$$

根据式(2－127)可实现在两相静止坐标系下与两相旋转坐标系下十二相电机数学模型的互相转换。

经计算可得同步旋转坐标系下 dq 子空间的电压方程为

$$\begin{bmatrix}u_d\\ u_q\end{bmatrix}=\begin{bmatrix}R & 0\\ 0 & R\end{bmatrix}\cdot\begin{bmatrix}i_d\\ i_q\end{bmatrix}+\begin{bmatrix}L_d & 0\\ 0 & L_q\end{bmatrix}\cdot\frac{\mathrm{d}}{\mathrm{d}t}\begin{bmatrix}i_d\\ i_q\end{bmatrix}+\begin{bmatrix}-\omega_e L_q i_q\\ \omega_e L_d i_d+\omega_e\psi_f\end{bmatrix} \tag{2-128}$$

$xk-yk(k=1,2,3)$子空间的电压方程为

$$\begin{bmatrix}u_{xk}\\ u_{yk}\end{bmatrix}=\begin{bmatrix}R & 0\\ 0 & R\end{bmatrix}\cdot\begin{bmatrix}i_{xk}\\ i_{yk}\end{bmatrix}+\begin{bmatrix}L_z & 0\\ 0 & L_z\end{bmatrix}\cdot\frac{\mathrm{d}}{\mathrm{d}t}\begin{bmatrix}i_{xk}\\ i_{yk}\end{bmatrix} \tag{2-129}$$

式中，u_d、u_q、u_{xk}、u_{yk} 分别为 $d-q$ 和 $xk-yk$ 子空间的定子电压；i_d、i_q、i_{xk}、i_{yk} 分别为 $d-q$ 和 $xk-yk$ 子空间的定子电流；L_d、L_q 分别为 dq 坐标系下的电感；L_z 为漏感；ω_e 为电角速度。

2.5.3 正常运行时的仿真示例

十二相电机的参数如表 2－3 所列。

表 2－3　十二相永磁同步电机仿真参数

参　数	R/Ω	L_d/mH	L_q/mH	L_z/mH	ψ_f/Wb	J/(kg·m)	B/(N·m)	p/对
数　值	1.4	4.5	4.5	1.7	0.68	0.015	0	3

给定电机的转速为 500 r/min，在 $T=0.15$ s 之前电机转矩为 $T_L=20$ N·m；在 $t=0.15$ s 时，转矩突变为 $T_L=50$ N·m，系统仿真结果如图 2－52 所示。图 2－52(a)是十二相 PMSM 正常运行时的转速波形图，系统稳定后，转速稳定在 500 r/min，在 $t=0.15$ s 时转矩突变为 50 N·m，系统快速响应并达到稳定。图 2－52(b)是十

二相 PMSM 正常运行时的十二相电流波形图,系统稳定后各相电流幅值相同,相位符合上述理论。图 2-52(c)是十二相 PMSM 正常运行时的转矩波形图,系统稳定后,转矩为 20 N·m,在 t=0.15 s 时突加转矩,转矩迅速稳定为 50 N·m。图 2-52(d)是十二相 PMSM 正常运行时的反电动势波形图。图 2-52(e)是十二相 PMSM 正常运行时的 A_1 相反电动势及其电流波形图(为了便于观察,反电动势大小缩小 1/10),两波形相位相同。

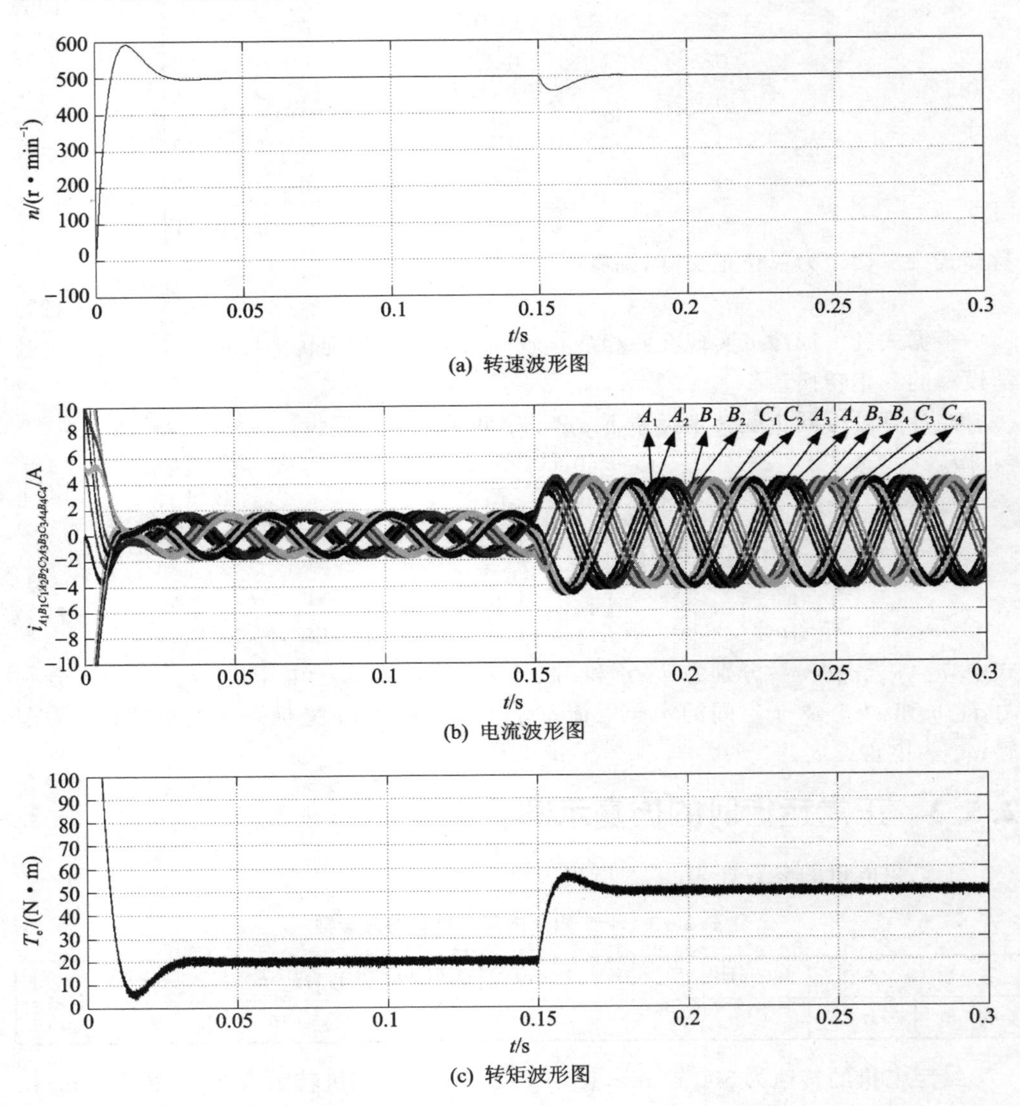

(a) 转速波形图

(b) 电流波形图

(c) 转矩波形图

图 2-52 仿真波形

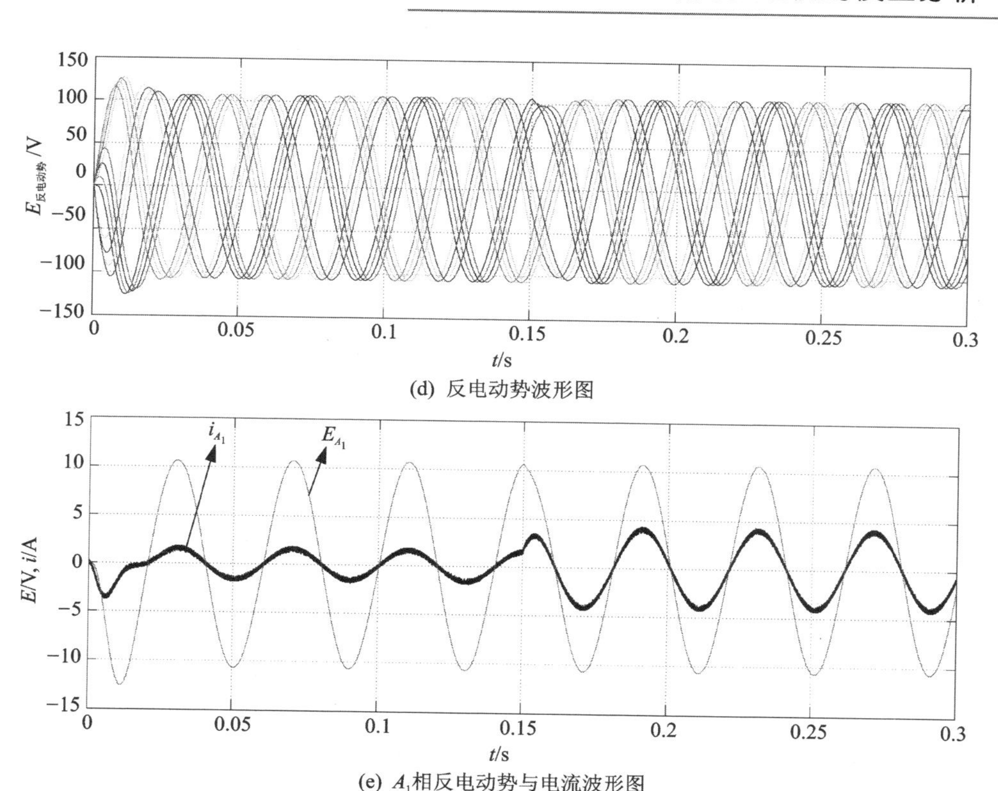

(d) 反电动势波形图

(e) A_1相反电动势与电流波形图

图 2-52　仿真波形(续)

2.5.4　十二相电机缺相运行的容错控制

四 Y 移 15°的十二相永磁同步电机正常运行时采用中性点隔离方式，这种方式可以有效抑制零序电流，简化控制结构。

常用的多相电机缺相容错控制策略需要建立缺相后的降维数学模型，不同相数开路情况下对应的解耦变换矩阵不同，需要分别建模，增加了容错控制策略的复杂性。下面提供一种基于输出最大转矩方式的十二相永磁同步电机容错控制方法。

当电机正常运行时，谐波子平面电流 i_{x_1}、i_{y_1}、i_{x_2}、i_{y_2}、i_{x_3}、i_{y_3} 的给定值大小为 0；当电机发生开路故障时，如果保持静止变换矩阵不变，则基波子平面和谐波子平面的电流不再解耦，如果继续保持谐波子平面的电流给定值大小为 0，则必然会引起转矩脉动，因此谐波子平面电流 i_{x_1}、i_{y_1}、i_{x_2}、i_{y_2}、i_{x_3}、i_{y_3} 的给定值大小不再全部为 0。根据电机故障前后旋转磁动势不变的原则，分别以定子铜耗最小为目标和最大转矩输出为优化目标，计算出各相绕组最优容错电流的给定值 i_{A_1}、i_{B_1}、i_{C_1}、i_{A_2}、i_{B_2}、i_{C_3}、i_{A_3}、i_{B_3}、i_{C_3}、i_{A_4}、i_{B_4}、i_{C_4}。将各相绕组最优容错电流的给定值进行 $T_{\alpha\beta}$ 变换，得到相应的谐波子平面需要注入的电流 i_{x_1}、i_{y_1}、i_{x_2}、i_{y_2}、i_{x_3}、i_{y_3}。将 i_d^* 和转速环经 PI 调

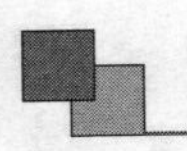

节得到的 i_q^* 进行 $\boldsymbol{C}_{2r/2s}$ 变换,得到 i_α、i_β,然后将 i_α、i_β 和谐波电流给定值 i_{x_1}、i_{y_1}、i_{x_2}、i_{y_2}、i_{x_3}、i_{y_3} 经过 $\boldsymbol{T}_{\alpha\beta}^{-1}$ 变换,得到十二相电流的给定值,与实际检测到的电机十二相电流作差,经过电流滞环系统,得到 PWM 脉冲来控制逆变单元,从而达到控制电机的目的,以此实现电机带故障稳定运行。其中,i_α、i_β 为基波子平面电流,i_{x_1}、i_{y_1} 为 5 次谐波子平面电流,i_{x_2}、i_{y_2} 为 7 次谐波子平面电流,i_{x_3}、i_{y_3} 为十一次谐波子平面电流,i_{o_1}、i_{o_2}、i_{o_3}、i_{o_4} 为零序电流。具体控制框图如图 2－53 所示。

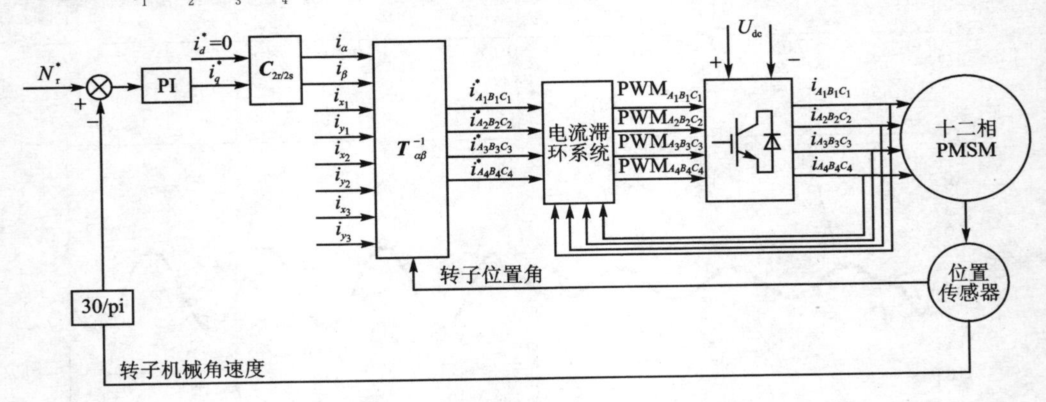

图 2－53　容错控制基本框图

1. 定子铜耗最小方式的容错控制

本书所讨论的开路情况为逆变器与电机绕组之间开路,电机绕组没有受到损害。假设 A_1 相开路,由于电机没有受到物理的影响,如果保持解耦变换矩阵不变,则电压方程、磁链方程和转矩方程不会受到影响,受到影响的只是电流。由于一相开路运行减少了一个控制自由度,因此静止坐标系下的电流之间不再相互独立。由静止变换矩阵可知,i_β、i_{y_1}、i_{y_2}、i_{y_3}、i_{o_2}、i_{o_4} 与 A_1 相电流无关,因此,其电流不会受到约束,i_α、i_{x_1}、i_{x_2}、i_{x_3}、i_{o_1}、i_{o_3} 则会受到影响,需要满足

$$i_{A_1}=i_\alpha+i_{x_1}+i_{x_2}+i_{x_3}+i_{o_1}+i_{o_3}=0 \tag{2-130}$$

由式(2－130)可知,在一相开路运行时,如果保持静止变换矩阵不变,则基波子平面和谐波子平面的电流不再解耦。因此,如果继续将谐波子平面的电流给定为 0,则必然会产生转矩脉动。

通过静止解耦变换很难直接计算出最大转矩输出方式下谐波子平面电流的大小,但是可以通过基于总磁势不变的方法,得到十二相电机缺相运行时,定子铜耗最小方式下剩余各相电流的表达式,再将各相电流表达式进行 $\boldsymbol{T}_{\alpha\beta}$ 静止坐标变换之后就可以计算出相应的谐波子平面需要注入电流的大小。

电磁转矩也可认为是绕组电流产生的旋转磁动势与永磁体磁场相互作用产生的,因此,只要保证电机缺相后剩余相电流产生的磁势与缺相前保持一致,即符合磁

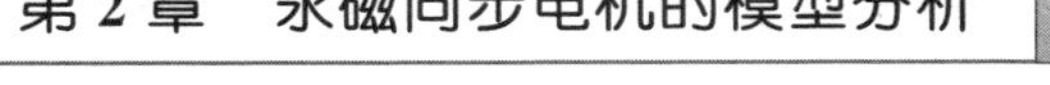

动势不变原则，就可以维持电机正常运行。十二相电机定子总磁势可以表示为

$$\begin{aligned}F=&N_{A_1}i_{A_1}+N_{B_1}i_{B_1}+N_{C_1}i_{C_1}+N_{A_2}i_{A_2}+N_{B_2}i_{B_2}+N_{C_2}i_{C_2}+N_{A_3}i_{A_3}+N_{B_3}i_{B_3}+\\&N_{C_3}i_{C_3}+N_{A_4}i_{A_4}+N_{B_4}i_{B_4}+N_{C_4}i_{C_4}\\=&\frac{1}{2}N\left[i_{A_1}\cos\varphi+i_{B_1}\cos(\varphi-120^\circ)+i_{C_1}\cos(\varphi+120^\circ)+i_{A_2}\cos(\varphi-15^\circ)+\right.\\&i_{B_2}\cos(\varphi-135^\circ)+i_{C_2}\cos(\varphi+105^\circ)+\\&i_{A_3}\cos(\varphi-30^\circ)+i_{B_3}\cos(\varphi-150^\circ)+i_{C_3}\cos(\varphi+90^\circ)+i_{A_4}\cos(\varphi-45^\circ)+\\&\left.i_{B_4}\cos(\varphi-165^\circ)+i_{C_4}\cos(\varphi+75^\circ)\right]\\=&\frac{1}{4}N\left[(i_{A_1}+i_{B_1}\mathrm{e}^{\mathrm{j}120^\circ}+i_{C_1}\mathrm{e}^{-\mathrm{j}120^\circ}+i_{A_2}\mathrm{e}^{\mathrm{j}15^\circ}+i_{B_2}\mathrm{e}^{\mathrm{j}135^\circ}+i_{C_2}\mathrm{e}^{-\mathrm{j}105^\circ}+i_{A_3}\mathrm{e}^{\mathrm{j}30^\circ}+\right.\\&\left.i_{B_3}\mathrm{e}^{\mathrm{j}150^\circ}+i_{C_3}\mathrm{e}^{-\mathrm{j}90^\circ}+i_{A_4}\mathrm{e}^{\mathrm{j}45^\circ}+i_{B_4}\mathrm{e}^{\mathrm{j}165^\circ}+i_{C_4}\mathrm{e}^{-\mathrm{j}75^\circ})\mathrm{e}^{-\mathrm{j}\varphi}\right]+\\&\left[(i_{A_1}+i_{B_1}\mathrm{e}^{-\mathrm{j}120^\circ}+i_{C_1}\mathrm{e}^{\mathrm{j}120^\circ}+i_{A_2}\mathrm{e}^{-\mathrm{j}15^\circ}+i_{B_2}\mathrm{e}^{-\mathrm{j}135^\circ}+i_{C_2}\mathrm{e}^{\mathrm{j}105^\circ}+i_{A_3}\mathrm{e}^{-\mathrm{j}30^\circ}+\right.\\&\left.i_{B_3}\mathrm{e}^{-\mathrm{j}150^\circ}+i_{C_3}\mathrm{e}^{\mathrm{j}90^\circ}+i_{A_4}\mathrm{e}^{-\mathrm{j}45^\circ}+i_{B_4}\mathrm{e}^{-\mathrm{j}165^\circ}+i_{C_4}\mathrm{e}^{\mathrm{j}75^\circ})\mathrm{e}^{\mathrm{j}\varphi}\right]\end{aligned}\tag{2-131}$$

式中，φ 为绕组空间电角度，N 为每相绕组匝数。

以 B_1 相为例，其绕组函数为

$$N_{B_1}=0.5N\cos(\varphi-120^\circ)$$

十二相电机正常运行时各相电流为

$$\left.\begin{aligned}i_{A_1}&=I_\mathrm{m}\cos\theta\\i_{B_1}&=I_\mathrm{m}\cos(\theta-120^\circ)\\i_{C_1}&=I_\mathrm{m}\cos(\theta+120^\circ)\\i_{A_2}&=I_\mathrm{m}\cos(\theta-15^\circ)\\i_{B_2}&=I_\mathrm{m}\cos(\theta-135^\circ)\\i_{C_2}&=I_\mathrm{m}\cos(\theta+105^\circ)\\i_{A_3}&=I_\mathrm{m}\cos(\theta-30^\circ)\\i_{B_3}&=I_\mathrm{m}\cos(\theta-150^\circ)\\i_{C_3}&=I_\mathrm{m}\cos(\theta+90^\circ)\\i_{A_4}&=I_\mathrm{m}\cos(\theta-45^\circ)\\i_{B_4}&=I_\mathrm{m}\cos(\theta-165^\circ)\\i_{C_4}&=I_\mathrm{m}\cos(\theta+75^\circ)\end{aligned}\right\}\tag{2-132}$$

式中，I_m 为十二相电机正常运行时的电流幅值，θ 为 A_1 相电流的相角。

将式(2-132)代入到式(2-131)中可以得到十二相电机正常运行时的总磁势为

$$F = 3NI_{\mathrm{m}}\cos(\theta - \varphi) = \frac{3}{2}NI_{\mathrm{m}}(\mathrm{e}^{\mathrm{j}\theta}\mathrm{e}^{-\mathrm{j}\varphi} + \mathrm{e}^{-\mathrm{j}\theta}\mathrm{e}^{\mathrm{j}\varphi}) \tag{2-133}$$

以 A_1 相与 C_3 相正交两相开路时为例，$i_{A_1}=0$、$i_{C_3}=0$，对比式(2－131)和式(2－132)，为了得到相同的合成磁势，剩余十相电流必须满足：

$$\begin{aligned} 6I_{\mathrm{m}}\mathrm{e}^{\mathrm{j}\theta} = {} & i_{B_1}\mathrm{e}^{\mathrm{j}120^\circ} + i_{C_1}\mathrm{e}^{-\mathrm{j}120^\circ} + i_{A_2}\mathrm{e}^{\mathrm{j}15^\circ} + i_{B_2}\mathrm{e}^{\mathrm{j}135^\circ} + i_{C_2}\mathrm{e}^{-\mathrm{j}105^\circ} + \\ & i_{A_3}\mathrm{e}^{\mathrm{j}30^\circ} + i_{B_3}\mathrm{e}^{\mathrm{j}150^\circ} + i_{A_4}\mathrm{e}^{\mathrm{j}45^\circ} + i_{B_4}\mathrm{e}^{\mathrm{j}165^\circ} + i_{C_4}\mathrm{e}^{-\mathrm{j}75^\circ} \end{aligned} \tag{2-134}$$

将各相电流表示成如下形式：

$$i_X = a_X I_{\mathrm{m}}\cos\theta + b_X I_{\mathrm{m}}\sin\theta \tag{2-135}$$

将式(2－135)代入到式(2－134)中，将实部和虚部分离，可以得到

$$\left.\begin{array}{l} -0.5a_{B_1} - 0.5a_{C_1} + \frac{\sqrt{6}+\sqrt{2}}{4}a_{A_2} - \frac{\sqrt{2}}{2}a_{B_2} - \frac{\sqrt{6}-\sqrt{2}}{4}a_{C_2} + \frac{\sqrt{3}}{2}a_{A_3} - \frac{\sqrt{3}}{2}a_{B_3} + \frac{\sqrt{2}}{2}a_{A_4} - \frac{\sqrt{6}+\sqrt{2}}{4}a_{B_4} + \frac{\sqrt{6}-\sqrt{2}}{4}a_{C_4} = 6 \\ -0.5b_{B_1} - 0.5b_{C_1} + \frac{\sqrt{6}+\sqrt{2}}{4}b_{A_2} - \frac{\sqrt{2}}{2}b_{B_2} - \frac{\sqrt{6}-\sqrt{2}}{4}b_{C_2} + \frac{\sqrt{3}}{2}b_{A_3} - \frac{\sqrt{3}}{2}b_{B_3} + \frac{\sqrt{2}}{2}b_{A_4} - \frac{\sqrt{6}+\sqrt{2}}{4}b_{B_4} + \frac{\sqrt{6}-\sqrt{2}}{4}b_{C_4} = 0 \\ \frac{\sqrt{3}}{2}a_{B_1} - \frac{\sqrt{3}}{2}a_{C_1} + \frac{\sqrt{6}-\sqrt{2}}{4}a_{A_2} + \frac{\sqrt{2}}{2}a_{B_2} - \frac{\sqrt{6}+\sqrt{2}}{4}a_{C_2} + \frac{1}{2}a_{A_3} + \frac{1}{2}a_{B_3} + \frac{\sqrt{2}}{2}a_{A_4} + \frac{\sqrt{6}-\sqrt{2}}{4}a_{B_4} - \frac{\sqrt{6}+\sqrt{2}}{4}a_{C_4} = 0 \\ \frac{\sqrt{3}}{2}b_{B_1} - \frac{\sqrt{3}}{2}b_{C_1} + \frac{\sqrt{6}-\sqrt{2}}{4}b_{A_2} + \frac{\sqrt{2}}{2}b_{B_2} - \frac{\sqrt{6}+\sqrt{2}}{4}b_{C_2} + \frac{1}{2}b_{A_3} + \frac{1}{2}b_{B_3} + \frac{\sqrt{2}}{2}b_{A_4} + \frac{\sqrt{6}-\sqrt{2}}{4}b_{B_4} - \frac{\sqrt{6}+\sqrt{2}}{4}b_{C_4} = 6 \end{array}\right\} \tag{2-136}$$

除了式(2－136)外，各相电流还需要满足其他约束条件：

$$\left.\begin{array}{l} a_{B_1} + a_{C_1} = 0 \\ b_{B_1} + b_{C_1} = 0 \\ a_{A_2} + a_{B_2} + a_{C_2} = 0 \\ b_{A_2} + b_{B_2} + b_{C_2} = 0 \\ a_{A_3} + a_{B_3} = 0 \\ b_{A_3} + b_{B_3} = 0 \\ a_{A_4} + a_{B_4} + a_{C_4} = 0 \\ b_{A_4} + b_{B_4} + b_{C_4} = 0 \end{array}\right\} \tag{2-137}$$

以定子铜耗最小为优化目标，需要尽量减小相电流的最大幅值，其目标函数可表示为

$$\begin{aligned} F_1 = {} & (a_{B_1}^2 + b_{B_1}^2) + (a_{C_1}^2 + b_{C_1}^2) + (a_{A_2}^2 + b_{A_2}^2) + (a_{B_2}^2 + b_{B_2}^2) + (a_{C_2}^2 + b_{C_2}^2) + \\ & (a_{A_3}^2 + b_{A_3}^2) + (a_{B_3}^2 + b_{B_3}^2) + (a_{A_4}^2 + b_{A_4}^2) + (a_{B_4}^2 + b_{B_4}^2) + (a_{C_4}^2 + b_{C_4}^2) \end{aligned} \tag{2-138}$$

优化的最终目标就是找到使 F_1 最小的一组解，采用解析法对其求解比较困难，利用 MATLAB 最优化工具箱中的极小值计算函数 fmincon 计算，得到满足式(2－138)的数值解。fmincon 用于求解非线性多元函数最小值的优化问题，其表示的是选取符合目标函数最小的数值，相当于求解下面的优化问题：

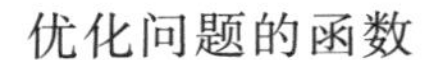

优化问题的函数

$$\min_{x} F_i(x), \text{s.t.} \begin{cases} c(x) \leqslant 0 \\ \text{ceq}(x) = 0 \\ Ax \leqslant b \\ \text{Aeq} \cdot x = \text{beq} \\ \text{lb} \leqslant x \leqslant \text{ub} \end{cases}$$

对每个定义域中的向量 $\boldsymbol{x}$，向量函数 $\boldsymbol{F}(\boldsymbol{x})$ 都存在一个值的分量，但是随着向量 $\boldsymbol{x}$ 取值的不同，值的分量也会发生变化，把分量的值记录下来，找到最小值，就是 fmincon 的任务。

该函数的完整调用格式如下：

[x,fval,exitflag]=fmincon(fun,x0,A,b,Aeq,beq,lb,ub,options)

fun 表示的是优化目标函数，x0 表示的是优化的初始值，参数 A、b 表示的是满足线性关系式 $Ax \leqslant b$ 的系数矩阵和结果矩阵；参数 Aeq、beq 表示的是满足线性等式 $\text{Aeq} \cdot x = \text{beq}$ 的矩阵；参数 lb、ub 则表示满足参数取值范围 $\text{lb} \leqslant x \leqslant \text{ub}$ 的下限和上限；参数 options 就是进行优化的属性设置。由此方法可以得到最优解，即各相电流的表达式为

$$\left.\begin{aligned} i_{A_1} &= 0 \\ i_{B_1} &= 0.866 I_m \cos(\theta - 90°) \\ i_{C_1} &= 0.866 I_m \cos(\theta + 90°) \\ i_{A_2} &= 1.314 I_m \cos(\theta - 11.36°) \\ i_{B_2} &= 1.179 I_m \cos(\theta - 143.13°) \\ i_{C_2} &= 1.026 I_m \cos(\theta + 109.66°) \\ i_{A_3} &= 1.258 I_m \cos(\theta - 23.41°) \\ i_{B_3} &= 1.258 I_m \cos(\theta - 156.59°) \\ i_{C_3} &= I_m \cos(\theta + 90°) \\ i_{A_4} &= 1.179 I_m \cos(\theta - 36.87°) \\ i_{B_4} &= 1.314 I_m \cos(\theta - 168.64°) \\ i_{C_4} &= 1.026 I_m \cos(\theta + 70.34°) \end{aligned}\right\} \tag{2-139}$$

式中，I_m 为十二相电机正常运行时的电流幅值，θ 为 A_1 相电流的相角。

对静止坐标系下的电流进行矢量空间变换，就可以计算出相应的谐波子平面需要注入电流的大小。其应该满足的条件如下：

$$\left.\begin{aligned} i_{x_1} &= -\frac{1}{3}i_\alpha \\ i_{x_2} &= -\frac{1}{3}i_\alpha \\ i_{x_3} &= -\frac{1}{3}i_\alpha \end{aligned}\right\} \qquad (2-140)$$

式中,i_α、i_{x_1}、i_{x_2}、i_{x_3} 分别是静止坐标系下 $\alpha-\beta$ 基波子空间的电流以及 $x_k-y_k(k=1,2,3)$谐波子空间的电流。

对此种情况进行仿真分析,给定电机的转速为 500 r/min,转矩为 $T_L=50$ N·m,系统仿真结果如图 2-54 所示。图 2-54(a)是十二相 PMSM 在 A_1 相开路时采用定子铜耗最小方式容错控制策略的转速波形图,系统稳定后,转速稳定在 500 r/min。图 2-54(b)为十二相 PMSM 在 A_1 相开路时采用定子铜耗最小方式容错控制策略的十二相电流波形图,A_1 相电流为零,各非故障相电流相位及其大小符合上述理论推导。图 2-54(c)是十二相 PMSM 在 A_1 相开路时采用定子铜耗最小方式容错控制策略的转矩波形图,系统稳定后,转矩为 50 N·m。

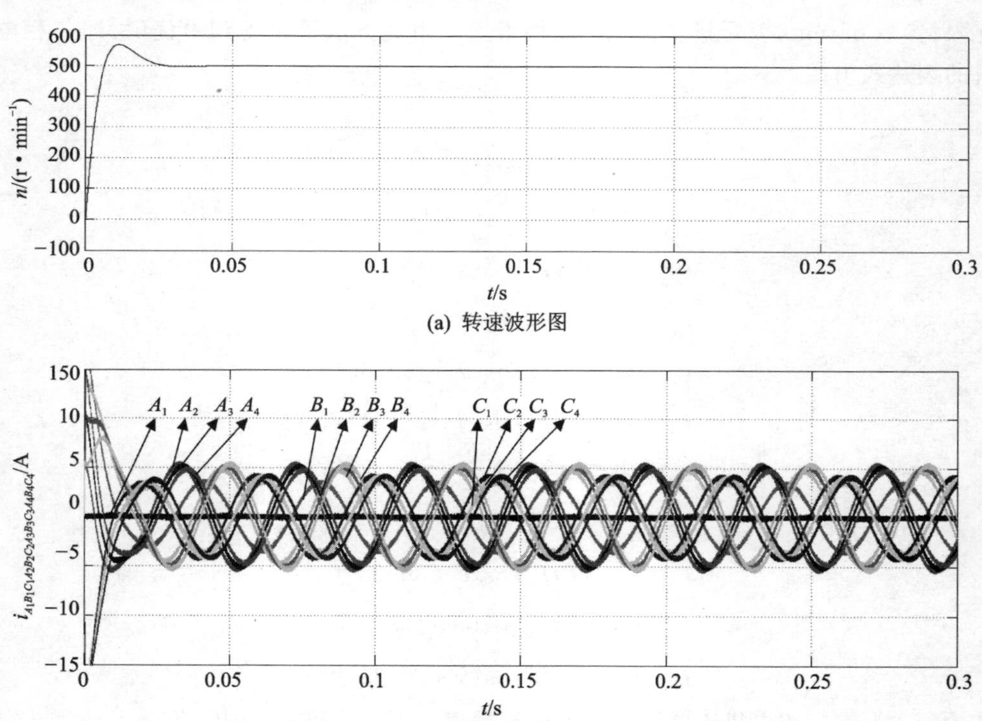

(a) 转速波形图

(b) 电流波形图

图 2-54 仿真结果

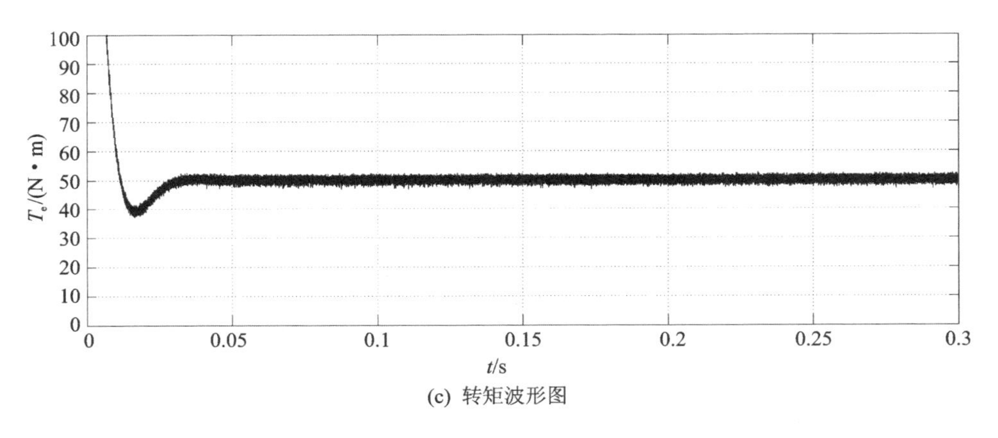

(c) 转矩波形图

图2-54 仿真结果(续)

2. 输出转矩最大方式的容错控制

在保证电机某一相或两相开路故障后,在电机剩余相电流产生的磁动势与缺相前保持一致的前提下,保持系统解耦变换矩阵不变;基于输出最大转矩原理,计算出非故障相的电流,得出相应的谐波子平面需要注入电流的大小,实现十二相永磁同步电机带故障运行,解决在定子铜耗最小方式下电流幅值严重不平衡问题及克服现有容错技术的缺陷,保证故障前后磁动势相等且输出最大转矩,降低转矩脉动,实现驱动系统的高可靠性和容错性。

依照前面的分析,只要保证电机缺相后剩余相电流产生的磁势与缺相前保持一致(即符合磁动势不变原则),就可以维持电机正常运行。假设 A_1、C_3 相开路,十二相电机定子总磁势可以表示为

$$
\begin{aligned}
F &= N_{A_1} i_{A_1} + N_{B_1} i_{B_1} + N_{C_1} i_{C_1} + N_{A_2} i_{A_2} + N_{B_2} i_{B_2} + N_{C_2} i_{C_2} + N_{A_3} i_{A_3} + \\
&\quad N_{B_3} i_{B_3} + N_{C_3} i_{C_3} + N_{A_4} i_{A_4} + N_{B_4} i_{B_4} + N_{C_4} i_{C_4} \\
&= \frac{1}{2} N \left[i_{A_1} \cos\varphi + i_{B_1} \cos(\varphi - 120^\circ) + i_{C_1} \cos(\varphi + 120^\circ) + \right. \\
&\quad i_{A_2} \cos(\varphi - 15^\circ) + i_{B_2} \cos(\varphi - 135^\circ) + i_{C_2} \cos(\varphi + 105^\circ) + \\
&\quad i_{A_3} \cos(\varphi - 30^\circ) + i_{B_3} \cos(\varphi - 150^\circ) + i_{C_3} \cos(\varphi + 90^\circ) + \\
&\quad \left. i_{A_4} \cos(\varphi - 45^\circ) + i_{B_4} \cos(\varphi - 165^\circ) + i_{C_4} \cos(\varphi + 75^\circ) \right] \\
&= \frac{1}{4} N \left[(i_{A_1} + i_{B_1} e^{j120^\circ} + i_{C_1} e^{-j120^\circ} + i_{A_2} e^{j15^\circ} + i_{B_2} e^{j135^\circ} + i_{C_2} e^{-j105^\circ} + \right. \\
&\quad i_{A_3} e^{j30^\circ} + i_{B_3} e^{j150^\circ} + i_{C_3} e^{-j90^\circ} + i_{A_4} e^{j45^\circ} + i_{B_4} e^{j165^\circ} + i_{C_4} e^{-j75^\circ})] e^{-j\varphi} + \\
&\quad [(i_{A_1} + i_{B_1} e^{-j120^\circ} + i_{C_1} e^{j120^\circ} + i_{A_2} e^{-j15^\circ} + i_{B_2} e^{-j135^\circ} + i_{C_2} e^{j105^\circ} + i_{A_3} e^{-j30^\circ} + \\
&\quad \left. i_{B_3} e^{-j150^\circ} + i_{C_3} e^{j90^\circ} + i_{A_4} e^{-j45^\circ} + i_{B_4} e^{-j165^\circ} + i_{C_4} e^{j75^\circ}) e^{j\varphi} \right]
\end{aligned} \tag{2-141}
$$

式中,φ 为绕组空间电角度,N 为每相绕组匝数。以 B_1 相为例,其绕组函数为 $N_{B_1}=0.5N\cos(\varphi-120°)$。十二相电机正常运行时各相电流为

$$\left.\begin{aligned}
i_{A_1}&=I_{\mathrm{m}}\cos\theta\\
i_{B_1}&=I_{\mathrm{m}}\cos(\theta-120°)\\
i_{C_1}&=I_{\mathrm{m}}\cos(\theta+120°)\\
i_{A_2}&=I_{\mathrm{m}}\cos(\theta-15°)\\
i_{B_2}&=I_{\mathrm{m}}\cos(\theta-135°)\\
i_{C_2}&=I_{\mathrm{m}}\cos(\theta+105°)\\
i_{A_3}&=I_{\mathrm{m}}\cos(\theta-30°)\\
i_{B_3}&=I_{\mathrm{m}}\cos(\theta-150°)\\
i_{C_3}&=I_{\mathrm{m}}\cos(\theta+90°)\\
i_{A_4}&=I_{\mathrm{m}}\cos(\theta-45°)\\
i_{B_4}&=I_{\mathrm{m}}\cos(\theta-165°)\\
i_{C_4}&=I_{\mathrm{m}}\cos(\theta+75°)
\end{aligned}\right\}\tag{2-142}$$

式中,I_{m} 为十二相电机正常运行时的电流幅值,θ 为 A_1 相电流的相角。将式(2-142)代入到式(2-141)中可以得到十二相电机正常运行时的总磁势为

$$F=3NI_{\mathrm{m}}\cos(\theta-\varphi)=\frac{3}{2}NI_{\mathrm{m}}(\mathrm{e}^{\mathrm{j}\theta}\mathrm{e}^{-\mathrm{j}\varphi}+\mathrm{e}^{-\mathrm{j}\theta}\mathrm{e}^{\mathrm{j}\varphi})\tag{2-143}$$

以 A_1 相与 C_3 相正交两相开路时为例,$i_{A_1}=0$、$i_{C_3}=0$,对比式(2-141)和式(2-142),为了得到相同的合成磁势,剩余十相电流必须满足:

$$\begin{aligned}
6I_{\mathrm{m}}\mathrm{e}^{\mathrm{j}\theta}=\;&i_{B_1}\mathrm{e}^{\mathrm{j}120°}+i_{C_1}\mathrm{e}^{-\mathrm{j}120°}+i_{A_2}\mathrm{e}^{\mathrm{j}15°}+i_{B_2}\mathrm{e}^{\mathrm{j}135°}+i_{C_2}\mathrm{e}^{-\mathrm{j}105°}+\\
&i_{A_3}\mathrm{e}^{\mathrm{j}30°}+i_{B_3}\mathrm{e}^{\mathrm{j}150°}+i_{A_4}\mathrm{e}^{\mathrm{j}45°}+i_{B_4}\mathrm{e}^{\mathrm{j}165°}+i_{C_4}\mathrm{e}^{-\mathrm{j}75°}
\end{aligned}\tag{2-144}$$

将各相电流表示成如下形式:

$$i_X=a_XI_{\mathrm{m}}\cos\theta+b_XI_{\mathrm{m}}\sin\theta\tag{2-145}$$

将式(2-144)代入式(2-145),并将实部和虚部分离,可以得到

$$\left.\begin{aligned}
&-0.5a_{B_1}-0.5a_{C_1}+\frac{\sqrt{6}+\sqrt{2}}{4}a_{A_2}-\frac{\sqrt{2}}{2}a_{B_2}-\frac{\sqrt{6}-\sqrt{2}}{4}a_{C_2}+\frac{\sqrt{3}}{2}a_{A_3}-\frac{\sqrt{3}}{2}a_{B_3}+\frac{\sqrt{2}}{2}a_{A_4}-\frac{\sqrt{6}+\sqrt{2}}{4}a_{B_4}+\frac{\sqrt{6}-\sqrt{2}}{4}a_{C_4}=6\\
&-0.5b_{B_1}-0.5b_{C_1}+\frac{\sqrt{6}+\sqrt{2}}{4}b_{A_2}-\frac{\sqrt{2}}{2}b_{B_2}-\frac{\sqrt{6}-\sqrt{2}}{4}b_{C_2}+\frac{\sqrt{3}}{2}b_{A_3}-\frac{\sqrt{3}}{2}b_{B_3}+\frac{\sqrt{2}}{2}b_{A_4}-\frac{\sqrt{6}+\sqrt{2}}{4}b_{B_4}+\frac{\sqrt{6}-\sqrt{2}}{4}b_{C_4}=0\\
&\frac{\sqrt{3}}{2}a_{B_1}-\frac{\sqrt{3}}{2}a_{C_1}+\frac{\sqrt{6}-\sqrt{2}}{4}a_{A_2}+\frac{\sqrt{2}}{2}a_{B_2}-\frac{\sqrt{6}+\sqrt{2}}{4}a_{C_2}+\frac{1}{2}a_{A_3}+\frac{1}{2}a_{B_3}+\frac{\sqrt{2}}{2}a_{A_4}+\frac{\sqrt{6}-\sqrt{2}}{4}a_{B_4}-\frac{\sqrt{6}+\sqrt{2}}{4}a_{C_4}=0\\
&\frac{\sqrt{3}}{2}b_{B_1}-\frac{\sqrt{3}}{2}b_{C_1}+\frac{\sqrt{6}-\sqrt{2}}{4}b_{A_2}+\frac{\sqrt{2}}{2}b_{B_2}-\frac{\sqrt{6}+\sqrt{2}}{4}b_{C_2}+\frac{1}{2}b_{A_3}+\frac{1}{2}b_{B_3}+\frac{\sqrt{2}}{2}b_{A_4}+\frac{\sqrt{6}-\sqrt{2}}{4}b_{B_4}-\frac{\sqrt{6}+\sqrt{2}}{4}b_{C_4}=6
\end{aligned}\right\}\tag{2-146}$$

除了式(2-146)外,各相电流还需要满足其他约束条件:

$$\left.\begin{aligned}
&a_{B_1}+a_{C_1}=0\\
&b_{B_1}+b_{C_1}=0\\
&a_{A_2}+a_{B_2}+a_{C_2}=0\\
&b_{A_2}+b_{B_2}+b_{C_2}=0\\
&a_{A_3}+a_{B_3}=0\\
&b_{A_3}+b_{B_3}=0\\
&a_{A_4}+a_{B_4}+a_{C_4}=0\\
&b_{A_4}+b_{B_4}+b_{C_4}=0
\end{aligned}\right\} \tag{2-147}$$

定子铜耗最小方式无法保证最大转矩输出。将各相电流表达式转换到 $\alpha\beta$ 静止坐标系之后就可以计算出相应的谐波子平面需要注入电流的大小，即以输出最大转矩为优化目标，则需要尽量减小相电流的最大幅值。其目标函数可表示为

$$\begin{aligned}F_1=\max(&a_{B_1}^2+b_{B_1}^2,a_{C_1}^2+b_{C_1}^2,a_{A_2}^2+b_{A_2}^2,a_{B_2}^2+b_{B_2}^2,a_{C_2}^2+b_{C_2}^2,\\&a_{A_3}^2+b_{A_3}^2,a_{B_3}^2+b_{B_3}^2,a_{A_4}^2+b_{A_4}^2,a_{B_4}^2+b_{B_4}^2,a_{C_4}^2+b_{C_4}^2)\end{aligned} \tag{2-148}$$

优化的最终目标就是找到满足 F_1 最小的一组解，采用解析的方法对其求解比较困难，可以采用 MATLAB 最优化工具箱中的最小最大值计算函数 fminimax 来得到满足条件的数值解。fminimax 可解决最小最大值的优化问题，其表达的是从一系列最大值中选取最小的数值，相当于求解下面的优化问题，优化问题的函数表达为

$$\min_x \max_i F_i(x),\text{s. t.}\quad\begin{cases}c(x)\leqslant 0\\ \text{ceq}(x)=0\\ Ax\leqslant b\\ \text{Aeq}\cdot x=\text{beq}\\ \text{lb}\leqslant x\leqslant \text{ub}\end{cases} \tag{2-149}$$

每个定义域中的向量 $\boldsymbol{x}$、向量函数 $\boldsymbol{F}(\boldsymbol{x})$ 都存在一个最大值的分量，但是随着向量 $\boldsymbol{x}$ 取值的不同，值最大的分量也会发生变化，把分量的值记录下来，找到最小值，就是 fminimax 的任务。

fun 表示的是优化目标函数，x0 表示的是优化的初始值，参数 A、b 表示的是满足线性关系式 $Ax\leqslant b$ 的系数矩阵和结果矩阵；参数 Aeq、beq 表示的是满足线性等式 Aeq・x＝beq 的矩阵；参数 lb、ub 则表示满足参数取值范围 lb≤x≤ub 的下限和上限；参数 options 就是进行优化的属性设置。由此方法可以得到最优解。采用 MATLAB 最优化工具箱中的最小最大值计算函数 fminimax 来得到满足条件的数值解，即各相电流的表达式为

$$\left.\begin{aligned}
i_{A_1}&=0\\
i_{B_1}&=1.268I_m\cos(\theta-90°)\\
i_{C_1}&=1.268I_m\cos(\theta+90°)\\
i_{A_2}&=1.268I_m\cos(\theta-15°)\\
i_{B_2}&=1.268I_m\cos(\theta-135°)\\
i_{C_2}&=1.268I_m\cos(\theta+105°)\\
i_{A_3}&=1.268I_m\cos\theta\\
i_{B_3}&=1.268I_m\cos(\theta-180°)\\
i_{C_3}&=0\\
i_{A_4}&=1.268I_m\cos(\theta-45°)\\
i_{B_4}&=1.268I_m\cos(\theta-165°)\\
i_{C_4}&=1.268I_m\cos(\theta+75°)
\end{aligned}\right\}\tag{2-150}$$

式中,I_m 为十二相电机正常运行时的电流幅值,θ 为 A_1 相电流的相角。对静止坐标系下的电流进行矢量空间变换,就可以计算出相应的谐波子平面需要注入电流的大小,其应该满足的条件为

$$\left.\begin{aligned}
i_{x_1}&=-0.366i_\alpha\\
i_{y_1}&=-0.366i_\beta\\
i_{x_2}&=-0.366i_\alpha\\
i_{y_2}&=0.366i_\beta\\
i_{x_3}&=-0.268i_\alpha\\
i_{y_3}&=0.268i_\beta
\end{aligned}\right\}\tag{2-151}$$

式中,i_α、i_β 为基波子平面电流,i_{x_1}、i_{y_1} 为 5 次谐波子平面电流,i_{x_2}、i_{y_2} 为 7 次谐波子平面电流,i_{x_3}、i_{y_3} 为 11 次谐波子平面电流。

依照上面的条件进行仿真。给定电机的转速为 500 r/min,负载转矩为 $T_L=50$ N·m,系统仿真结果如图 2-55 所示。

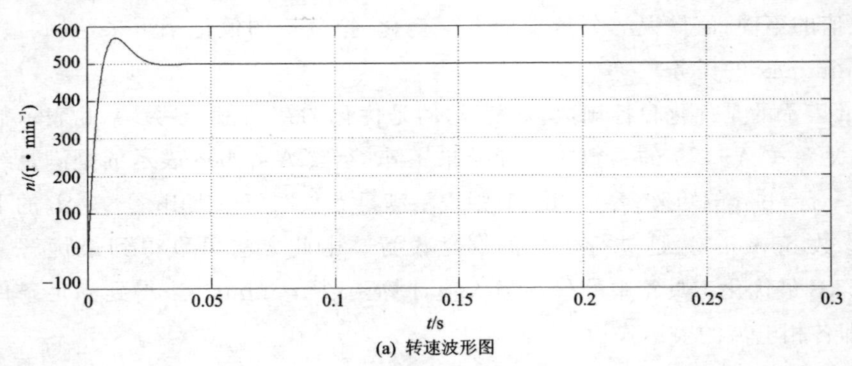

(a) 转速波形图

图 2-55 仿真结果

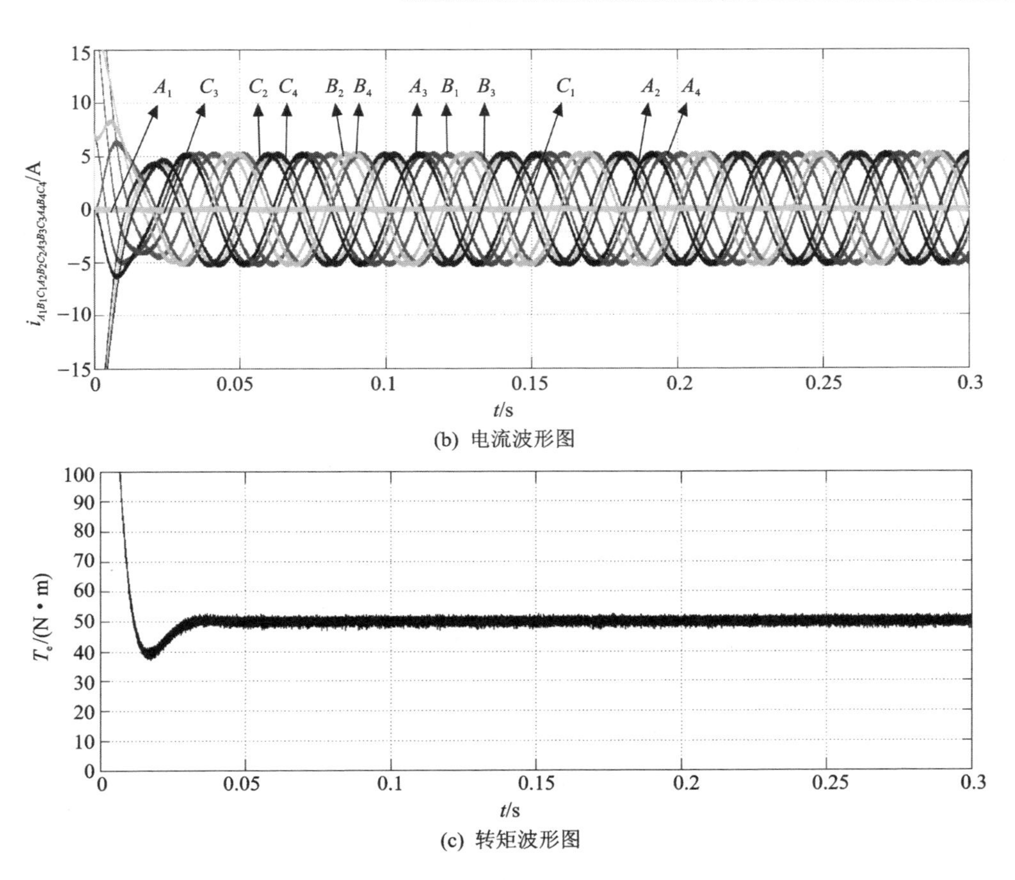

(b) 电流波形图

(c) 转矩波形图

图 2－55　仿真结果(续)

第 3 章

应用示例——永磁同步电机的矢量控制

3.1 矢量控制的基本思想

在传动系统中,被控对象对电力传动装置提出的要求较高:

① 电力传动系统定位及跟随误差小;

② 电力传动系统恢复时间短,系统响应无超调且无振荡;

③ 电力传动系统电机调速范围宽;

④ 低速时可输出额定转矩甚至超过额定转矩,动态过程中能承受大于额定转矩几倍的冲击负荷。

在使用交流永磁同步电机时,配以适当控制策略才能实现上述要求。而部分系统对电力传动装置要求不高,仅须实现一定范围内的速度调整及该速度范围内的机械传动即可。若采用永磁同步电机,则其控制策略显然与前述有较大差别。因此,在探讨永磁同步电机调速系统的控制时,须深入研究永磁同步传动控制系统的控制策略与控制方法。

永磁同步电机矢量控制的基本思想是建立在旋转坐标变换及电机电磁转矩方程上的。内永磁同步电机的电磁转矩为

$$T_{\mathrm{e}}=p_{\mathrm{n}}[\psi_{\mathrm{f}}i_q+(L_d-L_q)i_di_q] \tag{3-1}$$

表面式永磁同步电机的电磁转矩为

$$T_{\mathrm{e}}=p_{\mathrm{n}}\psi_{\mathrm{f}}i_q=p_{\mathrm{n}}\psi_{\mathrm{f}}i_{\mathrm{s}}\sin\beta \tag{3-2}$$

从式(3-1)、式(3-2)可以看出,永磁同步电机与直流电机具有相似的电磁转矩表达式,尤其是表面式永磁同步电机,其电磁转矩方程与直流电机完全相同。由于 ψ_{f} 为永磁体产生的,故 ψ_{f} 恒定。因此,对永磁同步电机而言,可以用类似于直流电机转矩的控制方法来控制永磁同步电机的转矩,以获得与直流电机相当的性能。直流电机的励磁磁场与电枢磁场正交,其控制实现起来比较简单,可对电枢磁场和励磁

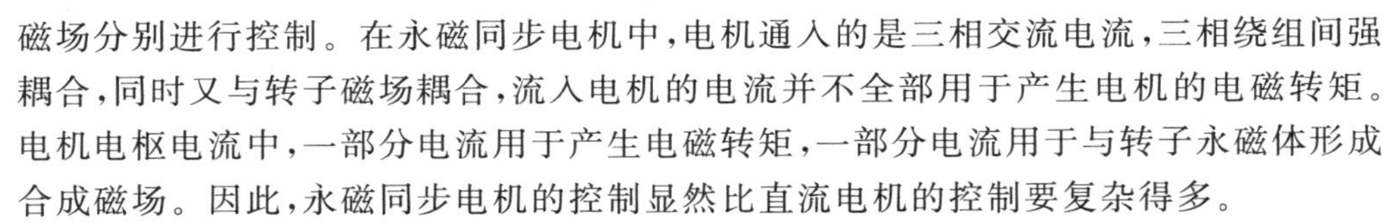

磁场分别进行控制。在永磁同步电机中，电机通入的是三相交流电流，三相绕组间强耦合，同时又与转子磁场耦合，流入电机的电流并不全部用于产生电机的电磁转矩。电机电枢电流中，一部分电流用于产生电磁转矩，一部分电流用于与转子永磁体形成合成磁场。因此，永磁同步电机的控制显然比直流电机的控制要复杂得多。

若在实施永磁同步电机控制时能够独立控制电机定子电流幅值与相位，保证同步电机定子三相电流所形成的正弦波磁动势与永磁体基波励磁磁场保持正交，则此时的控制方式即为磁场定向的矢量控制，转子参考坐标中 d、q 轴解耦，可以实现交流永磁同步电机对直流电机的严格模拟。若使 $\beta=90°$，则电机每安培定子电流产生的转矩最大，输出转矩和电机电枢电流成正比，可以获得最高的转矩电流比，电机的铜耗最小。此时，永磁同步电机的电枢电流中只有交轴分量，即 $i_s=i_q$。

在内永磁同步电机中，电磁转矩还有一项与直轴、交轴电感差值有关的磁阻转矩，利用该磁阻转矩可以充分挖掘电机的输出转矩，在矢量控制过程中可以应用。

在实际控制过程中，设法使电机电流的直轴分量、交轴分量与设定值相等，即 $i_d=i_d^*$、$i_q=i_q^*$，则可实现对两个电流分量的单独控制，从而实现矢量控制。设定的交、直轴电流经过如下公式：

$$\begin{pmatrix} i_A^* \\ i_B^* \\ i_C^* \end{pmatrix}=\sqrt{\frac{2}{3}}\begin{bmatrix} \cos\theta & -\sin\theta \\ \cos(\theta-2\pi/3) & -\sin(\theta-2\pi/3) \\ \cos(\theta+2\pi/3) & -\sin(\theta+2\pi/3) \end{bmatrix}\begin{pmatrix} i_d^* \\ i_q^* \end{pmatrix} \tag{3-3}$$

反变换成三相给定电流，通过快速电流控制环使电机实际电流等于给定电流，自然保证 $i_d=i_d^*$、$i_q=i_q^*$。因此，永磁同步电机矢量控制是通过控制 d、q 轴电流，经过矢量变换或坐标变换而实现的。对 i_d 和 i_q 各自独立地控制，可以实现对电机转矩和气隙磁通独立控制，而转矩和交轴电流具有线性关系，作为控制对象，从外面看进去，此时的 PMSM 已经等效为他励直流电机。

3.1.1 永磁同步电机的电流控制方法

高性能交流永磁同步电机调速控制系统的关键是实现电机瞬时转矩的高性能控制。对永磁同步电机的转矩控制要求可归纳为响应快、精度高、脉动小、效率高、功率因数高等。从永磁同步电机的数学模型可看出，对电机输出转矩的控制最终归结为对电机交轴、直轴电流的控制。对给定电磁转矩，直轴和交轴电流有许多组合。不同组合方式，其控制效率、功率因数、转矩输出能力等特性都不同，需要讨论永磁同步电机电流的控制方法。

永磁同步电机矢量控制系统的电流控制方法有：$i_d=0$ 控制、转矩电流比最大控制、功率因数等于 1 控制、恒磁链控制。

1. $i_d=0$ 控制

$i_d=0$ 控制称为磁场定向控制。该控制方法简单，计算量小，没有直轴电枢反应对电机的去磁问题,使用比较广泛。

由下式可见,$i_d=0$ 控制时,电磁转矩和交轴电流成线性关系,如图 3-1 所示。

$$T_e=p_n[\psi_f i_q+(L_d-L_q)i_d i_q] \tag{3-4}$$

图中各参量均化为标幺值,实施该控制方法时,随着电机负载的增加,电机端电压增加,系统所需逆变器容量增大,功角增大,电机功率因数(PF)减小。图中凸极系数 ρ 为 1.5,$\rho=L_q/L_d$。电机端电压、功角及功率因数如下:

$$U_s=\sqrt{(E_0+i_qR_s)^2+(\omega L_q i_q)^2} \tag{3-5}$$

$$\delta=\arctan\frac{\omega L_q i_q}{E_0+i_qR_s}\approx\arctan\frac{\omega L_q i_q}{E_0} \tag{3-6}$$

$$\cos\varphi=\cos\delta=\cos(\arctan\omega L_q i_q/E_0) \tag{3-7}$$

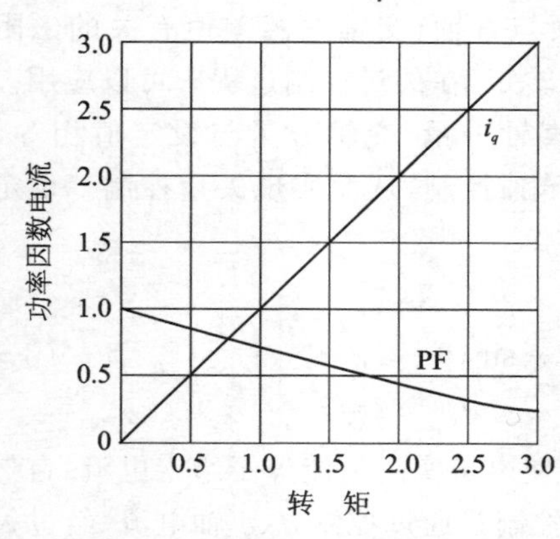

图 3-1　电磁转矩与电机交轴电流及功率因数之间的关系

该控制方法没有直轴电流,因此电机没有直轴电枢反应,从而不会使永磁体退磁。电机所有电流均用来产生电磁转矩,电流控制效率高。对于表面式电机,$i_d=0$ 时电机电流所产生的电磁转矩最大,此时,从电机端口看,电机相当于一台他励直流电机,定子电流所形成的空间磁势与永磁体励磁磁场正交,所有电流都用来产生电磁转矩。但对有凸极效应的永磁同步电机而言,电机磁阻转矩没有得到充分利用,不能充分发挥永磁同步电机的转矩输出能力。

2. 转矩电流比最大控制

转矩电流比最大控制是在电机输出给定转矩的条件下,使电机定子电流最小的控制方法。在 dq 同步旋转坐标系下,电机定子电流为

$$i_s=\sqrt{i_d^2+i_q^2} \tag{3-8}$$

借助于式(3-8)构造拉格朗日辅助函数

$$\Psi=\sqrt{i_d^2+i_q^2}+\zeta\{T_e-p_n[\psi_f i_q+(L_d-L_q)i_d i_q]\} \tag{3-9}$$

式中,ζ 为拉格朗日算子。分别对式(3-9)中的 i_d、i_q、ξ 求偏导,并令各偏导公式等于 0,求得

$$i_q=\sqrt{\frac{\psi_f i_d}{L_d-L_q}+i_d^2} \tag{3-10}$$

$$T_e=p_n\left[0.5\psi_f i_q+i_q\sqrt{\psi_f^2+4i_q^2(L_d-L_q)^2}\right] \tag{3-11}$$

电磁转矩与电机交轴、直轴电流、功率因数之间的关系如图 3-2 所示,图中 ρ 为 1.5,可得电机输入功率因数为

$$\cos\varphi=\cos(\beta-\pi/2-\delta)=\sin(\beta-\delta) \tag{3-12}$$

式中，$\delta=\arctan\dfrac{\omega L_q I_q}{E_0-\omega L_d I_d}$，$\beta=\pi-\arctan\dfrac{i_q}{i_d}=\pi-\arctan\sqrt{\dfrac{\psi_f}{i_d(L_d-L_q)}+1}$。

随着输出转矩的增加，电机直、交轴电流按所求解析关系而变化，电机特性便按转矩电流比最大的曲线变化。电机输出同样转矩时电流最小，铜耗也最小，效率最高，对逆变器容量要求最小。在此控制方式下，随着输出转矩的增加，电机端电压增加，功率因数下降；但输出电压没有 $i_d=0$ 时增加得快，功率因数也没有 $i_d=0$ 时下降得快。对表面式永磁同步电机，本控制方式就是 $i_d=0$ 的控制方式。

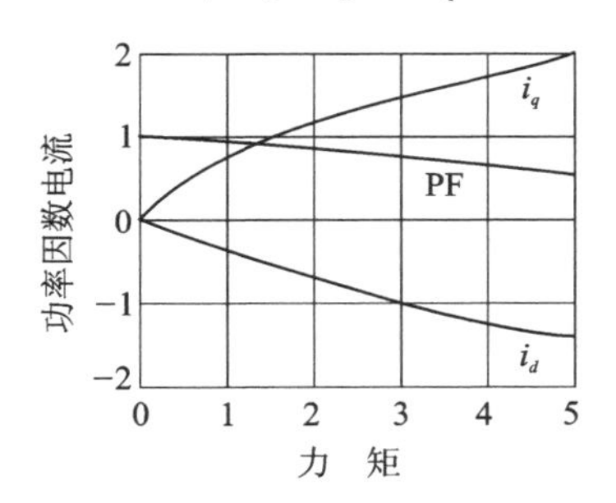

图 3-2 电磁转矩与电机交轴、直轴电流、功率因数之间的关系图

在实际操作中，为了更迅速地找到特定转矩下对应最小的电流量，通常会针对该型号电机制作一套工装软件，用于测量电机在不同负载转矩下的 i_d 和 i_q 的取值，以满足公式(3-8)中 i_s 最小的条件。根据运行场合的精度需求，可以将负载转矩按照1%～10%进行划分。当测得不同转矩下 i_d、i_q 的最佳配置后，将其在代码中编写为二维数组。若系统期望电动机输出某一转矩，则可依据该二维数组获取在该转矩下的电流值，直接用于闭环调速。

3. 功率因数等于1控制

控制电机电枢电流的交、直轴分量，保持功率因数恒为1的控制方法，有

$$\cos(\beta-\delta-\pi/2)=1,\quad \delta=\beta-\pi/2$$

此时，电机直、交轴电流间的关系为

$$i_q=\sqrt{\frac{E_0 i_d}{\omega L_q}-\frac{L_d}{L_q}i_d^2} \tag{3-13}$$

电机定子电流、直轴和交轴电流与电磁转矩间的关系如下式所示，变化规律如图3-3所示。

$$i_s=\sqrt{\frac{L_q-L_d}{L_q}i_d^2+\frac{E_0 i_d}{\omega L_q}} \tag{3-14}$$

$$T_e=p_n\left[\psi_f\sqrt{\frac{E_0 i_d}{\omega L_q}-\frac{L_d}{L_q}i_d^2}+i_d(L_d-L_q)\sqrt{\frac{E_0 i_d}{\omega L_q}-\frac{L_d}{L_q}i_d^2}\right] \tag{3-15}$$

在控制电机电枢电流使其功率因数等于1时，电机电磁转矩存在极大值。当定子电流从0开始增大时，输出电磁转矩随之增大。当电磁转矩达到最大值时，对应定子电流 $i_{sn\max}$。过了转矩最大值点之后，电磁转矩将随定子电流的增大而减小。当 $i_s\leqslant i_{sn\max}$ 时，电机工作在转矩随电流增大的区间。对给定电磁转矩，总有两个电流值与之对应。为保证系统正常工作，一般工作点都选在电枢电流小于 $i_{sn\max}$ 的区间，

此时,电机定子电流较小,铜耗也较小,有利于逆变器工作。当电机速度较高,而逆变器输出电压能力不够时,也可以使电机电枢电流大于 $i_{\mathrm{sn\,max}}$。

4. 恒磁链控制

恒磁链控制就是控制电机定子电流,使电机全磁链 ψ。与转子永磁体产生的定子交链的磁链 ψ_f 相等,即

$$\sqrt{(\psi_f + L_d i_d)^2 + (L_q i_q)^2} = \psi_f \tag{3-16}$$

由式(3-16)可得

$$i_s = \frac{-2L_d \psi_f \cos\beta}{L_d^2 \cos^2\beta + L_q^2 \sin^2\beta} \tag{3-17}$$

$$i_q = \sqrt{-2\psi_f L_d i_d - L_d^2 i_d^2} / L_q \tag{3-18}$$

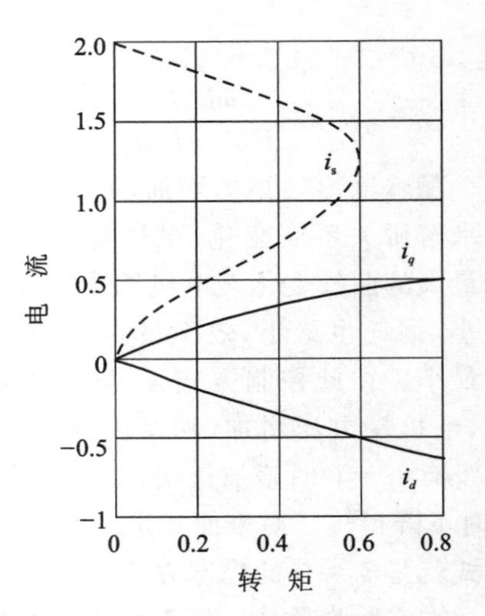

图 3-3 定子电流、直轴及交轴电流与电磁转矩的关系

$$T_e = p_n \left[\psi_f \sqrt{-2\psi_f L_d i_d - L_d^2 i_d^2} + i_d (L_d - L_q) \sqrt{-2\psi_f L_d i_d - L_d^2 i_d^2}\right] / L_q \tag{3-19}$$

求解式(3-17),可得电机电磁转矩与定子电流之间的关系。与功率因数为 1 的控制方法类似,采用恒磁链控制方式输出的转矩也存在极大值。这可通过对式(3-19)求导(令其等于零),得到电磁转矩取得极值时的直轴电流 i_d,将其代入原式即可得到恒磁链控制时电磁转矩的最大值。同样,在功率因数等于 1 时,对式(3-15)求导,亦可求得电磁转矩的最大值。比较这两种情况下最大电磁转矩的数值,恒磁链下输出最大电磁转矩约为功率因数为 1 时最大电磁转矩的 1 倍。恒磁链控制时,电机输入功率因数为

$$\cos\varphi = \cos(\beta - \pi/2 - \delta) = \sin(\beta - \delta) \tag{3-20}$$

式中,$\delta = \arctan \dfrac{\omega L_q i_q}{E_0 - \omega L_d i_d}$,$\beta = \pi - \arctan \dfrac{i_q}{i_d}$。

根据式(3-18)、式(3-20)可得,电机输入功率因数随定子电流的增大而减小,电机功率因数随输出转矩的增大而减小。

3.1.2 $i_d = 0$ 控制方法的实现

在前述的 4 种电流控制方法中,$i_d = 0$ 的控制方法是应用最为广泛的,其他电流控制方法的实现原理与之类似。以下拟按 $i_d = 0$ 的控制方法说明电机电流控制方法的实现原理。

1. 电压前馈解耦控制

如果引入 i_d、i_q 和 ω 的状态反馈，则电压 u_d、u_q 可以写成

$$u_d = u_d' - \omega L_q i_q \tag{3-21}$$

$$u_q = u_q' + \omega L_q i_q \tag{3-22}$$

式中，u_d'、u_q'分别表示 d、q 轴非耦合部分电压。将其代入电机数学模型方程可得

$$u_d' = R_s i_d + L_d \frac{\mathrm{d}i_d}{\mathrm{d}t} \tag{3-23}$$

$$u_q' = R_s i_q + L_q \frac{\mathrm{d}i_q}{\mathrm{d}t} + \omega \psi_f \tag{3-24}$$

按式(3-23)、式(3-24)选取电压指令时，由于该线性方程不包含状态变量乘积项(耦合项)，故控制是解耦的。令方程(3-23)中 $u_d'=0$，可得 $i_d=0$ 的解耦控制。

该方法是一种完全线性化解耦控制方案，可使得 i_d、i_q 完全解耦。但为获得该控制结果，必须实时检测电机速度 ω 与 i_q，并作 ω 和 i_q 的乘法运算。由于测量精度和微处理器运算速度的限制，该电流控制方案的实时性难以完全保证，因此实现完全解耦较为困难。

2. 电流反馈解耦控制

由电机数学模型可见，实际控制过程中，只要使电机的直轴电流等于零，就可以实现永磁同步电机线性化解耦控制。假定给永磁同步电机提供三相对称电流

$$\left.\begin{aligned} i_a &= \sqrt{2/3}\, I_s \sin(\theta + \varphi) \\ i_b &= \sqrt{2/3}\, I_s \sin(\theta + \varphi - 120^\circ) \\ i_c &= \sqrt{2/3}\, I_s \sin(\theta + \varphi - 240^\circ) \end{aligned}\right\} \tag{3-25}$$

式中，θ、φ 分别为 d 轴和 A 相轴线的夹角及当 A 相定子绕组轴线和 d 轴方向一致时 A 相电流的初始相位。由式(3-25)可得

$$\left.\begin{aligned} i_d &= I_s \sin \varphi \\ i_q &= -I_s \cos \varphi \end{aligned}\right\} \tag{3-26}$$

如果使转子磁极轴线和所定义的 d 轴轴线重合，即通过磁场定向控制使电机电流初始相位角为 180°，则由式(3-26)可得 $i_d=0$，$i_q=I_s$。

当采用电压型逆变器控制时，将给定电流 i_d^*、i_q^* 与电流反馈 i_d、i_q 进行比较，其差值经过电流调节器输出定子电压，有

$$\left.\begin{aligned} u_d &= K(i_d^* - i_d) \\ u_q &= K(i_q^* - i_q) \end{aligned}\right\} \tag{3-27}$$

在控制中，一直保持 $i_d^*=0$，由于永磁同步电机调速系统中电流环响应速度很

快,在电流调节过程中,可以认为电机转速不变;只要适当选择电流调节器,就可以得到 $i_d^*=i_d=0, i_q^*=i_q$,从而获得 $i_d=0$ 的控制,实现电机直轴和交轴间的解耦。

电流反馈解耦控制是一种近似的解耦控制,只要适当控制,就可以使永磁同步电机在动态、静态过程中获得近似控制,能够得到快速、高精度的转矩控制,且控制电路简单,实现方便。它是目前普遍采用的电流解耦控制方法。

本章介绍最常用的永磁同步电机的控制结构,即三相三桥臂矢量控制方式。传统三相三桥臂永磁同步电动机 SVPWM 矢量控制系统如图 3-4 所示。此种控制方法的控制流程为:通过坐标变换(三相/两相静止变换和同步旋转变换),将定子电流分解成产生磁链的励磁分量和产生转矩的转矩分量,并使两分量正交,彼此独立,然后分别控制,进而实现对磁链和电磁转矩的独立控制。给定 $i_d^*=0$,并将速度控制器的输出作为 i_q 的给定,控制器的输出为 u_d^*、u_q^*;SVPWM 调制模块最后输出给逆变桥 6 路驱动信号,驱动信号经功率放大后控制开关管驱动永磁同步电机,从而可在整体上实现永磁同步电机的转速电流双闭环。

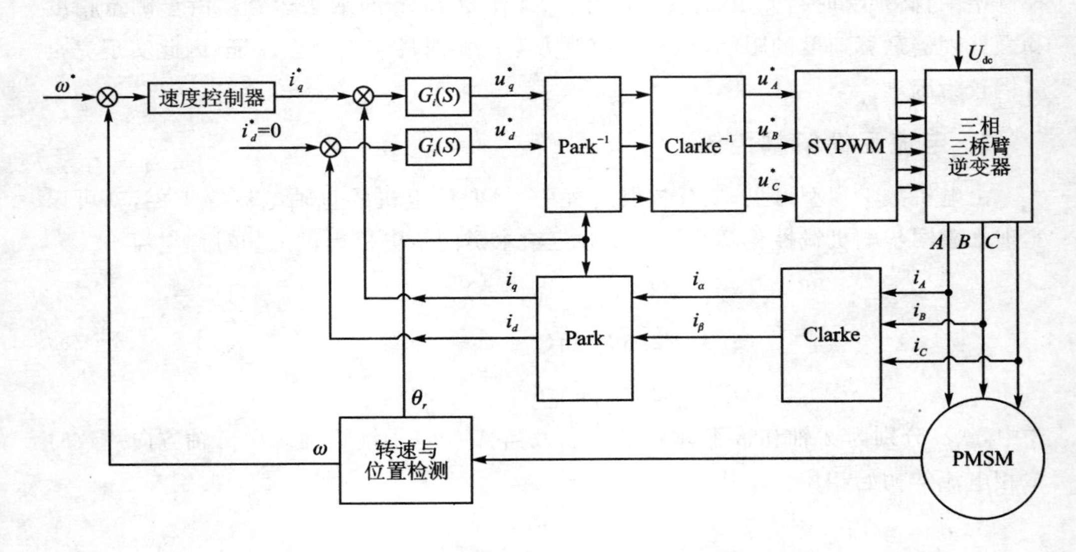

图 3-4 三相三桥臂控制原理框图

3.2 系统硬件设计

永磁同步电机三相三桥臂的拓扑结构如图 3-5 所示。直流母线上的电压经过逆变器,通过永磁同步电机的三相引线转换为频率一定的交流电压供永磁同步电机使用。

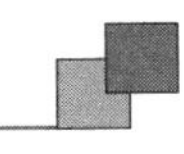

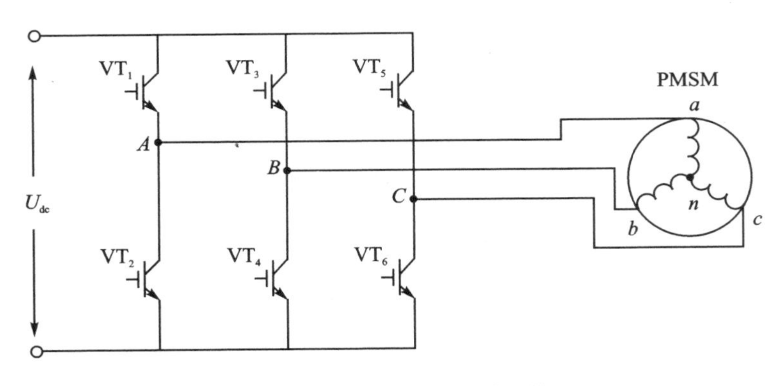

图 3-5　三相三桥臂拓扑结构

3.2.1　控制电路设计

控制电路的核心控制单元是美国 TI 公司的 DSP，型号为 TMS320F28335，主要用于对电压、电流信号进行 ADC，以及读取转速、位置信息；建立与上位机的通信，实现外围电路的控制，并控制生成调制波。其核心引脚如图 3-6 所示。

与前代相比，平均性能提升 50%，并与定点 C28x 控制器软件兼容，从而可简化软件开发，缩短开发周期，降低开发成本。TMS320F28335 的主频最高为 150 MHz，同时具有外部存储扩展接口、看门狗、3 个定时器、18 个 PWM 输出、16 通道的 12 位 A/D 转换器，增加了单精度浮点运算单元(FPU)和高精度 PWM；且 Flash 增加了一倍，达到 256K×16 bit；增加了 DMA 功能，可将 ADC 转换结果直接存入 DSP 的任一存储空间。以 TMS320F28335 为核心的最小系统的硬件电路及 PCB 详见附录。

3.2.2　旋转变压器解码芯片电路设计

在运动控制系统中，不仅需要获取实时的速度信息，有时候为了精确控制，也需要位置以及运动方向信息。TMS320F28335 中的 eQEP 模块通过应用正交编码器不仅可以获得速度信息，还可以获得方向信息以及位置信息。通过 AD2S1205 芯片的解码功能，将旋转变压器输出的位置信号解码，输出可供 TMS320F28335 的 eQEP 模块使用的 ABZ 信号，从而计算出准确的速度和方向。

AD2S1205 是一款 12 位分辨率旋变数字转换器，集成片上可编程正弦波振荡器，可以将激励频率设置为 10 kHz、12 kHz、15 kHz 或者 20 kHz，为旋变器提供正弦波激励。采用 Type Ⅱ 跟踪环路跟踪输入信号，并将正弦和余弦输入端的信息转换为与输入角度和速度对应的数字量。支持增量式编码器仿真输出，增量式编码器仿真采用标准 A-quad-B 格式，并提供方向输出。

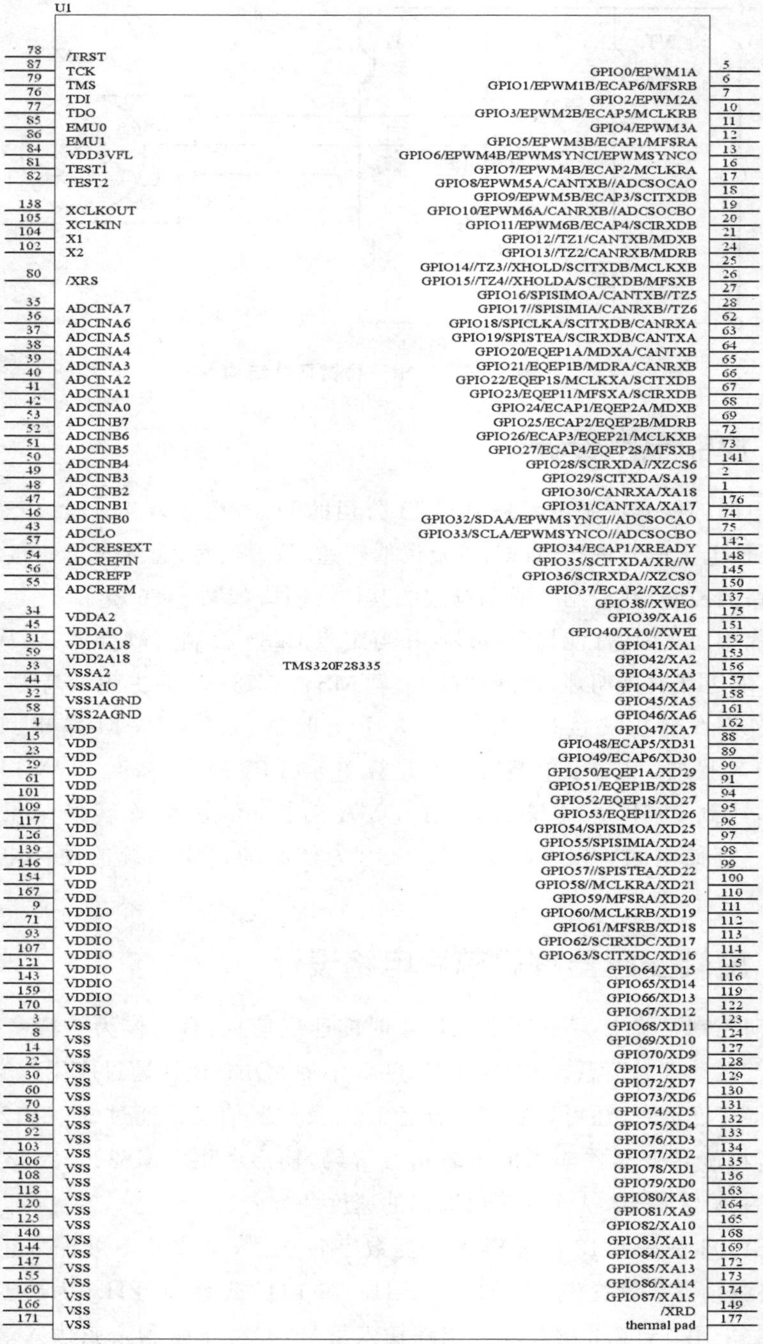

U1

TMS320F28335

78 /TRST
87 TCK
79 TMS
76 TDI
77 TDO
85 EMU0
86 EMU1
84 VDD3VFL
81 TEST1
82 TEST2
138 XCLKOUT
105 XCLKIN
104 X1
102 X2
80 /XRS
35 ADCINA7
36 ADCINA6
37 ADCINA5
38 ADCINA4
39 ADCINA3
40 ADCINA2
41 ADCINA1
42 ADCINA0
53 ADCINB7
52 ADCINB6
51 ADCINB5
50 ADCINB4
49 ADCINB3
48 ADCINB2
47 ADCINB1
46 ADCINB0
43 ADCLO
57 ADCRESEXT
54 ADCREFIN
56 ADCREFP
55 ADCREFM
34 VDDA2
45 VDDAIO
31 VDD1A18
59 VDD2A18
33 VSSA2
44 VSSAIO
32 VSS1AGND
58 VSS2AGND
4 VDD
15 VDD
23 VDD
29 VDD
61 VDD
101 VDD
109 VDD
117 VDD
126 VDD
139 VDD
146 VDD
154 VDD
167 VDD
9 VDDIO
71 VDDIO
93 VDDIO
107 VDDIO
121 VDDIO
143 VDDIO
159 VDDIO
170 VDDIO
3 VSS
8 VSS
14 VSS
22 VSS
30 VSS
60 VSS
70 VSS
83 VSS
92 VSS
103 VSS
106 VSS
108 VSS
118 VSS
120 VSS
125 VSS
140 VSS
144 VSS
147 VSS
155 VSS
160 VSS
166 VSS
171 VSS

GPIO0/EPWM1A 5
GPIO1/EPWM1B/ECAP6/MFSRB 6
GPIO2/EPWM2A 7
GPIO3/EPWM2B/ECAP5/MCLKRB 10
GPIO4/EPWM3A 11
GPIO5/EPWM3B/ECAP1/MFSRA 12
GPIO6/EPWM4B/EPWMSYNCI/EPWMSYNCO 13
GPIO7/EPWM4B/ECAP2/MCLKRA 16
GPIO8/EPWM5A/CANTXB//ADCSOCAO 17
GPIO9/EPWM5B/ECAP3/SCITXDB 18
GPIO10/EPWM6A/CANRXB//ADCSOCBO 19
GPIO11/EPWM6B/ECAP4/SCIRXDB 20
GPIO12//TZ1/CANTXB/MDXB 21
GPIO13//TZ2/CANRXB/MDRB 24
GPIO14//TZ3//XHOLD/SCITXDB/MCLKXB 25
GPIO15//TZ4//XHOLDA/SCIRXDB/MFSXB 26
GPIO16/SPISIMOA/CANTXB//TZ5 27
GPIO17//SPISIMIA/CANRXB//TZ6 28
GPIO18/SPICLKA/SCITXDB/CANRXA 62
GPIO19/SPISTEA/SCIRXDB/CANTXA 63
GPIO20/EQEP1A/MDXA/CANTXB 64
GPIO21/EQEP1B/MDRA/CANRXB 65
GPIO22/EQEP1S/MCLKXA/SCITXDB 66
GPIO23/EQEP1I/MFSXA/SCIRXDB 67
GPIO24/ECAP1/EQEP2A/MDXB 68
GPIO25/ECAP2/EQEP2B/MDRB 69
GPIO26/ECAP3/EQEP2I/MCLKXB 72
GPIO27/ECAP4/EQEP2S/MFSXB 73
GPIO28/SCIRXDA//XZCS6 141
GPIO29/SCITXDA/SA19 2
GPIO30/CANRXA/XA18 1
GPIO31/CANTXA/XA17 176
GPIO32/SDAA/EPWMSYNCI//ADCSOCAO 74
GPIO33/SCLA/EPWMSYNCO//ADCSOCBO 75
GPIO34/ECAP1/XREADY 142
GPIO35/SCITXDA/XR//W 148
GPIO36/SCIRXDA//XZCSO 145
GPIO37/ECAP2//XZCS7 150
GPIO38//XWEO 137
GPIO39/XA16 175
GPIO40/XA0//XWEI 151
GPIO41/XA1 152
GPIO42/XA2 153
GPIO43/XA3 156
GPIO44/XA4 157
GPIO45/XA5 158
GPIO46/XA6 161
GPIO47/XA7 162
GPIO48/ECAP5/XD31 88
GPIO49/ECAP6/XD30 89
GPIO50/EQEP1A/XD29 90
GPIO51/EQEP1B/XD28 91
GPIO52/EQEP1S/XD27 94
GPIO53/EQEP1I/XD26 95
GPIO54/SPISIMOA/XD25 96
GPIO55/SPISIMIA/XD24 97
GPIO56/SPICLKA/XD23 98
GPIO57//SPISTEA/XD22 99
GPIO58//MCLKRA/XD21 100
GPIO59/MFSRA/XD20 110
GPIO60/MCLKRB/XD19 111
GPIO61/MFSRB/XD18 112
GPIO62/SCIRXDC/XD17 113
GPIO63/SCITXDC/XD16 114
GPIO64/XD15 115
GPIO65/XD14 116
GPIO66/XD13 119
GPIO67/XD12 122
GPIO68/XD11 123
GPIO69/XD10 124
GPIO70/XD9 127
GPIO71/XD8 128
GPIO72/XD7 129
GPIO73/XD6 130
GPIO74/XD5 131
GPIO75/XD4 132
GPIO76/XD3 133
GPIO77/XD2 134
GPIO78/XD1 135
GPIO79/XD0 136
GPIO80/XA8 163
GPIO81/XA9 164
GPIO82/XA10 165
GPIO83/XA11 168
GPIO84/XA12 169
GPIO85/XA13 172
GPIO86/XA14 173
GPIO87/XA15 174
/XRD 149
thennal pad 177

图 3-6　TMS320F28335 核心芯片引脚图

AD2S1205 外围电路、Sin 信号处理电路、Cos 信号处理电路、旋变信号功率放大电路如图 3－7 所示。

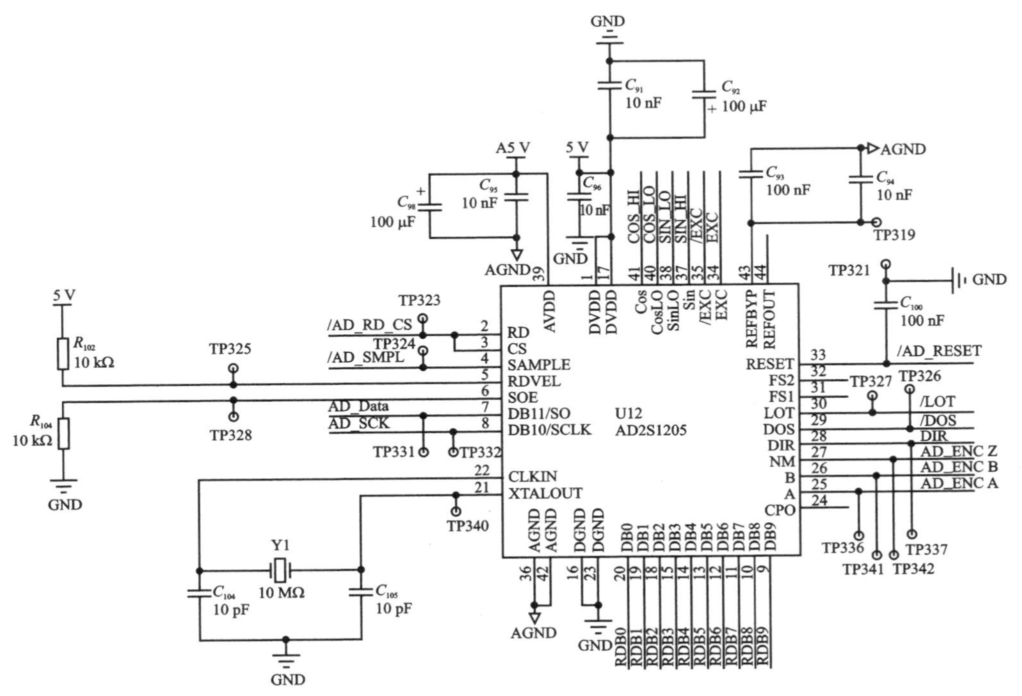

(a) AD2S1205外围电路

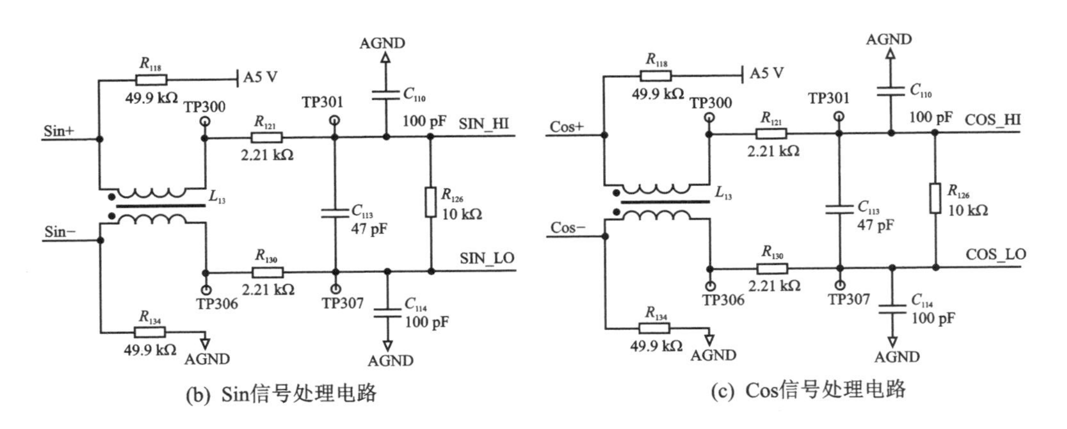

(b) Sin信号处理电路　　(c) Cos信号处理电路

图 3－7　解码相关电路

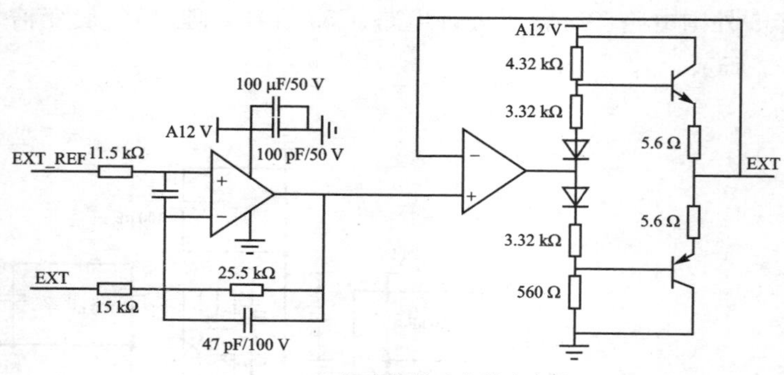

(d) 旋变信号功率放大电路

图 3-7　解码相关电路(续)

3.2.3　采样电路设计

选用型号为 CHV-50P/600 的电压霍尔传感器,其变比是可调的,根据检测电路所需要的电压范围配置电压霍尔传感器副边采样电阻 R_M。输出的电压经过电压跟随器进行调整,由于 DSP 的 A/D 采样输入电压范围为 0～3 V,因此需要在检测电路输出侧设计电压钳位电路,通常采用二极管设计电压钳位电路,保证直流母线电压检测电路输出到 DSP 的 A/D 中的电压范围为 0～3.3 V。图 3-8 所示为整流桥输出侧的直流母线电压检测电路。

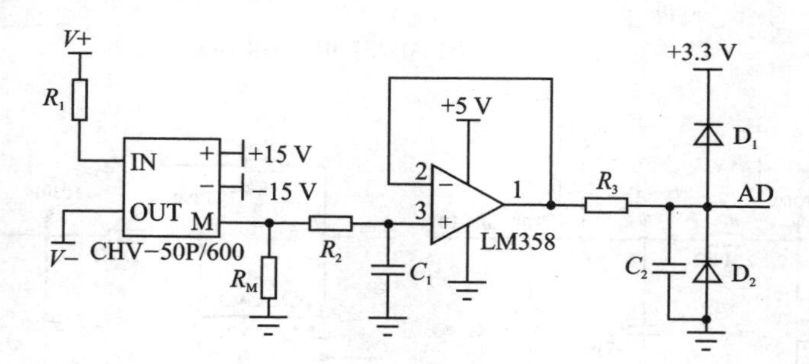

图 3-8　母线电压检测电路

图 3-9 所示为电机定子侧的电流检测电路。选用型号为 CSB3-300A 的电流霍尔传感器,传感器的输出端需要接采样电阻 R_1,将传感器的输出信号转换成电压信号,再经过电压跟随器进行调整,避免后级输出电路影响前级输入。由于电流值有正负之分,并且 DSP 的 A/D 采样功能不允许有负值输入,所以需要对其幅值进行调整,使其满足采样功能需求。此时需要引入直流偏置电路,如图 3-10 所示,偏置电路用于输出一个稳定的直流电压,该电压与电压跟随器的输出相加,从而将检测到的交流量转换为一个最小值大于零的交流电压。之后通过运放电路进行调理,对电压

进行放大或缩小。最后通过二极管钳位电路，输入 DSP 的 A/D 输入端口。

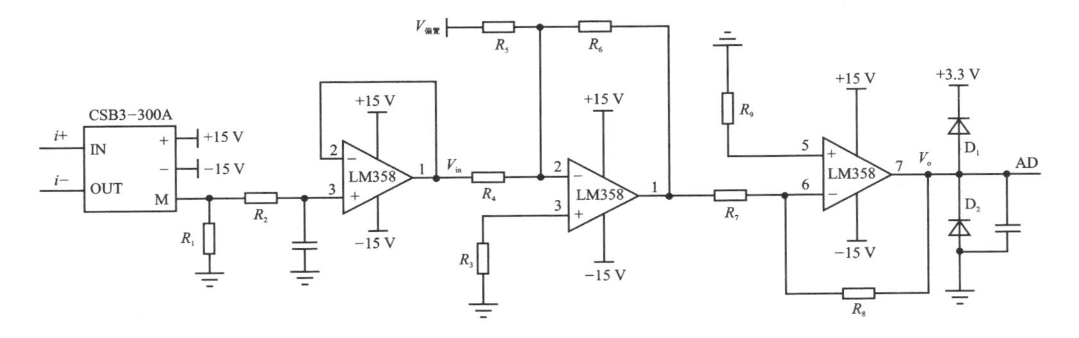

图 3-9 电流检测电路

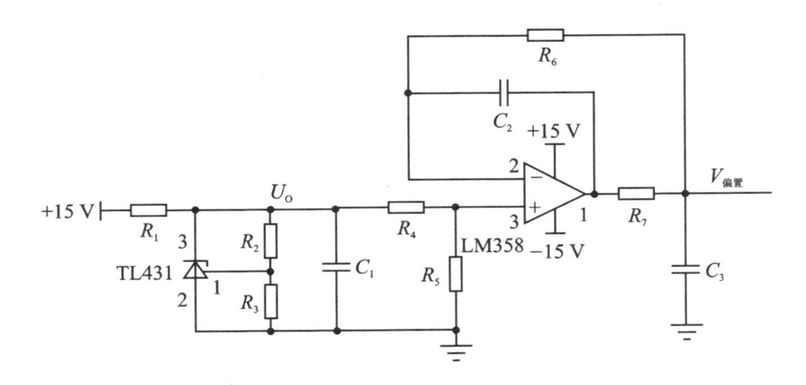

图 3-10 直流偏置电路

图 3-10 中的 TL431 为三端可调分流稳压器，输出端通过两个电阻可配置成可控精密稳压源，输出电压可任意设置的范围为 2.5～36 V，其最大工作电流为 150 mA。TL431 与电阻 R_2、R_3 构成了一个电压可调的基准源，输出电压关系为 $U_O=2.5\ V\times(1+R_2/R_3)$，再通过电阻 R_4 和 R_5 对其输出电压进行分压，从而获取检测电路所需求的偏置电压值大小，最后通过电压跟随器与滤波电路调整并输出直流偏置电压。

3.2.4 驱动及保护电路设计

1. 驱动电路设计

IGBT 不允许长时间工作在线性区，否则导通损耗非常大；而门极电压越低时，IGBT 越容易进入线性区，通常选取+15 V 作为门极开通电压。IGBT 正常的开关过程中会在线性区短暂停留，此时间极短，属于正常现象。当 IGBT 瞬间短路时，采用 V_{ce} 电压检测；设计电压阈值，一旦超过该值，IGBT 会关闭，启动报警信号。参考驱动电路如图 3－11 所示。

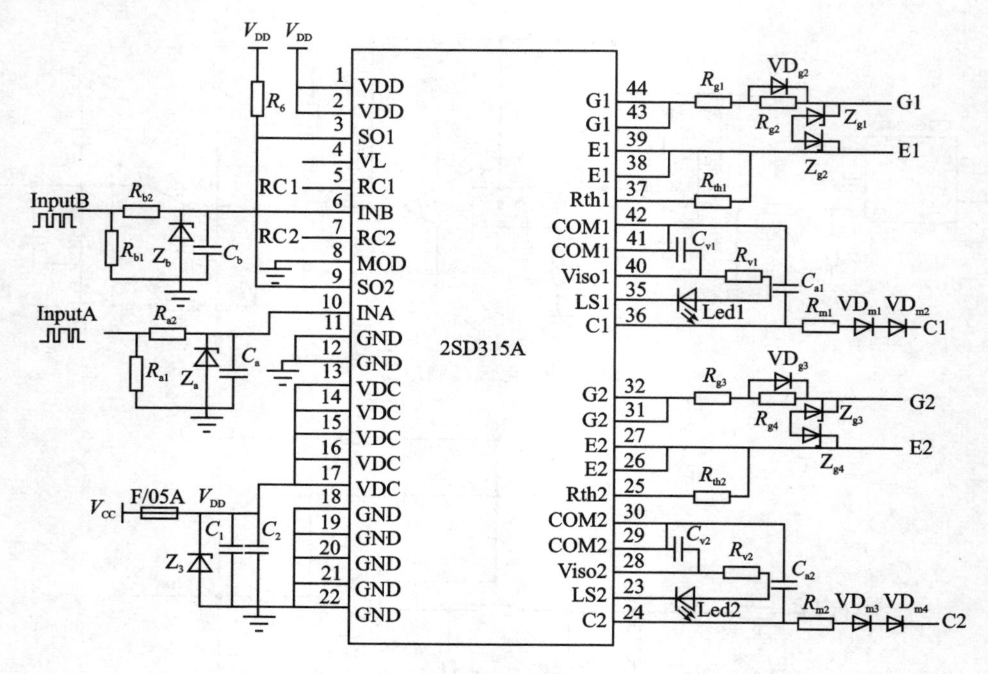

图 3－11　驱动电路

2. 保护电路设计

在控制系统准备启动时,为确保驱动系统能提供电机运行时所需要的电压,首先需要对三相不控整流桥前端的三相交流电进行缺相检测,其次检测整流桥输出的直流母线电压的大小。图 3－12 为整流桥前端的缺相检测电路。此缺相检测电路并联到变频器的三相不控整流桥前端,正常状态下,光耦内部的发光二极管是点亮的,因此其内部的三极管受光导通,LACK 输出低电平;当三相交流电输入源发生断相故障时,光耦内部的发光二极管是不亮的,因此其内部的三极管不导通,LACK 输出高

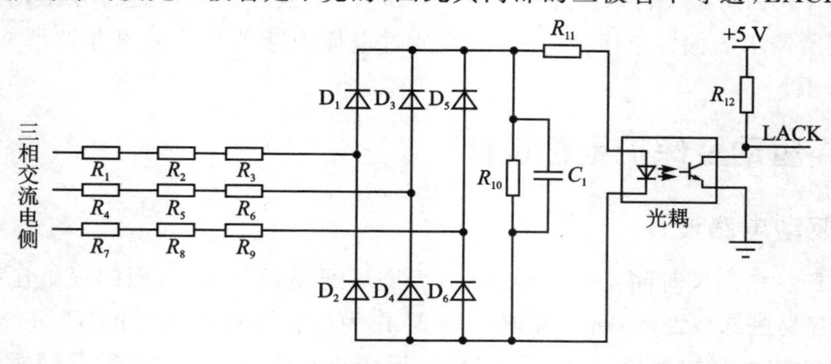

图 3－12　缺相检测电路

电平。当主控芯片 DSP 检测到 LACK 为高电平时，发出缺相故障警报。

在电机控制中，过流保护功能常被应用，如图 3-13 所示。此过程需要对电流进行采样，若采用 DSP 进行检测并实施保护，则会消耗大量 CPU 资源。因此，可通过硬件电路设计一种带自锁功能的过流保护模块。该模块输入信号加入 2.5 V 直流电压偏置，分别接入两个 LM393 比较器的正负输入引脚。配置外围电阻并计算 LM393 比较器的正负电压参考值，一旦输入信号超过电压信号参考值范围，则会出现报警信号。

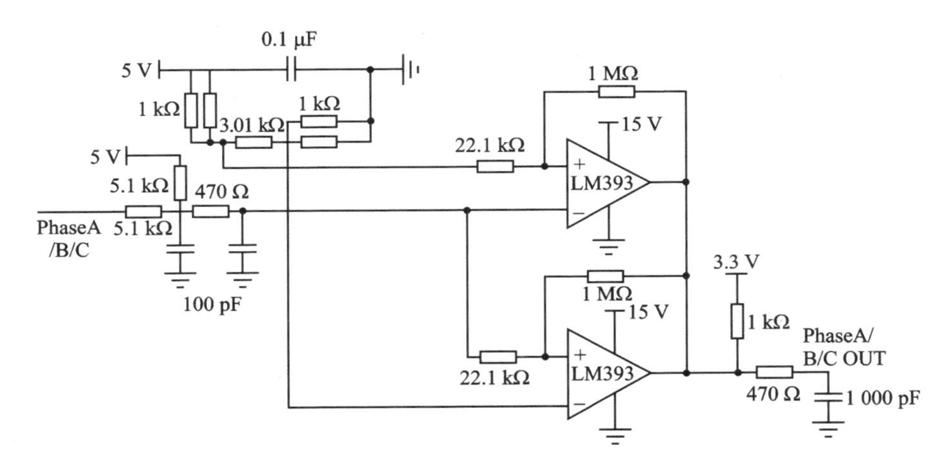

图 3-13　过流保护电路

3.3　系统软件设计

3.3.1　主程序流程图及 DSP 代码示例

在主程序中首先对寄存器初始化，然后进入循环等待中断。系统主程序流程图如图 3-14 所示。

主循环中主要包括通信、显示程序等。初始化程序包括系统时钟、寄存器、通用输入/输出 GPIO、中断向量表初始化、PWM 模块、A/D 采样模块等的配置。

主程序如下：

```
void main()
{
    InitSysCtrl();                    // 系统控制初始化
    GPIOINIT();                       // 定义外设所需 GPIO 口
    InitEPwm1Gpio();                  // 初始化 PWM1 的 GPIO 引脚
    InitEPwm2Gpio();                  // 初始化 PWM2 的 GPIO 引脚
    InitEPwm3Gpio();                  // 初始化 PWM3 的 GPIO 引脚
    DINT;                             // 禁止全局中断 INTM = 1
```

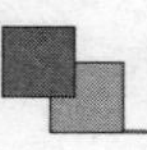

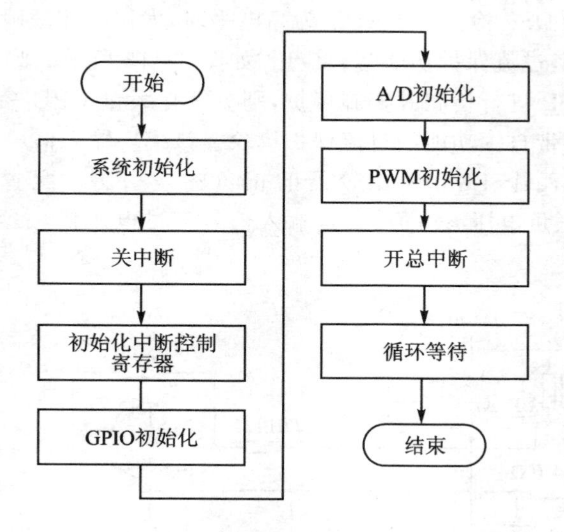

图 3-14　系统主程序流程图

```
    IER = 0x0000;                            // 禁止 CPU 中断
    IFR = 0x0000;                            // 清除 CPU 中断标志
    InitPieCtrl();                           // 初始化 PIE 控制寄存器
    InitPieVectTable();                      // 初始化 PIE 中断向量表
    EALLOW;                                  // 解除寄存器保护
    // PWM 中断函数 PWM1 入口地址装入中断向量表
    PieVectTable.EPWM1_INT = &epwm1_isr;
    // PWM 中断函数 PWM1 入口地址装入中断向量表
    PieVectTable.EPWM2_INT = &epwm2_isr;
    EDIS;                                    // 使能寄存器保护
    InitAdc();                               // AD 模块初始化
    design_Adc();                            // AD 采样模块配置
    InitEpwm1();                             // pwm1 模块寄存器配置
    InitEpwm2();                             // pwm2 模块寄存器配置
    InitEpwm3();                             // pwm3 模块寄存器配置
    InitQEP1();                              // QEP 模块配置
    PieCtrlRegs.PIEIER3.bit.INTx1 = 1;       // PIE 级 PWM1 中断使能
    PieCtrlRegs.PIEIER3.bit.INTx2 = 1;       // PIE 级 PWM2 中断使能
    PieCtrlRegs.PIECTRL.bit.ENPIE = 1;       // PIE 总中断使能
    IER| = M_INT1;                           // 使能 CPU 第一组中断
    IER| = M_INT2;
    IER| = M_INT3;
    IER| = M_INT4;
    EINT;                                    // 打开全局中断
    while(1);
    {}
}
```

在 TMS320F28335 的 ROM 中，约 3 KB 的空间用于存放数学公式表，主要用于

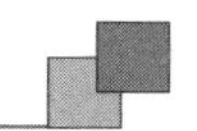

高速度和高精度的实时计算，比同等程度的 ANSIC C 语言效率更高，同时可以节省用户更多的设计和调试时间。为了提高 DSP 运算的精度和速度，引入了IQmath 库并使用其中_iq24 的 Q 格式，即 2^{24}，程序中出现的是_IQ(1)＝2^{24}＝16 777 216。

为了应用 IQmath，首先要从 TI 官方网站下载 IQmath 库，文档名称为 SPRC087。主要应用库里面的 IQmath. cmd、IQmathLib. h 及 IQmath. lib。新建一个工程，将 IQmath. lib、IQmath. cmd 添加到工程，同时在 main()函数前增加语句 # include "IQmathLib. h"。注意，rts2800. lib 和 DSP281x_Headers_nonBIOS. cmd 也要加到工程中。

3.3.2　中断程序流程图及 DSP 代码示例

1. PWM 中断流程图及程序

中断是程序编写的关键，控制系统中应用的中断很多，最关键的是与载波同步同频的 PWM 中断。本实验采用的 PWM 中断频率为 10 kHz，中断流程图如图 3－15 所示，当电机运行时，读取 A、B、C 三相电流进行 dq 变换，控制电机运行。

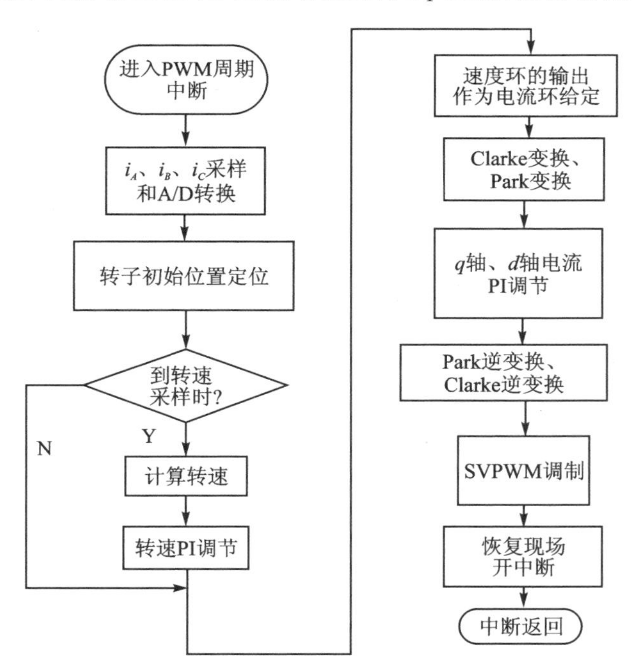

图 3－15　PWM 中断流程图

转速外环、dq 电流内环的程序也编写在 PWM 周期中断中，其中转速环的计算周期是 10 倍的电流环计算周期。电流环分为三部分，i_d、i_q 分别对应着两个电流环，它们的输出对应着 SVPWM 平面矢量调制的输入。

PWM 中断服务子程序代码如下：

```
interrupt void epwm1_isr(void)                                    // pwm1 中断服务子程序
{
    Alpha = RRA;
    Beta = ( - RRA - 2 * RRC) * 0.57735026918963;                 // Clarke 变换
    PWM_enable();                                                 // PWM 动作位使能
    if((LockRotorFlag == 1)&&(kaiguan1 == 1))                     // 检测到启动信号
    {
        DatQ19 = EQep1Regs.QPOSCNT;                               // 读取电机位置信号
        diff1 = DatQ19 * 2 * 3.1415926/4096 - 2.058602;           // 初始电角度 = 118°
        angle = 2 * diff1;                                        // 电机为 2 对极,得到电角度值
        if(countjishi1 == 10)                                     // 每 10 次进行一次速度环 PI
        {
            cesu();                                               // 测量电机转速
            PI_SPEED();                                           // 速度环 PI
            countjishi1 = 0;                                      // 速度环计数位清零
        }
        ID = cos(angle) * Alpha + sin(angle) * Beta;
        IQ = ( - sin(angle)) * Alpha + cos(angle) * Beta;         // Park 变换
        PI_ID();                                                  // ID 电流环 PI
        PI_IQ();                                                  // IQ 电流环 PI
        uq = out_IQ;
        ud = out_ID;
        iAlpha = cos(angle) * ud - sin(angle) * uq;
        iBeta = sin(angle) * ud + cos(angle) * uq;                // 对 ud、uq 进行反 Park 变换
        SVPWM();                                                  // SVPWM 算法
    }
    EPwm1Regs.ETCLR.bit.INT = 1;                                  // 清除 ePWM1 中断标志位
    PieCtrlRegs.PIEACK.all = PIEACK_GROUP3;                       // 第三组的中断可以重新响应
}
interrupt void epwm2_isr(void)                                    // epwm2 中断服务子程序
{
    // 将 A/D 采样寄存器值转换为有正负的二进制数,作为 a 相电流采样值
    a = AdcRegs.ADCRESULT0^0x8000;
    b = AdcRegs.ADCRESULT1^0x8000;                                // 读取 b 相电流采样值
    c = AdcRegs.ADCRESULT2^0x8000;                                // 读取 c 相电流采样值
    // 减去采样电路直流偏置值,并转为_iq24 的 Q 格式以方便计算,得到当前 a 相电流计算值
    aa = (a - 3189) * xishu;
    bb = (b - 3402) * xishu;                                      // 得到 b 相电流计算值
    cc = (c - 3440) * xishu;                                      // 得到 c 相电流计算值
    RRA = aa * 0.176771 + RRA * 0.823229;                         // a 相低通滤波函数
    RRB = bb * 0.176771 + RRB * 0.823229;                         // b 相低通滤波函数
    RRC = cc * 0.176771 + RRC * 0.823229;                         // c 相低通滤波函数
    EPwm2Regs.ETCLR.bit.INT = 1;                                  // 清除 ePWM2 中断标志位
    PieCtrlRegs.PIEACK.all = PIEACK_GROUP3;                       // 第三组的中断可以重新响应
}
```

2. PI 控制器流程图及程序

PI 控制器流程图如图 3-16 所示。

PI 调节器是一种线性控制器，根据给定值与实际输出值构成控制偏差，将偏差的比例和积分通过线性组合构成控制量，从而对被控对象进行控制。其中的比例部分可以在有偏差的情况下立即产生调节作用以减小偏差。比例作用大，可以加快调节，减小误差；但是过大的比例会使系统的稳定性下降，甚至造成系统的不稳定。积分环节使系统消除稳态误差，提高无误差度。因为有误差，积分调节就进行，直至无误差，积分调节停止，积分调节输出一常值。积分作用的强弱取决于积分时间常数 T_i。T_i 越小，积分作用越强；反之，T_i 越大，则积分作用越弱，加入积分调节可使系统稳定性下降，动态响应变慢。

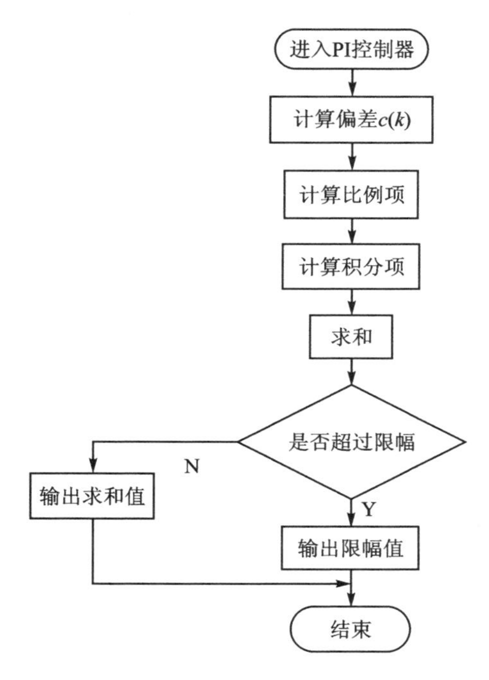

图 3-16　PI 控制器流程图

速度、电流环 PI 控制器子程序如下：

```
void PI_ID()                                    // ID 电流环 PI 控制器
{
    float Err = 0;                              // 定义误差变量
    static float Up_ID = 0;                     // 定义静态变量 Up_ID 比例输出
    static float Ui_ID = 0;                     // 定义静态变量 Ui_ID 积分输出
    float outmax = _IQ(0.2);                    // 限定 PI 控制器正向最大输出量
    float outmin = _IQ(-0.2);                   // 限定 PI 控制器负向最大输出量
    Err = IdGIVE - ID;                          // 误差 = 给定 - 反馈
    Up_ID = 0.001 * kp_ID * Err;                // 比例输出
    Ui_ID = Ui_ID + 0.001 * ki_ID * Err;        // 积分输出
    out_ID = Up_ID + Ui_ID;                     // 得到 PI 结果值
    if(out_ID > outmax)
    {
        out_ID = outmax;
    }
    else if(out_ID < outmin)
    {
        out_ID = outmin;
    }
```

```
    else
    {
        out_ID = out_ID;                             // 输出限幅
    }
}
void PI_IQ()                                         // IQ 电流环 PI 控制器
{
    float Err = 0;                                   // 定义误差变量
    static float Up_IQ = 0;                          // 定义静态变量 Up_IQ 比例输出
    static float Ui_IQ = 0;                          // 定义静态变量 Ui_IQ 积分输出
    float outmax = _IQ(0.8);                         // 限定 PI 控制器正向最大输出量
    float outmin = _IQ( - 0.8);                      // 限定 PI 控制器负向最大输出量
    Err = IqGIVE - IQ;                               // 误差 = 给定 - 反馈
    Up_IQ = 0.001 * kp_IQ * Err;                     // 比例输出
    Ui_IQ = Ui_IQ + 0.001 * ki_IQ * Err;             // 积分输出
    out_IQ = Up_IQ + Ui_IQ;                          // 得到 PI 结果值
    if(out_ID > outmax)
    {
        out_ID = outmax;
    }
    else if(out_ID < outmin)
    {
        out_ID = outmin;
    }
    else
    {
        out_ID = out_ID;                             // 输出限幅
    }
}
void PI_SPEED()                                      // 速度环 PI 控制器
{
    static float Up = 0;                             // 定义静态变量 Up 比例输出
    static float Ui = 0;                             // 定义静态变量 Ui 积分输出
    float outmax = 16777216 * 0.99;                  // 限定 PI 控制器正向最大输出量
    float outmin = - 16777216 * 0.99;                // 限定 PI 控制器负向最大输出量
    SPEED_Err = speedref - speedrpm;                 // 误差 = 给定 - 反馈
    if(SPEED_Err > = _IQ(0.00333))
    {
        // 定标_IQ(1)的转速为 9 000 r/min,则_IQ(0.00333)为 30 r/min
        SPEED_Err = _IQ(0.00333);
    }
    else if(SPEED_Err < = _IQ( - 0.00333))
    {
        SPEED_Err = _IQ( - 0.00333);
    }
    else
    {
        SPEED_Err = SPEED_Err;                       // 将速度误差值限制在 30 r/min 内
    }
    Up = 0.001 * kp_SPEED * SPEED_Err;               // 比例输出
```

```
        Ui = Ui + 0.001 * ki_SPEED * SPEED_Err;          // 积分输出
        out_SPEED = Up + Ui;                             // 得到 PI 结果值
        if(out_ID > outmax)
        {
            out_ID = outmax;
        }
        else if(out_ID < outmin)
        {
            out_ID = outmin;
        }
        else
        {
            out_ID = out_ID;                             // 输出限幅
        }
}
```

3.3.3　SVPWM 控制算法流程图及 DSP 代码示例

经过电流环 PI 调节器输出的 U_d、U_q，需要经过 SVPWM 算法得出 DSP ePWM 模块中比较寄存器的值，从而控制功率器件的开通与关断。SVPWM 控制算法流程图如图 3－17 所示。

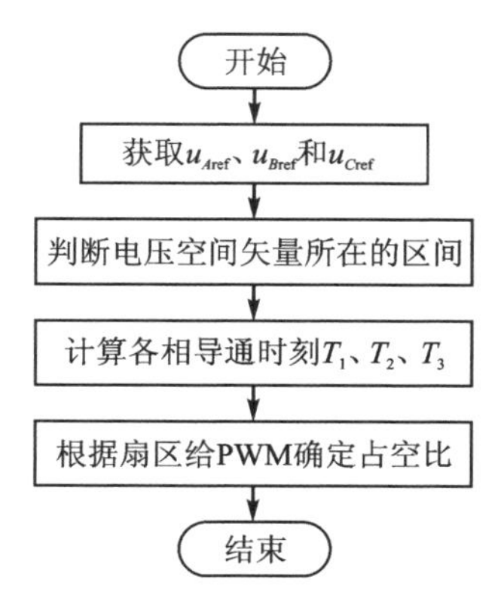

图 3－17　SVPWM 控制算法流程图

SVPWM 模块子程序如下：

```
void SVPWM()                                             // SVPWM 调制函数
{
    va = iBeta;
    vb = (-0.5) * iBeta + 0.8660254 * iAlpha;
    vc = (-0.5) * iBeta - 0.8660254 * iAlpha;            // Clarke 反变换
    int sector = 0;
    if(va > 0)
    {
        sector = 1;
    }
```

```
    if(vb > 0)
    {
        sector = sector + 2;
    }

    if(vc > 0)
    {
        sector = sector + 4;                              // 判断扇区
    }
    VA = iBeta;
    VB = 0.5 * iBeta + 0.8660254 * iAlpha;
    VC = 0.5 * iBeta - 0.8660254 * iAlpha;             // Clarke 反变换
    if(sector == 1)                                     // 扇区 1 计算时间 vga,vgb,vgc
    {
        t1 = VC;
        t2 = VB;
        vgb = 0.5 * (_IQ(1) - t1 - t2);
        vga = vgb + t1;
        vgc = vga + t2;
    }
    if(sector == 2)                                     // 扇区 2 计算时间 vga,vgb,vgc
    {
        t1 = VB;
        t2 = - VA;
        vga = 0.5 * (_IQ(1) - t1 - t2);
        vgc = vga + t1;
        vgb = vgc + t2;
    }
    if(sector == 3)                                     // 扇区 3 计算时间 vga,vgb,vgc
    {
        t1 = - VC;
        t2 = VA;
        vga = 0.5 * (_IQ(1) - t1 - t2);
        vgb = vga + t1;
        vgc = vgb + t2;
    }
    if(sector == 4)                                     // 扇区 4 计算时间 vga,vgb,vgc
    {
        t1 = - VA;
        t2 = VC;
        vgc = 0.5 * (_IQ(1) - t1 - t2);
        vgb = vgc + t1;
        vga = vgb + t2;
    }
    if(sector == 5)                                     // 扇区 5 计算时间 vga,vgb,vgc
    {
        t1 = VA;
        t2 = - VB;
        vgb = 0.5 * (_IQ(1) - t1 - t2);
        vgc = vgb + t1;
```

```
        vga = vgc + t2;
    }
    if(sector == 6)                             // 扇区 6 计算时间 vga,vgb,vgc
    {
        t1 = - VB;
        t2 = - VC;
        vgc = 0.5 * (_IQ(1) - t1 - t2);
        vga = vgc + t1;
        vgb = vga + t2;
        }
    }
}
```

PWM 占空比计算子程序：

```
void pwm_ratio()                                // 占空比计算函数
{
    // 7500 表示 PWM 开通频率为 10 kHz 时的周期寄存器值
    cmpa = vga * 0.0000000596 * 7500;           // 将得到_iq 格式的数据处理
    cmpb = vgb * 0.0000000596 * 7500;           // 0.0000000596 = 1/(2^24)
    cmpc = vgc * 0.0000000596 * 7500;
    EPwm1Regs.CMPA.half.CMPA = cmpa;
    EPwm2Regs.CMPA.half.CMPA = cmpb;
    EPwm3Regs.CMPA.half.CMPA = cmpc;            // 对 PWM 比较寄存器赋值
}
```

3.3.4 电机测速子程序代码示例

为使电机正常运行，需要计算出电机的实际速度以进行速度环闭环调节。以下为电机测速子程序：

```
void cesu()
{
    DatQ14 = EQep1Regs.QEPSTS.bit.QDF;          // 读取正交方向标志寄存器
    if(DatQ14 == 1)                             // 判断顺时针转
    {
        DatQ18 = EQep1Regs.QPOSCNT;             // 读取位置计数寄存器
        DatQ17 = DatQ16;                        // 获得上次位置计数寄存器
        DatQ16 = DatQ18;                        // 获得当次位置计数寄存器
        diff = DatQ16 - DatQ17;                 // 前后两次寄存器误差
        if(diff < 0)
        diff = diff + 4096;                     // 保证误差值为正
    }
    if(DatQ14 == 0)                             // 判断逆时针旋转
    {
        DatQ18 = EQep1Regs.QPOSCNT;             // 读取位置计数寄存器
        DatQ17 = DatQ16;                        // 获得上次位置计数寄存器
        DatQ16 = DatQ18;                        // 获得当次位置计数寄存器
        diff = DatQ16 - DatQ17;                 // 前后两次寄存器误差
        if(diff > 0)
        diff = diff - 4096;                     // 保证误差值为负
```

```
    }
    diff2 = diff * 2 * 3.1415926/4096;                         // 将速度单位转换为 rad/次
    TMP1 = (1000) * diff2;                                     // 将速度单位转换为 rad/s
    TMP2 = 0.981499176 * TMP2 + 0.018500823 * TMP1;            // 数字滤波
    speed = TMP2;
    speedrpm = speed/(2 * 3.1415926) * 0.00667 * 16777216;   // 标定速度为 r/min
}
```

3.3.5 永磁同步电机初始位置定位

在电机上电启动时,系统无法获知电机转子的精确位置,而得知电机转子的精确位置是实现永磁同步电机控制的前提。通过位置信号只能判断出电机转子所在的扇区,若假设转子位于相邻两个基本磁势向量的角平分线上,则转子位置角有 0°～30°电角度的误差。电机出厂时一般会给出光电编码霍尔信号与电机转子位置角的关系,如表 3-1 所列。因此,要获得转子位置角,需要进一步的处理。

表 3-1 Status 的状态及其对应的区间

状　态	101	100	110	010	011	001
角度/(°)	0～60	60～120	120～180	180～240	240～300	300～360

具体实现如下:假定电动机转子所在扇区的两基本磁势矢量为 $\boldsymbol{S}_1$、$\boldsymbol{S}_2$,逆时针旋转时 DSP 正交编码计数器增加,并计 HA、HB、HC 信号值变量为 Status,如图 3-18 所示。

为了确定转子的具体位置,先向电机三相绕组通以一定的电流,使合成电流矢量 $\boldsymbol{S}_3$ 位于两基本矢量的角平线上。如果电机转子正好位于 $\boldsymbol{S}_3$ 上,则转子将静止不动;如果电机位于 $\boldsymbol{S}_1$、$\boldsymbol{S}_3$ 之间,则电机转子会有逆时针旋转的趋势,DSP 正交编码计数器值将有所增加;如果电机位于 $\boldsymbol{S}_2$、$\boldsymbol{S}_3$ 之间,则电机转子会有顺时针旋转的趋势,DSP 正交编码计数器值将有所减小。由此可缩小电机转子所在的分区。假设转子位于 $\boldsymbol{S}_1$、$\boldsymbol{S}_3$ 之间,再通以 $\boldsymbol{S}_1$、$\boldsymbol{S}_3$ 一定的电流使合成电流矢量 $\boldsymbol{S}_4$ 位于 $\boldsymbol{S}_1$、$\boldsymbol{S}_3$ 的角平分线上,然后以同样的判断方式进一步缩小电机转子所在的分区。

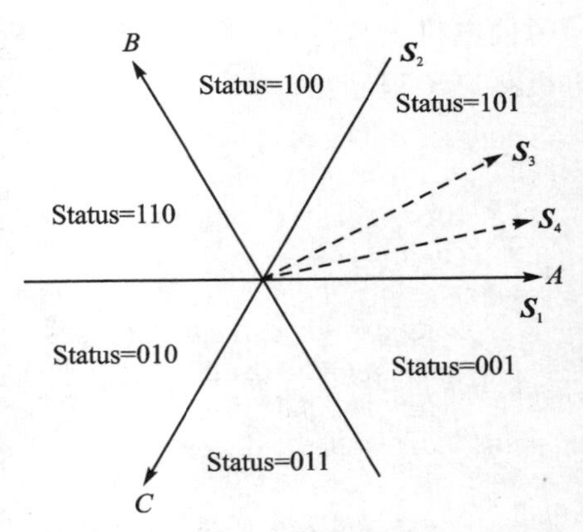

图 3-18 转子位置信号状态与转子位置分区

依此类推,经过多次试探后,电机转子处于微振状态下完成定位,系统对转子位置初始角度的误差值可缩小在极小的范围内。为防止电机旋转,探测电流不宜过大,

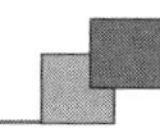

判断时间不宜过长，这需要根据电机的型号反复测试调整。电机初始定位子程序流程图如图 3－19 所示。

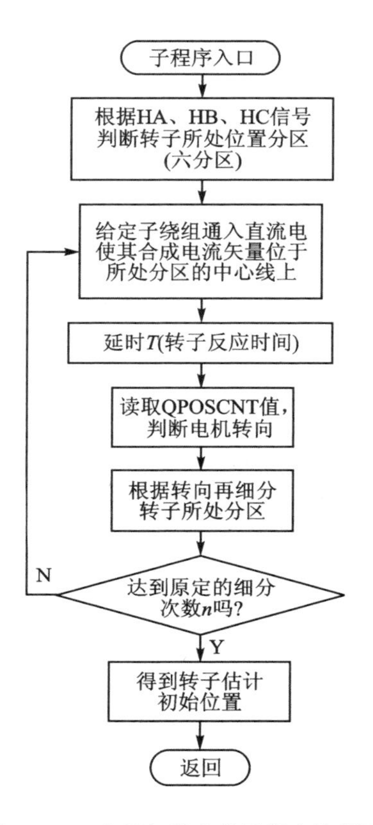

图 3－19　电机初始定位子程序流程图

3.4　仿真及实验结果分析

3.4.1　Simulink 仿真模型

1. 整体模型

建立电机本体和 SVPWM 空间矢量模块之后，加入 $i_d=0$ 的控制策略，三相三桥臂系统仿真模型如图 3－20 所示。

2. 坐标变换模型

图 3－21 为 Clarke 变换、Clarke 逆变换、Park 变换、Park 逆变换的仿真模型。

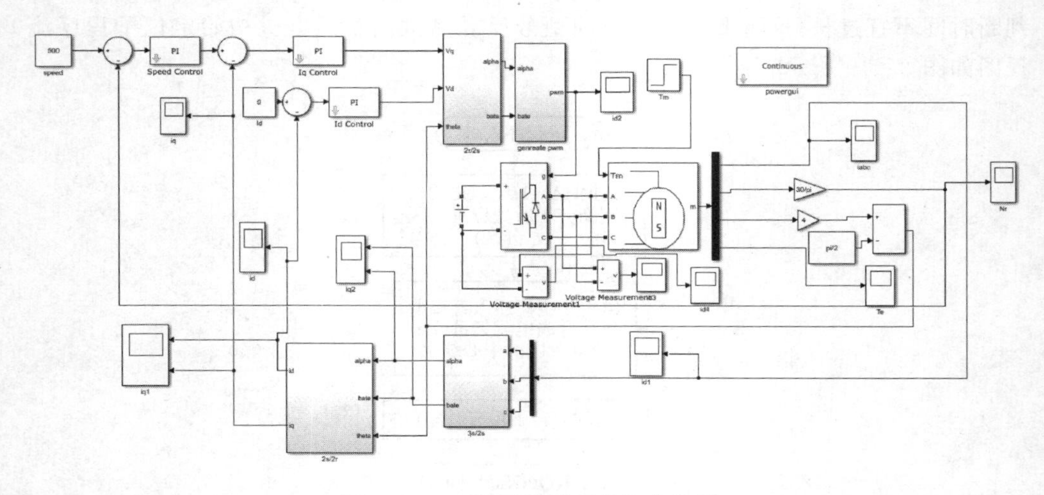

图 3-20　三相三桥臂系统仿真模型

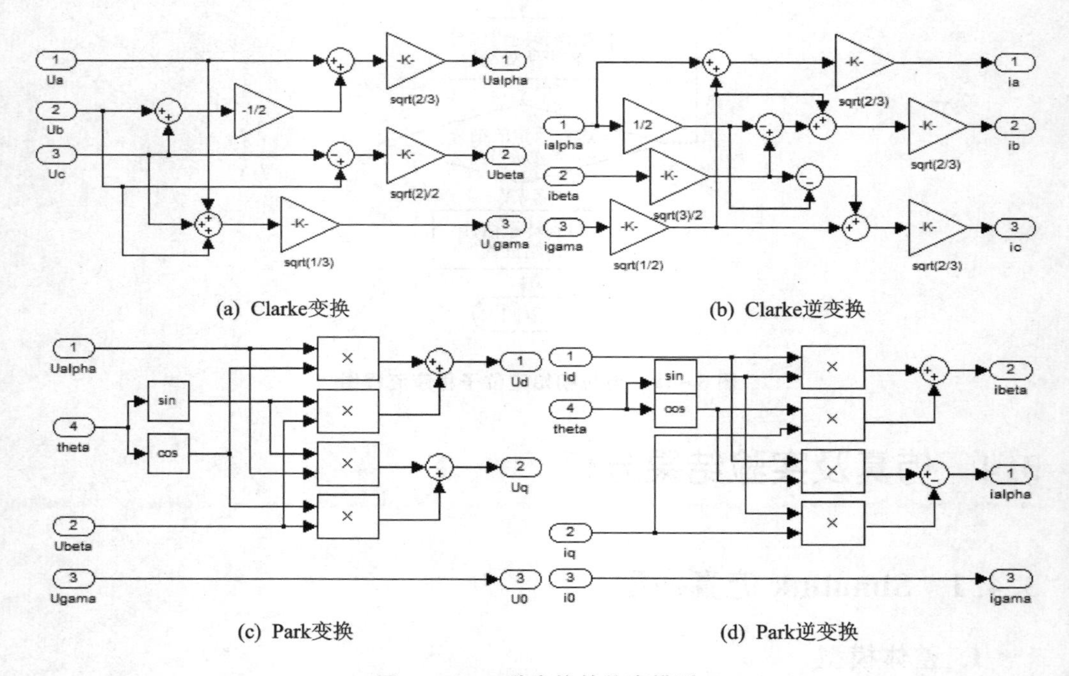

(a) Clarke变换　　(b) Clarke逆变换

(c) Park变换　　(d) Park逆变换

图 3-21　4 种变换的仿真模型

3. SVPWM 矢量调制模块

对于功率侧,交流 220 V 经整流输出后变为 310 V 的直流母线电压。SVPWM 矢量控制系统模型如图 3-22 所示,其中包括合成扇区的基础矢量作用时间计算模块、转子实际位置检测模块、SVPWM 波形调制模块等。

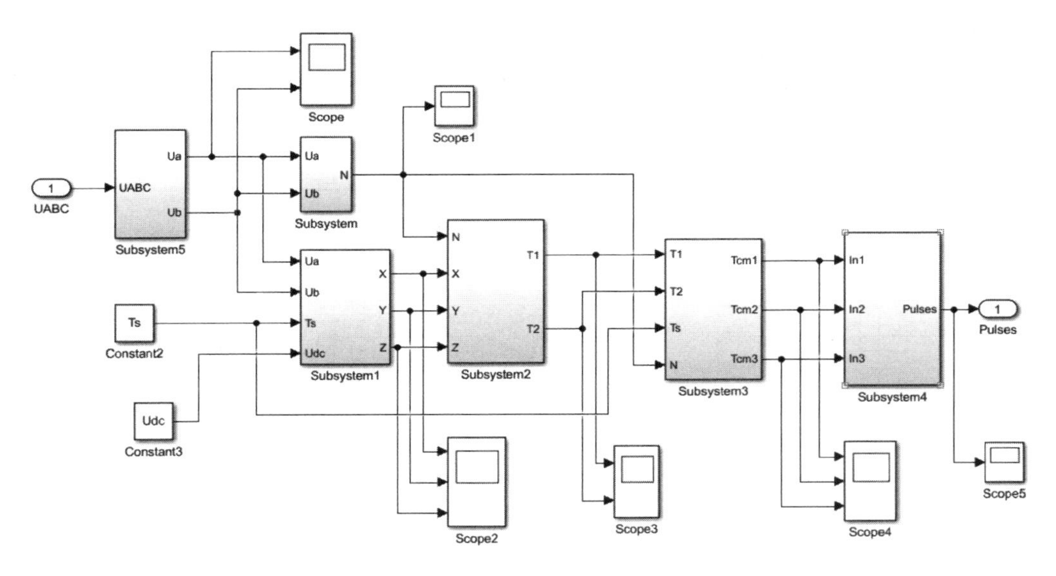

图 3 - 22　SVPWM 矢量控制系统模型

(1) 指针变量 N 计算模块

6 个指针变量对应圆形磁场的具体位置，首先确定目标矢量的具体位置，即它的指针变量是多少。得到指针变量的具体值就得到了开关电压矢量的具体值，从而控制相应的开关管形成相应角度的磁场。图 3 - 23 为扇区计算模块。

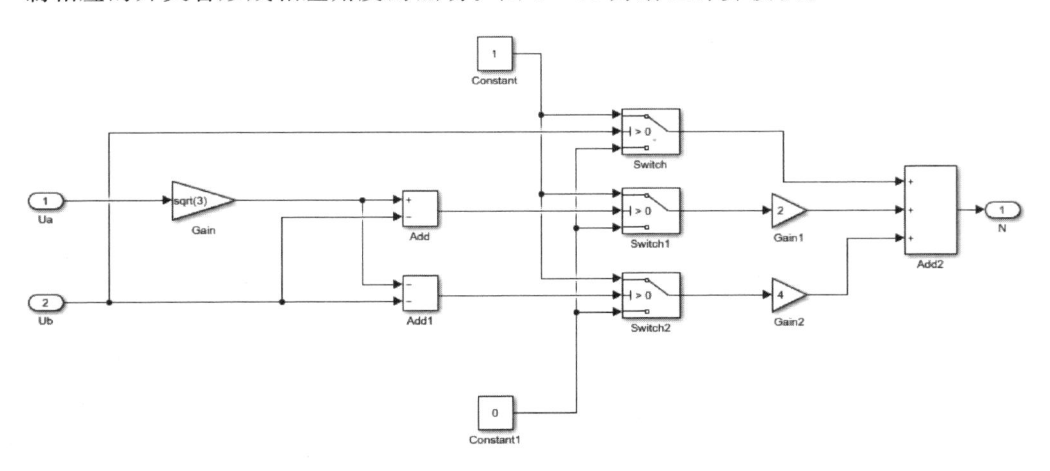

图 3 - 23　扇区计算模块

(2) 开关量作用时间计算模块

合成扇区的基础矢量作用时间的计算方法如图 3 - 24 所示，计算方式为 PWM 周期乘以占空比。

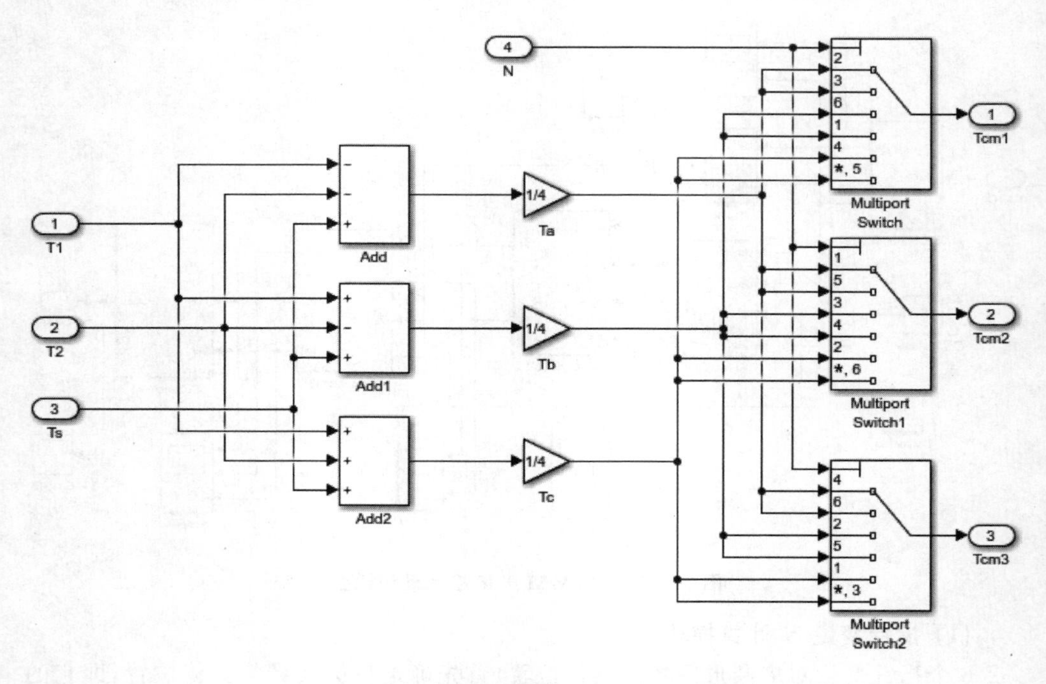

图 3-24　占空比转换作用时间计算模块

(3) SVPWM 波形的合成

各个开关管的导通时间由图 3-25 计算得出。

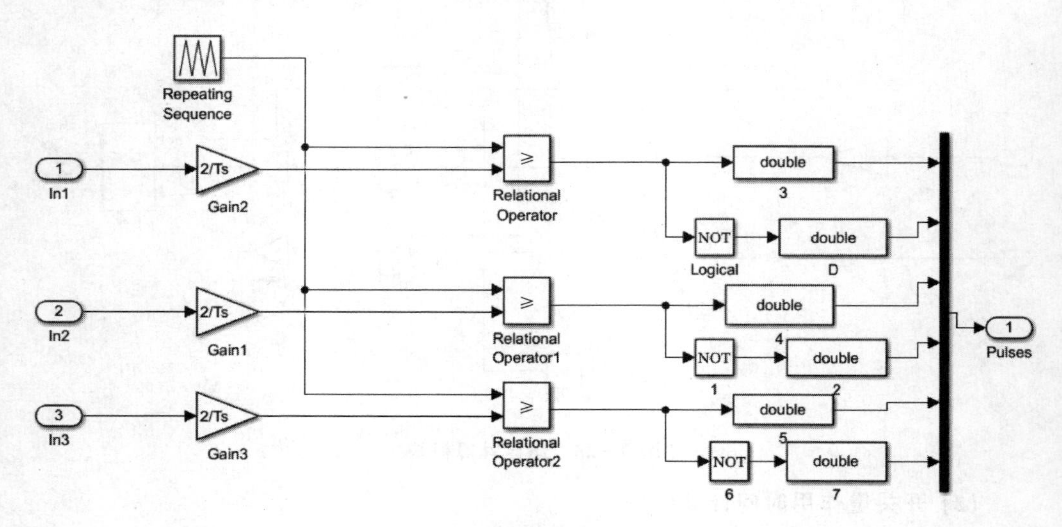

图 3-25　开关管导通时间计算模块

3.4.2　仿真验证及结果分析

永磁同步电机本体的寄生参数设置为 $R_s=2.18\ \Omega$；$L_d=L_q=7.94\ \text{mH}$，$L_0=2.15\ \text{mH}$；$\psi_f=0.194\ \text{Wb}$；转动惯量为 $J=3.3\times10^{-4}\ \text{kg/m}^2$；极对数为 $P_n=4$。

测试方法与测试要点是在给定负载与给定转速的前提下，观察启动过程中转速与转矩的响应，测试中电机拖动的转矩负载为 5 N·m，转速的稳态给定为 500 r/min，在以上条件下测试控制系统的启动性能。仿真波形如图 3-26 所示。

在电机转速稳定的情况下进行负载突增实验。在电机再次进入稳态前，观察控制系统应对既定外界变化的响应性能。给定的外界变化参数如下：在 0.05 s 使电机给

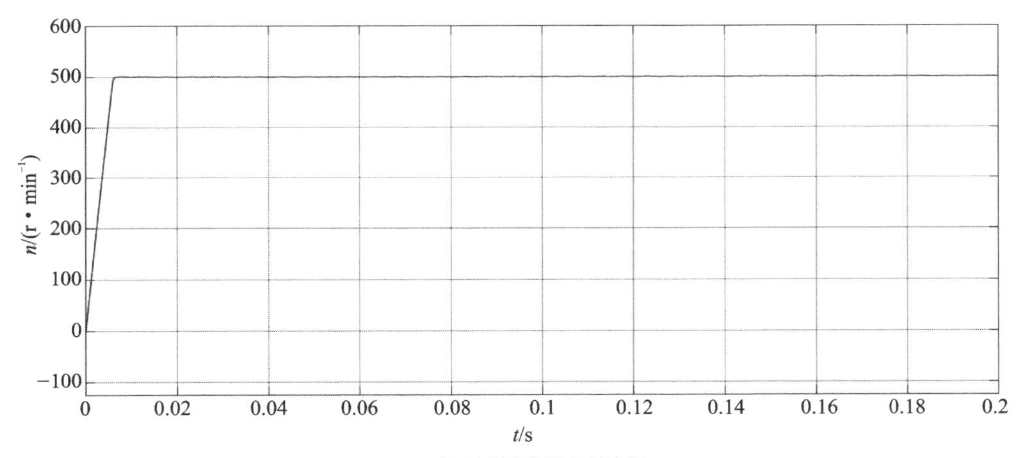

(a) 启动过程速度响应波形

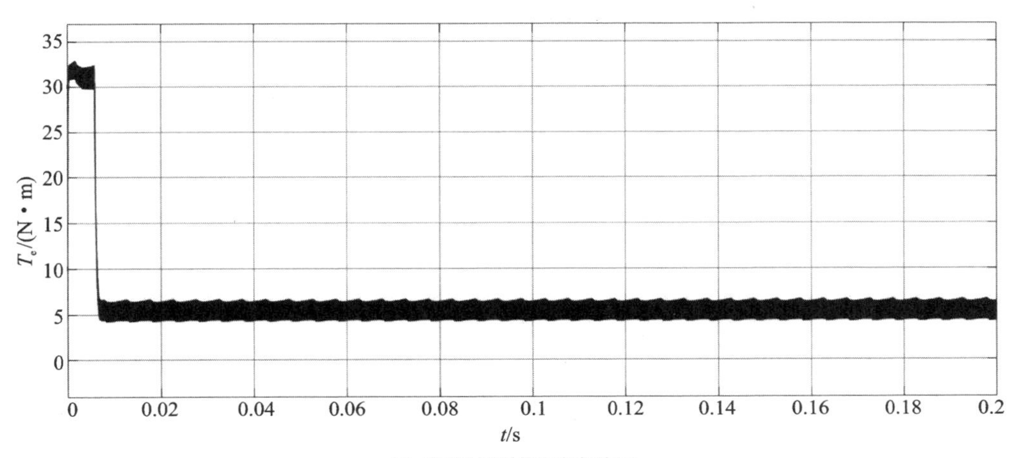

(b) 启动过程转矩响应波形

图 3-26　仿真波形

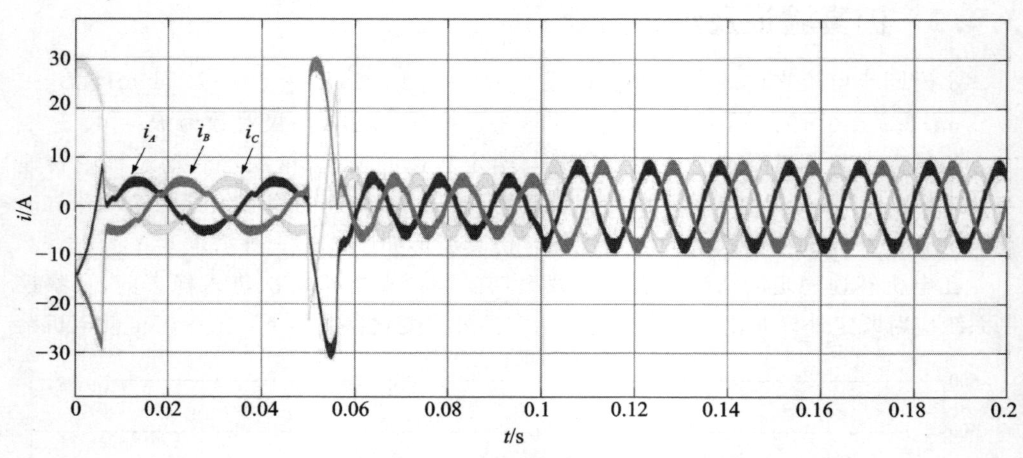

(c) 启动过程三相电流响应曲线

图 3-26 仿真波形(续)

定转速突增,从之前的 500 r/min 增加至 1 000 r/min;在 0.1 s 使给定的负载转矩阶跃突增,从之前的 5 N·m 增加至 8 N·m。在第一次转速突增时,控制系统很好地将实际转速经过了短暂的时间就达到了稳态,并且几乎没有抖动,转矩电流在转矩突增时有效值保持不变,频率升高。在第二次负载转矩突增时,电磁转矩很快与负载转矩达到新的平衡,三相电流幅值加大但频率不变,转速受 PI 控制保持不变。仿真波形如图 3-27 所示。

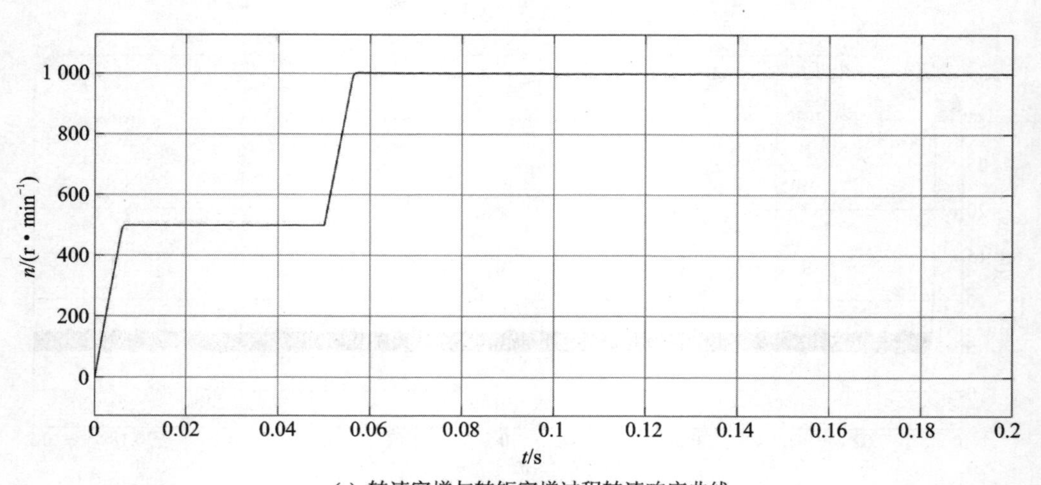

(a) 转速突增与转矩突增过程转速响应曲线

图 3-27 暂态响应曲线

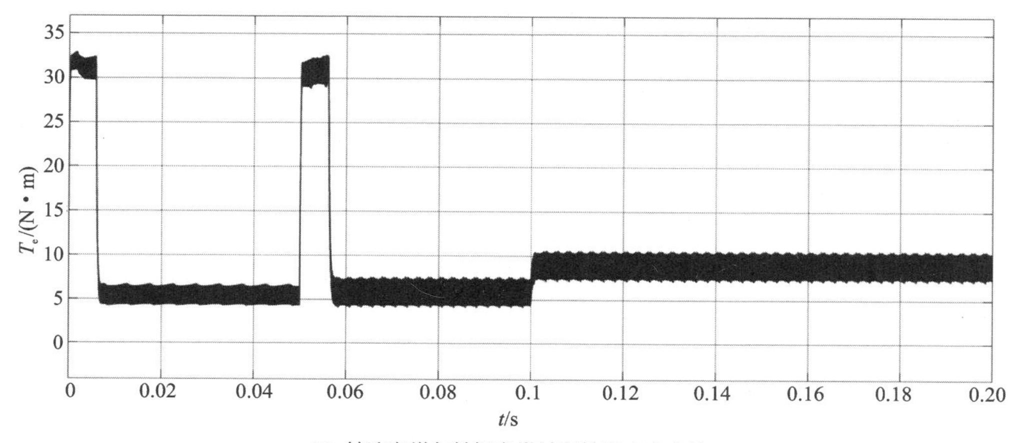

(b) 转速突增与转矩突增过程转矩响应曲线

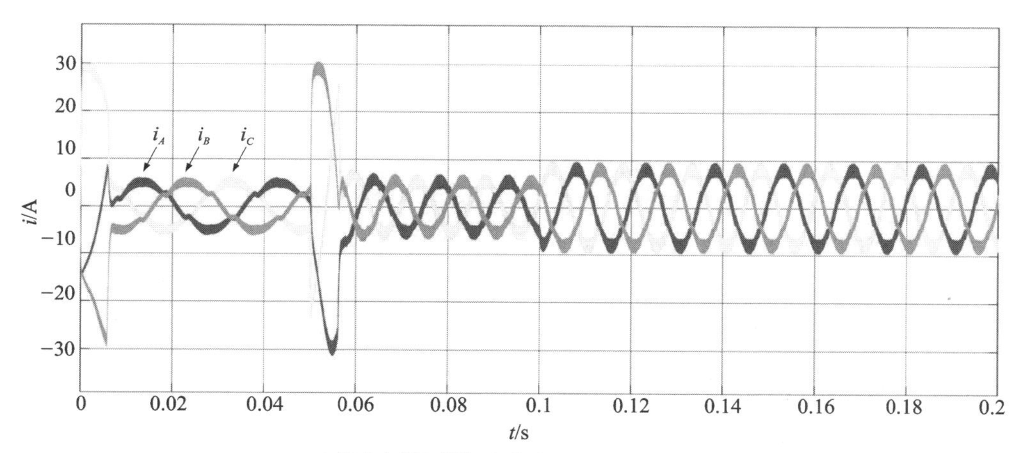

(c) 转速突增与转矩突增过程三相电流响应曲线

图 3－27　暂态响应曲线(续)

3.5　无电流传感器控制

图 3－28 所示的常规永磁电机伺服控制中，需要采用电流霍尔传感器进行三相绕组电流检测，以实现转速、电流双闭环控制。但是，电流传感器检测法存在诸多问题，主要表现在以下几点：

① 强噪声环境下测量精度下降；

② 电流传感器出现故障时电机不可控，系统可靠性降低；

③ 电流传感器和外围电路器件的参数漂移大大限制了系统的控制特性；

④ 系统成本增加。

采用无电流传感器的控制方式，即在速度、电流双闭环控制系统中，不需要对实

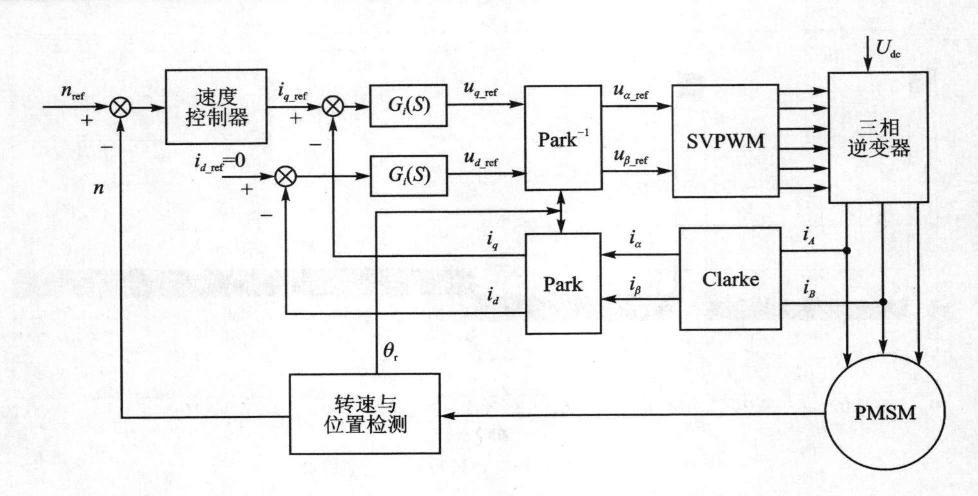

图 3-28　常规永磁电机伺服控制结构图

际定子绕组电流进行采样,而是通过测量逆变器的直流母线电压以及电动机的转子位置得到电机的定子绕组电流,从而形成虚拟电流环。该方法去掉了价格昂贵的直接电流检测环节,避免了有电流传感器检测法的诸多缺陷。同时,依旧采用SVPWM技术进行永磁同步电机驱动,减少了绕组电流的谐波含量,提高了直流母线电压的利用率,从而使电机转矩脉动降低,拓宽了电机的调速范围。矢量控制策略实现了定子电流的励磁、转矩分量的解耦控制,可以得到类似直流他励电机的运行特性,大大提高了电机系统的动态响应特性。

3.5.1　永磁同步电机的模型

假设永磁同步电机转子无阻尼绕组,忽略涡流、磁滞损耗以及温度对电机的影响,则旋转坐标系下永磁同步电机的数学模型为

磁链方程:

$$\left.\begin{aligned}\psi_d &= L_d i_d + \psi_{\mathrm{M}} \\ \psi_q &= L_q i_q\end{aligned}\right\} \tag{3-28}$$

电压方程:

$$\left.\begin{aligned}u_d &= Ri_d + \frac{\mathrm{d}\psi_d}{\mathrm{d}t} - \omega\psi_q \\ u_q &= Ri_q + \frac{\mathrm{d}\psi_q}{\mathrm{d}t} + \omega\psi_d\end{aligned}\right\} \tag{3-29}$$

转矩方程:

$$T_{\mathrm{e}} = \frac{3}{2}p_{\mathrm{m}}(\psi_d i_q - \psi_q i_d) = \frac{3}{2}p_{\mathrm{m}}[\psi_{\mathrm{m}} i_q + (L_d - L_q)i_d i_q] \tag{3-30}$$

式中,ψ_d、ψ_q 为定子 d、q 轴磁链分量;i_d、i_q 为定子 d、q 轴电流分量;L_d、L_q 为定子

d、q 轴电感；ψ_m 为永磁体磁链；u_d、u_q 为定子 d、q 轴电压分量；R 为电机定子绕组电阻；ω 为电机转子转速；p_m 为电机的极对数。

对于隐极式 PMSM，有 $L_d = L_q$，故其电磁转矩大小只与交轴电流 i_q 有关，控制这类电机时一般采用 $i_d = 0$ 的方式。

PMSM 的机械运动方程为

$$T_e = T_L + J\frac{d\omega_r}{dt} + B\omega \tag{3-31}$$

式中，T_L 为负载转矩，J 为转子和负载总的转动惯量，B 为粘滞摩擦系数。

3.5.2 基于虚拟电流环的 SVPWM 控制

在没有电流传感器的情况下，系统无法对实际电流进行采集进而形成电流闭环控制。虚拟电流环控制理论的关键就在于如何获取反馈电流。由永磁同步电机磁链方程(3-28)和电压方程(3-29)可得

$$\left.\begin{aligned} u_d &= Ri_d + L_d\frac{di_d}{dt} - \omega L_q i_q \\ u_q &= Ri_q + L_q\frac{di_q}{dt} + \omega L_d i_d + \omega\psi_M \end{aligned}\right\} \tag{3-32}$$

可见，永磁电机的直交轴电流 i_d、i_q 可由角速度 ω 及直交轴电压 u_d、u_q 进行估算。电机的驱动电压是由逆变桥提供的，其电压波形为 PWM 波形，电机电压不易直接测取。考虑到测量成本及电机三相平衡问题，一般不对电机的线电压进行直接测量，而是通过测量直流母线电压及 SVPWM 控制模块的输入直交轴电压给定值推算出实际电机的电压。

对式(3-32)进行拉普拉斯变换，可得

$$\left.\begin{aligned} i_d &= \frac{1}{L_d s + R}(u_d + \omega L_q i_q) \\ i_q &= \frac{1}{L_q s + R}(u_q - \omega L_d i_d - \omega\psi_M) \end{aligned}\right\} \tag{3-33}$$

由于式(3-32)、式(3-33)涉及一阶微分方程问题，计算量大，不易操作，为便于系统仿真和数字化实现，需要对电流估算方程进行离散化处理，有

$$\left.\begin{aligned} i_{d\_sim}(k+1) &= i_{d\_sim}(k) + \frac{u_{d\_sim}(k) + \omega(k)L_q i_{q\_sim}(k) - Ri_{d\_sim}(k)}{L_d/T_s} \\ i_{q\_sim}(k+1) &= i_{q\_sim}(k) + \frac{u_{q\_sim}(k) - \omega(k)\psi_{PM} - \omega(k)L_d i_{d\_sim}(k) - Ri_{q\_sim}(k)}{L_q/T_s} \end{aligned}\right\} \tag{3-34}$$

根据常规矢量控制方案及电流估算公式，可以建立虚拟电流环结构框架，如图 3-29 所示。

直交轴电流可由电压、转速依据电流估算公式得到，估算出电流与给定电流形成

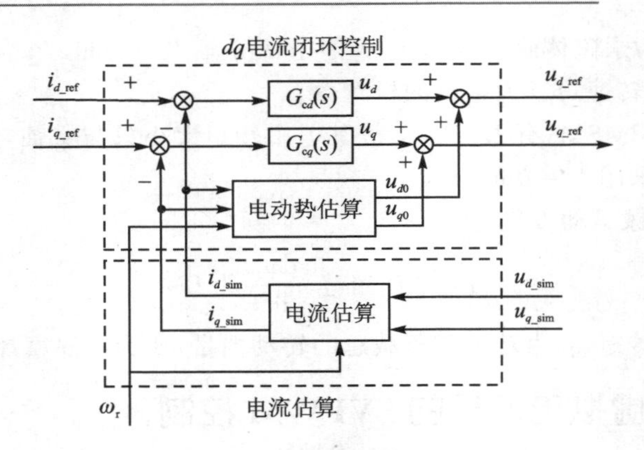

图 3-29 虚拟电流环控制结构图

闭环控制。由电流估算式(3-34)可以看出,其控制性能受电机参数的影响较大。由式(3-29)电机的电压方程可知,电流 PI 控制器的输出只是考虑了交轴电流对交轴电压的影响、直轴电流对直轴电压的影响,而未考虑到其相互间的耦合。为提高控制性能,须进行电动势补偿,即

$$\left.\begin{aligned} u_{d0} &= -\omega L_q i_q \\ u_{q0} &= \omega L_d i_d + \omega \psi_M \end{aligned}\right\} \tag{3-35}$$

基于虚拟电流环的空间电压矢量控制单元如图 3-28 所示,由位置传感器准确检测电机转子位置角,并计算得到转子实际转速;给定转速与实际转速的偏差输入速度控制器进行闭环调节,其输出值作为定子 q 轴分量的参考值 i_{q_ref};由虚拟电流环解算出 d、q 轴电流分量 i_d、i_q,与 d、q 轴电流参考量 i_{d_ref}(值为零)、i_{q_ref} 形成电流闭环控制;电流控制器的输出作为施加电压矢量的 d、q 轴分量 u_{d_ref}、u_{q_ref},输入至 SVPWM 控制模块,形成 6 路 PWM 驱动信号,改变加在电机绕组上的电压,从而实现永磁同步电机转速、虚拟电流双闭环控制。

无电流传感器的系统整体框图如图 3-30 所示。

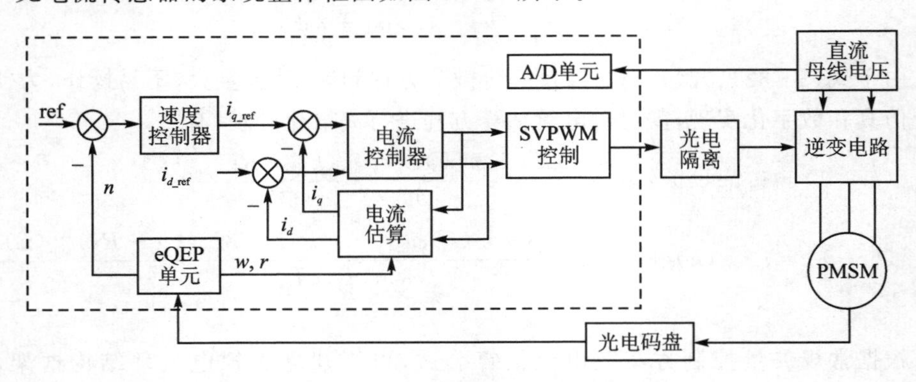

图 3-30 无电流传感器的系统整体框图

3.5.3 实验验证

图 3-31 所示为实际 A/D 采样电流与估算电流的对比波形，可以看出估算电流已经比较接近实际电流值。图 3-32 所示为 400 r/min 给定转速时的空载估算电流波形，其中估算相电流由估算的直交轴电流经 Park 逆变换后获得。可以看出，估算相电流已经初步实现正弦化。图 3-33 所示为 A 相给定电压和估算电流波形，可以看出电机的相电压波形呈马鞍波状。

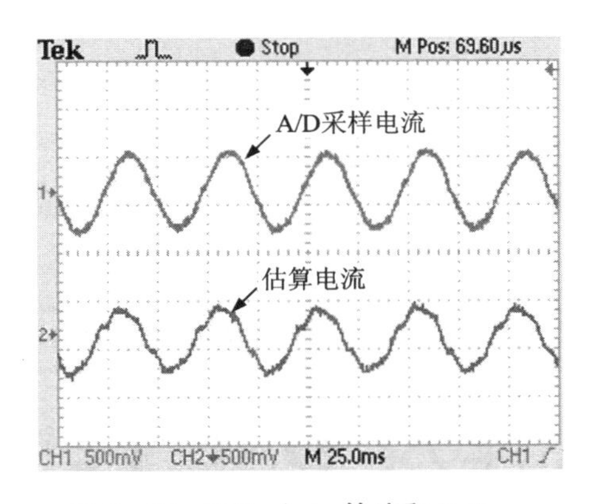

图 3-31　300 r/min 转速和 5 N·m 负载转矩下的 A 相电流对比波形

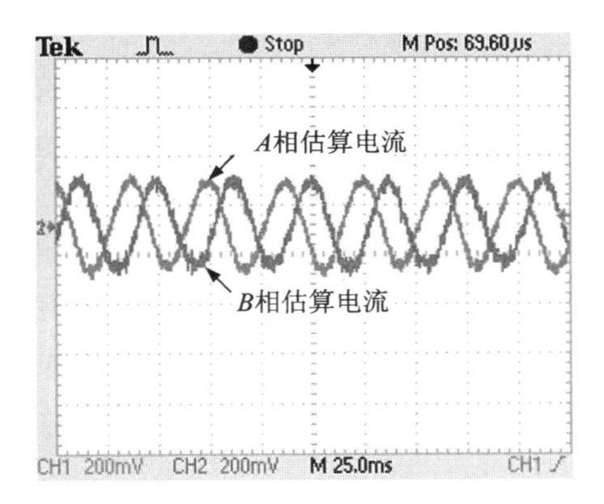

图 3-32　400 r/min 转速下的 A、B 相空载估算电流响应波形

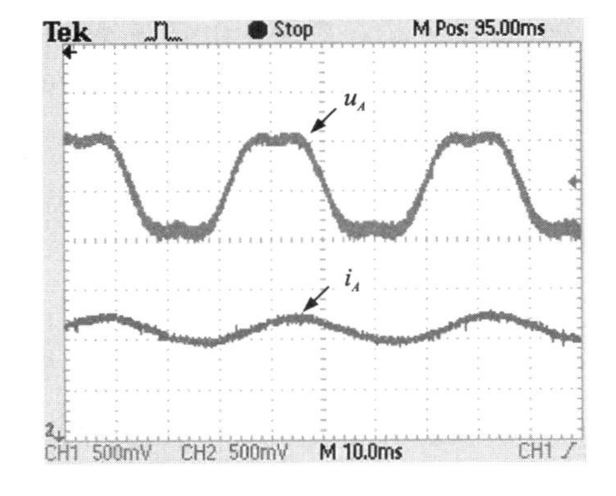

图 3-33　400 r/min 转速空载时 A 相电压、电流波形

第 4 章

应用示例——三相四桥臂控制原理及 DSP 代码示例

传统的三相三桥臂主电路拓扑结构采用电压空间矢量调制(SVPWM)技术可减小绕组电流的谐波含量,提高直流母线电压的利用率,从而使电机转矩脉动降低,拓宽电机的调速范围。然而,这种传统的拓扑结构在缺相或单相断路故障时难以维持系统安全可靠运行,因此很难应用于航空、航天、航海、防爆等对控制系统冗余性、可靠性有严格要求的场合。

本章给出了具有容错功能的三相四桥臂控制系统,即在传统三相三桥臂的基础上增加了一个与电机中性点相连的桥臂,采用三维电压空间矢量调制技术,使其驱动永磁同步电机具有良好的运行特性,并在缺相或单相断路故障的情况下仍能保证电机安全、可靠地运行。

4.1 控制系统的原理分析

本章提供一种稳定、高效、可靠的永磁同步电机控制系统,其优点是具有良好的容错功能,能够更好地平衡输出和抑制干扰,并在缺相或单相故障的情况下,通过适当的控制策略来维持电机正常的运行特性。此外,系统还具备过压、欠压和过温保护功能,以确保其安全可靠运行。该系统主要由两部分构成:永磁同步电机单元和三相四桥臂逆变控制单元。

4.1.1 永磁同步电机单元

图 4-1 所示为参考坐标系,其中 $\boldsymbol{i}_s$ 为三相定子绕组通电流合成矢量,ψ_{PM} 为永磁体磁链,δ 为 $\boldsymbol{i}_s$ 与 d 轴的夹角,θ_r 为 d 轴与 A 相轴的夹角。

ABC 坐标系到 $\alpha\beta0$ 坐标系的转换(Clarke 变换)为

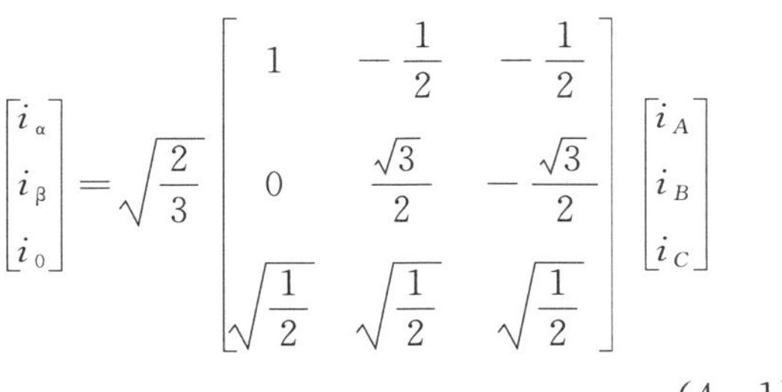

$$\begin{bmatrix} i_\alpha \\ i_\beta \\ i_0 \end{bmatrix} = \sqrt{\frac{2}{3}} \begin{bmatrix} 1 & -\frac{1}{2} & -\frac{1}{2} \\ 0 & \frac{\sqrt{3}}{2} & -\frac{\sqrt{3}}{2} \\ \sqrt{\frac{1}{2}} & \sqrt{\frac{1}{2}} & \sqrt{\frac{1}{2}} \end{bmatrix} \begin{bmatrix} i_A \\ i_B \\ i_C \end{bmatrix} \tag{4-1}$$

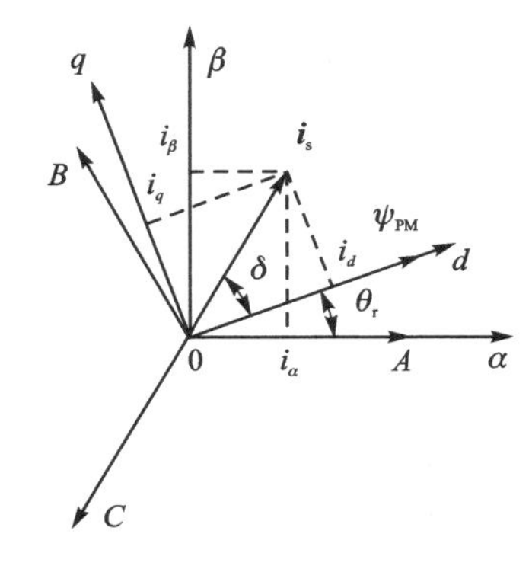

图 4-1　参考坐标系

对应的 Clarke 逆变换为

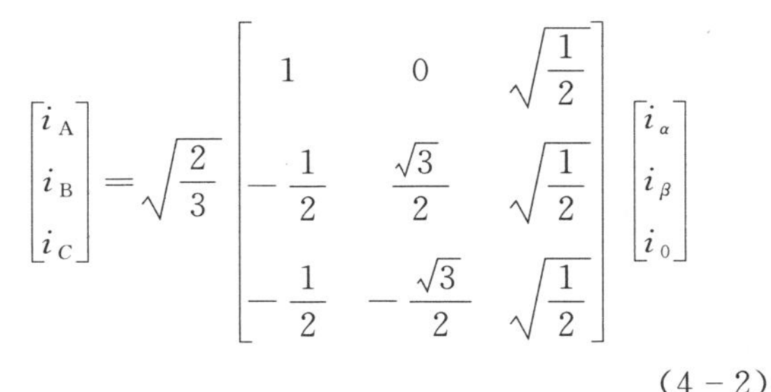

$$\begin{bmatrix} i_A \\ i_B \\ i_C \end{bmatrix} = \sqrt{\frac{2}{3}} \begin{bmatrix} 1 & 0 & \sqrt{\frac{1}{2}} \\ -\frac{1}{2} & \frac{\sqrt{3}}{2} & \sqrt{\frac{1}{2}} \\ -\frac{1}{2} & -\frac{\sqrt{3}}{2} & \sqrt{\frac{1}{2}} \end{bmatrix} \begin{bmatrix} i_\alpha \\ i_\beta \\ i_0 \end{bmatrix} \tag{4-2}$$

$\alpha\beta 0$ 坐标系到 $dq0$ 坐标系的转换(Park 变换)为

$$\begin{bmatrix} i_d \\ i_q \\ i_0 \end{bmatrix} = \begin{bmatrix} \cos\theta_r & \sin\theta_r & 0 \\ -\sin\theta_r & \cos\theta_r & 0 \\ 0 & 0 & 1 \end{bmatrix} \begin{bmatrix} i_\alpha \\ i_\beta \\ i_0 \end{bmatrix} \tag{4-3}$$

对应的 Park 逆变换为

$$\begin{bmatrix} i_\alpha \\ i_\beta \\ i_0 \end{bmatrix} = \begin{bmatrix} \cos\theta_r & -\sin\theta_r & 0 \\ \sin\theta_r & \cos\theta_r & 0 \\ 0 & 0 & 1 \end{bmatrix} \begin{bmatrix} i_d \\ i_q \\ i_0 \end{bmatrix} \tag{4-4}$$

式中，θ_r 为电角度。

若采用凸装式永磁同步电动机，则可认为交直轴等效电感相等，即 $L_q = L_d$。这样 PMSM 的电压方程为

$$\begin{bmatrix} u_A - u_N \\ u_B - u_N \\ u_C - u_N \end{bmatrix} = r \begin{bmatrix} i_A \\ i_B \\ i_C \end{bmatrix} + \begin{bmatrix} L & M & M \\ M & L & M \\ M & M & L \end{bmatrix} \frac{\mathrm{d}}{\mathrm{d}t} \begin{bmatrix} i_A \\ i_B \\ i_C \end{bmatrix} + \begin{bmatrix} e_A \\ e_B \\ e_C \end{bmatrix} \tag{4-5}$$

式中，i_X、u_X、e_X 分别为相电流、相对直流侧中点的电压、相感应电动势(X 可以是 A、B、C 中的一个)；u_N 为电动机中性点对第四桥臂中点的电压；r 为定子电阻，L 和 M 为定子绕组自感和互感。中线电流 i_N 为

$$i_N = -(i_A + i_B + i_C) \tag{4-6}$$

利用坐标转换，将 PMSM 的电压方程式(4-5)转换到 $dq0$ 坐标系中，有

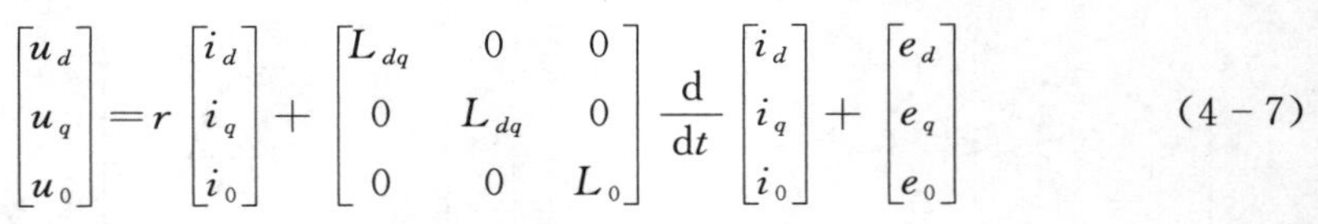

$$\begin{bmatrix} u_d \\ u_q \\ u_0 \end{bmatrix} = r \begin{bmatrix} i_d \\ i_q \\ i_0 \end{bmatrix} + \begin{bmatrix} L_{dq} & 0 & 0 \\ 0 & L_{dq} & 0 \\ 0 & 0 & L_0 \end{bmatrix} \frac{\mathrm{d}}{\mathrm{d}t} \begin{bmatrix} i_d \\ i_q \\ i_0 \end{bmatrix} + \begin{bmatrix} e_d \\ e_q \\ e_0 \end{bmatrix} \tag{4-7}$$

$$\begin{bmatrix} e_d \\ e_q \\ e_0 \end{bmatrix} = \omega_{\mathrm{r}} \begin{bmatrix} -L_{dq} i_q \\ L_{dq} i_d + \psi_{\mathrm{PM}} \\ 0 \end{bmatrix} \tag{4-8}$$

$$L_{dq} = L - M, \quad L_0 = L + 2M \quad (-L/2 \leqslant M \leqslant 0) \tag{4-9}$$

电磁转矩为

$$T_{\mathrm{e}} = 3 p_{\mathrm{n}} \psi_{\mathrm{PM}} i_q / 2 \tag{4-10}$$

运动方程为

$$T_{\mathrm{e}} - T_{\mathrm{L}} = J(\mathrm{d}\omega_{\mathrm{r}}/\mathrm{d}t)/p_{\mathrm{n}} \tag{4-11}$$

式(4-7)~式(4-11)中,L_{dq} 为 d、q 轴的等效电感;ω_{r} 为电角速度;ψ_{PM} 为转子永磁体磁链;L_0 为零轴电感;J 为转动惯量;p_{n} 为极对数。

4.1.2 三相四桥臂逆变控制单元

选用 $i_d=0$ 的矢量控制方案,如图 4-2 所示。

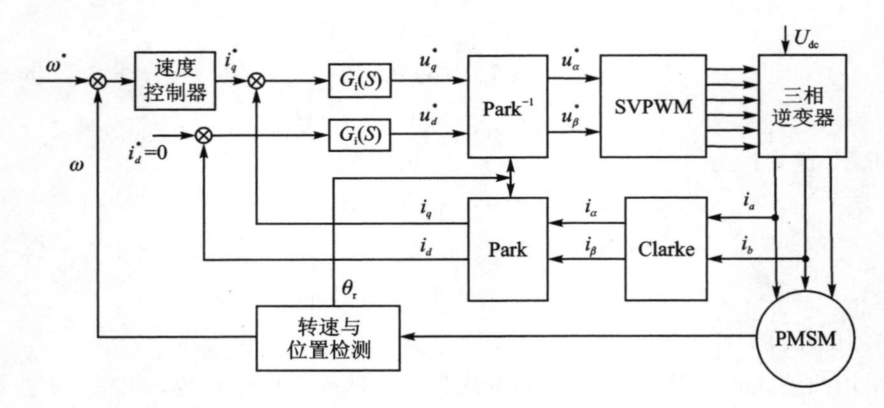

图 4-2 永磁同步电动机 $i_d=0$ 矢量控制原理图

其具体实现过程如下:首先,检测电机转子位置和定子绕组电流;利用转子位置计算电机转速,经速度控制器输出电流转矩分量的参考值 i_q^*,同时给定电流励磁分量 $i_d^*=0$;并对定子绕组电流进行坐标转换得到反馈分量 i_q 和 i_d,经电流控制器输出参考电压空间矢量 d、q 轴分量 u_d^* 和 u_q^*;最后通过 SVPWM 模块产生 6 路 PWM 输出信号,经三相三桥臂逆变器功率放大后驱动永磁同步电机,最终实现转速、电流双闭环控制。

三相四桥臂逆变器是在三相三桥臂的基础上增加了一个与电机中性点相连的桥臂,从而多了一个可以控制的中线电流 i_N。由式(4-1)、式(4-6)可以得到零轴电

流 i_0 与 i_N 之间的关系，即

$$i_N = -\sqrt{3}\, i_0 \tag{4-12}$$

所以，只要控制零轴电流 i_0 就可以对中线电流 i_N 进行间接控制。

由式(4-2)、式(4-4)可知

$$\begin{bmatrix} i_A \\ i_B \\ i_C \end{bmatrix} = \sqrt{\frac{2}{3}} \begin{bmatrix} \cos\theta_r & -\sin\theta_r & \sqrt{\frac{1}{2}} \\ \cos\left(\theta_r - \frac{2}{3}\pi\right) & -\sin\left(\theta_r - \frac{2}{3}\pi\right) & \sqrt{\frac{1}{2}} \\ \cos\left(\theta_r + \frac{2}{3}\pi\right) & -\sin\left(\theta_r + \frac{2}{3}\pi\right) & \sqrt{\frac{1}{2}} \end{bmatrix} \begin{bmatrix} i_d \\ i_q \\ i_0 \end{bmatrix} \tag{4-13}$$

在正常运行情况下，中线电流 i_N 为0，只需要控制零轴电流 i_0 为0即可，即

$$i_A = \sqrt{\frac{2}{3}}(i_d \cos\theta_r - i_q \sin\theta_r) \tag{4-14}$$

$$i_B = \sqrt{\frac{2}{3}}\left[i_d \cos\left(\theta_r - \frac{2}{3}\pi\right) - i_q \sin\left(\theta_r - \frac{2}{3}\pi\right)\right] \tag{4-15}$$

$$i_C = \sqrt{\frac{2}{3}}\left[i_d \cos\left(\theta_r + \frac{2}{3}\pi\right) - i_q \sin\left(\theta_r + \frac{2}{3}\pi\right)\right] \tag{4-16}$$

当某相发生缺相故障时，这里假设 A 相发生断路故障（B、C 相发生断路故障时情况与之相同），有 $i_A=0$。由于永磁同步电机的电磁转矩取决于 i_d、i_q 的大小，此时，为保证与正常运行时有着相同的驱动特性，必须产生与故障前一致的 i_d、i_q，这里需要 i_0 作补偿，因此其不再等于0。

把 $i_A=0$ 代入式(4-13)，可以得到

$$i_0^* = \sqrt{2}(i_q \sin\theta_r - i_d \cos\theta_r) \tag{4-17}$$

$$i_B^* = \sqrt{2}\left[i_q \sin(\theta_r + \pi/6) - i_d \cos(\theta_r + \pi/6)\right] \tag{4-18}$$

$$i_C^* = \sqrt{2}\left[i_q \sin(\theta_r - \pi/6) - i_d \cos(\theta_r - \pi/6)\right] \tag{4-19}$$

通过式(4-7)和式(4-17)得到

$$u_0 = \sqrt{2}(L_0 \omega_r i_q - R_s i_d)\cos\theta_r + \sqrt{2}(L_0 \omega_r i_d + R_s i_q)\sin\theta_r \tag{4-20}$$

依据式(4-17)或式(4-20)，可以采用两种方式达到转矩补偿的目的，即采用零轴电流补偿闭环控制方式，满足式(4-17)的要求；或根据式(4-20)，采用零轴电压开环控制方式，实现零轴电压 u_0 的输出。这样就可以达到故障容错的目的，并且无须修改任何硬件电路。

本例采用零轴电流补偿闭环控制方式，由于采用的是 $i_d=0$ 控制，其特征在于应用 $i_d=0$ 控制模式，即转矩、电流比最大控制(MTPA)，该方法以最小的定子电流获取所需的电机输出转矩，从而提高系统效率。可以简化式(4-17)，得到

$$i_0^* = \sqrt{2}\, i_q \sin\theta_r \tag{4-21}$$

所以,故障状态下只需要依照式(4-21)进行零轴电流的补偿即可。

图 4-3 给出了系统的控制原理图。给定转速与反馈转速,通过速度控制器得到电流转矩分量的给定值 i_q^*,采样的相电流 i_A、i_B、i_C 经过 Clarke、Park 变换,得到 $dq0$ 旋转坐标系中的 i_d、i_q、i_0,与电流给定 i_q^*、i_d^*、i_0^* 进行比较,其中,i_d^*、i_0^* 的给定值都为 0,而在单相故障的情况下 i_0^* 需要加入补偿值$\sqrt{2}\,i_q \sin\theta_r$。然后经过 PI 控制器获得 u_d^*、u_q^*、u_0^*,再经过 Park 逆变换、Clarke 逆变换、3D-SVPWM 的调制、功率放大驱动四桥臂逆变器的 8 个功率开关管,最终构成三相四桥臂永磁同步电机速度、电流双闭环控制系统。

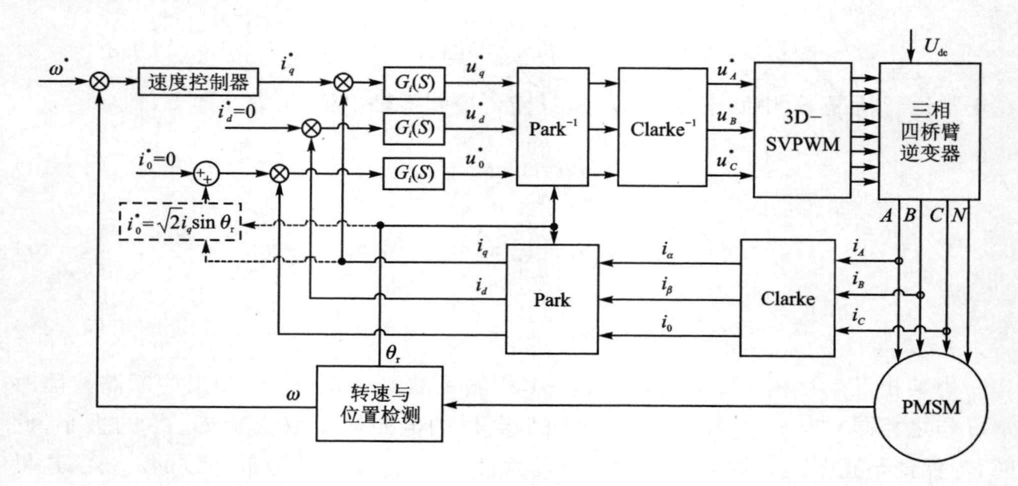

图 4-3 系统控制结构图

4.2 系统硬件设计

4.2.1 三相四桥臂硬件拓扑结构

如图 4-4 所示,与多数控制器使用的三相逆变桥主拓扑相比,三相四桥臂增加了一个与中性点相连的第四桥臂。

与之前控制的最大不同在于三相三桥臂理想情况下是三相对称电路,中线电流为 0,而三相四桥臂的第四桥臂与中性点相连,故障时对算法进行改变实际上是两相电机控制,会产生中线电流。第四桥臂的添加具有补偿与平衡的作用,在容错控制系统中为故障后电机维持正常运行提供了可能。

在四桥臂逆变桥的基础上,中线一般还会串接电感,中线电感会起到抑制作用,充当滤波器,也会滤除开关纹波,改善逆变器的总谐波失真。

以 DSP 为核心的控制电路在第 3 章有了详细介绍,读者可参考这部分内容进行设计。

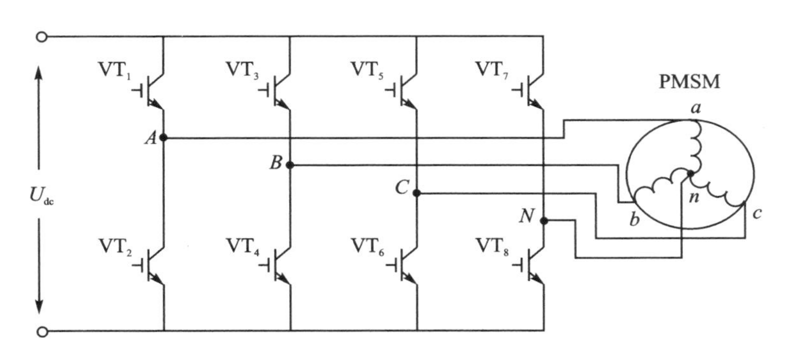

图 4-4　三相四桥臂控制系统主电路拓扑

4.2.2　信号采集及驱动电路

永磁同步电机的转子检测传感器不仅要检测转子的位置，还要测量电机的转速，本书给出了霍尔信号差分输入和光电编码信号差分输入两种情况的参考电路设计，如图 4-5 所示。系统采用混合式编码器，为了消除共模干扰、提高抗干扰能力，电机位置检测信号采用差分形式进行传输，用差分芯片 DS3486 来接收差分信号，并经整形处理后输入至 DSP 相应引脚。

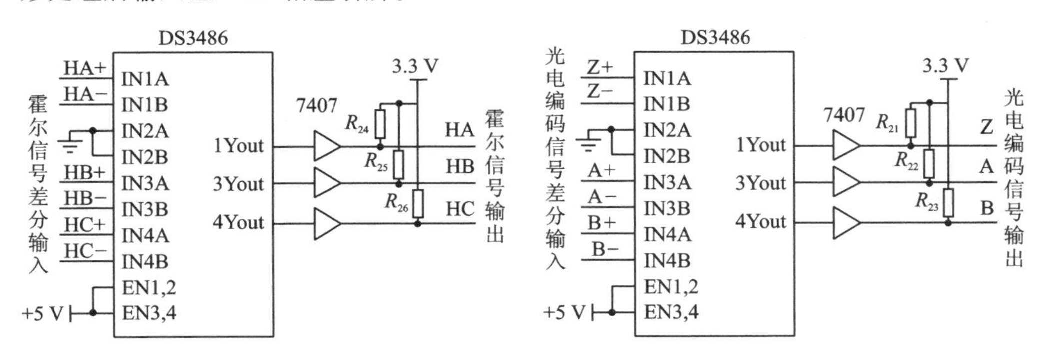

图 4-5　位置信号差分接收电路

永磁同步电机相电流频率范围从 0 到上百赫兹，在此采用电流霍尔模块 CHB-25NP 实现定子相电流检测。以 A 相电流采样为例，霍尔传感器副边电流由电阻 R_{12} 进行采样得到 $U_{R_{12}}$，经过偏置、低通滤波和钳位处理后输入 DSP 的 A/D 转换口进行处理，如图 4-6 所示。

如图 4-7 所示，本系统主电路采用的是典型的交-直-交变换电路。输入单相 220 V 电压，经整流稳压滤波后输出 310 V 左右的直流电。整流桥选用 KBPC3510，其反相峰值电压为 1 000 V，正常工作电流可达 35 A，最大浪涌电流为 400 A。对于容值较小的 C_2，一般选取耐压值较高的 CBB 电容，用于滤除直流电压中的高次谐波。C_3 这里选用两个 450 V、470 μF 的电容并联来滤除电压中的高次谐波，起到稳

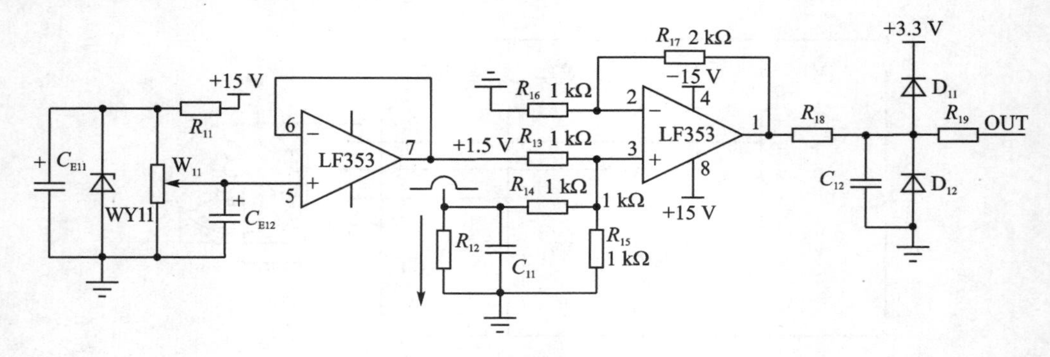

图 4-6　电流采样电路

压的作用;同时 C_3 也作为储能电容为电机绕组提供续流回路,存储回馈能量。逆变器部分的功率器件采用的是 FUJI 公司 50 A/600 V 的 IGBT 模块 2MBI50-060。

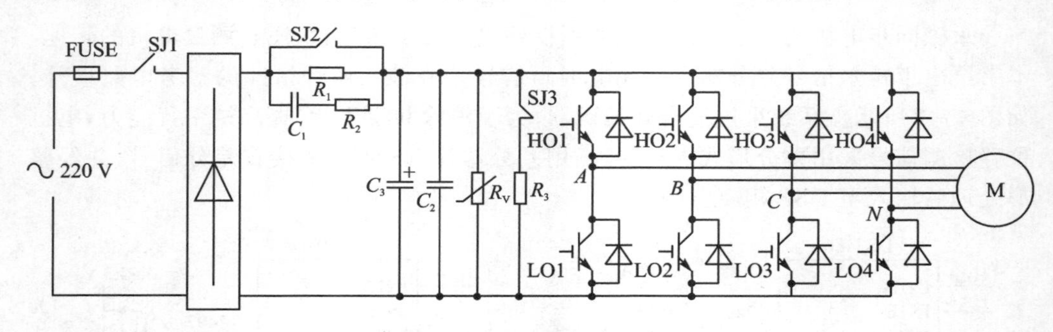

图 4-7　系统功率电路

隔离驱动电路如图 4-8 所示,选用 IR2110 作为驱动芯片,其上桥臂驱动电源为

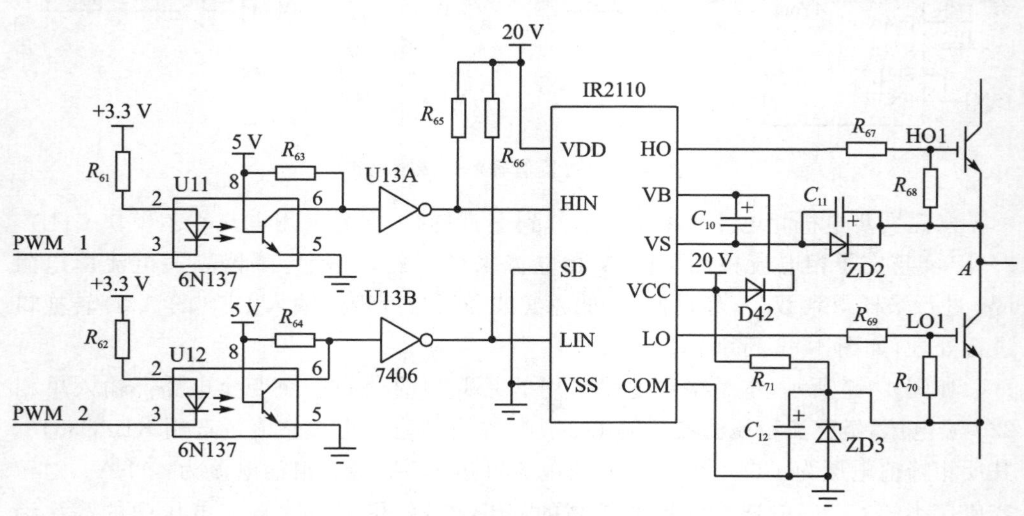

图 4-8　隔离驱动电路

自举悬浮驱动设计，减少了电路所用电源数量，一套电源即可同时驱动上下两个桥臂的功率管。IR2110 的输入侧利用光耦 6N137 实现控制信号与主电路的电气隔离，6N137 为快速光耦，其转换速率高达 10 Mbit/s，对输入控制信号的延迟时间非常小。PWM 驱动信号经光耦隔离后需要经反相器 74LS06 反向并把电压上拉到 20 V，使之与 IR2110 的输入电压匹配。为了增强功率器件关断的可靠性，这里外加了稳压管 ZD2、ZD3 和电容 C_{11}、C_{12}，且在驱动信号上设计了 −5 V 的关断电压。

4.3　系统软件设计

软件的基本任务包括对电机采集的定子电流利用转子的实际位置进行解耦、令解耦后的实际电流在 PI 控制中跟随给定电流、PI 输出控制连接的执行环节（包括三维空间矢量调制）等。

4.3.1　主程序示例

与第 3 章的程序相似，但需要增加一组 EPWM 模块。参考主程序如下：

```
void main()
{
    InitSysCtrl();                              // 系统初始化
    InitEPwm1Gpio();                            // 初始化 PWM 的 GPIO 引脚
    InitEPwm2Gpio();
    InitEPwm3Gpio();
    InitEPwm4Gpio();
    DINT;                                       // 关闭全局中断
    IER = 0x0000;                               // 关闭 CPU 中断
    IFR = 0x0000;                               // 关闭 CPU 中断
    InitPieCtrl();                              // 初始化 PIE
    InitPieVectTable();                         // 初始化中断向量表
    EALLOW;                                     // 解除寄存器保护
    PieVectTable.EPWM1_INT = &epwm1_isr;        // PWM1 下溢中断
    PieVectTable.EPWM2_INT = &epwm2_isr;        // PWM2 周期中断
    EDIS;                                       // 使能寄存器保护
    InitAdc();                                  // ADC 初始化
    design_Adc();                               // ADC 配置
    InitEpwm1();                                // PWM 模块寄存器配置
    InitEpwm2();
    InitEpwm3();
    InitEpwm4();
    InitQEP1();                                 // QEP 模块初始化配置
    PieCtrlRegs.PIEIER3.bit.INTx1 = 1;          // 使能 PWM1 下溢中断
    PieCtrlRegs.PIEIER3.bit.INTx2 = 1;          // 使能 PWM2 周期中断
    PieCtrlRegs.PIECTRL.bit.ENPIE = 1;
    PieCtrlRegs.PIEIER2.bit.INTx1 = 1;
    IER| = M_INT1;                              // 使能 CPU 中断
```

```
    IER| = M_INT2;
    IER| = M_INT3;
    IER| = M_INT4;
    EINT;
    while(1);
}
```

4.3.2 中断相关子程序代码示例

1. 中断服务子程序

PWM 中断服务程序流程图如图 4-9 所示,其中主要分为电机正常运行程序与电机故障运行程序。当电机正常运行时,读取 A、B 两相电流进行 d、q 变换,控制电机正常运行;当电机发生故障时,在中断中判断为发生故障,改为读取 B、C 两相电流进行在 $dq0$ 坐标轴的变换,其中 0 轴电流的给定更新为电机故障后的计算方式。此外,转速外环以及 d、q 电流内环的程序也编写在 PWM 周期中断中,其中转速环的计算周期是 10 倍的电流环计算周期。电流环分为 3 部分:i_d、i_q、i_0 分别对应 3 个电流环,其输出对应三维空间矢量调制的输入。

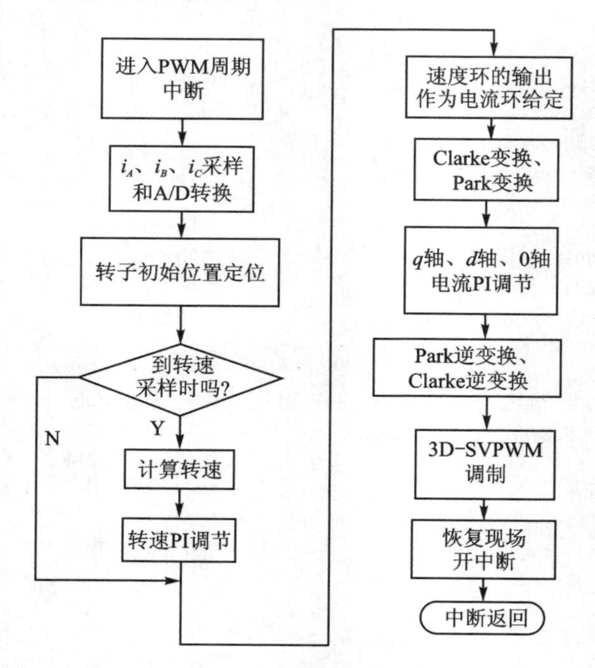

图 4-9 PWM 中断服务程序流程图

同样,为了提高 DSP 运算的精度和速度,这里引入 IQmath 库,并使用其中_iq24 的 Q 格式,即 2^{24}。程序中出现的_IQ(1)$=2^{24}=16\ 777\ 216$。

为了应用 IQmath,首先要从 TI 官方网站下载 IQmath 库,文档名称为

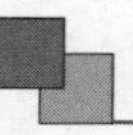

SPRC087。我们主要应用库里面的 IQmath. cmd、IQmathLib. h、IQmath. lib。新建一个工程，将 IQmath. lib、IQmath. cmd 添加到工程，同时在 main()函数之前增加语句＃include "IQmathLib. h"。注意，rts2800. lib 和 DSP281x_Headers_nonBIOS. cmd 也要加到工程里面。

参考程序代码如下：

```
interrupt void epwm1_isr(void)                              // pwm1 中断服务子程序
{
    Alpha = RRA;                                            // Clarke 变换
    Beta = ( - RRA - 2 * RRC) * 0.57735026918963;
    PWM_enable();                                           // PWM 使能
    if((LockRotorFlag == 1)&&(kaiguan1 == 1))               // 正常启动
    {
        DatQ19 = EQep1Regs.QPOSCNT;                         // 读取电机位置信号
        diff1 = DatQ19 * 2 * 3.1415926/4096 - 2.058602;     // 初始角度 = 118°
        angle = 2 * diff1;                                  // 电角度
        if(countjishi1 == 10)                               // 每 10 次进行一次速度环 PI
        {
            cesu();                                         // 计算电机转速
            PI_SPEED();                                     // 速度环 PI
            countjishi1 = 0;                                // 速度环计数位清零
        }
        ID = cos(angle) * Alpha + sin(angle) * Beta;        // Park 变换
        IQ = ( - sin(angle)) * Alpha + cos(angle) * Beta;
        PI_ID();                                            // ID 电流环 PI
        PI_IQ();                                            // IQ 电流环 PI
        PI_I0();                                            // I0 电流环 PI
        uq = out_IQ;
        ud = out_ID;
        u0 = out_I0;
        iAlpha = cos(angle) * ud - sin(angle) * uq;         // Park 逆变换
        iBeta = sin(angle) * ud + cos(angle) * uq;
        iI0_JING = u0;
        i16VrefA_SCALE = iAlpha + iI0_JING;                 // Clarke 逆变换
        i16VrefB_SCALE = - 0.5 * iAlpha + 0.86602540378444 * iBeta + iI0_JING;
        i16VrefC_SCALE = - 0.5 * iAlpha - 0.86602540378444 * iBeta + iI0_JING;
        3D - SVPWM();                                       // 3D - SVPWM 调制
    }
    EPwm1Regs.ETCLR.bit.INT = 1;                            // 清除 epwm1 中断标志位
    PieCtrlRegs.PIEACK.all = PIEACK_GROUP3;                 // 第三组的中断可以重新响应
}
interrupt void epwm2_isr(void)                              // pwm2 中断服务子程序
{
    a = AdcRegs.ADCRESULT0^0x8000;                          // 读取 ADC 采样值
    b = AdcRegs.ADCRESULT1^0x8000;
    c = AdcRegs.ADCRESULT2^0x8000;
    aa = (a - 3189) * xishu;                   // 减去零点偏移,转换为_IQ24 的 Q 格式以便计算
    bb = (b - 3402) * xishu;
```

```
    cc = (c - 3440) * xishu;
    RRA = aa * 0.176771 + RRA * 0.823229;          // 低通滤波函数
    RRB = bb * 0.176771 + RRB * 0.823229;
    RRC = cc * 0.176771 + RRC * 0.823229;
    EPwm2Regs.ETCLR.bit.INT = 1;                   // 清除 epwm2 中断标志位
    PieCtrlRegs.PIEACK.all = PIEACK_GROUP3;        // 第三组的中断可以重新响应
}
```

2. PI调节子程序

这部分内容包括ID电流环PI控制器、IQ电流环PI控制器、速度环PI控制器、测速程序。

```
void PI_ID()                                       // ID电流环PI控制器
{
    float Err = 0;                                 // 定义误差变量
    static float Up_ID = 0;                        // 定义静态变量Up_ID比例输出
    static float Ui_ID = 0;                        // 定义静态变量Ui_ID积分输出
    float outmax = _IQ(0.2);                       // 限定PI控制器正向最大输出量
    float outmin = _IQ(-0.2);                      // 限定PI控制器负向最大输出量
    Err = IdGIVE - ID;                             // 误差 = 给定 - 反馈
    Up_ID = 0.001 * kp_ID * Err;                   // 比例输出
    Ui_ID = Ui_ID + 0.001 * ki_ID * Err;           // 积分输出
    out_ID = Up_ID + Ui_ID;                        // 得到PI结果值
    if(out_ID > outmax)
    {
        out_ID = outmax;
    }
    else if(out_ID < outmin)
    {
        out_ID = outmin;
    }
    else
    {
        out_ID = out_ID;                           // 输出限幅
    }
}
void PI_IQ()                                       // IQ电流环PI控制器
{
    float Err = 0;                                 // 定义误差变量
    static float Up_IQ = 0;                        // 定义静态变量Up_IQ比例输出
    static float Ui_IQ = 0;                        // 定义静态变量Ui_IQ积分输出
    float outmax = _IQ(0.8);                       // 限定PI控制器正向最大输出量
    float outmin = _IQ(-0.8);                      // 限定PI控制器负向最大输出量
    Err = IqGIVE - IQ;                             // 误差 = 给定 - 反馈
    Up_IQ = 0.001 * kp_IQ * Err;                   // 比例输出
    Ui_IQ = Ui_IQ + 0.001 * ki_IQ * Err;           // 积分输出
    out_IQ = Up_IQ + Ui_IQ;                        // 得到PI结果值
    if(out_IQ > outmax)
```

```
    {
        out_IQ = outmax;
    }
    else if(out_IQ < outmin)
    {
        out_IQ = outmin;
    }
    else
    {
        out_IQ = out_IQ;                            // 输出限幅
    }
}
void PI_IO()                                        // I/O 电流环 PI 控制器
{
    float Err = 0;                                  // 定义误差变量
    static float Up_IO = 0;                         // 定义静态变量 Up_IO 比例输出
    static float Ui_IO = 0;                         // 定义静态变量 Ui_IO 积分输出
    float outmax = _IQ(0.2);                        // 限定 PI 控制器正向最大输出量
    float outmin = _IQ( - 0.2);                     // 限定 PI 控制器负向最大输出量
    Err = IOGIVE - IO;                              // 误差 = 给定 - 反馈
    Up_IO = 0.001 * kp_IO * Err;                    // 比例输出
    Ui_IO = Ui_IO + 0.001 * ki_IO * Err;            // 积分输出
    out_IO = Up_IO + Ui_IO;                         // 得到 PI 结果值
    if(out_IO > outmax)
    {
        out_IO = outmax;
    }
    else if(out_IO < outmin)
    {
        out_IO = outmin;
    }
    else
    {
        out_IO = out_IO;                            // 输出限幅
    }
}
void PI_SPEED()                                     // 速度环 PI 控制器
{
    static float Up = 0;                            // 定义静态变量 Up 比例输出
    static float Ui = 0;                            // 定义静态变量 Ui 积分输出
    float outmax = 16777216 * 0.99;                 // 限定 PI 控制器正向最大输出量
    float outmin = - 16777216 * 0.99;               // 限定 PI 控制器负向最大输出量
    SPEED_Err = speedref - speedrpm;                // 误差 = 给定 - 反馈
    if(SPEED_Err > = _IQ(0.00333))
    {
        // 定标_IQ(1)的转速为 9 000 r/min,则_IQ(0.003 33)为 30 r/min
        SPEED_Err = _IQ(0.00333);
    }
    else if(SPEED_Err < = _IQ( - 0.00333))
```

```
    {
        SPEED_Err = _IQ( - 0.00333);
    }
    else
    {
    SPEED_Err = SPEED_Err;                          // 将速度误差值限制在 30 r/min
    }
    Up = 0.001 * kp_SPEED * SPEED_Err;              // 比例输出
    Ui = Ui + 0.001 * ki_SPEED * SPEED_Err;         // 积分输出
    out_SPEED = Up + Ui;                            // 得到 PI 结果值
    if(out_SPEED > outmax)
    {
        out_SPEED = outmax;
    }
    else if(out_SPEED < outmin)
    {
        out_SPEED = outmin;
    }
    else
    {
        out_SPEED = out_SPEED;                      // 输出限幅
    }
}
void cesu()  // 测速程序
{
    DatQ14 = EQep1Regs.QEPSTS.bit.QDF;              // 读取正交方向标志寄存器
    if(DatQ14 == 1)                                 // 判断顺时针转
    {
        DatQ18 = EQep1Regs.QPOSCNT;                 // 读取位置计数寄存器
        DatQ17 = DatQ16;                            // 获得上次位置计数寄存器
        DatQ16 = DatQ18;                            // 获得当次位置计数寄存器
        diff = DatQ16 - DatQ17;                     // 前后两次寄存器误差
        if(diff < 0)
        {
            diff = diff + 4096;                     // 保证误差值为正
        }
    }
    if(DatQ14 == 0)                                 // 判断逆时针旋转
    {
        DatQ18 = EQep1Regs.QPOSCNT;                 // 读取位置计数寄存器
        DatQ17 = DatQ16;                            // 获得上次位置计数寄存器
        DatQ16 = DatQ18;                            // 获得当次位置计数寄存器
        diff = DatQ16 - DatQ17;                     // 前后两次寄存器误差
        if(diff > 0)
        {
            diff = diff - 4096;                     // 保证误差值为负
        }
    }
    diff2 = diff * 2 * 3.1415926/4096;              // 将速度单位转换为 rad/次
    TMP1 = (1000) * diff2;                          // 将速度单位转换为 rad/s
```

```
TMP2 = 0.981499176 * TMP2 + 0.018500823 * TMP1;          // 数字滤波
speed = TMP2;
speedrpm = speed/(2 * 3.1415926) * 0.00667 * 16777216;  // 标定速度为 r/min
}
```

3. 3D-SVPWM 发波子程序

这部分内容在第 2 章已经进行了详细分析并给出了参考代码，读者可参考这部分内容。

4.4 系统仿真研究

4.4.1 Simulink 仿真模块示例

三相四桥臂容错控制整体模型如图 4-10 所示，它主要由三相四线制电机模块和 3D-SVPWM 发波模块构成。

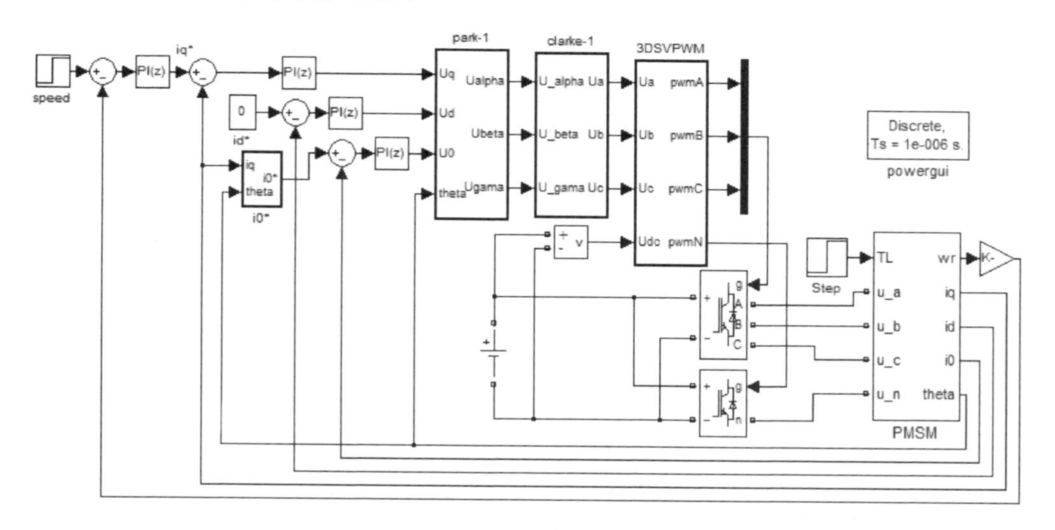

图 4-10　三相四桥臂容错控制整体模块

1. 三相四线电机模块搭建

MATLAB/Simulink 中没有三相四线的永磁同步电机模块(带有中线的)，所以首先搭建带有中性点的永磁同步电机的数学模型对应的三相四线电机模块，如图 4-11 所示，其子模型含有坐标转换、电磁转矩公式、机械运动方程等。

(1) 坐标转换模型

Clarke 变换及其逆变换、Park 变换及其逆变换的模块，分别如图 4-12 所示。

(2) 电机方程运算模块

$dq0$ 轴电压转换为电流，进行仿真模块搭建，如图 4-13 所示；电磁转矩和运动

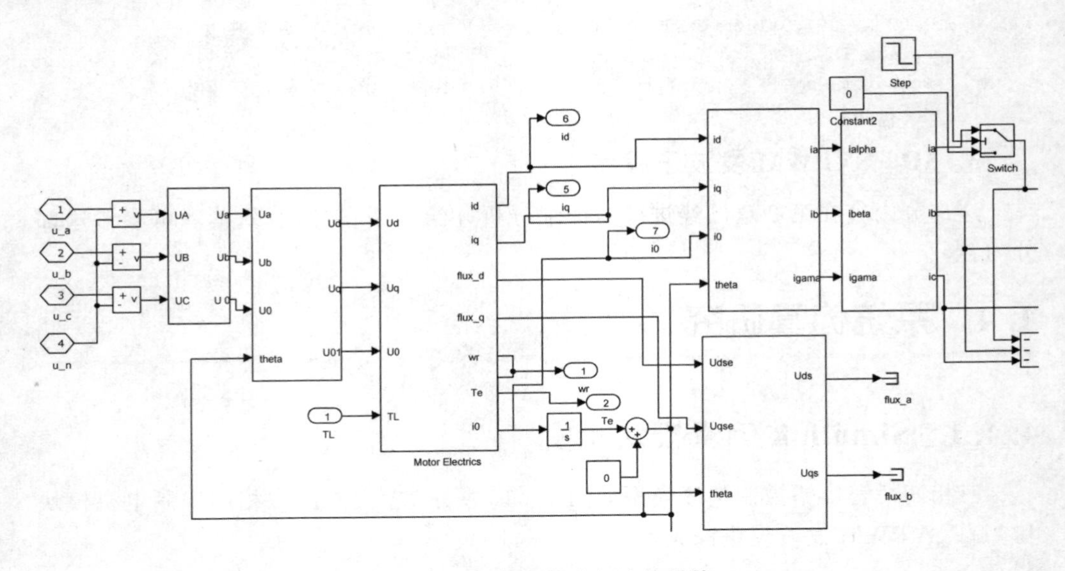

图 4-11　三相四线电机本体模块

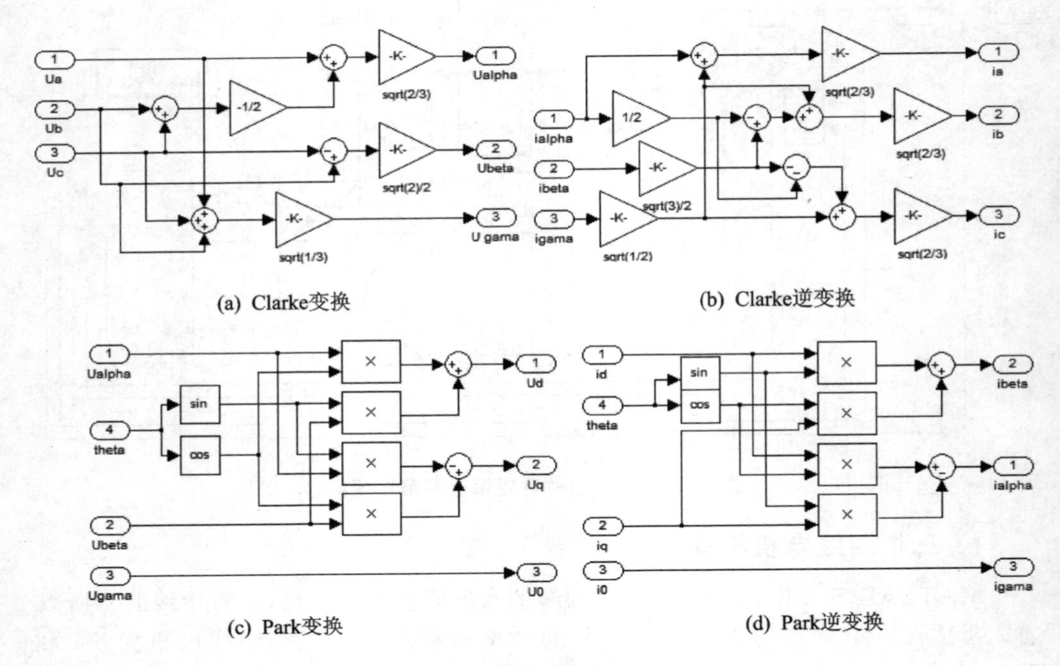

(a) Clarke变换　　(b) Clarke逆变换

(c) Park变换　　(d) Park逆变换

图 4-12　正变换与逆变换模块

方程进行仿真模块搭建,如图 4-14 所示。

2. 3D-SVPWM 算法模块搭建

对于功率侧,交流 220 V 经整流输出后为 310 V 直流母线电压。三维空间矢量

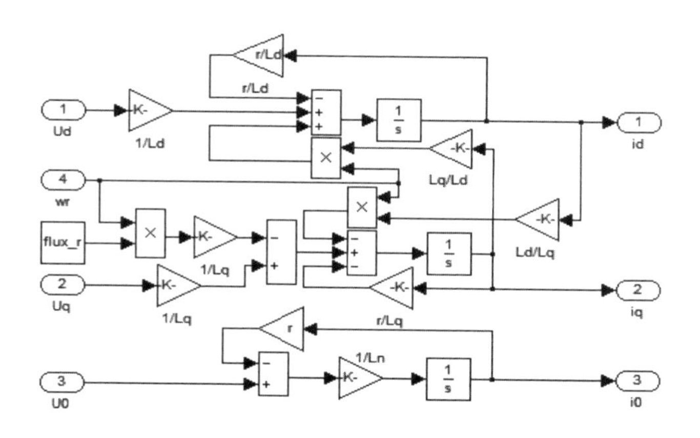

图 4－13　电压与电流转换模块

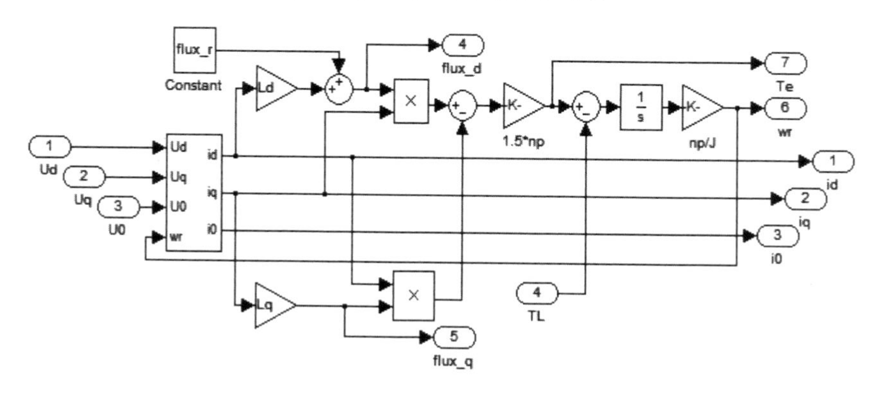

图 4－14　*d*、*q* 轴上建立的运动方程

控制系统的模块如图 4－15 所示，其中包括合成扇区的基础矢量作用时间计算模块、转子实际位置检测模块、三维空间矢量波形调制模块等。

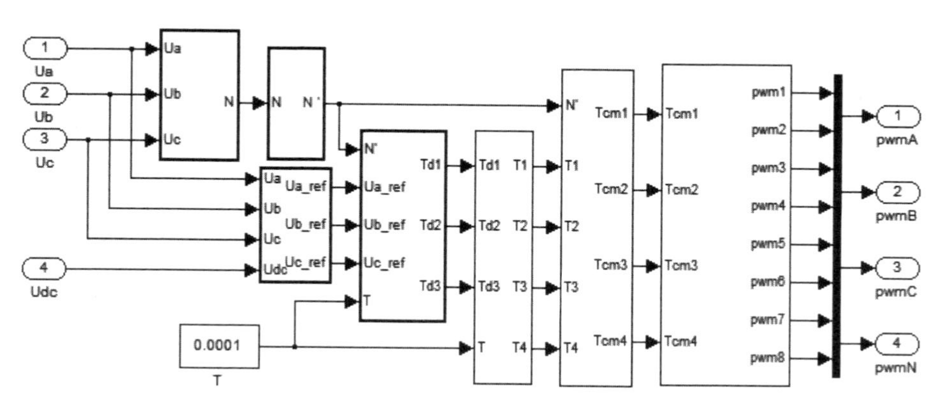

图 4－15　三维空间矢量算法模块

(1) 指针变量 N 计算模块

24 个指针变量对应着圆形磁场的具体位置,首先确定目标矢量的具体位置,即它的指针变量是多少,得到指针变量的具体值就得到了开关电压矢量的具体值,从而控制对应的开关管形成相应角度的磁场。根据推导算法进行搭建,如图 4-16 所示,得出指针变量的 24 个具体值,在 Simulink 中重新定义一个容量为 24 的变量 N' 来代替指针变量 N,两者数值一一对应,这样既方便了搭建,又方便了建立数学模型与搭建模块。

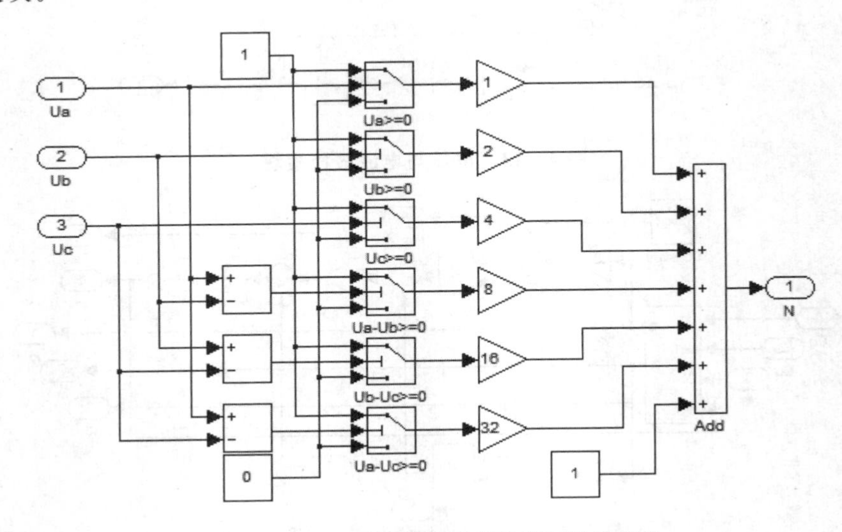

图 4-16 指针变量的推导算法扇区计算模块

(2) 开关量作用时间计算模块

合成扇区的基础矢量作用时间的计算方法如图 4-17 所示,作用时间的计算方式为 PWM 周期乘以占空比。

(3) 3D-SVPWM 波形的合成

各个开关管的导通时间由图 4-18、图 4-19 计算得出。

4.4.2 电机正常运行时的仿真结果

四线永磁同步电机本体的寄生参数设置为 $R_s = 2.18\ \Omega$;$L_{dq} = L_d = L_q = 7.94\ \text{mH}$,$L_0 = 2.15\ \text{mH}$;$\psi_{PM} = 0.194\ \text{Wb}$;转动惯量为 $J = 3.3 \times 10^{-4}\ \text{kg/m}^2$;极对数为 $p_n = 4$。

图 4-20 为电机启动过程中的转速与转矩暂态图,启动时间为 5 ms,过冲约 20 r/min。图 4-21 为启动过程中定子三相电流与中性线上的电流波形,对称度高,脉动小。在稳态时定子电流畸变小,第四桥臂所连接的中线电流在稳态等于零。

在电机转速稳定的情况下进行负载突增、突减实验,在电机再次进入稳态之前的时间内观察控制系统应对既定外界变化的响应性能。

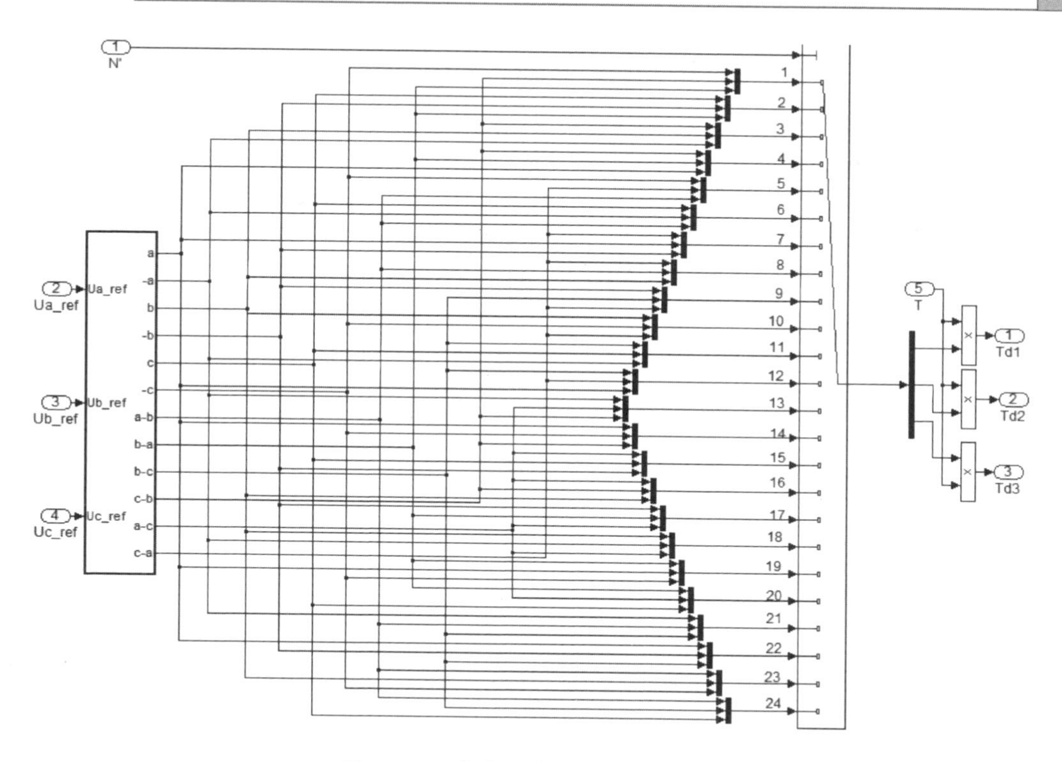

图 4-17 占空比转换作用时间模块

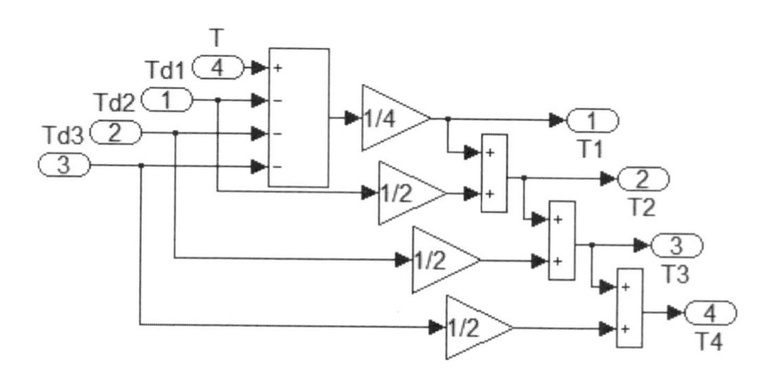

图 4-18 作用时间与开关时间模块

给定的外界变化参数：在 0.03 s 时使电机给定转速阶跃突增，从之前的稳定值 500 r/min 增加至 1 000 r/min；在下一时刻 0.06 s 时使给定的负载转矩阶跃突增，从之前的稳定值 5 N·m 增加至 8 N·m，仿真波形分别如图 4-22 和图 4-23 所示。在第一次转速突增时，控制系统很好地将实际转速经过短暂的调节就达到了稳态，并且几乎没有抖动，转矩电流在转矩突增时有效值保持不变，频率升高，暂态时间为 4 ms。在第二次负载转矩突增时，电磁转矩很快与负载转矩达到新平衡，三相电流幅值加大但频率不变，转速受控制保持不变，暂态时间为 1 ms。

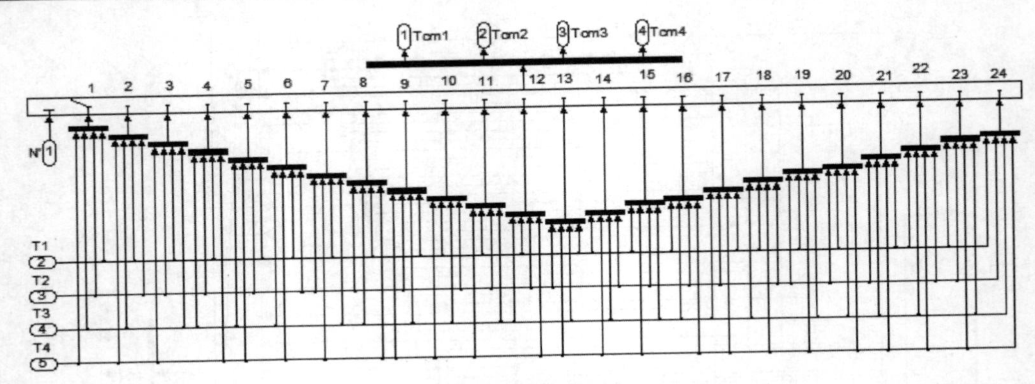

图 4-19 开关管导通时间计算模块

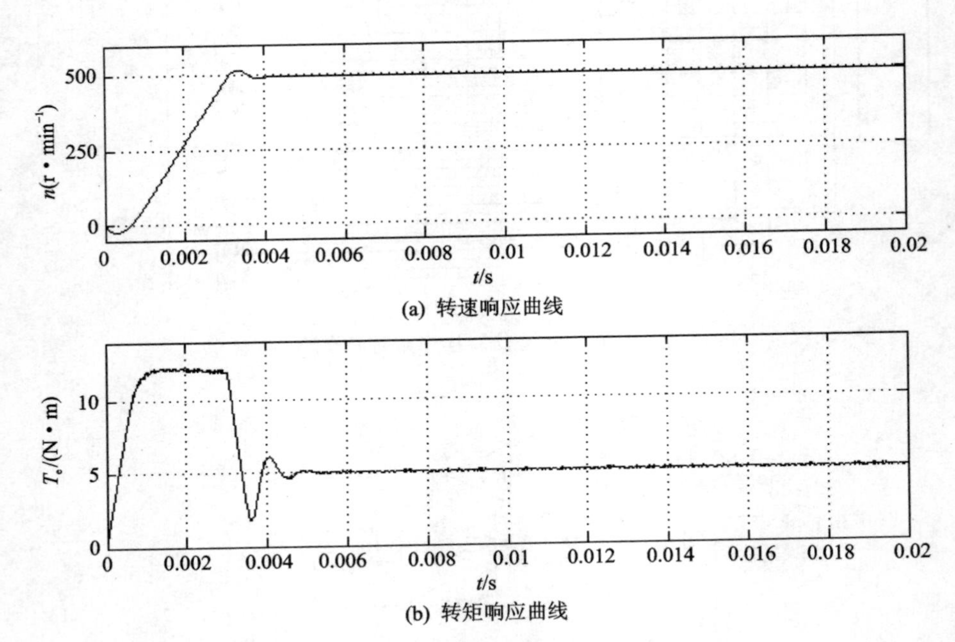

(a) 转速响应曲线

(b) 转矩响应曲线

图 4-20 转速暂态波形及转矩暂态波形

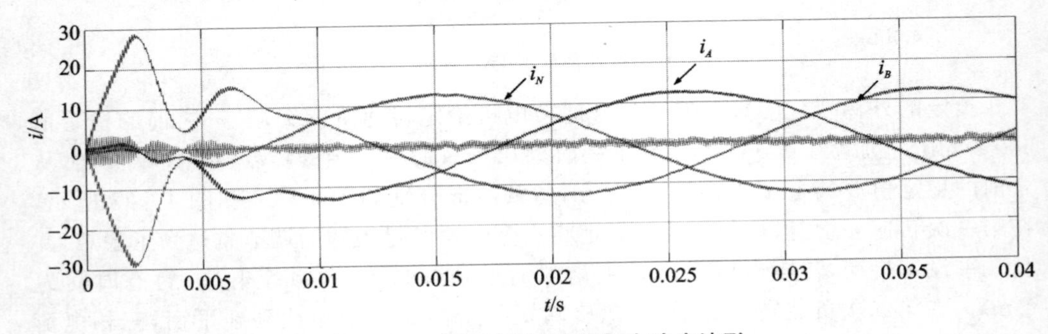

图 4-21 启动时定子电流暂态响应波形

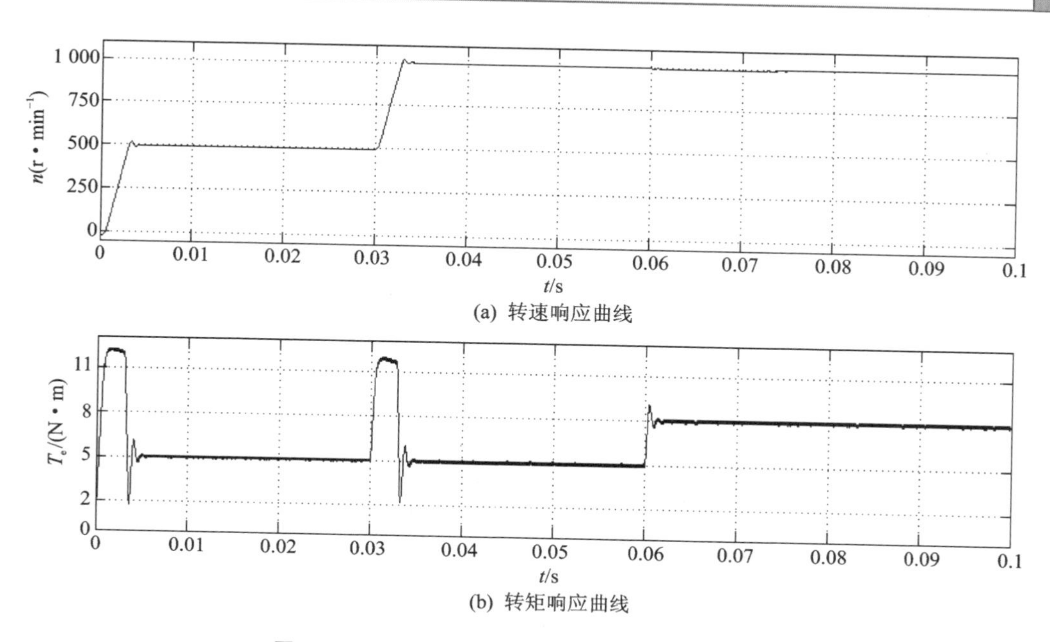

(a) 转速响应曲线

(b) 转矩响应曲线

图 4-22　转速突增与转矩突增的暂态响应曲线

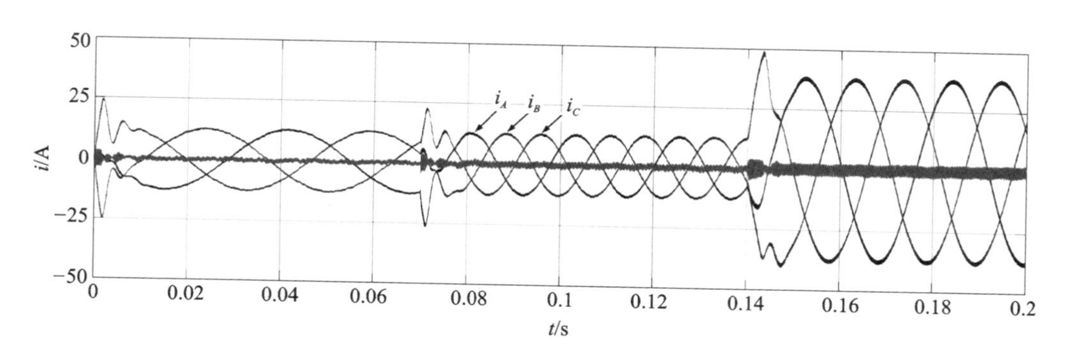

图 4-23　转速突增与转矩突增时定子三相电流响应曲线

4.4.3　容错运行仿真结果

当三相桥臂中的某一相桥臂发生故障时，系统通过第四桥臂和中线对矢量控制系统进行补偿，以验证系统的容错性能。此处选择 A 相为故障桥臂，控制 i_0^* 模块中的时间变量来模拟某一时刻 A 相的故障。

在 0.05 s 时刻将 A 相桥臂断开，同时修改 i_0^* 的给定值，使之等于计算得到的故障补偿值，如图 4-24 所示。负载转矩与给定转速与之前一样，分别为 5 N·m 和 500 r/min。

图 4-25 为短路故障条件时转速、转矩的暂态曲线。A 相断开后，控制补偿的效

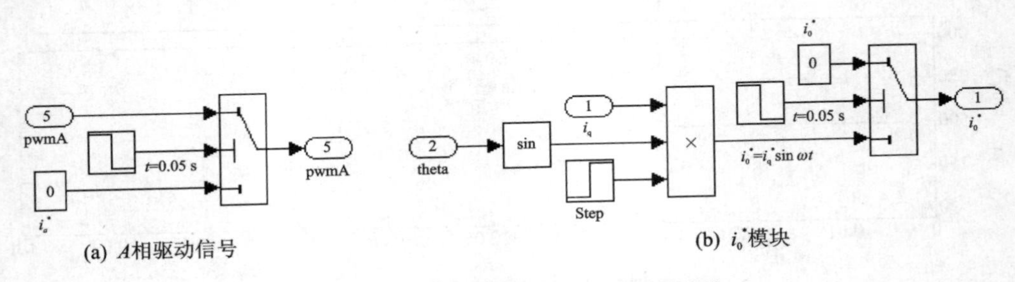

图 4-24　用以模拟故障的时间变量模块

果与之前相比几乎保持不变。

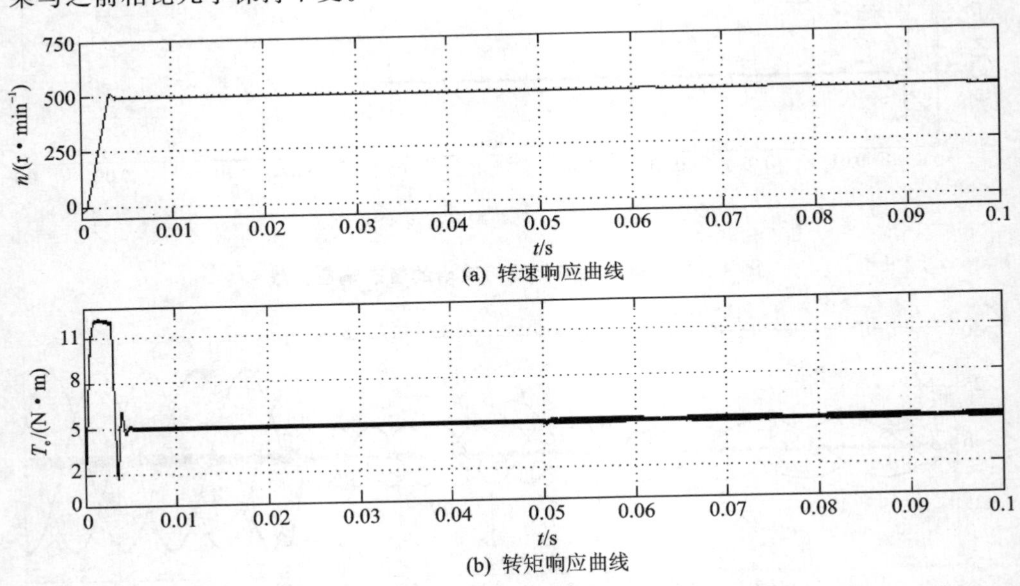

图 4-25　短路故障时转速、转矩的暂态曲线

图 4-26、图 4-27 是容错实验仿真，在 0.05 s 处设置故障切换，发生故障后切

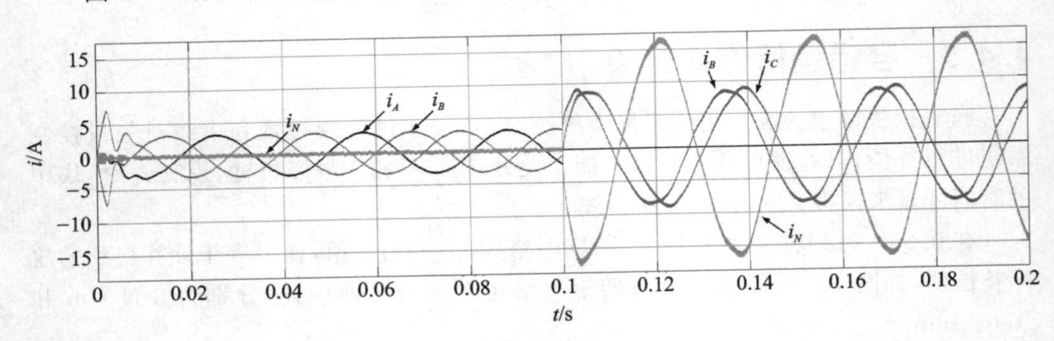

图 4-26　故障后在容错控制下的四相电流暂态响应(0.1 s A 相断路故障)

换控制算法，利用零轴电流进行补偿，可以看出故障前后的一些区别：A 相为故障桥臂，故 A 相电流为零，在补偿后中线电流幅值为相电流的$\sqrt{3}$倍，相位不再是 $2\pi/3$ 而是 $\pi/3$。q 轴电流（转矩电流）在算法改变前后基本维持不变，因此转矩的一致性保证了系统的容错能力，电机还能保证运行。

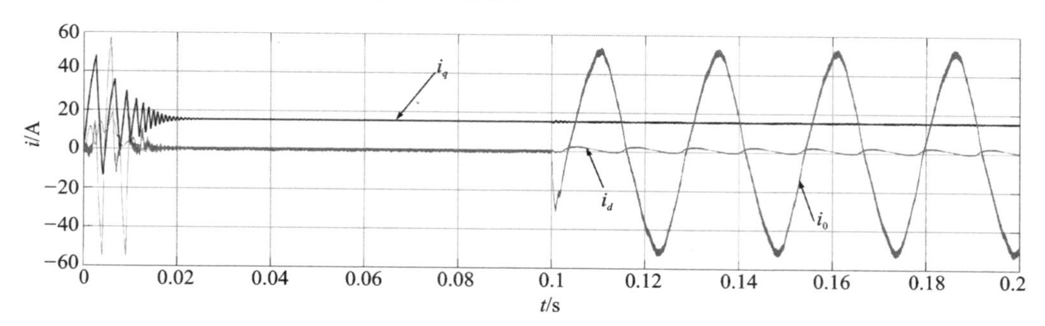

图 4－27　故障后在容错控制下的解耦电流暂态响应(0.1 s A 相断路故障)

第 5 章

应用示例——最大转矩电流比(MTPA)及弱磁调速控制原理及 DSP 代码示例

5.1 最大转矩电流比控制的控制策略

5.1.1 MTPA 的理论基础

PMSM 电磁转矩的数学模型为

$$T_{em}=\frac{3}{2}p\left[\psi_f i_q+(L_d-L_q)i_d i_q\right] \tag{5-1}$$

则 MTPA 控制的数学表达式为

$$\left.\begin{aligned}\min:\quad & i_s=\sqrt{i_d^2+i_q^2}\\ C:\quad & T_{em}=\frac{3}{2}p\left[\psi_f i_q+(L_d-L_q)i_d i_q\right]\end{aligned}\right\} \tag{5-2}$$

式中，T_{em} 为电磁转矩。通过式(5-2)可以看出，MTPA 控制器的数学含义是求解一个二元函数的最小值，采用拉格朗日函数对电流的极小值进行求解。拉格朗日极值函数为

$$f(i_d,i_q,\lambda_1)=\sqrt{i_d^2+i_q^2}-\lambda_1\left\{\frac{3}{2}p\left[\psi_f i_q+(L_d-L_q)i_d i_q\right]-T_{em}\right\} \tag{5-3}$$

式中，λ_1 为拉格朗日系数。令

$$\left.\begin{aligned}\frac{\partial f}{\partial i_d}&=0\\ \frac{\partial f}{\partial i_q}&=0\\ \frac{\partial f}{\partial \lambda_1}&=0\end{aligned}\right\} \tag{5-4}$$

则

$$\left.\begin{aligned}&\frac{i_d}{\sqrt{i_d^2+i_q^2}}-\frac{3}{2}\lambda_1 p(L_d-L_q)i_q=0\\&\frac{i_q}{\sqrt{i_d^2+i_q^2}}-\frac{3}{2}\lambda_1 p[\psi_f+(L_d-L_q)i_d]=0\\&\frac{3}{2}\lambda_1 p[\psi_f i_q+(L_d-L_q)i_d i_q]=T_{em}\end{aligned}\right\}\tag{5-5}$$

对式(5-5)进行整理可得

$$\left.\begin{aligned}&\frac{i_q}{\sqrt{i_d{}^2+i_q{}^2}}-\frac{i_d}{\sqrt{i_d{}^2+i_q{}^2}}\left[\frac{\psi_f}{(L_d-L_q)i_q}+\frac{i_d}{i_q}\right]=0\\&\frac{3}{2}\lambda_1 p[\psi_f i_q+(L_d-L_q)i_d i_q]=T_{em}\end{aligned}\right\}\tag{5-6}$$

由式(5-6)可以看出,该控制方法过于依赖电机的参数,这将影响系统的控制精度和鲁棒性。为了降低对电机参数的依赖性,令 $i_d=\psi_f/(L_d-L_q)$、$T_b=2/3p\psi_f i_b$ 作为基值,则式(5-6)可简化为

$$\left.\begin{aligned}&i_q^*=\pm\sqrt{i_d^{*2}-i_d^*}\\&T_{em}=i_q^*(1-i_d^*)\end{aligned}\right\}\tag{5-7}$$

当电磁转矩 T_{em} 确定后,可通过式(5-7)得到相应的 i_d^* 和 i_q^* 值,此时定子电流 $i_s^*=\sqrt{i_d^{*2}+i_q^{*2}}$ 最小,即

$$\left.\begin{aligned}&i_d^*=f_{\min d}(T_{em})\\&i_q^*=f_{\min q}(T_{em})\end{aligned}\right\}\tag{5-8}$$

式中,i_d^*、i_q^* 分别为直轴、交轴电流极小值函数。

对于隐极式电动机($L_d=L_q$),MTPA控制就是 $i_d=0$ 控制。

应该指出,转矩公式既适用于面装式PMSM,也适用于插入式和内装式PMSM,具有普遍性。因为 ψ_f 和 $\dot{I}_s$ 在电动机内部客观存在,故当参考轴系改变时并不能改变两者间的作用关系和转矩值。

由转矩公式推导可知,在转矩矢量的控制中,控制的目标是定子电流矢量 $\boldsymbol{i}_s$ 的幅值和相对 ψ_f 的空间相位角 β,在正弦稳态下就相当于控制定子电流相量 $\dot{I}_s$ 的幅值和相对 ψ_f 的相位空间角 β。控制策略的原理如图5-1所示。

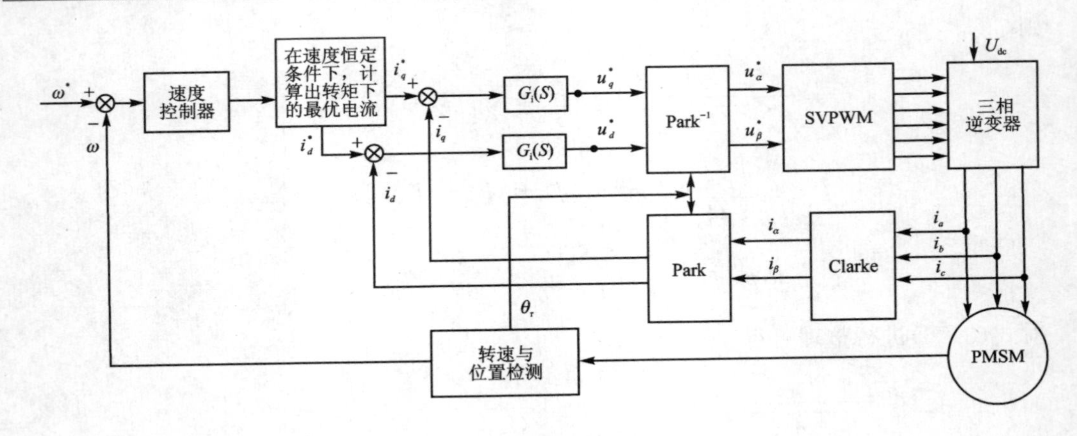

图 5-1　控制策略图

5.1.2　控制系统的仿真分析

1. 整体模型

图 5-2 为 MTPA 控制的 MATLAB 仿真图，以 SVPWM 控制算法的基本框架为原型，加入了 MTPA 相应计算模块以及 PI 控制器。

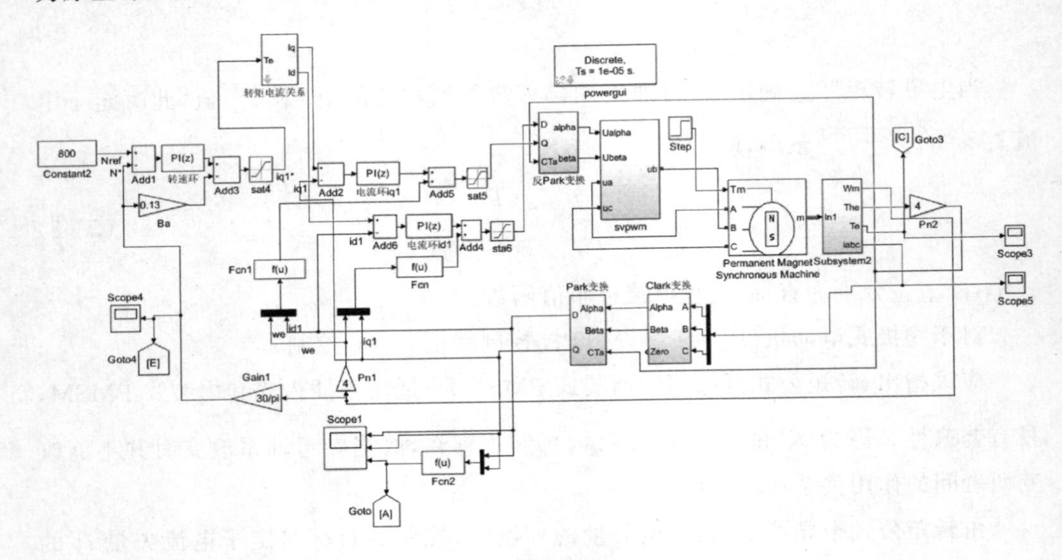

图 5-2　MTPA 控制的 MATLAB 仿真图

2. MTPA 计算模块

经速度环 PI 控制器之后，需要经过 MTPA 计算模块算出 i_d、i_q 的给定量。图 5-3 为 MTPA 计算模块的搭建模型。

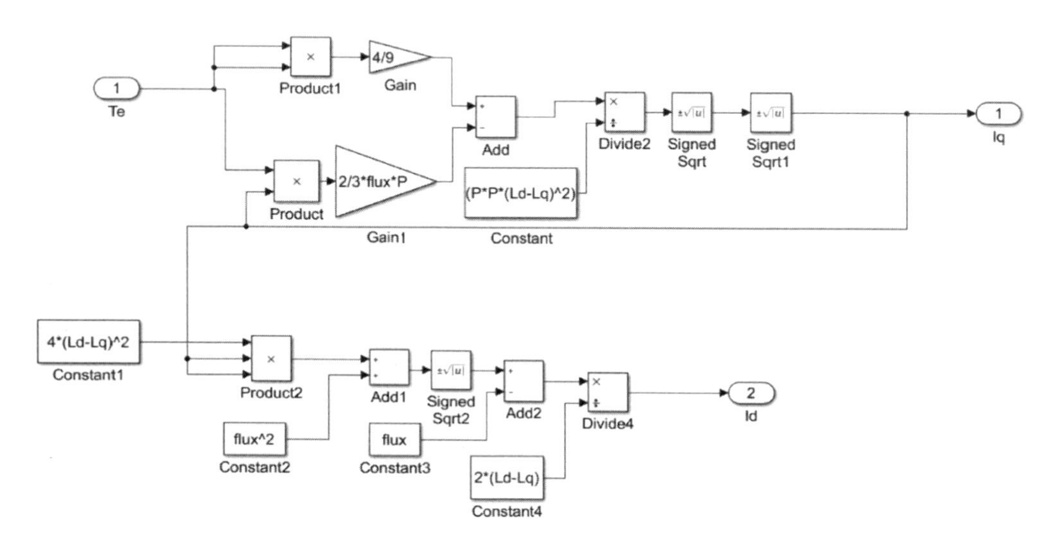

图 5-3　MTPA 计算模型图

3. 仿真结果及分析

图 5-4 为 MTPA 仿真结果验证，在速度为 800 r/min 的情况下，分别给定转矩为 12 N·m 和 18 N·m。在电机有一定凸极率的情况下，对比 $i_d=0$ 与 MTPA 的控制方案，观察三相电流幅值的大小，可以很明显地从三相电流波形中看出，MTPA 的控制策略下的电流幅值更小。

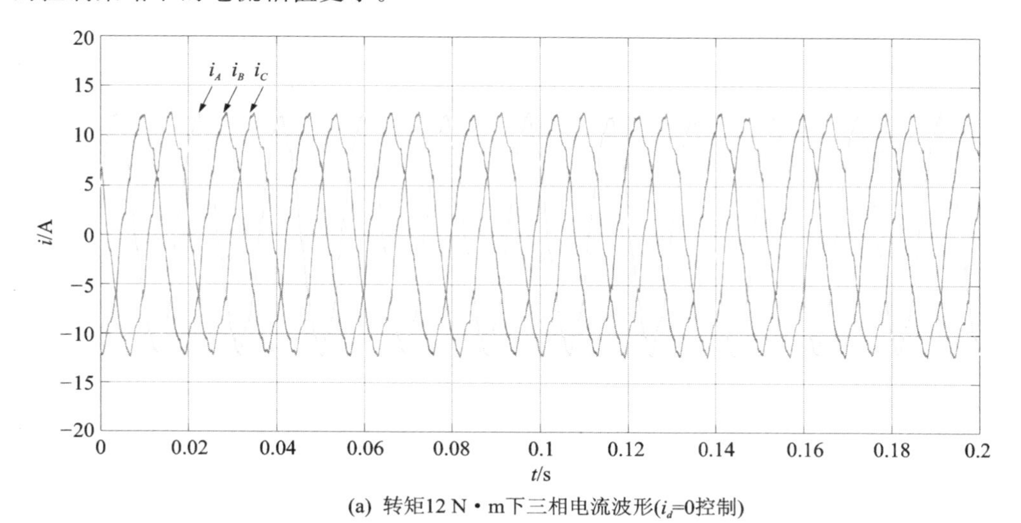

(a) 转矩12 N·m下三相电流波形(i_d=0控制)

图 5-4　MTPA 仿真结果

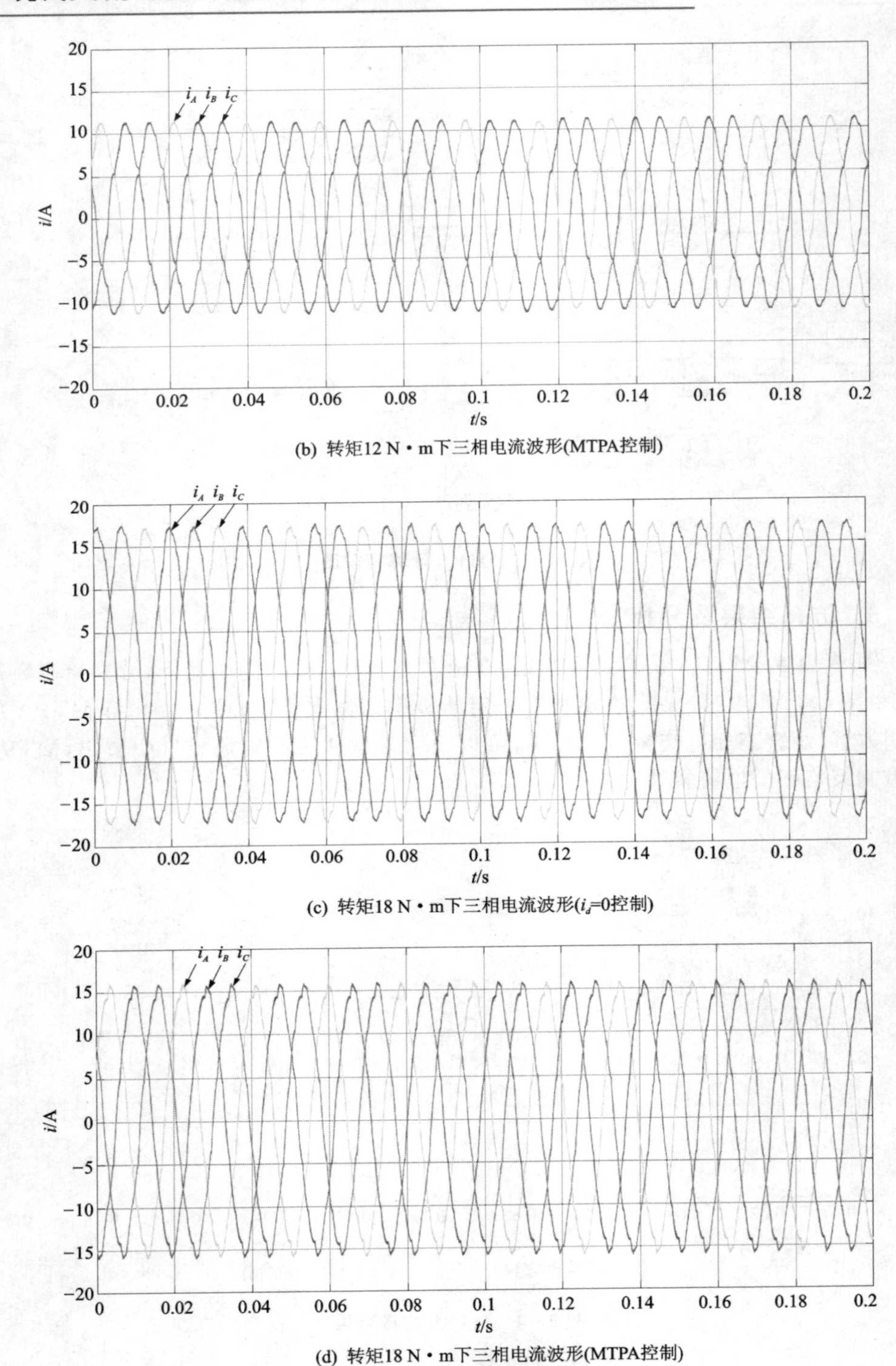

(b) 转矩12 N·m下三相电流波形(MTPA控制)

(c) 转矩18 N·m下三相电流波形(i_d=0控制)

(d) 转矩18 N·m下三相电流波形(MTPA控制)

图 5－4 MTPA 仿真结果(续)

传统的 $i_d=0$ 控制方式在应用于表贴式PMSM时，与最大转矩电流比控制方式一致。然而，对于内置式PMSM，这两种控制方式有所不同。在 $i_d=0$ 控制方式下，定子电流大于MTPA控制方式，使得定子电阻损耗更大，效率相对较低。

MTPA控制方式只针对内置式PMSM，在相同转矩条件下求得最小定子电流，以减少损耗并提高效率。

5.2　永磁电机的弱磁调速

弱磁控制的思想源自他励直流电机的调磁控制，当他励直流电机端电压达到最大时，只能通过调节电机的励磁电流，改变励磁磁通，在保证输出电压最大值不变的条件下，使电机能恒功率运行于更高的转速。也就是说，他励直流电机可以通过降低励磁电流达到弱磁调速的目的。

5.2.1　弱磁控制概述

永磁同步电机具有高效率、高功率密度等诸多优点，因而在轨道牵引、电动汽车等领域得到广泛应用。然而，在这些领域中，往往需要较宽的调速范围。因此，永磁同步电机在高速段通常采用弱磁控制技术以提升转速。由于永磁同步电机的反电势与转速成正比，当电机转速超过额定转速后，转子永磁体产生的反电势会使逆变器电压饱和。严重的电压饱和会导致逆变器输出电压谐波含量显著增加，电机的稳定性和效率会大幅下降。同时，永磁同步电机的定子电阻、电感和转子磁链等参数在电机弱磁运行模式下会呈现明显的非线性特征，进而引发铁耗增加以及 dq 轴的电感耦合。为解决上述问题，众多学者在过去二十多年中提出了大量的弱磁控制算法，大致可分为反馈型、前馈型和混合型。

反馈型一般采用电流或电压测量值作为反馈量，利用电流或电压误差来补偿电流参考值，进而减小 dq 轴的电压饱和状况。由于反馈闭环的引入导致这种方法对电机参数并不明显，故动态效果一般。前馈型一般直接给定转矩参考值，进而具有更快的动态响应。电流参考值多用解析计算或者查表法获得，因此高度依赖电机模型。混合型是一种反馈型和前馈型弱磁控制算法的结合，直接给定转矩参考值，通过查表法获得电流参考值，同时利用电压反馈补偿电流参考值以防止电压饱和。这里将分别探讨IPMSM和SPMSM弱磁控制方法。

由永磁同步电机在 dq 同步旋转坐标系下的磁链方程可知

$$\left.\begin{aligned}\psi_d &= L_d i_d + \psi_f \\ \psi_q &= L_q i_q\end{aligned}\right\} \tag{5-9}$$

ψ_f 为永磁体产生的磁场，将 d 轴方向与转子磁链的方向保持一致，并控制 d 轴电流分量产生相反的磁通量,从而实现弱磁控制,如图 5-5 所示。

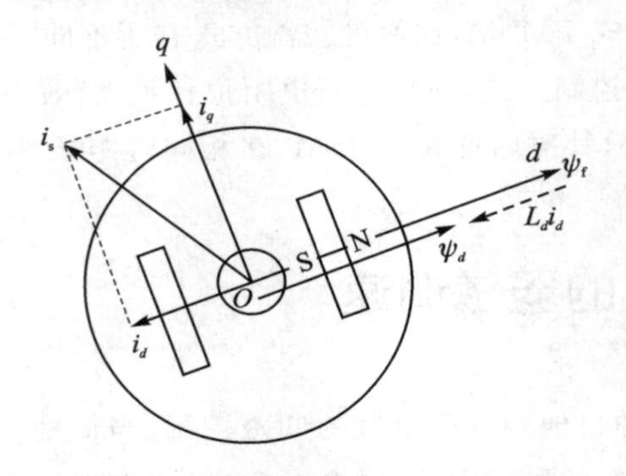

图 5-5 永磁电机弱磁控制原理

PMSM 的工作区通常分为恒转矩区(低于基速)、恒功率区(高于基速(弱磁区)),如图 5-6 所示。

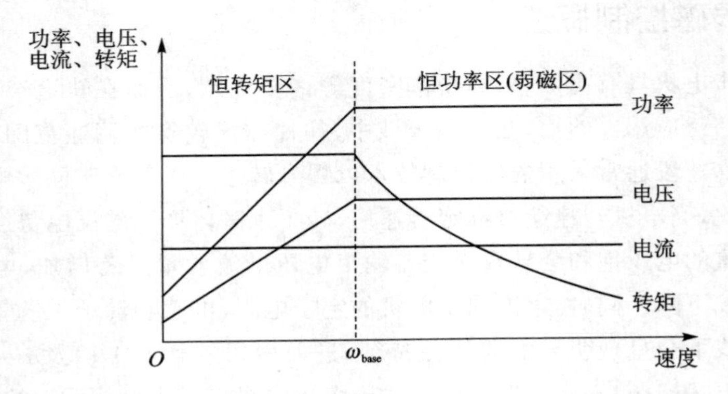

图 5-6 PMSM 的工作区

依据转子永磁体磁极的励磁磁链与 d 轴定子电流产生的最大磁链(即 $L_d I_{s\max}$)之间的关系,PMSM 的输出功率特性可以有 3 种情况,如图 5-7 所示。

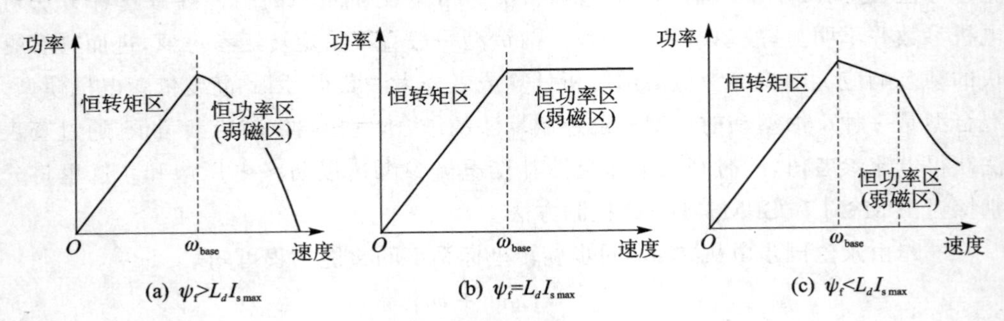

图 5-7 PMSM 的输出功率特性

5.2.2 IPMSM弱磁控制

1. 恒转矩区 $\omega \leqslant \omega_{\text{base}}$

若不考虑定子电阻,并假设电机运行稳定状态,则电压方程可写为

$$\left.\begin{aligned} u_d &= -\omega L_q i_q \\ u_q &= \omega(L_d i_d + \psi_f) \end{aligned}\right\} \tag{5-10}$$

当电机工作在MTPA状态时,IPMSM的输出转矩主要受限于电机定子最大输入电流的幅值$I_{s\max}$。然而在高速区,反电动势增大,因此IPMSM的输出转矩的限制条件要考虑逆变器输出最大电压的幅值$U_{s\max}$,即需要考虑在最大电压$U_{s\max}$下电机所能达到的最大转速。

$$\sqrt{u_d^2 + u_q^2} \leqslant U_{s\max} \tag{5-11}$$

将式(5-10)代入式(5-11)可得出电压椭圆极限方程在i_d、i_q平面的数学表达式:

$$\sqrt{\omega^2(L_d i_d + \psi_f)^2 + \omega^2(L_q i_q)^2} \leqslant U_{s\max} \tag{5-12}$$

式中,ω为实际电角速度,进一步可得出$\omega \leqslant \dfrac{U_{s\max}}{\sqrt{(L_d i_d + \psi_f)^2 + (L_q i_q)^2}}$。也就是说,恒转矩工作的最大电角速度为

$$\omega_{\text{base}} = \frac{U_{s\max}}{\sqrt{(L_d i_d + \psi_f)^2 + (L_q i_q)^2}} \tag{5-13}$$

这也是弱磁调速区的起始电角速度,其中,i_d、i_q为MTPA工作下的d轴及q轴电流。

2. 恒功率区 $\omega > \omega_{\text{base}}$

首先,在dq轴电流平面中表示IPMSM的电压和电流限制边界。在最大定子电流$I_{s\max}$下,IPMSM的dq轴定子电流被限制在

$$\sqrt{i_d^2 + i_q^2} \leqslant I_{s\max} \tag{5-14}$$

条件下,式中,$I_{s\max}$为电机定子最大输入电流的幅值。

电压约束方程如式(5-12)所示,因此在稳定状态时,将电压约束方程和电流约束方程画在i_d、i_q平面上,如图5-8所示。电压约束方程是一个椭圆,中心点落在$\left(-\dfrac{\psi_f}{i_d}, 0\right)$,它的大小与转速成反比,这是因为反电动势随着运行速度的增加而增大。

椭圆的中心是理论上的无限大转速点。电流约束方程是以$I_{s\max}$大小为半径的圆。在弱磁控制时,电流矢量的给定值要同时满足电压约束方程和电流约束方程,它的轨迹必须在电流极限圆和电压极限椭圆的重叠区域中。例如,电机转速为ω_1时,

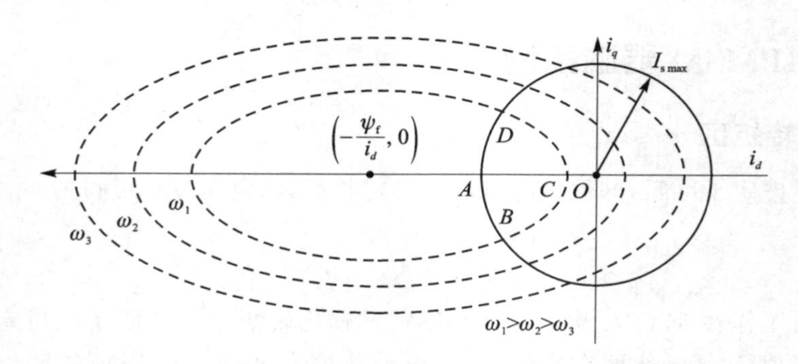

图 5-8 电压约束方程和电流约束方程在 i_d、i_q 平面的曲线

电流矢量必须在 $ABCD$ 区域内。

对于 IPMSM,最高转速与输出功率特性根据 ψ_f 和 $L_d I_{s\max}$ 之间的大小关系而变化,这种关系也可以通过电压限制椭圆的中心是否在电流限制圆内来表示,进而存在不同的控制策略。由式(5-13)可知,当 $i_d=-I_{s\max}$ 且 $i_q=0$ 时,最大电角速度为

$$\omega_{\max}=\frac{U_{s\max}}{|\psi_f-L_d I_{s\max}|} \tag{5-15}$$

当 $\psi_f>L_d I_{s\max}$ 时,通过弱磁调速电机所能提高的速度有限;而当 $\psi_f<L_d I_{s\max}$ 时,理论上通过弱磁调速电机所能提高的速度可以是无穷大。

(1) $\psi_f>L_d I_{s\max}$

在中低速范围内,电压极限椭圆包含电流极限圆。电机的反电动势还未达到逆变器输出的最大电压幅值,它与转速成正比,而电机的输出转矩恒定,因此,输出功率不断增加。此时电流控制可以采用最大转矩电流比控制,它可以实现转矩的最优控制,在电流最小的情况下,使电机的转矩要求满足,从而减小电机的铜损,提高控制的效率。最大转矩电流比控制即用最小的电流来产生给定的转矩:

$$T_e=\psi_f i_q+(L_d-L_q)i_d i_q \tag{5-16}$$

由此,可以将最大转矩电流问题转化为求解极值问题,作拉格朗日函数:

$$L(i_d,i_q,\lambda)=\sqrt{i_d^2+i_q^2}-\lambda\{T_e-[\psi_f i_q+(L_d-L_q)i_d i_q]\} \tag{5-17}$$

对式(5-17)求偏导,令偏导项为 0,可以得到

$$\left.\begin{aligned}
\frac{\partial L(i_d,i_q,\lambda)}{\partial i_d}&=\frac{i_d}{\sqrt{i_d^2+i_q^2}}+\lambda[(L_d-L_q)i_q]=0\\
\frac{\partial L(i_d,i_q,\lambda)}{\partial i_q}&=\frac{i_q}{\sqrt{i_d^2+i_q^2}}+\lambda[\psi_f+(L_d-L_q)i_d]=0\\
\frac{\partial L(i_d,i_q,\lambda)}{\partial \lambda}&=-\{T_e-[\psi_f i_q+(L_d-L_q)i_d i_q]\}=0
\end{aligned}\right\} \tag{5-18}$$

求解式(5-18),得到永磁同步电机在最大转矩电流比情况下 i_d 和 i_q 电流的关系如下:

$$\psi_f i_d + (L_d - L_q)(i_q^2 - i_d^2) = 0 \tag{5-19}$$

电流的 i_d 分量为

$$i_d = \frac{-\psi_f + \sqrt{\psi_f^2 + 4(L_d - L_q)^2 i_q^2}}{2(L_d - L_q)} \tag{5-20}$$

由式(5-19)绘出最大转矩电流比的曲线轨迹，如图5-9中OA段所示。这时采用最大转矩电流比控制，电流矢量工作于OA段，定子电流矢量只受电流极限圆的限制。因此，在给定控制电流时，直接按照最大转矩电流比计算出的电流进行给定：

$$\left.\begin{aligned} i_d &= \frac{-\psi_f + \sqrt{\psi_f^2 + 8(L_d - L_q)^2 I_{s\max}^2}}{2(L_d - L_q)} \\ i_q &= \sqrt{I_{s\max}^2 - I_d^2} \end{aligned}\right\} \tag{5-21}$$

当电流矢量运行到A点时(MTPA与电流极限圆的交点)，电机的转矩达到最大值，转速也在此刻达到额定值，受到电流极限圆的限制，无法沿着曲线继续上升。因此，恒转矩控制的最大转折速度为ω_{base}。

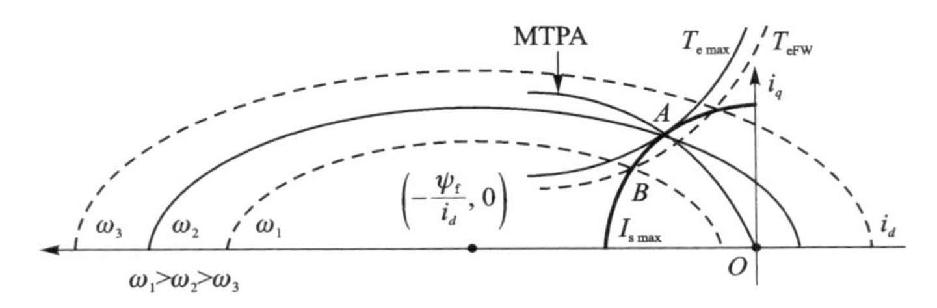

图5-9 弱磁操作的起始阶段

若希望转速继续上升，则控制状态进入弱磁区，转速和转矩成反比，输出功率恒定。在图5-9中，当转速上升时，电压极限椭圆开始向中心点收缩，电流矢量要落在电压极限椭圆和电流极限圆的交集中，因此，电流矢量也会跟随移动。当电机运行在额定电流和逆变器的最大输出电压下时，转速上升，电流运行轨迹如图5-9中的AB段。弱磁区中的电流矢量同时运行在电流极限圆和电压极限椭圆中，约束方程为

$$\left.\begin{aligned} & i_d^2 + i_q^2 = I_{s\max}^2 \\ & \sqrt{(\omega L_q i_q)^2 + (\omega L_d i_d + \omega\psi_f)^2} = U_{s\max} \end{aligned}\right\} \tag{5-22}$$

此时，在弱磁区中，由电压椭圆极限方程可以算出 i_d 分量电流为

$$i_d = \frac{-\psi_f + \sqrt{\left(\frac{U_{s\max}}{\omega}\right)^2 - (L_q i_q)^2}}{L_d} \tag{5-23}$$

将式(5-22)代入式(5-23)中，可以得到电流矢量运行在弱磁Ⅰ区时，凸极式永磁同步电机的电流给定为

$$\left.\begin{aligned} i_d &= \frac{\psi_f L_d - \sqrt{(\psi_f L_d)^2 - (L_d^2 - L_q^2)\left[\psi_f^2 + L_q^2 I_{s\max}^2 - \left(\dfrac{U_{s\max}}{\omega}\right)^2\right]}}{(L_d^2 - L_q^2)} \\ i_q &= \sqrt{I_{s\max}^2 - i_d^2} \end{aligned}\right\} \tag{5-24}$$

随着电机转速的增高,最佳点的轨迹按逆时针方向沿电流极限圆边界移动,如图 5-10 所示。此时,d 轴电流在负方向上增加,q 轴电流降低,直至当 $I_d = I_{s\max}$,$I_q = 0$ 时,电机转速达到最高。这说明,这种电机的最高转速存在一定的限制。

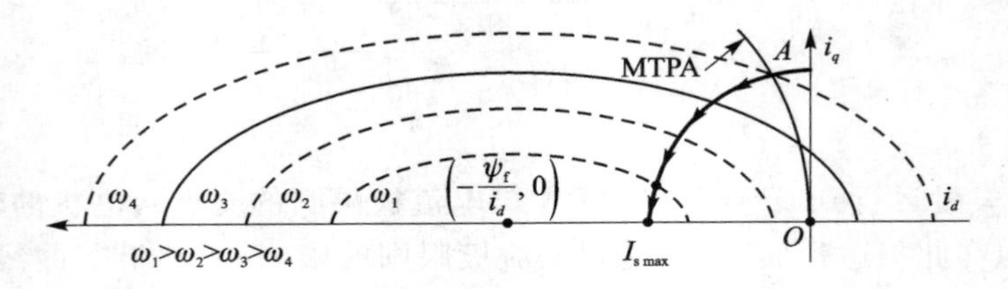

图 5-10　$\psi_f > L_d I_{s\max}$ 情况下的电流轨迹图

(2) $\psi_f < L_d I_{s\max}$

在这种情况下,电压极限椭圆的中心位于电流极限圆内,如图 5-11 所示,并且最佳电流的轨迹与 $\psi_f > L_d I_{s\max}$ 的情况略有不同。弱磁开始时,随着速度增加,最优点的轨迹沿着限流边界移动,这与 $\psi_f > L_d I_{s\max}$ 条件下相同。然而超过一定速度,电压极限椭圆逐渐包含在电流极限圆内。例如,点 C 受限于电压限制条件,同时包含在电流极限圆内。换句话讲,这种情况下可仅将电压限制用于获得最佳电流的约束条件。因此,当速度增加时,最佳点应移动到椭圆的中心,而不再沿着限制圆移动,如图 5-11 所示。因此,最佳点不是点 D,而是点 C,这种弱磁通操作被称为 MTPV。

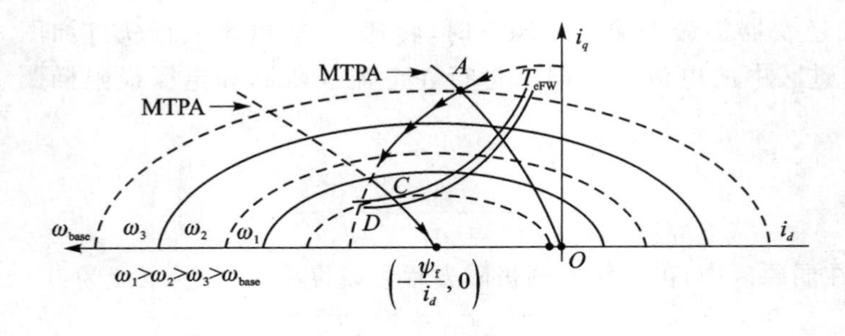

图 5-11　$\psi_f < L_d I_{s\max}$ 情况下的电流轨迹图

5.2.3　SPMSM 弱磁控制

与 IPMSM 不同,SPMSM 的典型工作范围是恒转矩区。然而,在诸如洗衣机等若干应用中经常需要 SPMSM 工作于高速状态。SPMSM 的弱磁操作与 IPMSM 的操作相似。本小节将找到最佳的弱磁控制方法，确保在电压和电流限制条件下的最大转矩。

SPMSM 的电流限制条件为

$$\sqrt{i_d^2 + i_q^2} \leqslant I_{s\max} \tag{5-25}$$

其运行轨迹为圆，其半径是最大定子电流 $I_{s\max}$，如图 5-12 所示。

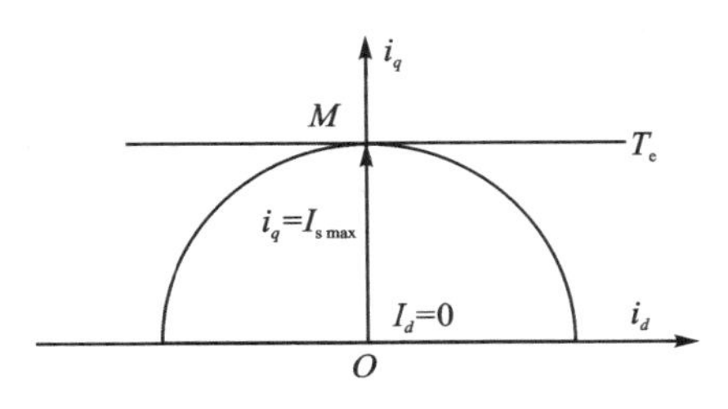

图 5-12　电流限制条件下的电流轨迹图

可以看出，$i_d=0$ 控制就是 SPMSM 的最大转矩电流比控制，即控制定子电流矢量在图 5-12 中向 i_q 轴正方向移动。当电流矢量运行到 M 点时，电机在恒转矩阶段转速达到最大值。此时，电流矢量无法再沿着 i_q 轴的正方向继续向上运行。在恒转矩阶段，SPMSM 的控制电流分量为

$$\left.\begin{aligned} i_d &= 0 \\ i_q &= I_{s\max} \end{aligned}\right\} \tag{5-26}$$

此时，转折速度为

$$\omega_n = \frac{U_{s\max}}{\sqrt{(L_q I_{s\max})^2 + \psi_f^2}} \tag{5-27}$$

忽略定子电阻压降，dq 轴稳态电压方程为

$$\left.\begin{aligned} u_d &= -\omega L_s i_q \\ u_q &= \omega(L_s i_d + \psi_f) \end{aligned}\right\}$$

需要满足电压限制条件：

$$(\omega L_s i_q)^2 + \omega^2 (L_s i_d + \psi_f)^2 \leqslant U_{s\max}$$

与 IPMSM 不同的是，SPMSM 的电压限制条件是以$\left(-\dfrac{\psi_f}{i_d}, 0\right)$为中点的圆，随转速增高，圆的半径变小，如图 5-13 所示。

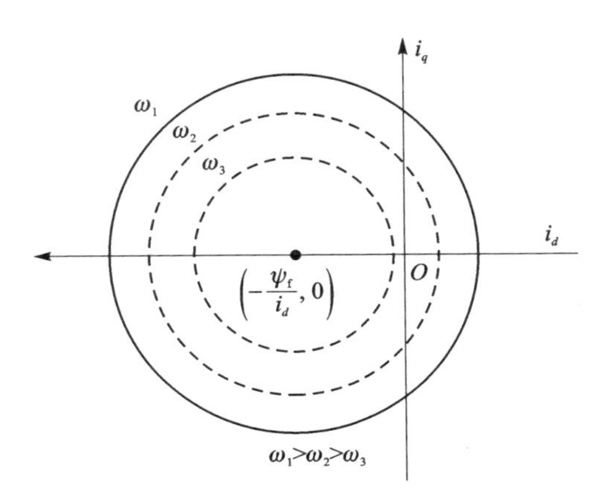

图 5-13　SPMSM 的电压限制条件

按照与 IPMSM 同样的分析方法，SPMSM 弱磁区间的电流给定为

$$\left.\begin{aligned} i_d &= \frac{\left(\dfrac{U_{s\max}}{\omega}\right)^2 - \psi_f^2 - L_q^2 I_{s\max}^2}{2L_d \psi_f} \\ i_q &= \sqrt{I_{s\max}^2 - i_d^2} \end{aligned}\right\} \tag{5-28}$$

与 IPMSM 相似,按照电压极限圆的中点是否在电流极限圆内,SPMSM 的弱磁区也分为两种情况:电压限制圆的中心点落在电流限制圆内($\psi_f < L_d I_{s\max}$)及电压限制圆的中心点落在电流限制圆外($\psi_f > L_d I_{s\max}$)。

当 $\psi_f > L_d I_{s\max}$ 时,电压限制圆的中心点落在电流限制圆外,如图 5-14 所示。此时,控制 i_d 的大小就可实现电机的最高转速。当 $i_d = I_{s\max}$(达到定子最大电流)时,电机达到最大转速,但此时 $i_q = 0$。因此,在这种情况下弱磁调速存在一定的限制。

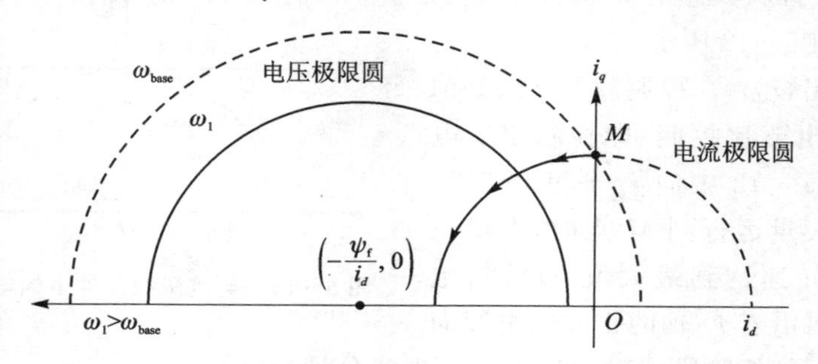

图 5-14　$\psi_f > L_d I_{s\max}$ 时轨迹曲线

当 $\psi_f < L_d I_{s\max}$ 时,弱磁调速的起始阶段与 $\psi_f > L_d I_{s\max}$ 时相同;但如果受限于电压极限关系(MTPV 工作点,见图 5-15 中的"×"点)的最大转矩电流落入电流极限圆内,则需要采用 MTPV 操作,在这种情况下,i_d 保持不变,但 i_q 会随着转速的升高而降低。

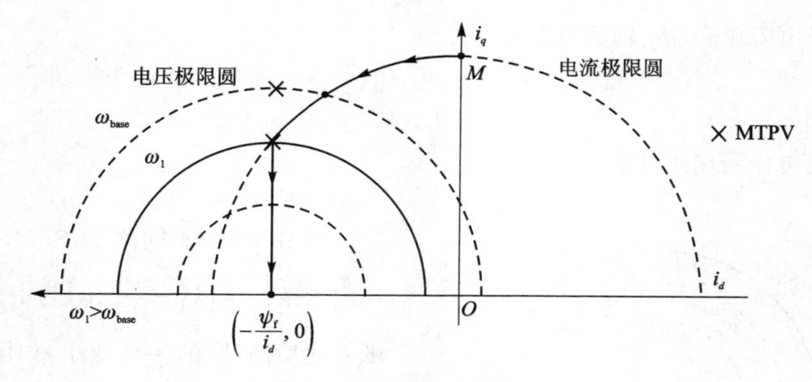

图 5-15　$\psi_f < L_d I_{s\max}$ 时轨迹曲线

5.3　软件程序示例

5.3.1　基于 SVPWM 的 MTPA 算法分析

IPMSM 的转子为插入式结构,导致电机气隙不均匀,有 $L_d < L_q$。由转矩公式

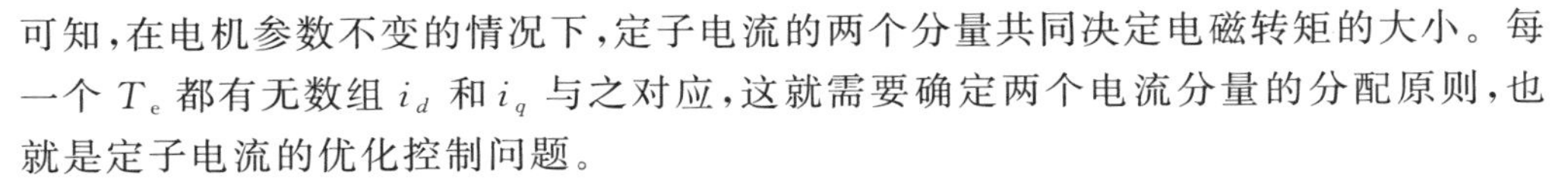

可知，在电机参数不变的情况下，定子电流的两个分量共同决定电磁转矩的大小。每一个 T_e 都有无数组 i_d 和 i_q 与之对应，这就需要确定两个电流分量的分配原则，也就是定子电流的优化控制问题。

当电机转速在基速以下、恒转矩区工作时，铜耗比重较大。若输出转矩不变，控制定子电流分量使定子电流幅值最小，就可以减小电机损耗。

在 dq 坐标系中，由转矩公式可以确定给定转矩对应的转矩曲线。转矩曲线上距离原点最近的点即为该转矩下 MTPA 的工作点，此时电流矢量幅值(距离原点位置)最小。将不同转矩曲线上的 MTPA 点连在一起可以得到该电机的 MTPA 曲线。

参考代码如下，代码中的其他子程序在第 3 和第 4 章已经完整给出，读者可查阅相关位置获取。

```
interrupt void epwm1_isr(void)
{
    Alpha = RRA;
    Beta = ( - RRA - 2 * RRC) * 0.57735026918963;          // Clarke 变换
    if((LockRotorFlag == 0)&&(kaiguan1 == 1))              // 检测启动信号
    {
        DatQ19 = EQep1Regs.QPOSCNT;                          // 读取电机位置信号
        diff1 = DatQ19 * 2 * 3.1415926/4096 - 2.058602;      // 初始角度 = 118°
        angle = 2 * diff1;                                   // 电机为 2 对极，得到电角度值
        countjishi1 ++ ;
        if(countjishi1 == 10)                                // 每 10 次进行一次速度环 PI
        {
            cesu();                                          // 测量电机转速
            PI_SPEED();                                      // 速度环 PI
            countjishi1 = 0;                                 // 速度环计数位清零
        }
        ID = cos(angle) * Alpha + sin(angle) * Beta;
        IQ = ( - sin(angle)) * Alpha + cos(angle) * Beta;   // Park 变换
        IqGIVE_real = IqGIVE * 0.0000000596 * 78.8;          // MTPA 算出 iq 给定实际值
        // MTPA 拟合公式算出 id 给定实际值
        IdGIVE_real = - 0.003657 * IqGIVE_real * IqGIVE_real
                      - 0.0061537 * IqGIVE_real + 0.02848;
        // 将 id 给定值转换为_iq(24)格式
        IdGIVE = IdGIVE_real * 0.012690355 * 16777216;
        if(IdGIVE > = _IQ(0.4))
        {
            IdGIVE = _IQ(0.4);                               // 限制 id 最大值为_IQ(0.4)
        }
        if(IdGIVE < = _IQ( - 0.4))
        {
            IdGIVE = _IQ( - 0.4);                            // 限制 iq 最大值为_IQ(0.4)
        }
        PI_ID();                                             // ID 电流环 PI 控制器
```

```
        PI_IQ();                                                // IQ电流环PI控制器
        ud = out_ID;
        uq = out_IQ;
        iAlpha = cos(angle) * ud - sin(angle) * uq;             // Park反变换
        iBeta = sin(angle) * ud + cos(angle) * uq;
        SVPWM();                                                // SVPWM算法
        pwm_ratio();                                            // 占空比计算函数
    }
    EPwm1Regs.ETCLR.bit.INT = 1;                                // 清除ePWM1中断标志位
    PieCtrlRegs.PIEACK.all = PIEACK_GROUP3;                     // 第三组的中断可以重新响应
}
```

5.3.2 基于电压反馈法的弱磁升速算法分析

在永磁同步电机运行过程中,电机电枢绕组的反电动势会随着转速升高而不断增大。当反电动势达到逆变器所能提供的最大电压时,电机将无法继续提速。此时便需要通过弱磁调节控制直轴电流,通过减弱电机气隙磁场,从而达到扩大电机转速范围的目的。

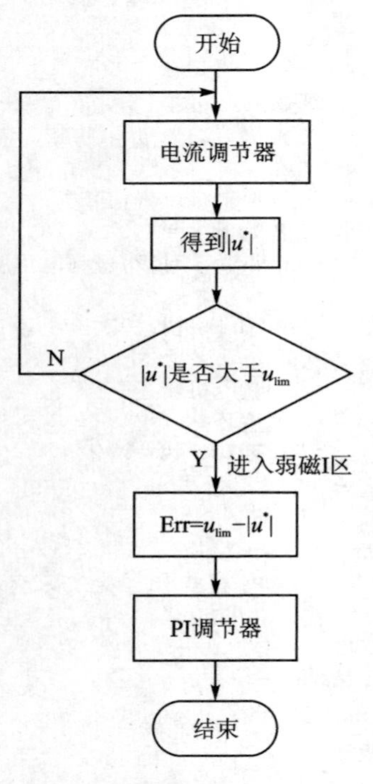

图 5-16　弱磁算法流程图

通过电流调节器输出的电压 u_d 和 u_q,计算得到参考电压的模,并与限制电压 $u_{\lim}$ 比较。若参考电压的模大于给定的限制电压,则判断进入弱磁Ⅰ区,此时将两者之差经 PI 调节器输出,得到弱磁控制量。其中,较为常见的电压反馈弱磁算法包括直轴电流增量法和超前角弱磁控制。弱磁算法流程图如图 5-16 所示,永磁同步凸极电机弱磁升速控制系统原理图如图 5-17 所示。

直轴电流增量法将弱磁控制量经过限幅作为直轴电流增量,叠加到直轴电流参考值上。在基速以上时直轴电流会继续负向增大,这样便实现了由恒转矩区域过渡到弱磁Ⅰ区。

超前角弱磁控制通过调节电流空间矢量的相位角 β 实现弱磁控制。参考电压与给定电压幅值之差经过 PI 调节器和限幅后得到电流空间矢量相位角 $\Delta\beta$,将变化量叠加到 MTPA 参考电流矢量相位角 β_{MTPA} 上,此时应保证总的电流空间矢量相位 β^* 在$[\beta_{\mathrm{MTPA}},\pi]$之间,则在弱磁Ⅰ区 i_d^* 和 i_q^* 可表示为

$$\begin{bmatrix} i_d^* \\ i_q^* \end{bmatrix} = I_s \begin{bmatrix} \cos(\beta_{\mathrm{MTPA}}+\Delta\beta) \\ \sin(\beta_{\mathrm{MTPA}}+\Delta\beta) \end{bmatrix} \tag{5-29}$$

基速以下时,$\Delta\beta=0$,此时系统工作在恒转矩区。基速以上时,随着 $\Delta\beta$ 的增大,

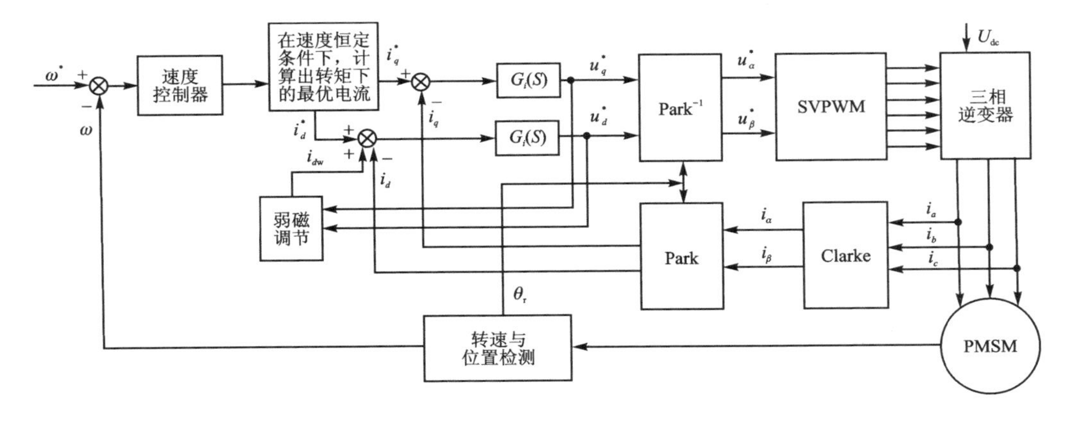

图 5-17　永磁同步凸极电机弱磁升速控制系统原理图

电流矢量沿电流极限圆逆时针移动，通过对 dq 轴电流的重新分配实现了弱磁控制。中断程序如下(中断服务程序中的其他子程序在本章其他位置已经完整给出)：

```
interrupt void epwm1_isr(void)                         // pwm1 中断服务子程序
{
    Alpha = RRA;
    Beta = ( - RRA - 2 * RRC) * 0.57735026918963;      // Clarke 变换
    DatQ19 = EQep1Regs.QPOSCNT;                        // 读取电机位置信号
    diff1 = DatQ19 * 2 * 3.1415926/4096 - 2.058602;    // 初始角度 = 118°
    angle = 2 * diff1;                                 // 电机为 2 对极，得到电角度值
    countjishi1 ++ ;
    if(countjishi1 == 10)                              // 每 10 次进行一次速度环 PI
    {
        cesu();                                        // 测量电机转速
        PI_SPEED();                                    // 速度环 PI
        countjishi1 = 0;                               // 速度环计数位清零
    }
    ID = cos(angle) * Alpha + sin(angle) * Beta;
    IQ = ( - sin(angle)) * Alpha + cos(angle) * Beta;  // Park 变换
    IqGIVE = out_SPEED;                                // Iq 电流给定
    If(_IQ(1) - sqrt(ud * ud + uq * uq) < 0)
    {
        PI_FW();                                       // 电压反馈的弱磁调节
    }
    delta_Id = out_FW;                                 // Id 弱磁反馈
    IdGIVE = - delta_Id;                               // Id 电流给定
    PI_ID();                                           // ID 电流环 PI
    PI_IQ();                                           // IQ 电流环 PI
    ud = out_ID;
    uq = out_IQ;
    iAlpha = cos(angle) * ud - sin(angle) * uq;        // 对 ud、uq 反 Park 变换
    iBeta = sin(angle) * ud + cos(angle) * uq;
    SVPWM();                                           // SVPWM 算法
```

```
    pwm_ratio_2D();                                  // 占空比计算函数
    EPwm1Regs.ETCLR.bit.INT = 1;                     // 清除 ePWM1 中断标志位
    PieCtrlRegs.PIEACK.all = PIEACK_GROUP3;          // 第三组的中断可以重新响应
}
```

弱磁程序如下:

```
void PI_FW()                                         // 电压反馈的弱磁调节 PI 控制器
{
    float Err = 0;
    float outmax = _IQ(0.0);
    float outmin = _IQ( - 0.4);
    Err = _IQ(1) - sqrt(ud * ud + uq * uq);          // 误差给定 - 反馈
    Up_FW = 0.001 * kp_FW * Err;
    Ui_FW = Ui_FW + 0.001 * ki_FW * Err;
    if(Ui_FW > 0.8 * outmax)
    {
        Ui_FW = 0.8 * outmax;
    }
    else if(Ui_FW < 0.8 * outmin)
    {
        Ui_FW = 0.8 * outmin;
    }
    else
    {
        Ui_FW = Ui_FW;
    }
    out_FW = Up_FW + Ui_FW;
    if(out_FW > outmax)
    {
        out_FW = outmax;
    }
    else if(out_FW < outmin)
    {
        out_FW = outmin;
    }
    else
    {
        out_FW = out_FW;
    }
    OUT_FW = out_FW + 30000;
}
```

第6章 电机控制器综合设计实例

6.1 开关量信号设计

开关量为一个电平的两种状态，高电平为1，低电平为0。开关量控制是系统中最基本也是最简单的控制，例如，控制LED的亮灭、控制蜂鸣器的通断、读取按键或者拨码开关状态等。开关量控制经常用于控制器产品当中，例如，使用LED状态显示控制器工作状态是否正常、使用蜂鸣器实现故障报警、使用按键实现基本的人机交互、使用拨码开关实现控制器工作方式的选择等。下面主要对开关量信号的硬件电路和软件代码进行设计。

6.1.1 LED电路设计

LED为半导体发光二极管，具有单向导通特性，正向导通时发光，其工作电流不大于20 mA，通过限流电阻设置其工作电流。图6-1所示为4个LED组成的驱动电路，DSP的GPIO引脚足够驱动LED，所以无须设计三极管对LED进行驱动。

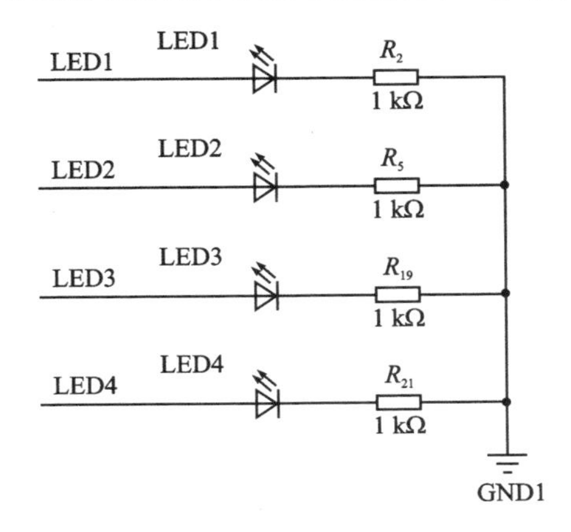

图6-1　LED驱动电路

控制板上LED的正极分别接到DSP的GPIO13、GPIO14、GPIO15、GPIO16引脚，LED的负极通过限流电阻接到控制器的地。当GPIO为高电平输出时，相应LED正向导通，产生正向导通电流，使LED发光，光亮度由相应支路串联的限流电阻决定，

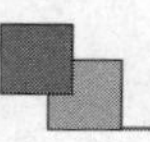

由于 DSP 的 GPIO 引脚高电平输出时为 3.3 V,所以图 6-1 中 LED 正向导通电流大约为 3 mA(考虑 LED 管压降为 0.3 V)。当 GPIO 为低电平时,LED 支路电流为 0,LED 熄灭。

6.1.2 LED 代码解析

LED 控制代码主要包括 LED 的初始化以及 LED 的基本控制函数设计。LED 初始化对 LED 使用的 GPIO 进行设置,LED 的基本控制函数设计主要是对 LED 的常用操作进行封装,以便后续使用。

代码 1 的功能是实现对 LED 使用的 GPIO 引脚进行初始化设置,包括不复用 GPIO 以及设置 GPIO 为输出引脚。

代码 1:

```
void Init_Led(void)
{
    EALLOW;
    // 设置 4 个 LED 对应的 GPIO 引脚不复用,为普通 I/O 口
    GpioCtrlRegs.GPAMUX1.bit.GPIO13 = 0;
    GpioCtrlRegs.GPAMUX1.bit.GPIO14 = 0;
    GpioCtrlRegs.GPAMUX1.bit.GPIO15 = 0;
        GpioCtrlRegs.GPAMUX2.bit.GPIO16 = 0;
    // 设置 4 个 LED 对应的 GPIO 引脚为输出引脚
    GpioCtrlRegs.GPADIR.bit.GPIO13 = 1;z
    GpioCtrlRegs.GPADIR.bit.GPIO14 = 1;
    GpioCtrlRegs.GPADIR.bit.GPIO15 = 1;
    GpioCtrlRegs.GPADIR.bit.GPIO16 = 1;
    EDIS;
}
```

代码 2 的功能是实现 LED 状态的取反,从而能够实现 LED 的闪烁。当函参 Led_Pin 为 1～4 时,对相应的 LED 状态进行取反,否则 4 个 LED 同时状态取反。

代码 2:

```
void Shift_Led(Uint16 Led_Pin)
{
    switch(Led_Pin)
    {
        case 1:     GpioDataRegs.GPATOGGLE.bit.GPIO13 = 1;
                    break;
        case 2:     GpioDataRegs.GPATOGGLE.bit.GPIO14 = 1;
                    break;
        case 3:     GpioDataRegs.GPATOGGLE.bit.GPIO15 = 1;
                    break;
        case 4:     GpioDataRegs.GPATOGGLE.bit.GPIO16 = 1;
                    break;
```

```
        default:  GpioDataRegs.GPATOGGLE.bit.GPIO13 = 1;
                  GpioDataRegs.GPATOGGLE.bit.GPIO14 = 1;
                  GpioDataRegs.GPATOGGLE.bit.GPIO15 = 1;
                  GpioDataRegs.GPATOGGLE.bit.GPIO16 = 1;
                  break;
    }
}
```

代码 3 的功能是设置 4 个 LED 的状态。当参变量 state 为 1 时，相应的 LED 点亮；当参变量 state 为 0 时，相应的 LED 熄灭。

代码 3：

```
void Set_Led_State(Uint16 Led_Pin,char state)
{
    if(state == 1)
    {
        switch(Led_Pin)
        {
            case 1:   GpioDataRegs.GPASET.bit.GPIO13 = 1;
                      break;
            case 2:   GpioDataRegs.GPASET.bit.GPIO14 = 1;
                      break;
            case 3:   GpioDataRegs.GPASET.bit.GPIO15 = 1;
                      break;
            case 4:   GpioDataRegs.GPASET.bit.GPIO16 = 1;
                      break;
            default:  GpioDataRegs.GPASET.bit.GPIO13 = 1;
                      GpioDataRegs.GPASET.bit.GPIO14 = 1;
                      GpioDataRegs.GPASET.bit.GPIO15 = 1;
                      GpioDataRegs.GPASET.bit.GPIO16 = 1;
                      break;
        }
    }
    else if(state == 0)
    {
        switch(Led_Pin)
        {
            case 1:   GpioDataRegs.GPACLEAR.bit.GPIO13 = 1;
                      break;
            case 2:   GpioDataRegs.GPACLEAR.bit.GPIO14 = 1;
                      break;
            case 3:   GpioDataRegs.GPACLEAR.bit.GPIO15 = 1;
                      break;
            case 4:   GpioDataRegs.GPACLEAR.bit.GPIO16 = 1;
                      break;
            default:  GpioDataRegs.GPACLEAR.bit.GPIO13 = 1;
                      GpioDataRegs.GPACLEAR.bit.GPIO14 = 1;
                      GpioDataRegs.GPACLEAR.bit.GPIO15 = 1;
                      GpioDataRegs.GPACLEAR.bit.GPIO16 = 1;
                      break;
```

```
            }
        }
    }
```

6.1.3 按键及拨码开关电路设计

图 6－2 为按键电路,该电路包括 4 个按键,每个按键串联一个上拉电阻,通过测量按键及电阻间的电平来获取按键的状态。图中 BT1、BT2、BT3、BT4 分别接到 DSP 的 GPIO48、GPIO49、GPIO50、GPIO51 引脚上,当按键按下时,BT 接地,从而为低电平;否则 BT 约为 3.3 V,为高电平。

图 6－3 为拨码开关电路,与按键电路不同的是按键为自恢复型,按下为低电平,松开为高电平,而拨码开关进行设置后,相应拨码开关支路检测的电平只与拨码开关的状态有关。图 6－3 中 BT5、BT6、BT7、BT8 分别接到 DSP 的 GPIO52、GPIO53、GPIO54、GPIO55 引脚上。

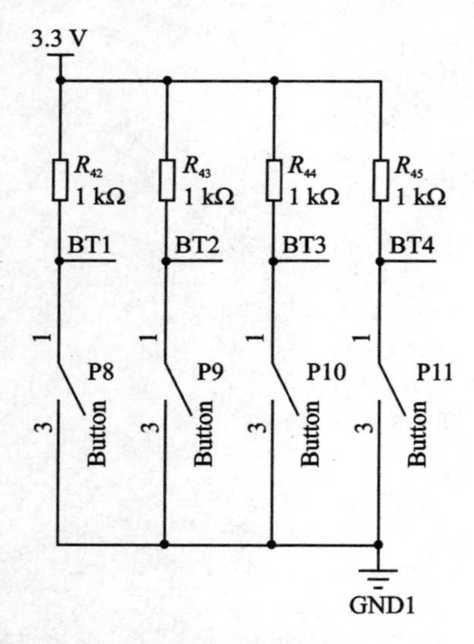

图 6－2 按键电路

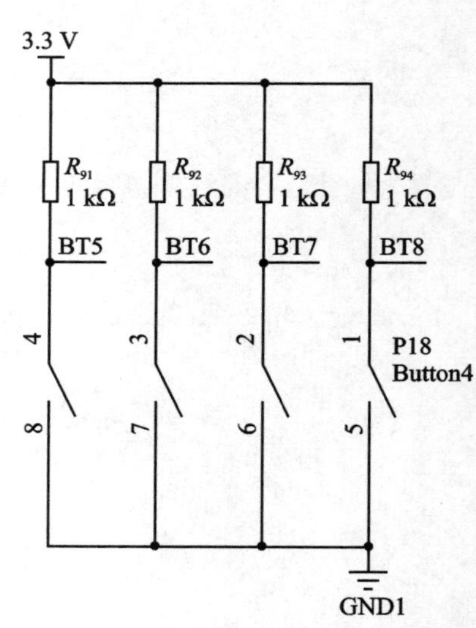

图 6－3 拨码开关电路

6.1.4 按键及拨码开关代码解析

按键程序主要包括按键 GPIO 初始化以及按键判断程序。代码 4 为按键及拨码开关的 GPIO 初始化程序,设置按键及拨码开关的 GPIO 不复用且为输入引脚。

代码 4:

```
void Init_Button(void)
{
    EALLOW;
    // 设置按键、拨码开关对应的 Button 引脚不复用,为普通 I/O 口
```

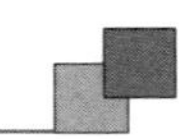

```
    GpioCtrlRegs.GPBMUX2.bit.GPIO48 = 0;
    GpioCtrlRegs.GPBMUX2.bit.GPIO49 = 0;
    GpioCtrlRegs.GPBMUX2.bit.GPIO50 = 0;
    GpioCtrlRegs.GPBMUX2.bit.GPIO51 = 0;
    GpioCtrlRegs.GPBMUX2.bit.GPIO52 = 0;
    GpioCtrlRegs.GPBMUX2.bit.GPIO53 = 0;
    GpioCtrlRegs.GPBMUX2.bit.GPIO54 = 0;
    GpioCtrlRegs.GPBMUX2.bit.GPIO55 = 0;
    // 设置按键、拨码开关对应的 GPIO 引脚为输入引脚
    GpioCtrlRegs.GPBDIR.bit.GPIO48 = 0;
    GpioCtrlRegs.GPBDIR.bit.GPIO49 = 0;
    GpioCtrlRegs.GPBDIR.bit.GPIO50 = 0;
    GpioCtrlRegs.GPBDIR.bit.GPIO51 = 0;
    GpioCtrlRegs.GPBDIR.bit.GPIO52 = 0;
    GpioCtrlRegs.GPBDIR.bit.GPIO53 = 0;
    GpioCtrlRegs.GPBDIR.bit.GPIO54 = 0;
    GpioCtrlRegs.GPBDIR.bit.GPIO55 = 0;
    EDIS;
}
```

判断按键是否按下的程序中主要包括延时去抖和等待按键松开两个操作。按键按下时被检测的电平会在上升沿和下降沿发生抖动，从而引起一次按键被多次误读，通常在检测到按键电平为低时，延时 10 ms 再进行检测，若仍然为低电平，则认为按键确实被按下，否则视为抖动。等待按键松开使得无论按键按下的时间多长都视为一次按键操作，防止一次按键操作被程序处理为多次按键操作。代码 5 实现相应按键状态的读取，代码 6 为按键是否按下的判定程序。

代码 5：

```
Uint16 Button_State(Uint16 Button_Pin)
{
    Uint16 state;
    switch(Button_Pin)
    {
        case 1:     state = GpioDataRegs.GPBDAT.bit.GPIO48;
                    break;
        case 2:     state = GpioDataRegs.GPBDAT.bit.GPIO49;
                    break;
        case 3:     state = GpioDataRegs.GPBDAT.bit.GPIO50;
                    break;
        case 4:     state = GpioDataRegs.GPBDAT.bit.GPIO51;
                    break;
        default:    state = 1;
                    break;
    }
    return state;
}
```

代码 6：

```
Uint16 Get_Button_State(Uint16 Button_Pin)
{
    if(Button_State(Button_Pin) == 0)               // 按键按下
    {
        delay_ms(10);
        if(Button_State(Button_Pin) == 0)           // 延时消抖
        {
            while(Button_State(Button_Pin) == 0)    // 等待按键松开
            {
                delay_ms(10);
            }
            return 1;
        }
    }
    return 0;
}
```

4 位拨码开关有 16 种状态组合,定义检测的 BT 引脚为高电平时为 1,为低电平时为 0,从而使拨码开关的状态也为一个二进制数值。代码 7 的功能是返回拨码开关组成的二进制数值。GpioDataRegs. GPBDAT. all 为 GPIO63～GPIO32 组成的二进制数值,代码 7 主要完成将拨码开关连接的 GPIO55～GPIO52 的二进制数值提取出来。

代码 7:

```
char Get_Key_Value(void)
{
    unsigned long Value;
    unsigned char Key_Value;
    Value = GpioDataRegs.GPBDAT.all;
    Key_Value = (unsigned char)((Value&0x00f00000) > > 20);
    return Key_Value;
}
```

6.1.5　开关量综合实验

1. 实验目的

该实验实现一个 LED 控制系统,有两种工作模式,由拨码开关的 BT7 决定。模式 1 为 4 个按键分别控制 4 个 LED 的亮灭,按一次对应的 LED 来改变亮灭状态。模式 2 为流水灯模式,速度由拨码开关的 BT6、BT5 组成的二进制值决定,流动方向由按键 BT1 决定,按下一次则流动方向发生改变。拨码开关的 BT8 为系统开关,只有当 BT8=1 时,系统才工作。

2. 实验代码解析

实验要实现两种模式,可以先分别对两种模式代码进行封装,因为封装后代码可读性强,也极大地方便了调用。代码 8 为模式 1 的功能实现,可见,由于前面已经对

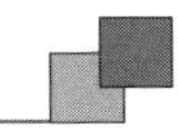

按键检测以及改变 LED 状态的代码进行了封装，所以模式 1 的实现代码非常简洁。

代码 8：

```
void Model_One(void)
{
    if(Get_Button_State(1))             // 按键 1 被按下
    {
        Shift_Led(1);                   // 改变 LED2 的状态
    }
    if(Get_Button_State(2))             // 按键 2 被按下
    {
        Shift_Led(2);                   // 改变 LED2 的状态
    }
    if(Get_Button_State(3))             // 按键 3 被按下
    {
        Shift_Led(3);                   // 改变 LED3 的状态
    }
    if(Get_Button_State(4))             // 按键 4 被按下
    {
        Shift_Led(4);                   // 改变 LED4 的状态
    }
}
```

模式 2 用于实现对流水灯速度和方向的控制，可以将方向以及速度作为函数形参，封装成一个函数。代码 9 实现速度和方向可控的流水灯功能。

代码 9：

```
void Water_Light(char direction,int time)
{
    if(direction)           // 正向
    {
        GpioDataRegs.GPASET.bit.GPIO13 = 1;
        delay_ms(time);
        GpioDataRegs.GPACLEAR.bit.GPIO13 = 1;

        GpioDataRegs.GPASET.bit.GPIO14 = 1;
        delay_ms(time);
        GpioDataRegs.GPACLEAR.bit.GPIO14 = 1;

        GpioDataRegs.GPASET.bit.GPIO15 = 1;
        delay_ms(time);
        GpioDataRegs.GPACLEAR.bit.GPIO15 = 1;

        GpioDataRegs.GPASET.bit.GPIO16 = 1;
        delay_ms(time);
        GpioDataRegs.GPACLEAR.bit.GPIO16 = 1;
    }
    else                    // 反向
    {
        GpioDataRegs.GPASET.bit.GPIO16 = 1;
```

```
            delay_ms(time);
            GpioDataRegs.GPACLEAR.bit.GPIO16 = 1;

            GpioDataRegs.GPASET.bit.GPIO15 = 1;
            delay_ms(time);
            GpioDataRegs.GPACLEAR.bit.GPIO15 = 1;

            GpioDataRegs.GPASET.bit.GPIO14 = 1;
            delay_ms(time);
            GpioDataRegs.GPACLEAR.bit.GPIO14 = 1;

            GpioDataRegs.GPASET.bit.GPIO13 = 1;
            delay_ms(time);
            GpioDataRegs.GPACLEAR.bit.GPIO13 = 1;
        }
    }
```

最后,在 main 函数的 for 循环中不断读取拨码开关的值。先判断 BT8,根据 BT8 决定系统是否工作;如果系统工作,再根据 BT7 对工作模式进行选择,若为模式 2,则再根据拨码 BT6 和 BT5 进行速度计算,检测按键 BT1 改变流水灯方向。具体实现代码如代码 10 所示。

代码 10:

```
for(;;)
{
    Key = Get_Key_Value();
    if(Key&0x08)                                // 判断 BT8
    {
        if(Key&0x04)                            // 判断 BT7
        {
            Model_One();                        // 模式 1
        }
        else                                    // 模式 2
        {
            if(Get_Button_State(1))             // 是否按键 1 被按下
            {
                flag = 1 - flag;                // 改变流水灯方向
            }
            speed = ((Key&0x03) + 1) * 500;     // 速度分为 4 挡:0.5 s,1 s,1.5 s,2 s
            Water_Light(flag,speed);
        }
    }
}
```

3. 编程作业

编写 LED 控制程序,控制系统工作时 4 个按键分别控制 4 个 LED 的亮灭,4 位拨码开关分别为 4 个 LED 的控制使能开关,只有对应的拨码开关使能时,按键按下后才能改变对应 LED 的状态,否则按键按下后无法改变 LED 的状态。

6.2　系统显示设计

控制系统显示中常用的显示器件有数码管、LCD、OLED等。OLED(Organic Light Emitting Diode)即有机发光二极管，其同时具备自发光、不需背光源、对比度高、制程较简单等优异特性，被认为是下一代的平面显示器新兴应用技术。本节主要介绍OLED的工作原理、底层驱动代码编写以及如何通过取模软件显示任何自己想要显示的文字或者图片。

6.2.1　OLED显示原理

图6-4所示为0.96寸OLED显示模块，其分辨率为128×64，采用4线SPI接口方式，模块的接口定义如表6-1所列。

图6-4　0.96寸OLED显示模块

表6-1　OLED显示模块接口定义

序　号	标　号	功　能
1	GND	电源地
2	VCC	电源(3～5.5 V)
3	D0	在SPI和IIC通信中为时钟引脚
4	D1	在SPI和IIC通信中为数据引脚
5	RES	复位(低电平复位)
6	DC	数据和命令控制引脚(0：读/写命令，1：读/写数据)
7	CS	片选引脚(低电平选中)

0.96寸OLED模块内部选用SSD1306驱动，支持多种接口方式，包括6800、880两种并行接口方式、3线或4线SPI接口方式、IIC接口方式。这里介绍OLED模块

4 线 SPI 通信方式,即只需 4 根通信线就能实现对 OLED 模块的显示控制,这 4 根线为 D0、D1、DC、CS。

图 6-5 所示为 4 线 SPI 写操作时序图,在 4 线 SPI 模式下,每个数据长度均为 8 位,即一个字节。每次发送该字节数据前,如果该字节数据为指令号,则将 DC 引脚拉低;如果该字节数据为普通数据,则将 DC 引脚置高。在 SCLK 上升沿,数据从 SDIN 移入 SSD1306,并且高位在前。

SSD1306 的显存总共 128×64 bit,分为 8 页,其对应关系如表 6-2 所列。可见,OLED 水平像素分为 128 段,即 SEG0~SEG127;垂直像素平分为 8 页,即垂直方向每 8 个像素点为一页。可见,在确定显示的位置后,通过往显存中写入一个字节数据来使相应的 SEG 显示数据,当位数据为 1 时,相应像素点被点亮;当位数据为 0 时,相应的像素点熄灭。

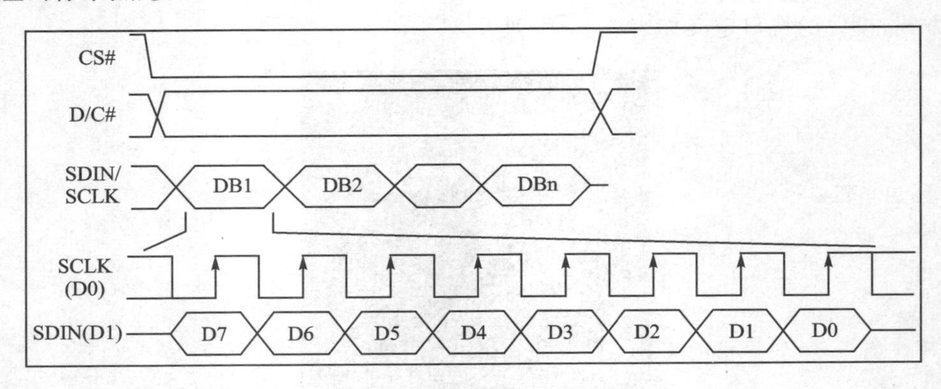

图 6-5　4 线 SPI 写操作时序图

表 6-2　SSD1306 显存与屏幕对应关系表

行	列(COL0~COL127)						
(COM0~COM63)	SEG0	SEG1	SEG2	…	SEG125	SEG126	SEG127
	PAGE0						
	PAGE1						
	PAGE2						
	PAGE3						
	PAGE4						
	PAGE5						
	PAGE6						
	PAGE7						

使用 OLED 进行显示时,需要根据 SSD1306 的指令对 OLED 进行配置。

SSD1306 的指令较多，具体可以参考相关手册，这里介绍如表 6－3 所列的几个比较常用的指令。

表 6－3　SSD1306 常用指令表

序　号	HEX	各位描述								指　令	说　明
		D7	D6	D5	D4	D3	D2	D1	D0		
0	81	1	0	0	0	0	0	0	1	设置对比度	值越大，屏幕越亮
	A[7:0]	A7	A6	A5	A4	A3	A2	A1	A0		
1	AE/AF	1	0	1	0	1	1	1	X0	设置显示开关	X0＝0，关闭显示 X0＝1，开启显示
2	8D	1	0	0	0	1	1	0	1	设置电荷泵	A2＝0，关闭电荷泵 A2＝1，开启电荷泵
	A[7:0]	*	*	0	1	0	A2	0	0		
3	B0～B7	1	0	1	1	0	X2	X1	X0	设置页地址	X[2:0]：0～7 对应页 0～7
4	00～0F	0	0	0	0	X3	X2	X1	X0	设置列地址（低 4 位）	设置 8 位起始列地址的低 4 位
5	10～1F	0	0	0	1	X3	X2	X1	X0	设置列地址（高 4 位）	设置 8 位起始列地址的高 4 位

第一个指令为 0X81，用于设置对比度。这个指令包含了两个字节，第一个 0X81 为命令字，随后发送的一个字节为要设置的对比度的值。这个值设置得越大，屏幕就越亮。

第二个指令为 0XAE/0XAF。0XAE 为关闭显示指令，0XAF 为开启显示指令。

第三个指令为 0X8D，包含两个字节，第一个为命令字，第二个为设置值。第二个字节的 BIT2 表示电荷泵的开关状态，该位为 1，则开启电荷泵；该位为 0，则关闭电荷泵。在模块初始化的时候，这个必须开启，否则看不到屏幕显示。

第四个指令为 0XB0～B7，用于设置页地址，其低 3 位的值对应着 GRAM 的页地址。

第五个指令为 0X00～0X0F，用于设置显示时的起始列地址低 4 位。第六个指令为 0X10～0X1F，用于设置显示时的起始列地址高 4 位。

6.2.2　OLED 底层驱动代码编写

表 6－4 所列为 OLED 模块与 DSP 的连接对应关系。为方便程序编写和增强代码的可读性，首先在 oled.h 头文件中建立对通信线操作的宏定义，如代码 11 所示。

表 6-4 OLED 模块与 DSP 的连接对应关系表

OLED 模块引脚	DSP 引脚	OLED 模块引脚	DSP 引脚
GND	GND	RES	GPIO72
VCC	5 V 或 3.3 V	DC	GPIO70
D0	GPIO76	CS	GPIO68
D1	GPIO74		

代码 11:

```
#define OLED_SCLK_Clr()GpioDataRegs.GPCCLEAR.bit.GPIO76 = 1      // CLK = 0
#define OLED_SCLK_Set()GpioDataRegs.GPCSET.bit.GPIO76 = 1        // CLK = 1
#define OLED_SDIN_Clr()GpioDataRegs.GPCCLEAR.bit.GPIO74 = 1      // DIN = 0
#define OLED_SDIN_Set() GpioDataRegs.GPCSET.bit.GPIO74 = 1       // DIN = 1
#define OLED_RST_Clr() GpioDataRegs.GPCCLEAR.bit.GPIO72 = 1      // RES = 0
#define OLED_RST_Set() GpioDataRegs.GPCSET.bit.GPIO72 = 1        // RES = 1
#define OLED_DC_Clr() GpioDataRegs.GPCCLEAR.bit.GPIO70 = 1       // DC = 0
#define OLED_DC_Set() GpioDataRegs.GPCSET.bit.GPIO70 = 1         // DC = 1
#define OLED_CS_Clr()   GpioDataRegs.GPCCLEAR.bit.GPIO68 = 1     // CS = 0
#define OLED_CS_Set()   GpioDataRegs.GPCSET.bit.GPIO68 = 1       // CS = 1
#define OLED_CMD   0                                             // 写指令
#define OLED_DATA 1                                              // 写数据
```

要实现对 OLED 的显示控制,首先得建立控制器与 OLED 模块之间的通信,主要就是如何将指令或者数从控制器发送给 OLED 模块的驱动芯片 SSD1306。根据图 6-5 所示的 4 线 SPI 写操作时序,可编写代码 12,该函数代码能够实现将单个字节的指令或者数据发送给 OLED 模块的功能。

代码 12:

```
void OLED_WR_Byte(u8 dat,u8 cmd)
{
    u8 i;
    if(cmd)                         // 如果为指令数据,则 DC = 1
    {
        OLED_DC_Set();
    }
    else
    {
        OLED_DC_Clr();              // 如果为普通数据,则 DC = 0
    }
    OLED_CS_Clr();                  // 传输数据前将 CS = 0
    for(i = 0;i < 8;i ++ )          // 8 bit 数据轮流发送,先发送高位,后发送低位
    {
        OLED_SCLK_Clr();            // 时钟线 CLK = 0
        if(dat&0x80)                // 数据线根据数据设置电平
        {
            OLED_SDIN_Set();
        }
```

```
        else
        {
            OLED_SDIN_Clr();
        }
        OLED_SCLK_Set();                    // 时钟线 CLK = 1,上升沿,1 bit 数据被传输
        dat < < = 1;                        // 进行下个 bit 数据传输
    }
    OLED_CS_Set();                          // 1 个字节数据传输完成,CS = 1
    OLED_DC_Set();                          // DC = 1
}
```

建立好发送数据的函数后,就可以对 OLED 进行初始化设置。表 6－5 所列为 OLED 初始化流程及相关代码。

表 6－5　OLED 初始化流程及其相关代码

序　号	流程说明	相关代码
1	GPIO 设置	EALLOW; GpioCtrlRegs.GPCMUX1.bit.GPIO68=0; GpioCtrlRegs.GPCMUX1.bit.GPIO70=0; GpioCtrlRegs.GPCMUX1.bit.GPIO72=0; GpioCtrlRegs.GPCMUX1.bit.GPIO74=0; GpioCtrlRegs.GPCMUX1.bit.GPIO76=0; GpioCtrlRegs.GPCDIR.bit.GPIO68=1; GpioCtrlRegs.GPCDIR.bit.GPIO70=1; GpioCtrlRegs.GPCDIR.bit.GPIO72=1; GpioCtrlRegs.GPCDIR.bit.GPIO74=1; GpioCtrlRegs.GPCDIR.bit.GPIO76=1; EDIS;

2	复位 SSD1306	OLED_RST_Set();
		delay_ms(100);
		OLED_RST_Clr();
		delay_ms(200);
		OLED_RST_Set();

3	SSD1306 初始化序列	OLED_WR_Byte(0xAE,OLED_CMD); OLED_WR_Byte(0x00,OLED_CMD); OLED_WR_Byte(0x10,OLED_CMD); OLED_WR_Byte(0x40,OLED_CMD); OLED_WR_Byte(0x81,OLED_CMD); OLED_WR_Byte(0xCF,OLED_CMD); OLED_WR_Byte(0xA1,OLED_CMD); OLED_WR_Byte(0xC8,OLED_CMD); OLED_WR_Byte(0xA6,OLED_CMD);

续表 6-5

序　号	流程说明	相关代码
3	SSD1306 初始化序列	OLED_WR_Byte(0xA8,OLED_CMD); OLED_WR_Byte(0x3f,OLED_CMD); OLED_WR_Byte(0xD3,OLED_CMD); OLED_WR_Byte(0x00,OLED_CMD); OLED_WR_Byte(0xd5,OLED_CMD); OLED_WR_Byte(0x80,OLED_CMD); OLED_WR_Byte(0xD9,OLED_CMD); OLED_WR_Byte(0xF1,OLED_CMD); OLED_WR_Byte(0xDA,OLED_CMD); OLED_WR_Byte(0x12,OLED_CMD); OLED_WR_Byte(0xDB,OLED_CMD); OLED_WR_Byte(0x40,OLED_CMD); OLED_WR_Byte(0x20,OLED_CMD); OLED_WR_Byte(0x02,OLED_CMD); OLED_WR_Byte(0x8D,OLED_CMD); OLED_WR_Byte(0x14,OLED_CMD); OLED_WR_Byte(0xA4,OLED_CMD); OLED_WR_Byte(0xA6,OLED_CMD);
4	开启显示	OLED_WR_Byte(0xAF,OLED_CMD);
5	清屏	OLED_Clear();
6	开始显示	OLED_ShowChar(0,0,'A');

初始化流程中 SSD1306 初始化序列使用的是 SSD1306 厂家推荐的初始化代码，可实现对 SSD1306 的一些最基本设置，具体指令的含义可查阅相关手册，这里直接使用即可，无须修改。初始化结束后需要使用 OLED_Clear()函数对 OLED 进行清屏处理，即往 128×64 bit 显存中写 0x00。具体实现如代码 13 所示，其实现由左往右、由上到下对显存写 0x00，从而实现清屏。

代码 13：

```
void OLED_Clear(void)
{
    u8 i,n;
    for(i = 0;i < 8;i++)
    {
        // 起始行地址 0xb0～0xb7 对应 0 页到 7 页
        OLED_WR_Byte (0xb0 + i,OLED_CMD);
        OLED_WR_Byte (0x00,OLED_CMD);                              // 起始列地址低 4 位
        OLED_WR_Byte (0x10,OLED_CMD);                              // 起始列地址高 4 位
        for(n = 0;n < 128;n++)OLED_WR_Byte(0,OLED_DATA);    // 写 0x00 进行清屏
    }
}
```

6.2.3　字符取模软件的使用

OLED是通过点亮或者熄灭128×64个像素点来显示字符或者图形的，首先建立以OLED屏幕左上角为中心的坐标系，水平往右为x轴正向，x轴的范围为0～127；垂直向下为y轴正向，但由前面介绍可知，y轴像素点被平分为8页，只能以页为单位显示，不能随意显示，所以y轴的范围为0～7。接下来介绍如何使用字模提取软件获取ASCII字符以及汉字的字模。

1. ASCII字符取模

定义每个ASCII字符占用8×16个像素点，首先打开如图6-6所示的字符取模软件，在软件的文字输入区输入我们需要取模的字符，比如“A”；也可以输入多个字符，实现多个字符同时取模。

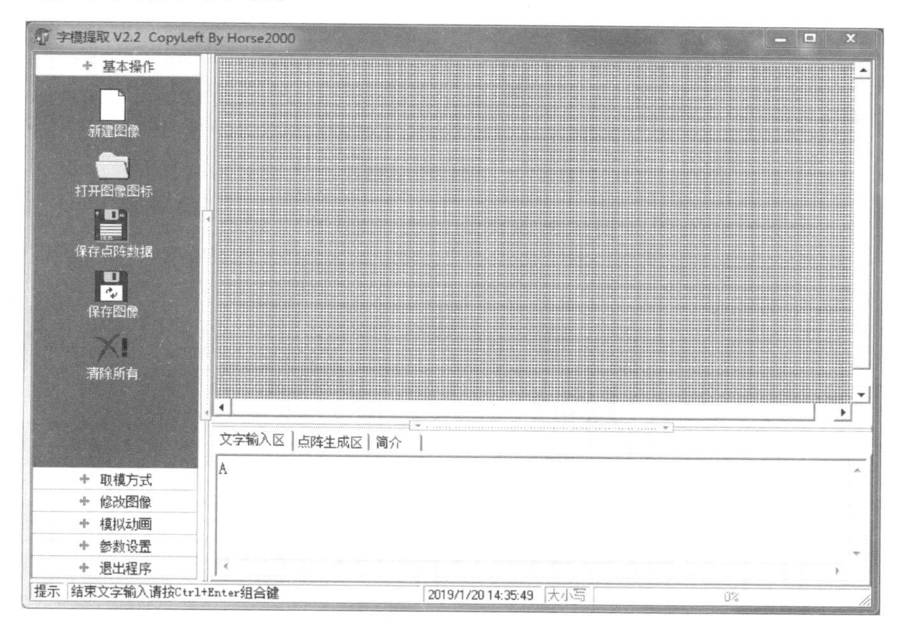

图6-6　字符取模操作1

输入完成后按Ctrl+Enter组合键，输入的文字将在软件点阵区域显示出来，然后单击软件左侧取模方式，鼠标单击“C51　格式”，在软件下方点阵生成区将得到取模的结果。如图6-7所示，显示字符“A”的取模结果为“0x00，0x00，0xC0，0x38，0xE0，0x00，0x00，0x00，0x20，0x3C，0x23，0x02，0x02，0x27，0x38，0x20”。

该取模软件还能实现输入字符的上下调转、左右调转、旋转90°、黑白反显、大小调整、字体修改等操作，接线根据取模结果分析该字符的取模方式。图6-8所示为字符“A”在点阵中显示的样式以及取模结果。可见，对于一个字符，取模软件以纵向8个点为一个字节单位进行取模，且点阵下方的点为字节的高位，点阵上方的点为字

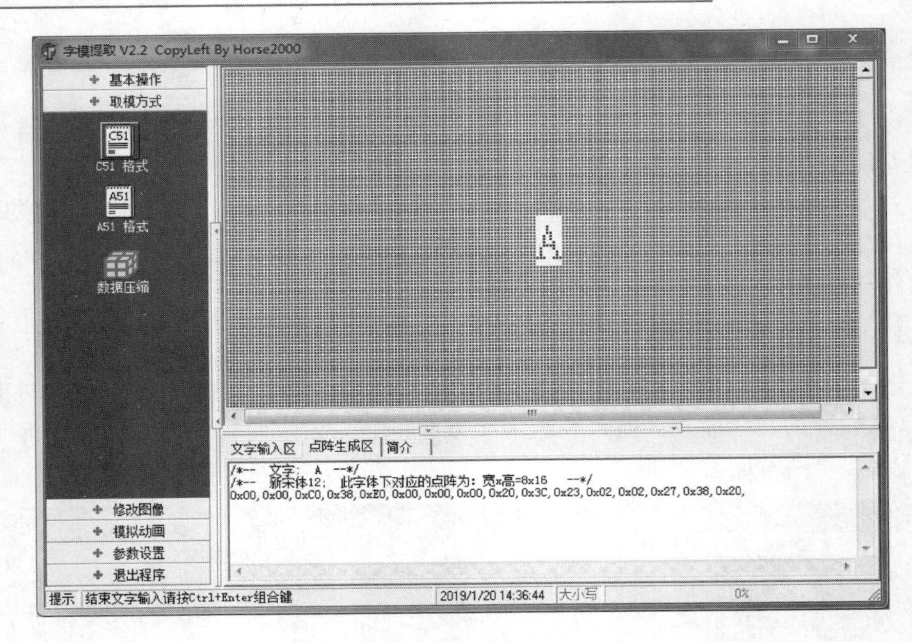

图 6-7　字符取模操作 2

节的低位。取模软件取模时扫描的方向为由左往右、由上到下。

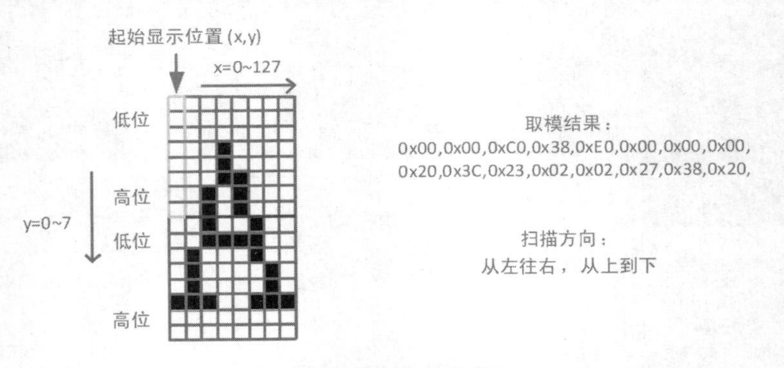

图 6-8　字符取模方式解析

2. 汉字取模

每个汉字占用 16×16 个像素点，首先打开如图 6-9 所示字符取模软件，在软件的文字输入区输入我们需要取模的汉字，如“中”；也可以输入多个汉字，实现多个汉字同时取模。

输入完成后按 Ctrl+Enter 组合键，输入的文字将在软件点阵区域显示出来，然后打开软件左侧取模方式，鼠标单击“C51　格式”，在软件下方点阵生成区将得到取模的结果。如图 6-10 所示，显示字符“中”的取模结果为“0x00，0x00，0xF0，0x10，0x10，0x10，0x10，0xFF，0x10，0x10，0x10，0x10，0xF0，0x00，0x00，0x00，0x00，0x00，

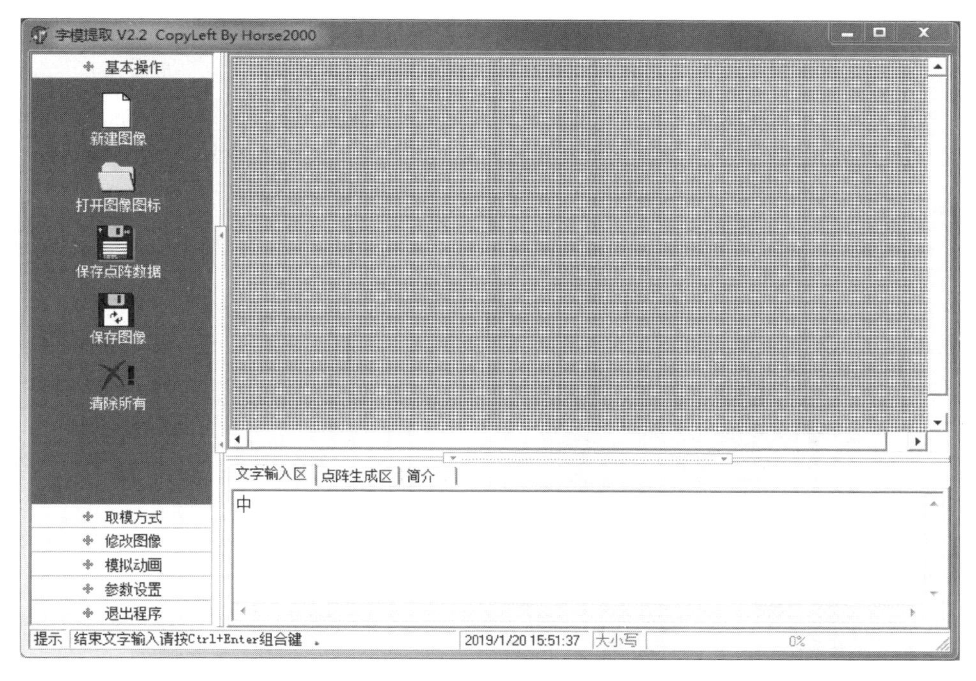

图 6-9　汉字取模操作 1

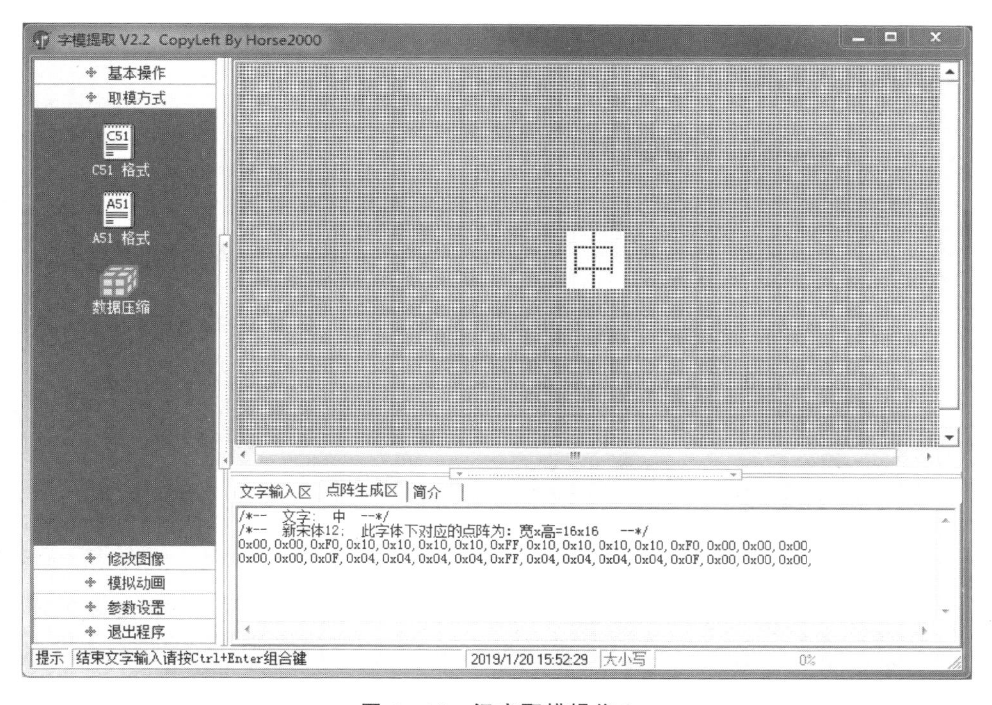

图 6-10　汉字取模操作 2

0x0F，0x04，0x04，0x04，0x04，0xFF，0x04，0x04，0x04，0x04，0x0F，0x00，0x00，0x00”。

图 6－11 所示为汉字“中”在点阵中显示的样式以及取模结果。可见，汉字取模方式与字符取模方式一样，取模软件都是以纵向 8 个点为一个字节单位进行取模，且点阵下方的点为字节的高位，点阵上方的点为字节的低位。取模软件取模时扫描的方向为由左往右、由上到下。

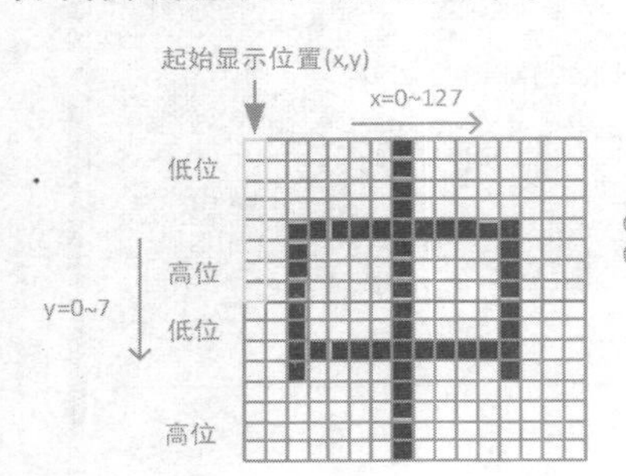

取模结果：
0x00,0x00,0xF0,0x10,0x10,0x10,0x10,0xFF,0x10,0x10,0x10,0x10,0xF0,0x00,0x00,0x00,
0x00,0x00,0x0F,0x04,0x04,0x04,0x04,0xFF,0x04,0x04,0x04,0x04,0x0F,0x00,0x00,0x00,

扫描方向：
从左往右，从上到下

图 6－11　汉字取模方式解析

6.2.4　使用 OLED 显示字符

通过取模软件可以获取 ASCII 码表上所有字符的模，将这些字符按照 ASCII 码表的顺序形成如下所示的数组，字符显示时将从 F8X16[]数组中调取数据。

```
    const unsigned char F8X16[] =
    {
        0x00,0x00,0x00,0x00,0x00,0x00,0x00,0x00,0x00,0x00,0x00,0x00,0x00,0x00,0x00,
0x00,   // sp 0
        0x00,0x00,0x00,0xF8,0x00,0x00,0x00,0x00,0x00,0x00,0x00,0x33,0x30,0x00,0x00,
0x00,   // !  1
        0x00,0x10,0x0C,0x06,0x10,0x0C,0x06,0x00,0x00,0x00,0x00,0x00,0x00,0x00,0x00,
0x00,   // "  2
        0x40,0xC0,0x78,0x40,0xC0,0x78,0x40,0x00,0x04,0x3F,0x04,0x04,0x3F,0x04,0x04,
0x00,   // #  3
        0x00,0x70,0x88,0xFC,0x08,0x30,0x00,0x00,0x00,0x18,0x20,0xFF,0x21,0x1E,0x00,
0x00,   // $  4
        0xF0,0x08,0xF0,0x00,0xE0,0x18,0x00,0x00,0x00,0x21,0x1C,0x03,0x1E,0x21,0x1E,
0x00,   // %  5
        0x00,0xF0,0x08,0x88,0x70,0x00,0x00,0x00,0x1E,0x21,0x23,0x24,0x19,0x27,0x21,
0x10,   // &  6
        0x10,0x16,0x0E,0x00,0x00,0x00,0x00,0x00,0x00,0x00,0x00,0x00,0x00,0x00,0x00,
0x00,   // '  7
        0x00,0x00,0x00,0xE0,0x18,0x04,0x02,0x00,0x00,0x00,0x00,0x07,0x18,0x20,0x40,
0x00,   // (  8
        0x00,0x02,0x04,0x18,0xE0,0x00,0x00,0x00,0x00,0x40,0x20,0x18,0x07,0x00,0x00,
0x00,   // )  9
```

```
    0x40,0x40,0x80,0xF0,0x80,0x40,0x40,0x00,0x02,0x02,0x01,0x0F,0x01,0x02,0x02,
0x00,    // *  10
    0x00,0x00,0x00,0xF0,0x00,0x00,0x00,0x00,0x01,0x01,0x01,0x1F,0x01,0x01,0x01,
0x00,    // +  11
    0x00,0x00,0x00,0x00,0x00,0x00,0x00,0x00,0x80,0xB0,0x70,0x00,0x00,0x00,0x00,
0x00,    // ,  12
    0x00,0x00,0x00,0x00,0x00,0x00,0x00,0x00,0x00,0x01,0x01,0x01,0x01,0x01,0x01,
0x01,    // -  13
    0x00,0x00,0x00,0x00,0x00,0x00,0x00,0x00,0x00,0x30,0x30,0x00,0x00,0x00,0x00,
0x00,    // .  14
    0x00,0x00,0x00,0x00,0x80,0x60,0x18,0x04,0x00,0x60,0x18,0x06,0x01,0x00,0x00,
0x00,    ///  15
    0x00,0xE0,0x10,0x08,0x08,0x10,0xE0,0x00,0x00,0x0F,0x10,0x20,0x20,0x10,0x0F,
0x00,    //0  16
    0x00,0x10,0x10,0xF8,0x00,0x00,0x00,0x00,0x00,0x20,0x20,0x3F,0x20,0x20,0x00,
0x00,    //1  17
    0x00,0x70,0x08,0x08,0x08,0x88,0x70,0x00,0x00,0x30,0x28,0x24,0x22,0x21,0x30,
0x00,    //2  18
    0x00,0x30,0x08,0x88,0x88,0x48,0x30,0x00,0x00,0x18,0x20,0x20,0x20,0x11,0x0E,
0x00,    //3  19
    0x00,0x00,0xC0,0x20,0x10,0xF8,0x00,0x00,0x00,0x07,0x04,0x24,0x24,0x3F,0x24,
0x00,    //4  20
    0x00,0xF8,0x08,0x88,0x88,0x08,0x08,0x00,0x00,0x19,0x21,0x20,0x20,0x11,0x0E,
0x00,    //5  21
    0x00,0xE0,0x10,0x88,0x88,0x18,0x00,0x00,0x00,0x0F,0x11,0x20,0x20,0x11,0x0E,
0x00,    //6  22
    0x00,0x38,0x08,0x08,0xC8,0x38,0x08,0x00,0x00,0x00,0x00,0x3F,0x00,0x00,0x00,
0x00,    //7  23
    0x00,0x70,0x88,0x08,0x08,0x88,0x70,0x00,0x00,0x1C,0x22,0x21,0x21,0x22,0x1C,
0x00,    //8  24
    0x00,0xE0,0x10,0x08,0x08,0x10,0xE0,0x00,0x00,0x00,0x31,0x22,0x22,0x11,0x0F,
0x00,    //9  25
    0x00,0x00,0x00,0xC0,0xC0,0x00,0x00,0x00,0x00,0x00,0x00,0x30,0x30,0x00,0x00,
0x00,    //:  26
    0x00,0x00,0x00,0x80,0x00,0x00,0x00,0x00,0x00,0x00,0x80,0x60,0x00,0x00,0x00,
0x00,    //;  27
    0x00,0x00,0x80,0x40,0x20,0x10,0x08,0x00,0x00,0x01,0x02,0x04,0x08,0x10,0x20,
0x00,    //<  28
    0x40,0x40,0x40,0x40,0x40,0x40,0x40,0x00,0x04,0x04,0x04,0x04,0x04,0x04,0x04,
0x00,    //=  29
    0x00,0x08,0x10,0x20,0x40,0x80,0x00,0x00,0x00,0x20,0x10,0x08,0x04,0x02,0x01,
0x00,    //>  30
    0x00,0x70,0x48,0x08,0x08,0x08,0xF0,0x00,0x00,0x00,0x00,0x30,0x36,0x01,0x00,
0x00,    //?  31
    0xC0,0x30,0xC8,0x28,0xE8,0x10,0xE0,0x00,0x07,0x18,0x27,0x24,0x23,0x14,0x0B,
0x00,    //@  32
    0x00,0x00,0xC0,0x38,0xE0,0x00,0x00,0x00,0x20,0x3C,0x23,0x02,0x02,0x27,0x38,
0x20,    //A  33
    0x08,0xF8,0x88,0x88,0x88,0x70,0x00,0x00,0x20,0x3F,0x20,0x20,0x20,0x11,0x0E,
0x00,    //B  34
```

```
        0xC0,0x30,0x08,0x08,0x08,0x08,0x38,0x00,0x07,0x18,0x20,0x20,0x20,0x10,0x08,
0x00,   // C  35
        0x08,0xF8,0x08,0x08,0x08,0x10,0xE0,0x00,0x20,0x3F,0x20,0x20,0x20,0x10,0x0F,
0x00,   // D  36
        0x08,0xF8,0x88,0x88,0xE8,0x08,0x10,0x00,0x20,0x3F,0x20,0x20,0x23,0x20,0x18,
0x00,   // E  37
        0x08,0xF8,0x88,0x88,0xE8,0x08,0x10,0x00,0x20,0x3F,0x20,0x00,0x03,0x00,0x00,
0x00,   // F  38
        0xC0,0x30,0x08,0x08,0x08,0x38,0x00,0x00,0x07,0x18,0x20,0x20,0x22,0x1E,0x02,
0x00,   // G  39
        0x08,0xF8,0x08,0x00,0x00,0x08,0xF8,0x08,0x20,0x3F,0x21,0x01,0x01,0x21,0x3F,
0x20,   // H  40
        0x00,0x08,0x08,0xF8,0x08,0x08,0x00,0x00,0x00,0x20,0x20,0x3F,0x20,0x20,0x00,
0x00,   // I  41
        0x00,0x00,0x08,0x08,0xF8,0x08,0x08,0x00,0xC0,0x80,0x80,0x80,0x7F,0x00,0x00,
0x00,   // J  42
        0x08,0xF8,0x88,0xC0,0x28,0x18,0x08,0x00,0x20,0x3F,0x20,0x01,0x26,0x38,0x20,
0x00,   // K  43
        0x08,0xF8,0x08,0x00,0x00,0x00,0x00,0x00,0x20,0x3F,0x20,0x20,0x20,0x20,0x30,
0x00,   // L  44
        0x08,0xF8,0xF8,0x00,0xF8,0xF8,0x08,0x00,0x20,0x3F,0x00,0x3F,0x00,0x3F,0x20,
0x00,   // M  45
        0x08,0xF8,0x30,0xC0,0x00,0x08,0xF8,0x08,0x20,0x3F,0x20,0x00,0x07,0x18,0x3F,
0x00,   // N  46
        0xE0,0x10,0x08,0x08,0x08,0x10,0xE0,0x00,0x0F,0x10,0x20,0x20,0x20,0x10,0x0F,
0x00,   // O  47
        0x08,0xF8,0x08,0x08,0x08,0x08,0xF0,0x00,0x20,0x3F,0x21,0x01,0x01,0x01,0x00,
0x00,   // P  48
        0xE0,0x10,0x08,0x08,0x08,0x10,0xE0,0x00,0x0F,0x18,0x24,0x24,0x38,0x50,0x4F,
0x00,   // Q  49
        0x08,0xF8,0x88,0x88,0x88,0x88,0x70,0x00,0x20,0x3F,0x20,0x00,0x03,0x0C,0x30,
0x20,   // R  50
        0x00,0x70,0x88,0x08,0x08,0x08,0x38,0x00,0x00,0x38,0x20,0x21,0x21,0x22,0x1C,
0x00,   // S  51
        0x18,0x08,0x08,0xF8,0x08,0x08,0x18,0x00,0x00,0x00,0x20,0x3F,0x20,0x00,0x00,
0x00,   // T  52
        0x08,0xF8,0x08,0x00,0x00,0x08,0xF8,0x08,0x00,0x1F,0x20,0x20,0x20,0x20,0x1F,
0x00,   // U  53
        0x08,0x78,0x88,0x00,0x00,0xC8,0x38,0x08,0x00,0x00,0x07,0x38,0x0E,0x01,0x00,
0x00,   // V  54
        0xF8,0x08,0x00,0xF8,0x00,0x08,0xF8,0x00,0x03,0x3C,0x07,0x00,0x07,0x3C,0x03,
0x00,   // W  55
        0x08,0x18,0x68,0x80,0x80,0x68,0x18,0x08,0x20,0x30,0x2C,0x03,0x03,0x2C,0x30,
0x20,   // X  56
        0x08,0x38,0xC8,0x00,0xC8,0x38,0x08,0x00,0x00,0x00,0x20,0x3F,0x20,0x00,0x00,
0x00,   // Y  57
        0x10,0x08,0x08,0x08,0xC8,0x38,0x08,0x00,0x20,0x38,0x26,0x21,0x20,0x20,0x18,
0x00,   // Z  58
        0x00,0x00,0x00,0xFE,0x02,0x02,0x02,0x00,0x00,0x00,0x00,0x7F,0x40,0x40,0x40,
0x00,   // [  59
```

```
        0x00,0x0C,0x30,0xC0,0x00,0x00,0x00,0x00,0x00,0x00,0x00,0x01,0x06,0x38,0xC0,
0x00,     //\  60
        0x00,0x02,0x02,0x02,0xFE,0x00,0x00,0x00,0x00,0x40,0x40,0x40,0x7F,0x00,0x00,
0x00,     //]  61
        0x00,0x00,0x04,0x02,0x02,0x02,0x04,0x00,0x00,0x00,0x00,0x00,0x00,0x00,0x00,
0x00,     //^  62
        0x00,0x00,0x00,0x00,0x00,0x00,0x00,0x00,0x80,0x80,0x80,0x80,0x80,0x80,0x80,
0x80,     //_  63
        0x00,0x02,0x02,0x04,0x00,0x00,0x00,0x00,0x00,0x00,0x00,0x00,0x00,0x00,0x00,
0x00,     //`  64
        0x00,0x00,0x80,0x80,0x80,0x80,0x00,0x00,0x00,0x19,0x24,0x22,0x22,0x22,0x3F,
0x20,     //a  65
        0x08,0xF8,0x00,0x80,0x80,0x00,0x00,0x00,0x00,0x3F,0x11,0x20,0x20,0x11,0x0E,
0x00,     //b  66
        0x00,0x00,0x00,0x80,0x80,0x80,0x00,0x00,0x00,0x0E,0x11,0x20,0x20,0x20,0x11,
0x00,     //c  67
        0x00,0x00,0x00,0x80,0x80,0x88,0xF8,0x00,0x00,0x0E,0x11,0x20,0x20,0x10,0x3F,
0x20,     //d  68
        0x00,0x00,0x80,0x80,0x80,0x80,0x00,0x00,0x00,0x1F,0x22,0x22,0x22,0x22,0x13,
0x00,     //e  69
        0x00,0x80,0x80,0xF0,0x88,0x88,0x88,0x18,0x00,0x20,0x20,0x3F,0x20,0x20,0x00,
0x00,     //f  70
        0x00,0x00,0x80,0x80,0x80,0x80,0x80,0x00,0x00,0x6B,0x94,0x94,0x94,0x93,0x60,
0x00,     //g  71
        0x08,0xF8,0x00,0x80,0x80,0x80,0x00,0x00,0x20,0x3F,0x21,0x00,0x00,0x20,0x3F,
0x20,     //h  72
        0x00,0x80,0x98,0x98,0x00,0x00,0x00,0x00,0x00,0x20,0x20,0x3F,0x20,0x20,0x00,
0x00,     //i  73
        0x00,0x00,0x00,0x80,0x98,0x98,0x00,0x00,0x00,0xC0,0x80,0x80,0x80,0x7F,0x00,
0x00,     //j  74
        0x08,0xF8,0x00,0x00,0x80,0x80,0x80,0x00,0x20,0x3F,0x24,0x02,0x2D,0x30,0x20,
0x00,     //k  75
        0x00,0x08,0x08,0xF8,0x00,0x00,0x00,0x00,0x00,0x20,0x20,0x3F,0x20,0x20,0x00,
0x00,     //l  76
        0x80,0x80,0x80,0x80,0x80,0x80,0x80,0x00,0x20,0x3F,0x20,0x00,0x3F,0x20,0x00,
0x3F,     //m  77
        0x80,0x80,0x00,0x80,0x80,0x80,0x00,0x00,0x20,0x3F,0x21,0x00,0x00,0x20,0x3F,
0x20,     //n  78
        0x00,0x00,0x80,0x80,0x80,0x80,0x00,0x00,0x00,0x1F,0x20,0x20,0x20,0x20,0x1F,
0x00,     //o  79
        0x80,0x80,0x00,0x80,0x80,0x00,0x00,0x00,0x80,0xFF,0xA1,0x20,0x20,0x11,0x0E,
0x00,     //p  80
        0x00,0x00,0x00,0x80,0x80,0x80,0x80,0x00,0x00,0x0E,0x11,0x20,0x20,0xA0,0xFF,
0x80,     //q  81
        0x80,0x80,0x80,0x00,0x80,0x80,0x80,0x00,0x20,0x20,0x3F,0x21,0x20,0x00,0x01,
0x00,     //r  82
        0x00,0x00,0x80,0x80,0x80,0x80,0x80,0x00,0x00,0x33,0x24,0x24,0x24,0x24,0x19,
0x00,     //s  83
        0x00,0x80,0x80,0xE0,0x80,0x80,0x00,0x00,0x00,0x00,0x00,0x1F,0x20,0x20,0x00,
0x00,     //t  84
```

```
    0x80,0x80,0x00,0x00,0x00,0x80,0x80,0x00,0x00,0x1F,0x20,0x20,0x20,0x10,0x3F,
0x20,    // u   85
    0x80,0x80,0x80,0x00,0x00,0x80,0x80,0x80,0x00,0x01,0x0E,0x30,0x08,0x06,0x01,
0x00,    // v   86
    0x80,0x80,0x00,0x80,0x00,0x80,0x80,0x80,0x0F,0x30,0x0C,0x03,0x0C,0x30,0x0F,
0x00,    // w   87
    0x00,0x80,0x80,0x00,0x80,0x80,0x80,0x00,0x00,0x20,0x31,0x2E,0x0E,0x31,0x20,
0x00,    // x   88
    0x80,0x80,0x80,0x00,0x00,0x80,0x80,0x80,0x80,0x81,0x8E,0x70,0x18,0x06,0x01,
0x00,    // y   89
    0x00,0x80,0x80,0x80,0x80,0x80,0x80,0x00,0x00,0x21,0x30,0x2C,0x22,0x21,0x30,
0x00,    // z   90
    0x00,0x00,0x00,0x00,0x80,0x7C,0x02,0x02,0x00,0x00,0x00,0x00,0x00,0x3F,0x40,
0x40,    // {   91
    0x00,0x00,0x00,0x00,0xFF,0x00,0x00,0x00,0x00,0x00,0x00,0x00,0xFF,0x00,0x00,
0x00,    // |   92
    0x00,0x02,0x02,0x7C,0x80,0x00,0x00,0x00,0x00,0x40,0x40,0x3F,0x00,0x00,0x00,
0x00,    // }   93
    0x00,0x06,0x01,0x01,0x02,0x02,0x04,0x04,0x00,0x00,0x00,0x00,0x00,0x00,0x00,
0x00,    // ~   94
};
```

编写单个字符显示函数,该函数可实现单个字符在(x,y)位置上的显示。

代码 14:

```
void OLED_ShowChar(u8 x,u8 y,u8 chr)
{
    unsigned char c = 0,i = 0;
    c = chr - ' ';                     // 计算获得待显示字符点阵数据在 F8X16[]中的相对位置
    if(x > 127){x = 0;y = y + 2;}// 显示位置 x 大于 128 则在下一行显示
    OLED_Set_Pos(x,y);                 // 设置显示的起始位置
    for(i = 0;i < 8;i++)               // 描出字符的上半身,即前 8 个字节
    OLED_WR_Byte(F8X16[c * 16 + i],OLED_DATA);
    OLED_Set_Pos(x,y + 1);             // x 不变,y + 1 换页
    for(i = 0;i < 8;i++)               // 描出字符的下半身,即后 8 个字节
    OLED_WR_Byte(F8X16[c * 16 + i + 8],OLED_DATA);
}
```

代码 14 中的 OLED_Set_Pos(x,y)实现显示的初始位置设定,后续发送的点阵数据将从这个位置开始往后描点。OLED_Set_Pos(x,y)函数如代码 15 所示。

代码 15:

```
void OLED_Set_Pos(unsigned char x, unsigned char y)
{
    OLED_WR_Byte(0xb0 + y,OLED_CMD);                    // 先设定垂直方向位置 y
    OLED_WR_Byte(((x&0xf0) > > 4)|0x10,OLED_CMD);// 再设定水平方向位置低 4 位
    OLED_WR_Byte((x&0x0f)|0x01,OLED_CMD);               // 最后设定水平方向位置高 4 位
}
```

字符串的显示建立在单个字符显示的基础之上,OLED 字符串显示函数如代码 16 所示。

代码 16：

```
void OLED_ShowString(u8 x,u8 y,u8 * chr)
{
    unsigned char j = 0;
    while (chr[j]! = '\0')                                    // 字符非空则继续显示
    {
        OLED_ShowChar(x,y,chr[j]);                            // 在(x,y)处显示字符
        x + = 8;
                                      // 显示完后,起始显示位置 x+8,转到下一个字符位置
        if(x > 120){x = 0;y + = 2;}                           // 一行显示完后则进行换行
        {
            j++ ;                                             // 指向下一个字符
        }
    }
}
```

代码 17 实现在 OLED 初始化之后调用 OLED_ShowChar(0,2,'A'),在第 2 页的 x=0 位置显示字符“A”，调用 OLED_ShowChar(0,6,"hello world!"),在第 6 页的 x=0 位置显示字符串“hello world!”,其效果如图 6-12 所示。应该注意的是，虽然字符设定在第 2 页或第 6 页显示,但字符还占用了第 3 页和第 7 页。

图 6-12　OLED 字符显示效果图

代码 17：

```
OLED_Init();
OLED_ShowChar(0,2,'A');
OLED_ShowString(0,6,'hello world! ');
```

6.2.5　使用 OLED 显示汉字

ASCII 字符可以组合形成英文的各种表达,但汉字的数目成千上万,就无法像 ACSII 字符一样形成一个数组,并通过查表方式进行显示。当然也有专门的软件形成汉字字库文件,将汉字字库文件存在 Flash、内存卡等存储器件上,通过读取内存数据进行显示。但毕竟 OLED 显示的区域较小,通常也只是显示某些特定场合的说明性文字,使用到的汉字数量也不会太多,也就不用这么复杂。类似于字符显示,根据取模软件的扫描方式,建立如代码 18 所示的单个汉字显示函数。

代码 18：

```
void OLED_ShowChinese(u8 x,u8 y,u8 no)
{
    u8 t;
    OLED_Set_Pos(x,y);                 // 设置汉字上半身显示的起始位置
    for(t = 0;t < 16;t++)              // 传输汉字字模上 16 个字节
    {
        OLED_WR_Byte(Hzk[2 * no][t],OLED_DATA);
```

```
    }
    OLED_Set_Pos(x,y+1);                          // 设置汉字下半身显示的起始位置
    for(t=0;t < 16;t++)                           // 传输汉字字模下 16 个字节
    {
        OLED_WR_Byte(Hzk[2 * no + 1][t],OLED_DATA);
    }
}
```

代码 18 所示的汉字显示函数的参变量 x 和 y 分别为汉字显示的水平位置和垂直位置。参变量 no 为待显示的汉字的字模在汉字字模表中的序号,汉字字模表为代码 19 所示的一个数组。需要使用的汉字的字模存放在该数组中,根据汉字在数组的序号调取点阵数据进行显示。

代码 19:

```
const unsigned char Hzk[][32] =
{
    // 0:"中"
    {0x00,0x00,0xF0,0x10,0x10,0x10,0x10,0xFF,0x10,0x10,0x10,0x10,0xF0,0x00,0x00,
0x00},
    {0x00,0x00,0x0F,0x04,0x04,0x04,0x04,0xFF,0x04,0x04,0x04,0x04,0x0F,0x00,0x00,
0x00},
    // 1:"国"
    {0x00,0xFE,0x02,0x12,0x92,0x92,0x92,0xF2,0x92,0x92,0x92,0x12,0x02,0xFE,0x00,
0x00},
    {0x00,0xFF,0x40,0x48,0x48,0x48,0x48,0x4F,0x48,0x4A,0x4C,0x48,0x40,0xFF,0x00,
0x00},
};
```

代码 20 在 mian 函数中使用,实现在第 0 页 x=0 处显示“中”字,在第 4 页 x=0 处显示“国”字。其汉字显示的效果如图 6-13 所示。

代码 20:

```
OLED_Init();
OLED_ShowChinese(0,0,0);  // 中
OLED_ShowChinese(0,4,1);  // 国
```

6.2.6 图片取模软件的使用

通过图片取模软件可以实现图片在 OLED 上显示。但由于 OLED 模块每个像素点只能显示单个颜色,所以无法显示彩图,只能显示图片的外形。使用图片取模软件实现取模的步骤如下:

① 打开图片取模软件 Image2Lcd,其软件界面如图 6-14 所示。

② 单击软件左上角的“打开”,打开需要取模的图片。

图 6-13 OLED 汉字显示效果图

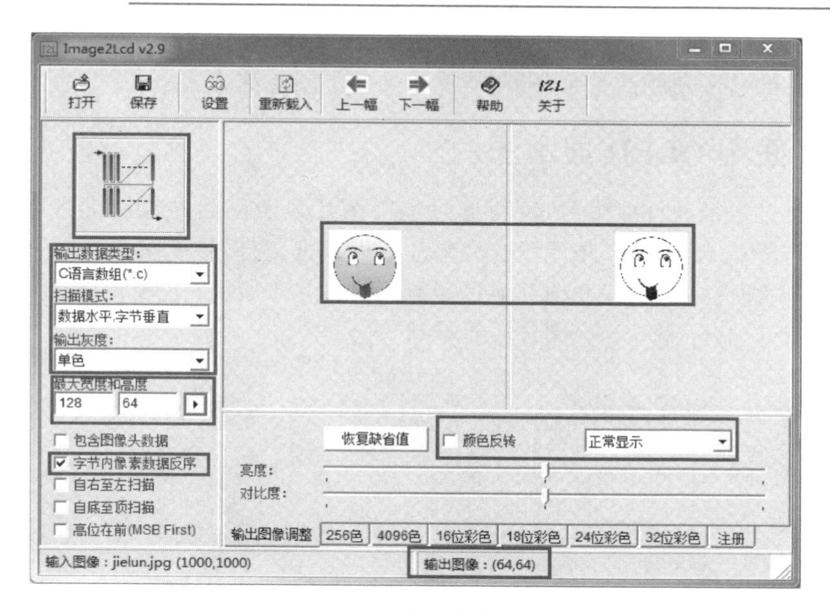

图 6 - 14　图片取模软件界面

③ 按照图 6 - 14 所示界面设置取模方式，扫描方式选择"数据水平，字节垂直"，并且选中"字节内像素数据反序"，这样软件输出的点阵数据才符合 OLED 的描点方式。界面中最大宽度和高度设置图片显示区域的最大像素值，但要注意的是取模软件会根据实际图片大小和软件设置给出实际输出图像的像素值，如图 6 - 14 界面最下面"输出图像：(64,64)"所示，也就是说取模后的图片实际像素为 64×64，注意垂直方向像素必须为 8 的整数倍。

④ 单击软件左上方"保存"，文件名要为英文名字，名字后加".c"后缀，如图 6 - 15 所示，将取模结果保存为"smile.c"，然后单击"保存"按钮。

图 6 - 15　保存图片取模结果

⑤ 保存后软件会自动打开保存的.c 文件，如图 6 - 16 所示，取模结果自动保存

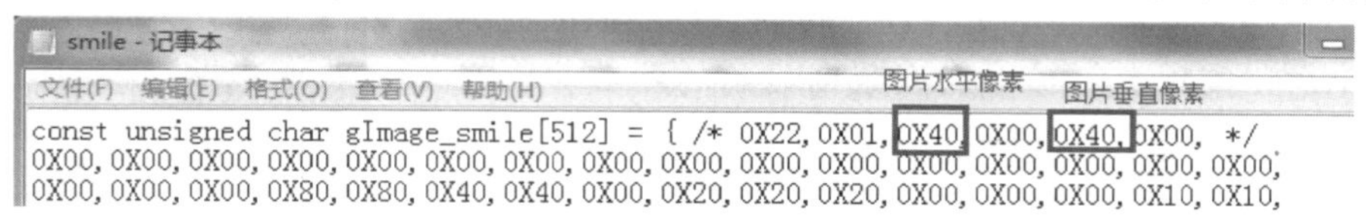

图 6 - 16　图片取模结果

为一个数组,数组数据前 6 个字节被自动注释了;这 6 个字节包含取模图片的信息,其中第 3 个字节为图片的水平像素,第 5 个字节为图片的垂直像素。

6.2.7 使用 OLED 显示图片

图片经过取模软件取模后,需要通过编写图片显示函数在 OLED 上显示图片。首先建立 picture.h 头文件来专门存放图片取模数据,直接将取模结果全部复制粘贴到 picture.h 即可。其次建立图片显示函数,如代码 21 所示,注意 x1－x0＋1＝图片水平像素,(y1－y0＋1)×8＝图片垂直像素。

代码 21:

```
// x1 > x0,y1 > y0,图片水平像素不大于 128;垂直像素不大于 64,且须为 8 的倍数
// x0:图片水平起始位置(0~127)
// x1:图片水平结束位置(0~127)
// y0:图片垂直起始位置(0~7)
// y1:图片垂直结束位置(0~7)
// BMP[]:点阵数据
void OLED_DrawBMP (unsigned char x0,unsigned char x1,unsigned char y0, unsigned char
                  y1,const unsigned char BMP[])
{
    unsigned int j = 0;
    unsigned char x,y;
    for(y = y0;y < = y1;y ++ )                                // 垂直显示长度:y1 - y0 + 1 页
    {
        OLED_Set_Pos(x0,y);
        for(x = x0;x < = x1;x ++ )                            // 水平显示长度:x1 - x0 + 1
        {
            OLED_WR_Byte(BMP[j ++ ],OLED_DATA);     // 描点
        }
    }
}
```

在主函数中调用 OLED_DrawBMP()函数,如代码 22 所示,实际图片在 OLED 模块上的显示效果如图 6－17 所示。

代码 22:

```
OLED_DrawBMP(24,87,0,7,gImage_smile);
```

6.2.8 使用 OLED 显示数据

在实际工程应用中,OLED 常用来显示系统的运行状态及相关参数,如电压、电流、转速、温度等,因而编写一个可以实现有符号浮点型数据显示的函数非常有必要。首先编写代码 23 和代码 24 两个函数,代码 23 中函数 oled_pow(m,n)返回 m 的n 次方,代码 24 中函数 get_weishu(m)返回数值 m 的位数。

图 6－17 图片在 OLED 模块上的显示效果

代码 23：

```
// 返回 m 的 n 次方(m^n)
u32oled_pow(u8 m,u8 n)
{
    u32 result = 1;
    while(n - - )result * = m;
    return result;
}
```

代码 24：

```
// 返回数值 m 的位数,如 32546 返回 5, 56 返回 2
u8 get_weishu(u32 m)
{
    u8 i;
    u32 n;
    if(m = = 0)
    {
        return 1;
    }
    else
    {
        for(i = 0;i < 16;i + + )
        {
            n = oled_pow(10,i);
            if(((m/n)! = 0)&&(m/(n * 10)) = = 0)    return (i + 1);
        }
        return 16;
    }
}
```

接下来编写整数显示的函数,该函数能够实现有符号整数的显示功能,其代码如代码 25 所示。代码 25 首先判断数值是否为负数,如果是负数,则显示数值前先添加负号,否则直接显示数值。显示数值段代码先获取数值的位数,然后从高位到低位将每位上的数字提取出来,并在指定位置显示,从而完成一个整数的显示。

代码 25：

```
void OLED_ShowNum(u8 x,u8 y,int num)
{
    u8 t,temp,len;
    u8 enshow = 0;
    OLED_ClearLine(x,y,64);                             // 先将显示区域进行清理
    if(num > = 0)                                       // 如果为正数
    {
        len = get_weishu(num);                          // 得到整数的位数
        for(t = 0;t < len;t + + )                       // 将每位数进行显示
        {
            temp = (num/oled_pow(10,len - t - 1)) % 10; // 获取数值高位的数字
            if(enshow = = 0&&t < (len - 1))         // 高位为 0,则不显示,如 012,则显示 12
            {
```

```
                if(temp == 0)
                {
                    OLED_ShowChar(x + 8 * t,y,' ');
                    continue;
                }else
                {
                    enshow = 1;
                }
            }
            OLED_ShowChar(x + 8 * t,y,temp + '0');        // 显示获取的数字
        }
    }else                                                 // 如果为负数
    {
        OLED_ShowChar(x,y,'-');                           // 加负号
        num = 0 - num;                                    // 取正数
        len = get_weishu(num);                            // 得到整数的位数
        for(t = 0;t < len;t ++ )                          // 将每位数字进行显示
        {
            temp = (num/oled_pow(10,len - t - 1)) % 10;
            if(enshow == 0&&t < (len - 1))        // 高位的 0 不显示,如 012,则显示 12
            {
                if(temp == 0)
                {
                    OLED_ShowChar(x + 8 + 8 * t,y,' ');
                    continue;
                }
                else
                {
                    enshow = 1;
                }
            }
            OLED_ShowChar(x + 8 + 8 * t,y,temp + '0');    // 显示获取的数字
        }
    }
}
```

在显示有符号整数的基础上,编写有符号浮点型数据的显示函数,该函数代码如代码 26 所示。代码 26 主要是将待显示的有符号浮点数的负号、整数部分、小数部分进行提取并分别显示,要注意的是,如果小数点后最高位开始有连续的 0,则应将这些 0 提取出来显示。

代码 26:

```
// 显示浮点数 value,小数点后保留 n 位
void OLED_Showfloat(u8 x,u8 y,float value,u8 n)
{
    int i = 0,m = 0,p = 0,num = 0;
    OLED_ClearLine(x,y,64);
    if(value > = 0)                                       // 非负数
    {
```

```
        num = value/1;                                    // 获取浮点数整数部分
        m = get_weishu(num);                              // 获取浮点数整数部分位数
        value = (value - num) * oled_pow(10,n);           // 将小数部分扩大 10^n 倍显示
        p = n - get_weishu(value);                        // 小数点后连续为 0 的位数
        OLED_ShowNum(x,y,num);                            // 显示整数部分
        OLED_ShowChar(x + 8 * m,y,'.');                   // 显示小数点
        for(i = 0;i < p;i++)                              // 显示小数点后连续 p 个 0
        {
            OLED_ShowNum(x + 8 * (m + i + 1),y,0);
        }
        OLED_ShowNum(x + 8 * (m + p + 1),y,value);        // 显示小数
    }else                                                 // 负数
    {
        OLED_ShowChar(x,y,'-');                           // 显示负号
        value = 0 - value;                                // 获取数值
        num = value/1;                                    // 获取浮点数整数部分
        m = get_weishu(num);                              // 获取浮点数整数部分位数
        value = (value - num) * oled_pow(10,n);           // 将小数部分扩大 10^n 倍显示
        p = n - get_weishu(value);                        // 小数点后连续为 0 的位数
        OLED_ShowNum(x + 8,y,num);                        // 显示整数部分
        OLED_ShowChar(x + 8 * (m + 1),y,'.');             // 显示小数点
        for(i = 0;i < p;i++)                              // 显示小数点后连续 p 个 0
        {
            OLED_ShowNum(x + 8 * (m + i + 2),y,0);
        }
        OLED_ShowNum(x + 8 * (m + p + 2),y,value);        // 显示小数
    }
}
```

运行代码 27，OLED 模块显示的实际效果如图 6－18 所示。可见，OLED 上正确显示了正整数、负整数、正浮点数、负浮点数，并且能够正确地保留小数位数。

代码 27：

```
OLED_ShowNum(0,0,12345);
OLED_ShowNum(0,2,-12345);
OLED_Showfloat(0,4,31.04583,4);
OLED_Showfloat(0,6,-31.04583,2);
```

图 6－18　OLED 数据显示效果

6.3　模拟量信号采集

本节主要介绍如何使用电位器实现逆变输出的调压、调频，以及直流电压、交流电压、直流电流、交流电流的采样及调理电路的设计。这些部分都涉及模拟量的采集操作，并在最后解析了 DSP 的基于 DMA 的 ADC 代码。

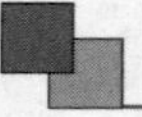

6.3.1 电位器调压调频电路设计

通过控制逆变电路输出电压的幅值和频率可以实现异步电机调速的目的。实现逆变器调压调频的一种较为简单的方法就是通过调整电位器来调节电压和频率,即设计采用如图 6-19 所示的两个电位器来分别实现。该电路首先由电位器分压获取采样电压,经过滤波电容(C_{99}、C_{100})滤波后再经过一个电压跟随电路输出,输出电压经过 RC 滤波(R_{70} 和 C_{101}、R_{71} 和 C_{102})以及钳位电路(D7 和 D8、D9 和 D10)后接到 DSP 的 ADC 引脚,从而通过调节电位器可以调节 ADC 转换的结果,DSP 控制器根据 ADC 转换的结果实现对逆变输出的电压幅值和频率的控制。

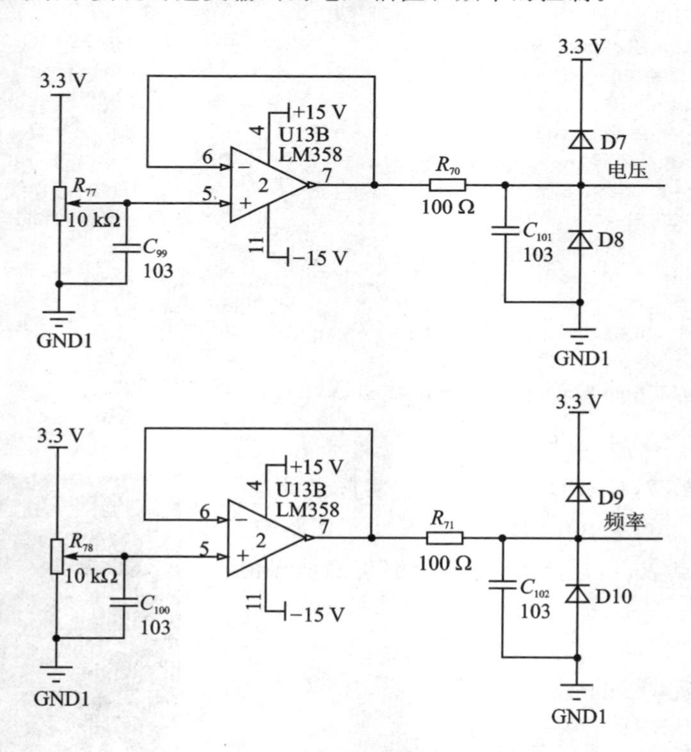

图 6-19 电位器调压及调频电路

6.3.2 直流电压采样及调理电路设计

工程应用中常采用如图 6-20 所示的差分放大电路实现对电压的采样,相比于使用霍尔电压传感器,差分放大电路的成本要低得多。

$$U_o = (U_1 - U_2) \times \frac{R_2}{R_1} \tag{6-1}$$

设计差分放大电路测量几百伏的大电压时,应当注意以下几点:

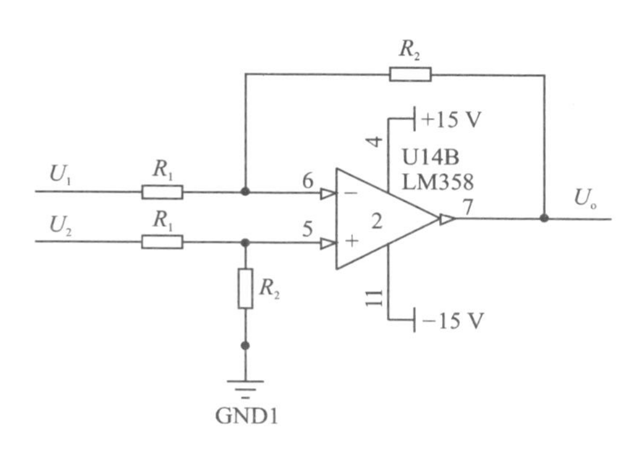

图 6-20　差分放大电路

① 差分电路的放大倍数的确定：保证差分电路输出电压在控制器 A/D 转换引脚允许的电压范围内，一般是 0～3 V 或者 0～5 V。

② 差分电路采样电阻值的确定：对于大电压的测量，一个是要考虑电阻的阻值；另一个是要考虑电阻的功率，一般电阻的功率为 0.25 W，单个电阻的功率肯定不够，通常采用多个大阻值电阻串联实现差分电路电阻的选择。

③ 差分电路电阻精度的确定：差分电路对电阻的精度要求很高，电阻值偏差会影响最终的换算关系，可以采用专门的差分运放设计；差分电路电阻必须使用高精度低温漂电阻，比如千分之一精度的电阻。

设计的电机控制器运行最高输入的直流母线电压为 600 V，对于该情况下直流母线电压的测量，可以采用如图 6-21 所示的差分运放电路。LM358 芯片包含两个运放，图 6-21 中一个作为差分运算放大电路的运放，该差分电路由 6 个千分之一精度的 100 kΩ 电阻串联形成 600 kΩ 的电阻；另一个作为电压跟随器的运放。经过 RC 滤波和电压钳位电路后输出到控制器的 A/D 转换引脚。该差分运算放大电路满足：

$$\mathrm{AD\_U_{dc}} = U_{\mathrm{dc\text{-}GND}} \times \frac{3\ \mathrm{k\Omega}}{600\ \mathrm{k\Omega}} = \frac{U_{\mathrm{dc\text{-}GND}}}{20} \tag{6-2}$$

对极限情况下电阻实际功率进行验算，此时直流母线电压为 600 V，U_{dc} 和 GND

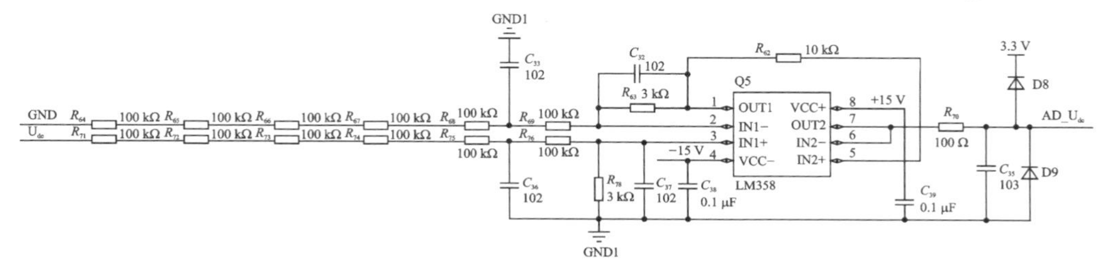

图 6-21　直流母线电压差分运放电路

间大约有 1 200 kΩ 的电阻,从而可粗略计算每个 100 kΩ 电阻的功率为 0.025 W,满足电阻功率的要求。

6.3.3 交流电压采样及调理电路设计

当采样电压为交流电压时,由于电压值存在小于 0 的情况,所以运算放大器必须使用双电压供电,差分放大电路输出必须将电压进行一定的抬升,使最终达到控制器 A/D 转换引脚的电压为 0～3 V。图 6－22 所示为使用运算放大器实现加法电路的电路图,该电路满足:

$$U_o = \frac{R_1 \times U_2 + R_2 \times U_1}{R_1 + R_2} \tag{7-3}$$

当 $R_1 = R_2$ 时,有

$$U_o = \frac{U_1 + U_2}{2} \tag{7-4}$$

设计逆变交流输出相电压的最大峰值为 400 V,则交流电压采样、调理电路先将 ±400 V 交流电压通过差分运放电路转换为 ±2 V,其放大倍数为 1/200。该差分输出电压再与 3.3 V 经过加法电路得到 0.65～2.65 V 输出,再经过 RC 滤波和电压钳位电路后输出给 DSP 的 A/D 转换引脚,从而得到如图 6－23 所示的交流电压差分采样调理电路。

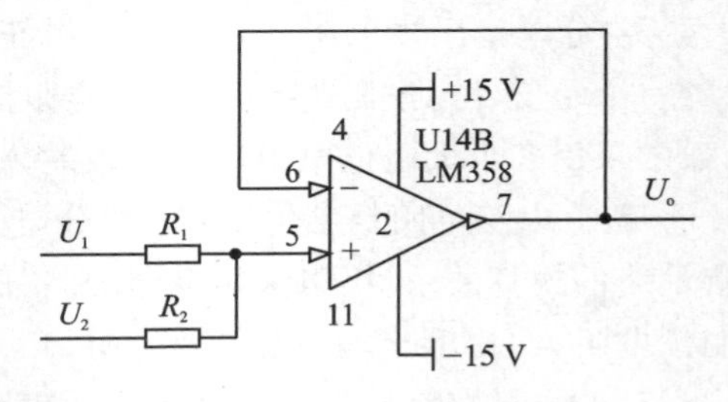

图 6－22 加法电路

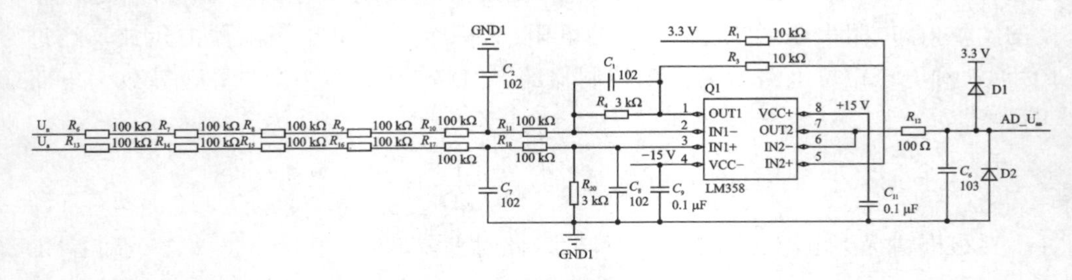

图 6－23 交流电压差分采样调理电路

该电路满足:

$$\mathrm{AD\_U_{an}} = \frac{U_a - U_n}{400\ \mathrm{V}} + 1.65 \tag{7-5}$$

6.3.4 交流电流采样及调理电路设计

ACS712 是一款经济实惠且精确的电流采样芯片,具有精确的低偏置线性霍尔电路，且铜制的电流路径靠近晶片的表面。通过该路径施加的电流能够生成可被霍尔IC感应并转化为成正比的电压的磁场。ACS712 根据不同量程有 3 个不同规格的芯片：ACS712ELCTR－05B－T、ACS712ELCTR－20A－T、ACS712ELCTR－30A－T，量程分别为±5 A、±20 A、±30 A，输出灵敏度分别为 185 mV/A、100 mV/A、66 mV/A。ACS712 电流采样芯片的外围电路如图 6－24 所示，该芯片由 5 V 电压供电，当电流为 0 时，7 脚的输出电压为 2.5 V。当流入正向电流时，测量输出模拟电压在 2.5 V 基础上按芯片输出灵敏度增加。当流入反向电流时，测量输出模拟电压在 2.5 V 基础上按芯片输出灵敏度减小。所以 ACS712 能够直接测量直流电流和交流电流，无需调理电路。

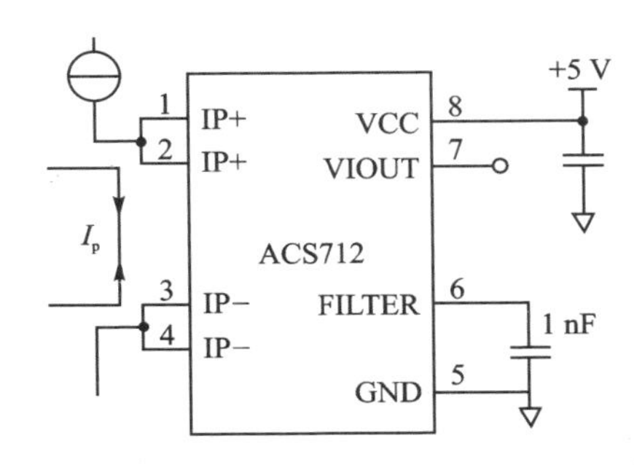

图 6－24　ACS712 电流采样芯片外围电路

这里电机控制板输出的最大电流为 5 A，所以电流采样芯片采用 ACS712ELCTR－05B－T，输出模拟电压与所测电流大小满足：

$$V_{out}=2.5\ \text{V}+I_p\times 0.1\ \Omega \tag{6-6}$$

式中，V_{out} 为 7 脚的输出电压。

6.3.5　模拟量信号采集软件代码解析

TMS320F2833x 系列 DSP 芯片的 ADC 模块是一个 12 位具有流水线结构的模/数转换器，内置 16 个通道，可配置两个独立的 8 通道模块，每个模块对应一个排序器，共有两个排序器，但只有一个转换器。两个独立的 8 通道模块可以级联成一个 16 通道模块，此时将自动构成一个16 通道排序器。通常采样中断或轮询读取 ADC 的结果，但这样将大量占用控制器 CPU 的资源，这里使用 DSP 的 DMA 模块实现 ADC 结果的随时读取。

DMA(Direct Memory Access)，即直接存储器访问，是一种快速传送数据的机制，优点在于一旦控制器初始化完成，数据开始传送，DMA 就可以脱离 CPU，独立完成数据传送，从而节省大量的 CPU 资源。形象点说，ADC 模块完成产品生产，DMA 就相当于传送带，直接将生产的结果传送到设置好的指定位置，我们就无需在每件产品生产好后去读取或者查看，只需在每次需要调用 ADC 结果时去指定的位置读取就行，极大地节省了 CPU 资源，非常方便快捷。

为方便后续修改及调用，首先对 ADC_DMA 程序的一些关键参数进行宏定义，如代码 28 所示。BUF_SIZE 为被使用通道的数目，这里设置 ADC 模块 16 个通道全部使用，k 表示每个通道采样的次数，从而可以非常方便地实现均值滤波。

代码 28：

```
#define BUF_SIZE  16     // 使用的通道数目
#define k         2      // 每个通道采样次数,可用于均值滤波
```

ADC 初始化程序如代码 29 所示,ADC 初始化完成 ADC 一些最基本的设置,根据实际情况进行修改,这里设置 ADC 模块双序列级联并发采样。

代码 29:

```
void Adc_Init(void)
{
    // 设置 ADC 时钟
    EALLOW;
    // HSPCLK = SYSCLKOUT/2 * ADC_MODCLK2 = 150/(2 * 3) = 25.0 MHz
    SysCtrlRegs.HISPCP.all = 0x3;
    SysCtrlRegs.PCLKCR0.bit.ADCENCLK = 1;
    ADC_cal();
    EDIS;
    AdcRegs.ADCTRL3.all = 0x00E0;
    // 设置 adc 时钟分频,ADCCLK = HSPCLK/(2 * ADCCLKPS * (CPS + 1)),
    // ADCCLKPS! = 0. 一般不要把 CPS 设为 0.  ADCCLK < = 25MHz
    AdcRegs.ADCTRL1.bit.CPS = 1;
    AdcRegs.ADCTRL3.bit.ADCCLKPS = 3;
    ///////////////////////////// 以下主要的设置 ////////////////////////////
    // 设置 adc 工作模式
    AdcRegs.ADCTRL1.bit.SEQ_CASC = 1;           // 0:双序列      1:级联
    AdcRegs.ADCTRL3.bit.SMODE_SEL = 1;          // 0:顺序采样    1:并发采样
    AdcRegs.ADCMAXCONV.all = 0x0077;            // 双序列满:     0x77
    AdcRegs.ADCTRL1.bit.CONT_RUN = 1;           // 0:单次转换    1:连续转换
    AdcRegs.ADCTRL1.bit.ACQ_PS = 0x0f;          // 采样窗口大小设置
    // 设置转换顺序
    AdcRegs.ADCCHSELSEQ1.bit.CONV00 = 0x0;
    AdcRegs.ADCCHSELSEQ1.bit.CONV01 = 0x1;
    AdcRegs.ADCCHSELSEQ1.bit.CONV02 = 0x2;
    AdcRegs.ADCCHSELSEQ1.bit.CONV03 = 0x3;
    AdcRegs.ADCCHSELSEQ2.bit.CONV04 = 0x4;
    AdcRegs.ADCCHSELSEQ2.bit.CONV05 = 0x5;
    AdcRegs.ADCCHSELSEQ2.bit.CONV06 = 0x6;
    AdcRegs.ADCCHSELSEQ2.bit.CONV07 = 0x7;
    // 清除中断标志
    AdcRegs.ADCST.bit.INT_SEQ1_CLR = 1;
    AdcRegs.ADCST.bit.INT_SEQ2_CLR = 1;
    // 复位序列发生器
    AdcRegs.ADCTRL2.bit.RST_SEQ1 = 1;
    AdcRegs.ADCTRL2.bit.RST_SEQ2 = 1;
    // 使能或失能中断
    AdcRegs.ADCTRL2.bit.INT_ENA_SEQ1 = 1;
    AdcRegs.ADCTRL2.bit.INT_ENA_SEQ2 = 1;
    // 软件启动转换
    AdcRegs.ADCTRL2.bit.SOC_SEQ1 = 1;
    AdcRegs.ADCTRL2.bit.SOC_SEQ2 = 1;
}
```

ADC初始化完成后再对DMA进行设置，通过DMA将ADC结果寄存器与设定的内存建立联系，该段程序如代码30所示。代码30中首先定义一个无符号16位数组变量DMABuf[BUF_SIZE * k]，用于存放BUF_SIZE个ADC通道，每个通道有k个转换数据；并对DMA函数进行设置，具体设置规则见代码30的注释。主函数中调用Adc_Init()和ADC_DMA_Config()后便能实现ADC转换结果的DMA传送，随时调用DMABuf[i]即为对应ADC通道的实时结果。

代码30：

```
#pragma DATA_SECTION(DMABuf,"DMARAML4");
volatile Uint16 DMABuf[BUF_SIZE * k];
volatile Uint16 * DMADest;
volatile Uint16 * DMASource;
void ADC_DMA_Config(void)
{
    // DMA目标内存地址,用于存放ADC结果的内存
    DMADest   = &DMABuf[0];
    DMASource = &AdcMirror.ADCRESULT0;             // DMA源地址,指向ADC结果寄存器
    DMACH1AddrConfig(DMADest,DMASource);           // 建立DMA
    // (i,j,k):采样i+1个通道,源地址每次传完+j,目标地址每次传完+k
    DMACH1BurstConfig(BUF_SIZE - 1,1,k);
    DMACH1TransferConfig(k - 1,1,0);               // 进行k次采样,可以用来进行均值滤波
    // (i,j,k,m):第一个0,表示一旦Transfer后,就要进行地址回绕;第二个0,回绕步长
    // 不增长。第四个1,表示目标地址回绕后增加1
    DMACH1WrapConfig(0,0,0,1);
    DMACH1ModeConfig(DMA_SEQ1INT,PERINT_ENABLE,ONESHOT_DISABLE,CONT_ENABLE,SYNC_
    DISABLE,SYNC_SRC,OVRFLOW_DISABLE,SIXTEEN_BIT,CHINT_END,CHINT_ENABLE);
    StartDMACH1();
}
```

若对ADC的16个通道的每个通道进行k次采样存储，则根据代码28和代码29可得到，ADC通道与DMABuf[i]的对应关系如表6-6所列。

表6-6 ADC通道与DMABuf[i]的对应关系

ADC通道	DMABuf[i]
A0	DMABuf[0]～DMABuf[k-1]
B0	DMABuf[k]～DMABuf[k-1]
A1	DMABuf[2k]～DMABuf[2k-1]
B1	DMABuf[3k]～DMABuf[3k-1]
A2	DMABuf[4k]～DMABuf[4k-1]
B2	DMABuf[5k]～DMABuf[5k-1]
A3	DMABuf[6k]～DMABuf[6k-1]
B3	DMABuf[7k]～DMABuf[7k-1]
A4	DMABuf[8k]～DMABuf[8k-1]

续表 6-6

ADC 通道	DMABuf[i]
B4	DMABuf[9k]～ DMABuf[9k−1]
A5	DMABuf[10k]～ DMABuf[10k−1]
B5	DMABuf[11k]～ DMABuf[11k−1]
A6	DMABuf[12k]～ DMABuf[12k−1]
B6	DMABuf[13k]～ DMABuf[13k−1]
A7	DMABuf[14k]～ DMABuf[14k−1]
B7	DMABuf[15k]～ DMABuf[15k−1]

即使 ADC 模拟输入在硬件上已经做了滤波处理，软件上进行滤波也是有必要的，软件滤波实际上是对某个采样结果进行多次采样和某种处理后得到更加平稳的采样输出结果。最常用的就是均值滤波和加权平均滤波。代码 31 为均值滤波程序。

代码 31：

```
Uint16 Get_Average(volatile Uint16 * buf,char n)
{
    Uint32 sum,i;
    Uint16 result;
    sum = 0;
    for(i = 0;i < n;i ++ )
    {
        sum + = ( * buf);
        buf ++ ;
    }
    result = sum/n;
    return result;
}
```

电机控制板的调压电位器和调频电位器分别接到 DSP 的 A0 和 A1 通道，main()函数中调用如代码 32 所示的程序，可以实现调压电位器和调频电位器的 A/D 转换结果在 OLED 上的显示。其显示效果如图 6-25 所示。

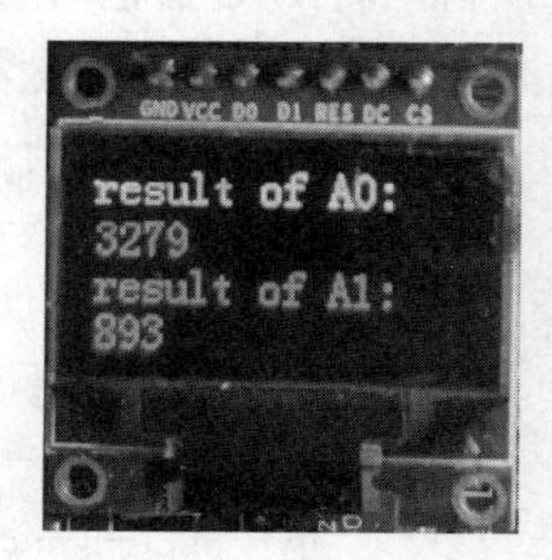

图 6-25　调压及调频电位器 A/D 采样结果

代码 32：

```
OLED_Init();                        // OLED 初始化
Adc_Init();                         // ADC_DMA 初始化
ADC_DMA_Config();
// 显示
OLED_ShowString(0,0,"result of A0");
OLED_ShowString(0,0,"result of A1");
for(;;)
{
```

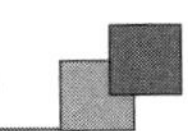

```
    // 显示 A0 均值滤波后的结果
    OLED_ShowNum(0,0,Get_Average(&DMABuf[0],k));
    // 显示 A1 均值滤波后的结果
    OLED_ShowNum(0,2,Get_Average(&DMABuf[2],k));
    delay_ms(500);                          // 延时 500 ms
}
```

6.4 电机驱动系统设计

本节主要介绍电机驱动系统的硬件电路设计以及直流电机、三相异步电机的软件设计。

6.4.1 电机驱动系统硬件电路设计

设计电机控制板的驱动电路应该能够同时完成直流电机、三相异步电机、三相同步电机驱动和控制，使得控制板具有更多的应用场合。驱动主电路采用如图 6-26 所示的三相全控桥式电路。驱动三相电机时，三相桥臂都工作；驱动直流电机时，只使用其中两相桥臂即可。图 6-26 中 U_{dc}、GND 分别为直流母线电压的正负极，H1、H2、H3 为上桥臂功率管的驱动信号，L1、L2、L3 为下桥臂功率管的驱动信号，VS1、VS2、VS3 为上桥臂门极驱动信号各自的地，$U+$、$V+$、$W+$ 为桥式电路的输出，用于驱动电机。为了降低米勒电容和杂散电感的影响，通常在驱动信号和功率管门极间串联开通和关断电阻。图中 R_{117}、R_{118}、R_{119}、R_{132}、R_{133}、R_{134} 为开通电阻，使驱动功率管的电流在 100 mA 左右。R_{112}、R_{113}、R_{114}、R_{129}、R_{130}、R_{131} 为关断电阻，通常选取关断电阻值小于开通电阻值。由于功率管的集电极一般接在高压上，因此通常在其门极和发射极之间并联 10 kΩ 的电阻，即图 6-26 中的 R_{122}、R_{123}、R_{124}、R_{135}、R_{136}、

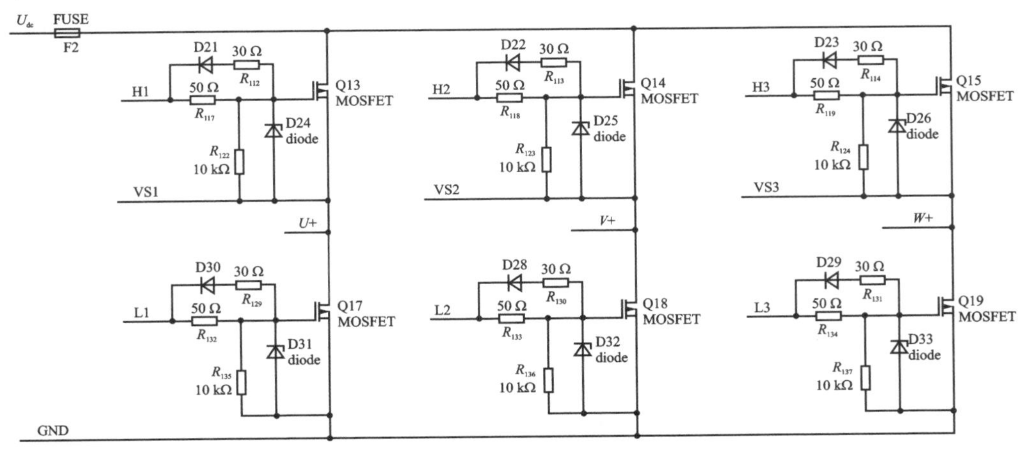

图 6-26　三相全控桥式电路

R_{137},以避免外加高压的干扰引起误触发。

驱动功率管的门极信号由 DSP 的 EPWM 引脚发出,为了保证系统安全和提高 PWM 信号的驱动能力,DSP 发出的 PWM 信号应经过隔离电路和驱动电路后传送给图 6-26 所示的桥式电路。隔离电路采用如图 6-27 所示的光耦隔离电路,光耦隔离芯片采用 TLP521-2,当输入 PWM 信号为高电平时,光耦输出为高电平;当输入 PWM 信号为低电平时,光耦输出也为低电平。光耦隔离的原边为 DSP 控制侧,其地为 GND1;光耦隔离的副边为驱动侧,其地为高压的地 GND,从而实现强电和弱电的电气隔离,保证电机控制系统的安全。

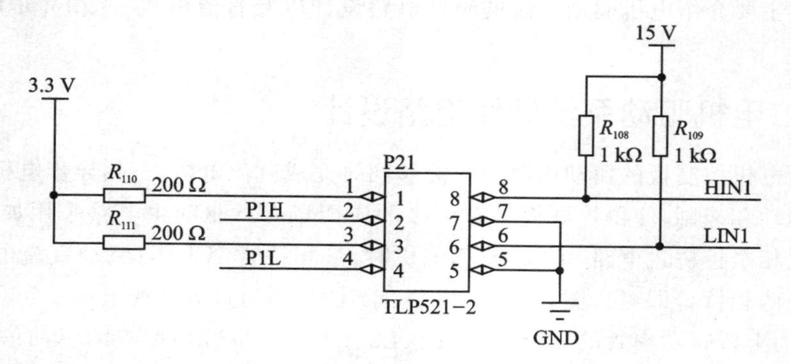

图 6-27 TLP521-2 光耦隔离电路

对于如图 6-26 所示的三相桥式电路,显然 6 路门极驱动信号至少需要 4 个独立电源才能实现驱动,这样将使得电路的器件和成本都增加。为避免使用多个电源,设计采用 IR2110 实现对三相桥式电路的驱动。

IR2110 芯片是一种双通道、栅极驱动、高压高速功率器件的单片式集成驱动模块,具有体积小、成本低、集成度高、响应速度快、偏置电压高(<600 V)、驱动能力强等特点,自推出以来,这种适于功率 MOSFET、IGBT 驱动的自举式集成电路在电机调速、电源变换等功率驱动领域中都获得了广泛的应用。IR2110 采用先进的自举电路和电平转换技术,大大简化了逻辑电路对功率器件的控制要求,使得每对 MOSFET(上下管)可以共用一片 IR2110,并且所有的 IR2110 可共用一路独立电源。对于典型的 6 管构成的三相桥式逆变器,可采用 3 片 IR2110 驱动 3 个桥臂,仅需一路 10~20 V 电源。这样,在工程上大大减小了驱动电路的体积和电源的数目,简化了系统结构,提高了系统的可靠性。

图 6-28 所示为 IR2110 驱动芯片的外围电路,光耦输出的 PWM 信号 HIN1、LIN1 连接到 IR2110 的信号输入引脚,IR2110 输出信号 H1、L1 为功率管门极的驱动信号,VS1 为 H1 对应的地,接到 H1 驱动的功率管的发射极。IR2110 驱动芯片 SD 引脚能够实现对驱动信号的封锁,当 SD 为低电平的时候,IR2110 正常工作;当 SD 为高电平的时候,IR2110 封锁驱动信号输出。因此,设计如图 6-29 所示的 SD 引脚控制电路,ERR 接到 DSP 的 GPIO 引脚,当 ERR 输出低电平时,IR2110 正常工

作，LED点亮；当ERR输出高电平时，IR2110封锁输出，LED熄灭。

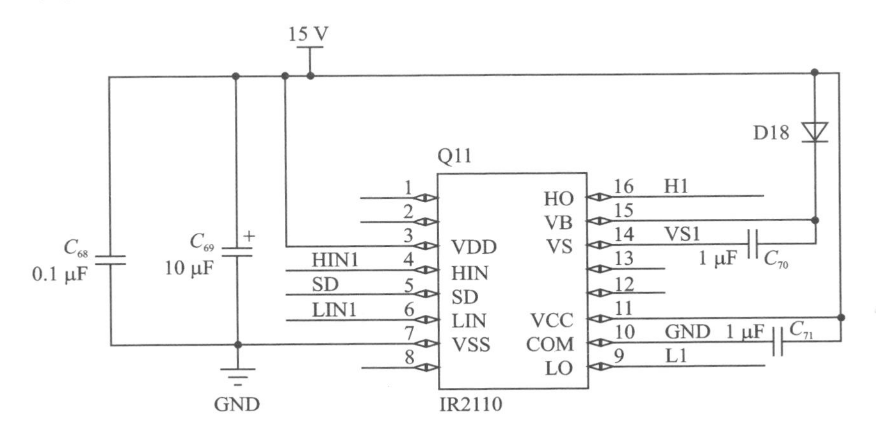

图6-28 IR2110驱动芯片的外围电路

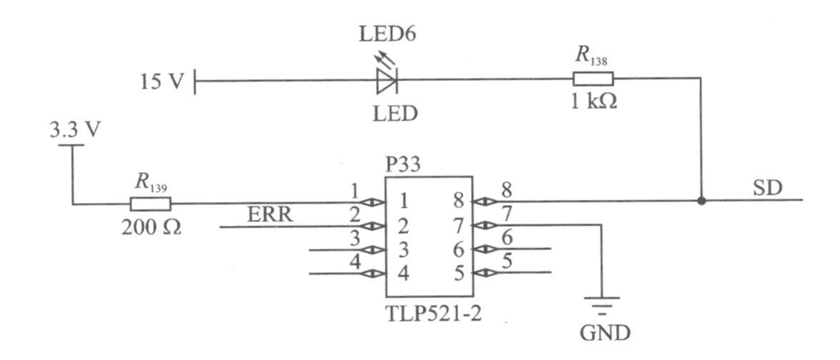

图6-29 IR2110工作状态控制电路

6.4.2 直流电机调速设计

1. 直流电机换向、调速原理

电机控制板直流电机调速实验中使用的直流电机额定电压为24 V，额定转速为1 600 r/min。对于直流电机的驱动，只需要使用三相桥式电路中的两相即可。采用Q13、Q14、Q17、Q18组成的桥式电路实现对直流电机的驱动。Q13、Q14、Q17、Q18的门极驱动信号分别由EPWM1A、EPWM2A、EPWM1B、EPWM2B发出。图6-30所示为直流电机换向及调速原理示意图。

直流电机正转时，Q14、Q17的门极信号即EPWM2A、EPWM1B为0 V，Q14、Q17功率管保持一直关断的状态，EPWM1A、EPWM2B发出一定周期和占空比的PWM信号给Q13、Q18功率管，实现直流电机转速的控制。当PWM的占空比增大时，施加给直流电机的平均电压也就增大，电机转速越快；当PWM的占空比减小时，施加给直流电机的平均电压也就减小，电机转速越慢。因而通过调节Q13、Q18功率

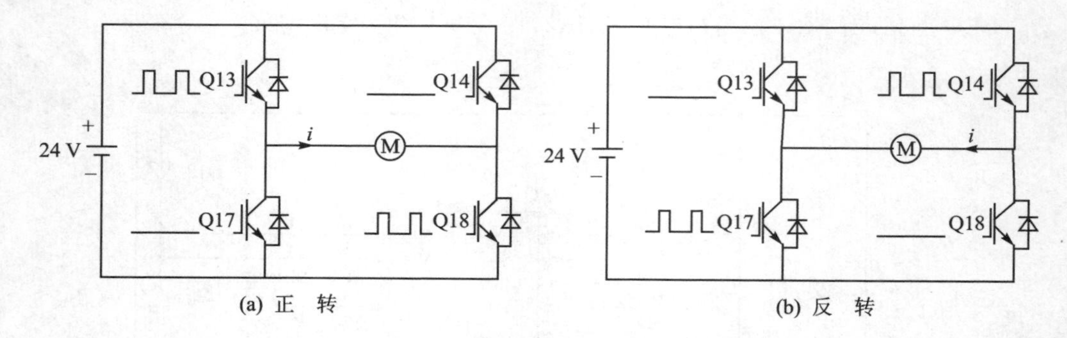

图 6-30　直流电机换向及调速原理示意图

管门极 PWM 信号的占空比即能实现对电机转速的调节。

直流电机反转时,Q13、Q18 的门极信号即 EPWM1A、EPWM2B 为 0 V,Q13、Q18 功率管保持一直关断的状态,EPWM2A、EPWM1B 发出一定周期和占空比的 PWM 信号给 Q13、Q18 功率管,实现直流电机转速的控制。反转时,同样控制 PWM 的占空比实现电机转速的控制,只不过此时直流电机电流与正转时电流方向相反,从而电机实现反转。

2. 直流电机换向、调速开环程序代码解析

直流电机换向、调速开环程序主要是对 EPWM 模块的控制,程序中能够实现对每个门极信号 PWM 的控制,也就实现了对直流电机的控制。代码 33 进行功率管驱动信号频率的宏定义,通过修改该值可调整 PWM 的周期以及进入 EPWM 中断的时间间隔。

代码 33:

```
#define motor_fc          5000.0                    // PWM 频率
#define EPWM_TBPRD        150000000/motor_fc        // EPWM 周期寄存器值
```

直流电机调速控制 EPWM 的初始化设置程序如代码 34 所示。该段代码设置了 EPWM 的周期以及动作方式,并定义 EPWM 中断服务程序入口 DC_Motor_isr(),每隔一定 PWM 周期进入一次中断,在中断服务程序中进行换向以及调速的操作。

代码 34:

```
void Motor_Init(void)// 直流电机 EPWM 初始化设置
{
    //////////// GPIO 复用设置 ////////////
    EALLOW;
    GpioCtrlRegs.GPAPUD.bit.GPIO0 = 0;
    GpioCtrlRegs.GPAPUD.bit.GPIO1 = 0;
    GpioCtrlRegs.GPAPUD.bit.GPIO2 = 0;
    GpioCtrlRegs.GPAPUD.bit.GPIO3 = 0;
    GpioCtrlRegs.GPAMUX1.bit.GPIO0 = 1;              // Configure GPIO0 as EPWM1A
    GpioCtrlRegs.GPAMUX1.bit.GPIO1 = 1;
    GpioCtrlRegs.GPAMUX1.bit.GPIO2 = 1;
```

```
GpioCtrlRegs.GPAMUX1.bit.GPIO3 = 1;                // Configure GPIO3 as EPWM2B
EDIS;
EALLOW;
SysCtrlRegs.PCLKCR0.bit.TBCLKSYNC = 0;
EDIS;
//////////// EPWM1AB 设置 ////////////
// Setup TBCLK
EPwm1Regs.TBPRD = EPWM_TBPRD;                      // 周期设置
EPwm1Regs.TBPHS.half.TBPHS = 0x0000;               // Phase is 0
EPwm1Regs.TBCTR = 0x0000;                          // Clear counter
// Set Compare values
EPwm1Regs.CMPA.half.CMPA = 0;                      // Set compare A value
EPwm1Regs.CMPB = 0;                                // Set compare A value
// 设置计数模式
EPwm1Regs.TBCTL.bit.CTRMODE = TB_COUNT_UP;         // 向上计数
EPwm1Regs.TBCTL.bit.PHSEN = TB_DISABLE;            // Disable phase loading
EPwm1Regs.TBCTL.bit.HSPCLKDIV = TB_DIV1;           // Clock ratio to SYSCLKOUT
EPwm1Regs.TBCTL.bit.CLKDIV = TB_DIV1;
// Setup shadowing
EPwm1Regs.CMPCTL.bit.SHDWAMODE = CC_SHADOW;
EPwm1Regs.CMPCTL.bit.SHDWBMODE = CC_SHADOW;
EPwm1Regs.CMPCTL.bit.LOADAMODE = CC_CTR_ZERO;      // Load on Zero
EPwm1Regs.CMPCTL.bit.LOADBMODE = CC_CTR_ZERO;
// Set actions
EPwm1Regs.AQCTLA.bit.ZRO = AQ_SET;                 // 计数值等于 0 时,PWM 为高
EPwm1Regs.AQCTLA.bit.CAU = AQ_CLEAR;               // 计数值等于 CMPA 时,PWM 为低
EPwm1Regs.AQCTLB.bit.ZRO = AQ_SET;                 // 计数值等于 0 时,PWM 为高
EPwm1Regs.AQCTLB.bit.CBU = AQ_CLEAR;               // 计数值等于 CMPA 时,PWM 为低
// Interrupt where we will change the Compare Values
EPwm1Regs.ETSEL.bit.INTSEL = ET_CTR_ZERO;          // INT on Zero event
EPwm1Regs.ETSEL.bit.INTEN = 1;                     // Enable INT
EPwm1Regs.ETPS.bit.INTPRD = ET_1ST;                // Generate INT on 3rd event
//////////// EPWM2AB 设置 ////////////
// Setup TBCLK
EPwm2Regs.TBPRD = EPWM_TBPRD;                      // 周期设置
EPwm2Regs.TBPHS.half.TBPHS = 0x0000;               // Phase is 0
EPwm2Regs.TBCTR = 0x0000;                          // Clear counter
// Set Compare values
EPwm2Regs.CMPA.half.CMPA = 0;                      // Set compare A value
EPwm2Regs.CMPB = 0;                                // Set compare A value
// Setup counter mode
EPwm2Regs.TBCTL.bit.CTRMODE = TB_COUNT_UP;         // Count up
EPwm2Regs.TBCTL.bit.PHSEN = TB_DISABLE;            // Disable phase loading
EPwm2Regs.TBCTL.bit.HSPCLKDIV = TB_DIV1;           // Clock ratio to SYSCLKOUT
EPwm2Regs.TBCTL.bit.CLKDIV = TB_DIV1;
// Setup shadowing
EPwm2Regs.CMPCTL.bit.SHDWAMODE = CC_SHADOW;
EPwm2Regs.CMPCTL.bit.SHDWBMODE = CC_SHADOW;
EPwm2Regs.CMPCTL.bit.LOADAMODE = CC_CTR_ZERO;      // Load on Zero
EPwm2Regs.CMPCTL.bit.LOADBMODE = CC_CTR_ZERO;
```

```
    // Set actions
    EPwm2Regs.AQCTLA.bit.ZRO = AQ_SET;                    // 计数值等于 0 时,PWM 为高
    EPwm2Regs.AQCTLA.bit.CAU = AQ_CLEAR;                  // 计数值等于 CMPA 时,PWM 为低
    EPwm2Regs.AQCTLB.bit.ZRO = AQ_SET;                    // 计数值等于 0 时,PWM 为高
    EPwm2Regs.AQCTLB.bit.CBU = AQ_CLEAR;                  // 计数值等于 CMPA 时,PWM 为低
    EALLOW;
    SysCtrlRegs.PCLKCR0.bit.TBCLKSYNC = 1;
    EDIS;
    //////////// 中断设置 ////////////
    EALLOW;
    PieVectTable.EPWM1_INT = &DC_Motor_isr;              // 在中断中进行换向以及调速操作
    EDIS;
    IER |= M_INT3;
    PieCtrlRegs.PIEIER3.bit.INTx1 = 1;
}
```

代码 35 为直流电机换向以及调速程序,第一个函数设置电机转动方向,1 为正转,0 为反转;第二个函数设置输出 PWM 占空比的大小,直接设置 EPWM 模块计数器的比较值就行,当计数值小于比较值时,PWM 为高电平,否则为低电平。

代码 35:

```
// 换向、调速函数
// direction:  1 正转;        0 反转
// duty:        PWM 占空比,     0.00~1.00
void Motor_speed(char direction,float duty)
{
    if(direction == 1)
    {
        EPwm1Regs.CMPB = 0;
        EPwm2Regs.CMPA.half.CMPA = 0;
        delay_ms(1);
        EPwm1Regs.CMPA.half.CMPA = EPWM_TBPRD * duty;
        EPwm2Regs.CMPB = EPWM_TBPRD * duty;
    }
    else if(direction == 0)
    {
        EPwm1Regs.CMPA.half.CMPA = 0;
        EPwm2Regs.CMPB = 0;
        delay_ms(1);
        EPwm1Regs.CMPB = EPWM_TBPRD * duty;
        EPwm2Regs.CMPA.half.CMPA = EPWM_TBPRD * duty;
    }
}
```

此外,根据前文驱动芯片 IR2110 的介绍可知,可通过设置 SD 引脚电平来控制电机的启停。SD 引脚硬件上由 DSP 的 GPIO7 控制,建立如代码 36 所示的宏定义,以便程序中实现对电机启动与停止的控制。

代码 36:

```
#define Motor_Turn_On   GpioDataRegs.GPACLEAR.bit.GPIO7 = 1   // 电机启动
#define Motor_Turn_Off GpioDataRegs.GPASET.bit.GPIO7 = 1      // 停止
```

直流电机开环调速实验能够实现对电机的转向控制以及转速的开环控制。电机的转动方向是通过按键 1 实现的，每次按下则电机进行一次换向。电机的转速可通过调压电位器进行调节，通过调节调压电位器使得 PWM 占空比在 0～1 之间变化，从而实现速度的调节。电机转向和 PWM 的占空比通过 OLED 模块进行实时显示。代码 37 为直流电机开环调速实验主函数的程序段，在 for 死循环中不断进行按键检测以及数据显示，其中，变量 direction 和 duty 分别为转向和占空比的全局变量。

代码 37：

```
for(;;)
{
    if(Get_Button_State(1))                       // 按键 1 被按下
    {
        direction = 1 - direction;                // 换向
    }
    OLED_ShowNum(80,2,direction);                 // 显示电机转向
    OLED_Showfloat(80,4,duty,2);                  // 显示电机转速
    delay_ms(50);                                 // 延时 50 ms 刷新
}
```

在 PWM 的中断服务程序中进行转向和速度的调整操作，由于 PWM 的周期为 200 μs，所以每 200 μs 进入一次中断服务程序，通过 count 计数实现换向、调速操作周期的控制。代码 38 所示的中断服务程序中设置每 100 ms 进行一次方向和速度的调节，直接读取调压电位器对应的 A/D 转换结果并除以 4 095 可得到 0～1 之间变换的一个值，调用该值作为 PWM 占空比，从而实现电机转速的调节。

代码 38：

```
#pragma CODE_SECTION(DC_Motor_isr,"ramfuncs")
interrupt void DC_Motor_isr(void)
{
    count ++ ;                          // 每进入一次中断,count 递增 1 200 μs 进入一次中断
    if(count % 500 == 0)                // 每 100ms 进行一次转速转向的调整
    {
        duty = (float)DMABuf[0]/4095;
        Motor_speed(direction,duty);// 执行
    }
    EPwm1Regs.ETCLR.bit.INT = 1;
    PieCtrlRegs.PIEACK.all = PIEACK_GROUP3;
}
```

直流电机开环实验 OLED 显示界面如图 6－31 所示。实际操作过程中，可通过按键 1 实现对转向的调节，通过调压电位器实现对转速的调节，相应的转向以及占空比参数在 OLED 上实时更新。

3. PID算法及其软件实现

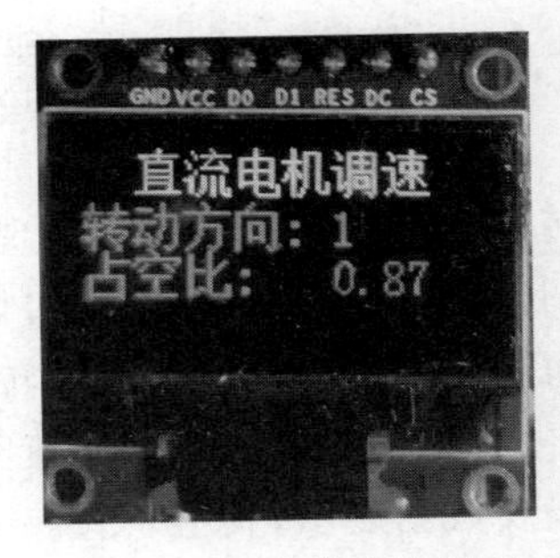

图6-31 直流电机开环调速OLED显示界面

PID算法是控制领域运用最普遍的一种闭环控制算法,具有原理简单、易于实现、应用面广、参数选定比较简单等优点。PID控制器存在位置式和增量式两种形式,其基本原理在第1章已经有了详细介绍,在此不再赘述。

为将PID在DSP中实现,首先建立包含PID算法中相关参数的结构体,如代码39所示。

代码39:

```
typedef struct
{
    float P;                    // P参数
    float I;                    // I参数
    float D;                    // D参数
    float Error;                // 当前偏差
    float PreError;             // 上次的偏差
    float PrePreError;          // 上上次的偏差
    float Integ;                // 积分计算
    float Deriv;                // 微分计算
    float Limit_min;            // 输出限幅下限
    float Limit_max;            // 输出限幅上限
    float Output;               // PID输出结果
}PID_Typedef;
```

代码40为对PID进行参数设置的函数,该函数对PID控制器的P参数、I参数、D参数以及PID输出的上下限进行设置。

代码40:

```
void PID_Config(PID_Typedef * PID,float P,float I,float D,float min,float max)
{
    PID- > P = P;
    PID- > I = I;
    PID- > D = D;
    PID- > Limit_min = min;
    PID- > Limit_max = max;
}
```

代码41为离散位置型PID算法的计算函数,该函数函参1为要进行计算的PID名称,函参2为输出设定值,函参3为实际输出的测量值,函参4为采样时间,单位为ms。PID. Output即为计算结果。

代码41:

```
void Pos_PID_Cal(PID_Typedef * PID,float target,float measure,Uint32 dertT)
{
    float dt = dertT * 1000.0;                              // 采样时间:ms
    PID- > Error = target - measure;                        // 当前偏差
```

```
    PID- > Integ=(PID- > Integ) + (PID- > Error) * dt;      //积分累加
    PID- > Deriv=(PID- > Error-PID- > PreError)/dt;        //微分计算
    PID- > Output=(PID- > P * PID- > Error) + (PID- > I * PID- > Integ) +
    (PID- > D * PID- > Deriv);                               //位置型 PID 计算
    //限幅
    if(PID- > Output > PID- > Limit_max)
    {
        PID- > Output=PID- > Limit_max;
    }
    if(PID- > Output < PID- > Limit_min)
    {
        PID- > Output=PID- > Limit_min;
    }
    PID- > PreError=PID- > Error;                              //偏差传递
}
```

代码 42 为离散增量型 PID 算法的计算函数。

代码 42：

```
void Inc_PID_Cal(PID_Typedef * PID,float target,float measure)
{
    PID- > PrePreError=PID- > PreError;                      //偏差传递
    PID- > PreError=PID- > Error;                            //偏差传递
    PID- > Error=target-measure;                             //偏差传递
    PID- > Output +=(PID- > P*PID- > Error-PID- > I*PID- > PreError
                 +PID- > D*PID- > PrePreError);              //增量型 PID 计算
    //限幅
    if(PID- > Output > PID- > Limit_max)
    {
        PID- > Output=PID- > Limit_max;
    }
    if(PID- > Output < PID- > Limit_min)
    {
        PID- >Output=PID- >Limit_min;
    }
}
```

4. 直流电机转速闭环代码解析

设计直流电机闭环调速实验，按键 1 依旧为电机转向的控制按键，不同的是调压电位器调整的不再是 PWM 的占空比，而是直流电机速度的设定值。要实现对直流电机的闭环调速，首先得实现对直流电机转速的测量。实验采用的直流电机自带编码器，通过 DSP 的 EQep 模块可以很方便地实现对直流电机转速的测量。DSP 的 EQep 模块初始化设置函数如代码 43 所示。

代码 43：

```
void  QEP_Init(void)
{
    EALLOW;
```

```
    GpioCtrlRegs.GPAPUD.bit.GPIO20 = 0;          // GPIO20 (EQEP1A)
    GpioCtrlRegs.GPAPUD.bit.GPIO21 = 0;          // GPIO21 (EQEP1B)
    GpioCtrlRegs.GPAPUD.bit.GPIO22 = 0;          // GPIO22 (EQEP1S)
    GpioCtrlRegs.GPAPUD.bit.GPIO23 = 0;          // GPIO23 (EQEP1I)
    GpioCtrlRegs.GPAQSEL2.bit.GPIO20 = 0;        // GPIO20 (EQEP1A)
    GpioCtrlRegs.GPAQSEL2.bit.GPIO21 = 0;        // GPIO21 (EQEP1B)
    GpioCtrlRegs.GPAQSEL2.bit.GPIO22 = 0;        // GPIO22 (EQEP1S)
    GpioCtrlRegs.GPAQSEL2.bit.GPIO23 = 0;        // GPIO23 (EQEP1I)
    GpioCtrlRegs.GPAMUX2.bit.GPIO20 = 1;         // Configure GPIO20 as EQEP1A
    GpioCtrlRegs.GPAMUX2.bit.GPIO21 = 1;         // Configure GPIO21 as EQEP1B
    GpioCtrlRegs.GPAMUX2.bit.GPIO22 = 1;         // Configure GPIO22 as EQEP1S
    GpioCtrlRegs.GPAMUX2.bit.GPIO23 = 1;         // Configure GPIO23 as EQEP1I
    EDIS;
    EQep1Regs.QUPRD = 1500000;                   // Unit Timer for 100Hz at 150MHz
    EQep1Regs.QDECCTL.bit.QSRC = 00;             // QEP quadrature count mode
    EQep1Regs.QEPCTL.bit.FREE_SOFT = 2;
    EQep1Regs.QEPCTL.bit.PCRM = 00;              // QPOSCNT reset on index evnt
    EQep1Regs.QEPCTL.bit.UTE = 1;                // Unit Timer Enable
    EQep1Regs.QEPCTL.bit.QCLM = 1;               // Latch on unit time out
    EQep1Regs.QPOSMAX = 0xffffffff;
    EQep1Regs.QEPCTL.bit.QPEN = 1;               // QEP enable
    EQep1Regs.QCAPCTL.bit.UPPS = 5;              // 1/32 for unit position
    EQep1Regs.QCAPCTL.bit.CCPS = 7;              // 1/128 for CAP clock
    EQep1Regs.QCAPCTL.bit.CEN = 1;               // QEP Capture Enable
}
```

图 6 - 32 所示为直流电机编码器接线说明，其中，信号 A 输出点和信号 B 输出点分别接到 EQep1 的 EQEP1A 和 EQEP1B，也就是 DSP 的 GPIO20 和 GPIO21 引脚。编码器的电源 V_{CC} 接 3.3 V，电机电源接直流母线电压 24 V。

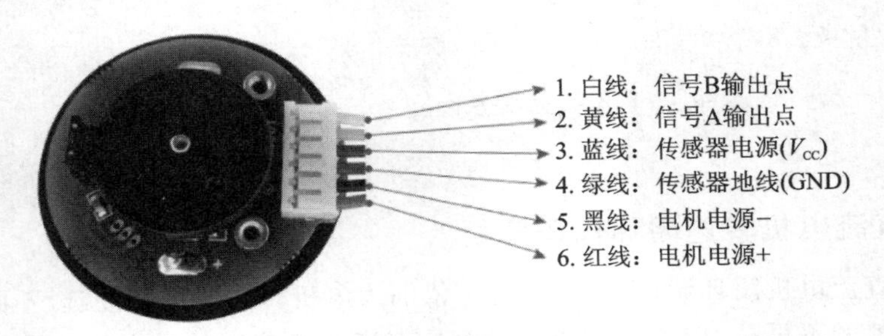

图 6 - 32　直流电机编码器接线说明图

直流电机每转一圈，EQep 计数寄存器 EQep1Regs. QPOSCNT 计数值增加 400，而程序设计每隔 50 ms 进行一次速度测量及 PID 运算，从而计算可得电机转速(r/min)为相邻两次 EQep1Regs. QPOSCNT 计数值的差值的 3 倍。电机转速计算的函数如代码 44 所示。

代码 44：

```
Uint32 Motor_speed_cal(void)// 1 圈计数 400,返回转速(r/min)
{
    Uint32 speed;
    speed_cnt_last = speed_cnt_now;
    speed_cnt_now = (unsigned int)EQep1Regs.QPOSCNT;
    speed = abs(speed_cnt_now - speed_cnt_last) * 3;
    return speed;
}
```

与开环调速类似，在 EPWM 中断服务程序中进行速度计算以及 PID 调节，电机设定速度由电位器调节给定，该段程序如代码 45 所示。

代码 45：

```
#pragma CODE_SECTION(DC_Motor_isr,"ramfuncs")
interrupt void DC_Motor_isr(void)
{
    count ++ ;                       // 每进入一次中断,count 递增 1 200 μs
    if(count % 500 == 0)             // 每 50 ms 测量转速并进行 PID 运算
    {
        if(count % 250 == 0)         // 每 50 ms 测量一次转速
        {
            // 电位器调节设定转速
            motor_speed_set = (float)DMABuf[0]/4095 * 1600;
            motor_speed = Motor_speed_cal();                              // 测量转速
            Inc_PID_Cal(&Speed_PID,motor_speed_set,motor_speed);          // PID 计算
            duty = Speed_PID.Output;
            Motor_speed(direction,duty);                                  // 执行
        }
                count = 0;
    }
    EPwm1Regs.ETCLR.bit.INT = 1;
    PieCtrlRegs.PIEACK.all = PIEACK_GROUP3;
}
```

在 main 函数中对使用到的模块进行初始化设置，该段程序如代码 46 所示。

代码 46：

```
Init_Led();                                          // LED 初始化
InitPieVectTable();                                  // 初始化中断相量表
EnableInterrupts();                                  // 开启中断
OLED_Init();                                         // OLED 初始化
Adc_Init();                                          // ADC_DMA 初始化
ADC_DMA_Config();
IR2110_EnPin();                                      // IR2110 使能控制引脚设置
Motor_Init();                                        // DC_Motor 初始化
// 设定直流电机初始转向和转速
direction = 0;
duty = 0;
Motor_speed(direction,duty);
QEP_Init();                                          // EQep 设置
PID_Config(&Speed_PID,0.0001,0.00001,0,0.05,0.98);   // PID 参数设置
```

```
    Motor_Turn_On;                                  // 使能 IR2110 驱动电机
    ... ...
    for(;;)
    {
        if(Get_Button_State(1))                     // 按键 1 被按下
        {
            direction = 1 - direction;              // 换向
        }
        OLED_ShowNum(80,2,motor_speed_set);         // 显示电机设定转速
        OLED_ShowNum(80,4,motor_speed);             // 显示电机实际转速
        OLED_Showfloat(80,6,duty,2);                // 显示 PWM 占空比
        delay_ms(50);                               // 延时 50 ms 刷新
    }
```

图 6 - 33 所示为直流电机闭环调速实验中 OLED 模块显示界面。实际调速过程中,通过调节电位器实现对直流电机速度给定的调节,实测转速会快速跟随给定转速,并且偏差较小,从而实现对直流电机速度的闭环控制。

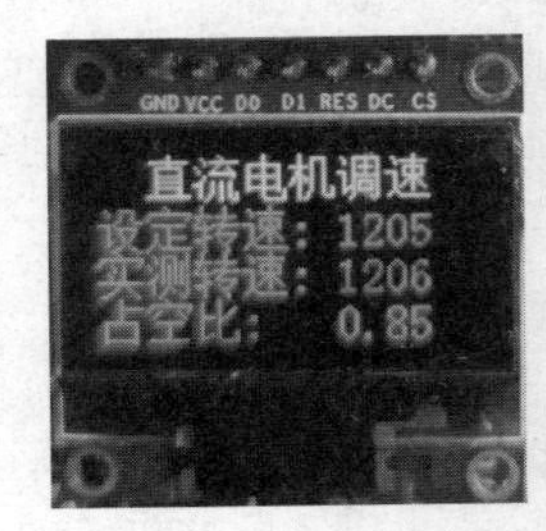

图 6 - 33　直流电机闭环调速实验中 OLED 显示界面

6.4.3　异步电机调速设计

三相异步电机可以通过调节电机控制器输出三相电压的幅值或者频率来进行调速。电机控制器使用 SVPWM 算法产生三相正弦电压驱动异步电机,输出交流正弦电压的幅值和频率可以通过调压电位器和调频电位器进行调节,也可以通过按键进行调节。本小节介绍 120°坐标系下的 SVPWM 算法的软件实现,以及通过电位器进行调压调频或通过按键进行调压调频的实现过程。

1. 120°坐标系下 SVPWM 算法软件实现

这里不详细介绍 SVPWM 算法原理,而主要介绍如何在 DSP 中实现 SVPWM 算法,从而使三相桥式电路产生正弦电压。SVPWM 算法在逆变中的本质作用是获得功率管门极 PWM 信号,也就是在合适的时刻对相应的功率管进行开通或者关断操作。通过 SVPWM 算法,功率管开通和关断的实际 DSP 会自动运算出来,而需要提供给 DSP 的只是输出交流电压的幅值和频率以及功率管的开关频率。

使用 DSP 的 EPWM 模块产生 PWM 信号,使用 DSP 的 EPWM1A/EPWM1B、EPWM2A/EPWM2B、EPWM3A/EPWM3B 分别产生控制 A 相桥臂、B 相桥臂、C 相桥臂的 PWM 信号;为防止同相桥臂直通,同相桥臂 PWM 信号应互补且带有几个微秒的死区。代码 47 为 EPWM1A/EPWM1B 的初始化设置程序,其他两相 EPWM 设置与之类似。

代码 47:

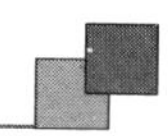

```
void InitEPwm1Example()
{
    // 设置时钟
    EPwm1Regs.TBPRD = EPWM1_TBPRD;                        // 周期设置
    EPwm1Regs.TBPHS.half.TBPHS = 0x0000;                  // Phase is 0
    EPwm1Regs.TBCTR = 0x0000;                             // Clear counter
    // 设置初始比较值
    EPwm1Regs.CMPA.half.CMPA = EPWM1_TBPRD * 0.5;         // Set compare A value
    EPwm1Regs.CMPB = EPWM1_TBPRD * 0.5;                   // Set Compare B value
    // 设置计数模式,上下计数
    EPwm1Regs.TBCTL.bit.CTRMODE = TB_COUNT_UPDOWN;        // Count updown
    EPwm1Regs.TBCTL.bit.PHSEN = TB_DISABLE;               // Disable phase loading
    EPwm1Regs.TBCTL.bit.HSPCLKDIV = TB_DIV1;              // Clock ratio to SYSCLKOUT
    EPwm1Regs.TBCTL.bit.CLKDIV = TB_DIV1;
    // Setup shadowing
    EPwm1Regs.CMPCTL.bit.SHDWAMODE = CC_SHADOW;
    EPwm1Regs.CMPCTL.bit.SHDWBMODE = CC_SHADOW;
    EPwm1Regs.CMPCTL.bit.LOADAMODE = CC_CTR_ZERO;         // Load on Zero
    EPwm1Regs.CMPCTL.bit.LOADBMODE = CC_CTR_ZERO;
    // 设置 PWM 动作方式,上下桥臂动作方式相反,从而互补
    EPwm1Regs.AQCTLA.bit.CAU = AQ_SET;                    // 向上计数等于比较值 A 时为 1
    EPwm1Regs.AQCTLA.bit.CAD = AQ_CLEAR;                  // 向下计数等于比较值 A 时为 0
    EPwm1Regs.AQCTLB.bit.CBU = AQ_CLEAR;                  // 向上计数等于比较值 B 时为 0
    EPwm1Regs.AQCTLB.bit.CBD = AQ_SET;                    // 向下计数等于比较值 B 时为 1
    // 设置死区
    EPwm1Regs.DBCTL.bit.IN_MODE = DBA_ALL;
    EPwm1Regs.DBCTL.bit.OUT_MODE = DB_FULL_ENABLE;
    EPwm1Regs.DBCTL.bit.POLSEL = DB_ACTV_HIC;
    EPwm1Regs.DBFED = DB;
    EPwm1Regs.DBRED = DB;
    // 设置中断
    EPwm1Regs.ETSEL.bit.INTSEL = ET_CTR_ZERO;             // INT on Zero event
    EPwm1Regs.ETSEL.bit.INTEN = 1;                        // Enable INT
    EPwm1Regs.ETPS.bit.INTPRD = ET_1ST;                   // Generate INT on 3rd event
}
```

代码 47 中 DB 为死区相关寄存器的值，EPWM1_TBPRD 为 EPWM 周期寄存器的值，该值可控制功率管的开关频率，从而可根据所需的开关频率在 epwm.h 中设置该值，相关程序如代码 48 所示。

代码 48：

```
#define EPWM1_TBPRD   75000000/fc          // epwm 周期寄存器值
#define EPWM2_TBPRD   75000000/fc          // epwm 周期寄存器值
#define EPWM3_TBPRD   75000000/fc          // epwm 周期寄存器值
#define DB            450                  // 死区时间 3 μs：150 对应 1 μs
```

这个 EPWM 模块初始化程序如代码 49 所示。该程序中对使用的 EPWM 引脚进行复用设置，对 EPWM 模块进行基础配置，并重定义了 EPWM 的中断服务程序入口，在每个 PWM 调制完成后进入中断进行 SVPWM 算法运算，并更新 EPWM 比较寄存器的值;也就是说,若开关频率为 10 kHz,则每个 PWM 的周期为 100 μs,也就是每隔 100 μs 就进入中断服务程序。

代码 49:

```
void Epwm_Init(void)
{
    // pwm_GPIO 设置
    InitEPwm1Gpio();
    InitEPwm2Gpio();
    InitEPwm3Gpio();:
    EALLOW;
    SysCtrlRegs.PCLKCR0.bit.TBCLKSYNC = 0;
    EDIS;
    // EPWM 设置
    InitEPwm1Example();
    InitEPwm2Example();
    InitEPwm3Example();
    EALLOW;
    SysCtrlRegs.PCLKCR0.bit.TBCLKSYNC = 1;
    EDIS;
    // 定义 EPWM1 中断入口
    EALLOW;
    PieVectTable.EPWM1_INT = &epwm1_isr;      // 在 PWM1 中断中执行 SVPWM 算法
    EDIS;
    IER | = M_INT3;
    PieCtrlRegs.PIEIER3.bit.INTx1 = 1;
}
```

svpwm.h 中对 SVPWM 算法的一些基本参数进行宏定义,为后续修改提供很大便利,相关参数以及定义如代码 50 所示。代码 50 中 Udc 和 Um 决定调制比,也就是当直流母线电压为 300 V、Um 为 150 V 时,输出相电压峰值理论上能达到 150 V;当直流母线电压变化时,输出按正比变化。

代码 50:

```
#define pi     3.1415926
#define Udc    300.0                  // 直流母线电压
#define Um     150.0                  // 输出相电压峰值
#define f      50.0                   // 输出正弦频率
#define fc     10000.0                // 功率管开关频率
#define Ts     1/fc                   // 调制周期
```

根据 120°坐标系下 SVPWM 算法的求解步骤,可得代码 51 所示的 SVPWM 程序。EPWM2 和 EPWM3 寄存器的设置和 EPWM1 类似。由于 EPWM 模块设置为增减计数方式,因而 PWM 的一个调制周期长度的计数为两倍的 EPWM1_TBPRD;当计数器数值等于比较寄存器的值时,PWM 波形根据设置发生翻转。通过代码 51 所示的 SVPWM 算法可计算获得时间域上翻转时刻 t_a 的值,根据正比关系,可得比较寄存器的值应为 150 000 000 * ta。

代码 51:

```
void sinABC(float t)                                          // 产生调制波
{
    sinA = Um * sin(2 * pi * f * t);
    sinB = Um * sin(2 * pi * f * t - 2 * pi/3);
    sinC = Um * sin(2 * pi * f * t + 2 * pi/3);
}
void Get_N(void)                                              // 获得空间矢量所在扇区
{
    int i,j;
    float x,y,z,x1,x2;
    x = (sinA - sinC);
    y = (sinB - sinA);
    z = (sinC - sinB);
    if(x > 0&&z < = 0)
    {
        x1 = x;
        x2 = - z;
        i = 1;
    }
    else if(y > 0&&x < = 0)
    {
        x1 = y;
        x2 = - x;
        i = 2;
    }
    else if(z > 0&&y < = 0)
    {
        x1 = z;
        x2 = - y;
        i = 3;
    }
    if(x1 > x2)
    {
        j = 1;
    }
    else
    {
        j = 2;
    }
    m = x1/Udc;
    n = x2/Udc;
    N = 2 * (i - 1) + j;
}
void Get_Tq_Tr(void)                                          // 求解矢量作用时间
{
    float T1,T2;
    T1 = m * Ts;
    T2 = n * Ts;
    if(N = = 2||N = = 4||N = = 6)
    {
```

```
        Tq = T1;
        Tr = T2 - T1;
    }
    else
    {
        Tq = T2;
        Tr = T1 - T2;
    }
}
void Get_t123(void)                                    // 求解开关时刻
{
    float Tq1,Tr1,t1,t2,t3;
    Tq1 = Tq;
    Tr1 = Tr;
    if(Tq + Tr > Ts)                                   // 过调制调整
    {
        Tq1 = (Tq * Ts)/(Tq + Tr);
        Tr1 = (Tr * Ts)/(Tq + Tr);
    }
    t1 = 0.25 * (Ts - Tq1 - Tr1);
    t2 = t1 + 0.5 * Tr;
    t3 = t2 + 0.5 * Tq;
    switch(N)                                          // 根据所在扇区分配时间
    {
        case 1: t_a = t1; t_b = t2; t_c = t3;break;
        case 2: t_a = t2; t_b = t1; t_c = t3;break;
        case 3: t_a = t3; t_b = t1; t_c = t2;break;
        case 4: t_a = t3; t_b = t2; t_c = t1;break;
        case 5: t_a = t2; t_b = t3; t_c = t1;break;
        case 6: t_a = t1; t_b = t3; t_c = t2;break;
    }
}
void svpwm(void)                                       // 120°坐标系下 SVPWM 算法实现
{
    t = Ts * d;                                        // 根据调制周期增大时间值
    sinABC(t);                                         // 产生调制波
    Get_N();                                           // 获得空间矢量所在扇区
    Get_Tq_Tr();                                       // 求解矢量作用时间
    Get_t123();                                        // 求解开关时刻
    compare1 = t_a * 150000000;        // 将时间时刻转换为 EPWM 模块的比较寄存器中的值
    compare2 = t_b * 150000000;        // 将时间时刻转换为 EPWM 模块的比较寄存器中的值
    compare3 = t_c * 150000000;        // 将时间时刻转换为 EPWM 模块的比较寄存器中的值
    d++;
    if(d >= fc/f) d = 0;                               // 一圈结束,开始新的一圈
}
```

根据设置,当 EPWM 计数器的值为 0 时,即每个调制周期结束后将进入 EPWM 中断,在中断中进行下一次 SVPWM 算法计算,调节 EPWM 比较寄存器的值来调节各相功率管 PWM 的翻转时刻。EPWM 中断服务程序如代码 52 所示。

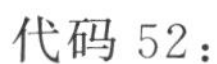
代码 52：

```
interrupt void epwm1_isr(void)
{
    svpwm();                                        // SVPWM 算法运算
    // 将计算的比较值赋予相关寄存器
    EPwm1Regs.CMPA.half.CMPA = compare1;            // Set compare A value
    EPwm1Regs.CMPB = compare1;
    EPwm2Regs.CMPA.half.CMPA = compare2;            // Set compare A value
    EPwm2Regs.CMPB = compare2;
    EPwm3Regs.CMPA.half.CMPA = compare3;            // Set compare A value
    EPwm3Regs.CMPB = compare3;
    EPwm1Regs.ETCLR.bit.INT = 1;                    // 清除中断
    // Acknowledge this interrupt to receive more interrupts from group 3
    PieCtrlRegs.PIEACK.all = PIEACK_GROUP3;
}
```

2. 电位器实现交流调压调频

通过对代码 50 中 Um 和 f 的修改，可以实现对逆变输出的交流电压的幅值和频率进行调节。为了能够实时控制逆变器输出交流电压的幅值和频率，可以通过电位器模拟输入的大小对 Um 和 f 进行动态调节。因此需要修改的程序为代码 53 中的 sinABC(t) 函数，其用于产生参考正弦交流电压，Um 和 f 不再通过宏定义给定，而是通过电位器模拟电压进行调节给定，修改后的函数如代码 53 所示。该代码中 Um_max 和 f_ max 为运行输出交流电压的幅值最大值和频率最大值，在 svpwm.h 中进行宏定义，并且通过限定幅值进行输出最大幅值、最小幅值以及频率的限定。

代码 53：

```
// 产生调制波
void sinABC(float t)
{
    // 电位器调压调频
    Um = (float)DMABuf[0]/4095 * Um_max;
    f = (float)DMABuf[2]/4095 * f_max;
    // 限定幅值
    if(f < 30) f = 30;
    else if(f > 500) f = 500;
    if(Um < 30) Um = 30;
    else if(Um > 170) Um = 170;
    // 生产调制波
    sinA = Um * sin(2 * pi * f * t);
    sinB = Um * sin(2 * pi * f * t - 2 * pi/3);
    sinC = Um * sin(2 * pi * f * t + 2 * pi/3);
}
```

前面说过，Um 并不是实际输出电压幅值大小，而是一个与输出幅值相关的参数。真正决定输出电压幅值的量为调制比，定义调制比 k 为

$$k=\frac{U_{\mathrm{m}}}{\frac{2}{3}U_{\mathrm{dc}}} \tag{6-7}$$

即程序中 Udc 和 Um 共同决定输出幅值的大小。SVPWM 算法输出交流线电压峰值最大能够等于直流母线电压,也就是相电压最大能达到直流母线电压的 $1/\sqrt{3}$。

图 6-34 所示为电位器调压调频操作 OLED 显示界面,在调节调压电位器和调频电位器时,OLED 将显示交流输出的实时频率和调制比。

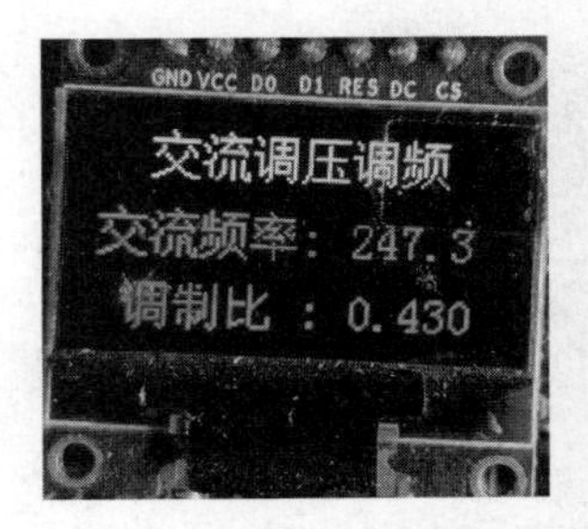

图 6-34 电位器调压调频 OLED 显示界面

3. 按键实现交流调压调频

除了使用电位器外,还能使用按键实现调压调频,4 个按键可分别实现增加调制比、减小调制比、增大频率和减小频率。调制比的调节步长设为 0.05,由于频率的设置范围较宽,因此可通过拨码开关设置频率的调节步长,4 位拨码开关分别代表步长的百位、十位、个位以及十分位;上拨相应位为 1,否则为 0。频率调节步长获取程序如代码 54 所示。

代码 54:

```
// 通过拨码开关获得频率调节的步长
float Get_Step(void)
{
    float Value;
    Value = (1 - GpioDataRegs.GPBDAT.bit.GPIO52) * 100
          + (1 - GpioDataRegs.GPBDAT.bit.GPIO53) * 10
          + (1 - GpioDataRegs.GPBDAT.bit.GPIO54)
          + (1 - GpioDataRegs.GPBDAT.bit.GPIO55) * 0.1;
    return Value;
}
```

在 main()函数中进行按键的扫描以及步长的调节,该程序如代码 55 所示。由于 Udc 等于 300,因此调制比调节步长为 0.05 时,Um 的调节步长应为 10。由于 Um 和 f 为全局变量,调节的结果会在中断中进行 SVPWM 算法运算时被采用,从而能够实现按键对交流电压输出幅值和频率的调节。

代码 55:

```
// 设置初始频率和幅值参数
f = 50;
Um = 100;
Motor_Turn_On;                                   // 使能 IR2110 驱动电机
for(;;)
{
    step = Get_Step();                           // 获取步长
    if(Get_Button_State(1))
```

```
        {
            Um + = 10;
        }
        if(Get_Button_State(3))
        {
            Um - = 10;
        }
        if(Get_Button_State(2))
        {
            f + = step;
        }
        if(Get_Button_State(4))
        {
            f - = step;
        }
        OLED_Showfloat(80,2,f,1);                    // 频率
        OLED_Showfloat(80,4,Um/Udc * 1.5,3);         // 调制比
        OLED_Showfloat(80,6,step,1);
        delay_ms(100);
    }
```

图 6－35 所示为按键实现交流调压调频的 OLED 显示界面，交流电压频率、调制比和频率调节步长会在 OLED 上进行实时显示。

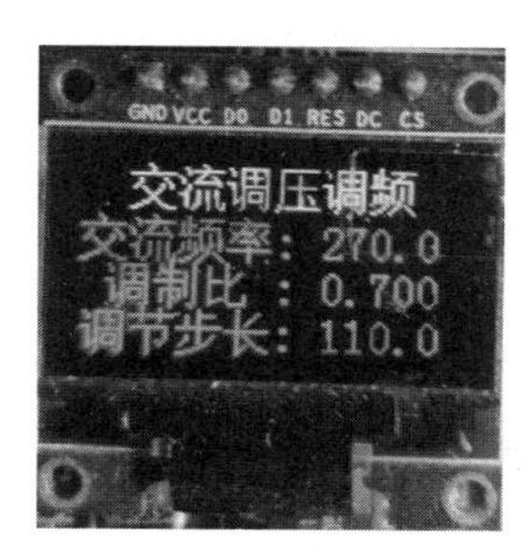

图 6－35　按键调压调频 OLED 显示界面

6.5　通信系统设计

电机控制器的通信系统是控制器与外界沟通的桥梁，实际应用中经常需要在控制器与上位机、控制器与控制器之间进行数据交换，从而实现对电机控制系统的监控以及控制器间协同工作。串口通信（SCI）和 CAN 通信是电机控制器上常用的两种通信方式，这里介绍串口通信、CAN 通信的硬件电路设计以及在 DSP 上如何用软件实现数据发送和接收。

6.5.1 SCI 通信及 CAN 通信硬件电路设计

SCI 通信采用 SP3232E 系列串口通信芯片,该芯片为两驱动器/两接收器的 RS-232 收发器,在+3.3~+5.0 V 内的某个电压下发送符合 RS-232 的信号。SP3232E 芯片的外围电路如图 6-36 所示。SCIRX 和 SCITX 分别接到 GPIO62 和 GPIO63 引脚,这两个引脚为 SCIC 模块中的可复用引脚。

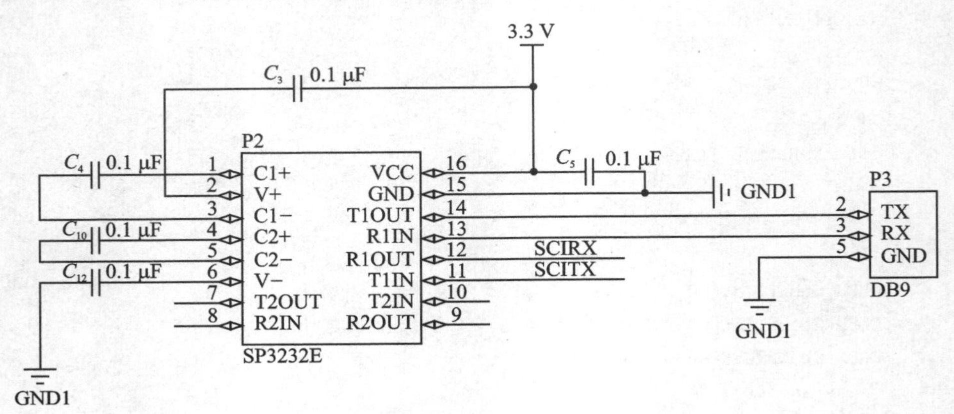

图 6-36 串口芯片 SP3232E 外围电路

CAN 通信芯片采用 TJA1040,该芯片的外围电路如图 6-37 所示,电路中 CAN_RX 和 CAN_TX 分别接到 GPIO30 和 GPIO31 引脚,这两个引脚为 CANA 模块中的可复用引脚。

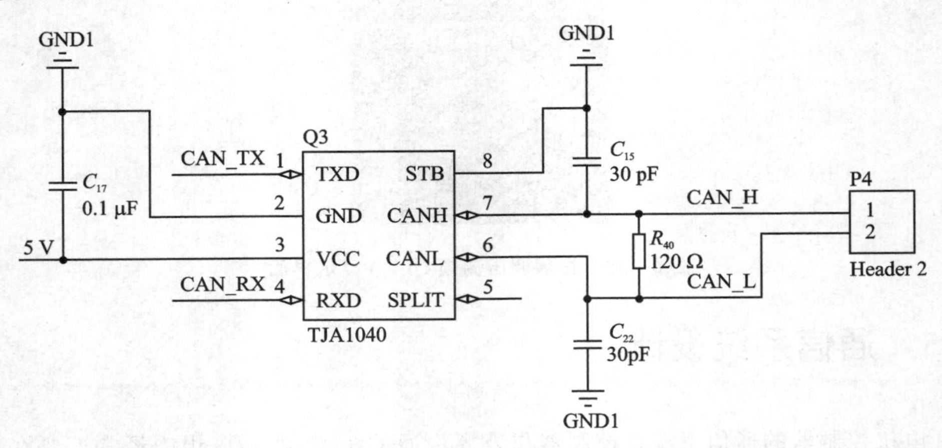

图 6-37 CAN 芯片 TJA1040 外围电路

6.5.2 SCI 通信软件代码解析

SCI 通信芯片与 DSP 的 GPIO62、GPIO63 引脚相连,这两个引脚为 SCI 复用引

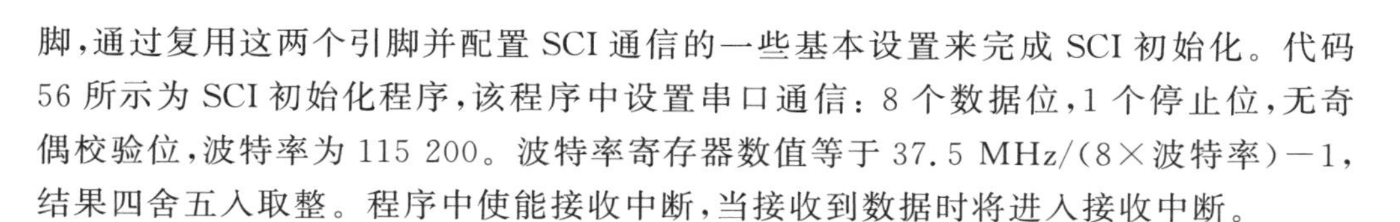

脚，通过复用这两个引脚并配置 SCI 通信的一些基本设置来完成 SCI 初始化。代码 56 所示为 SCI 初始化程序，该程序中设置串口通信：8 个数据位，1 个停止位，无奇偶校验位，波特率为 115 200。波特率寄存器数值等于 37.5 MHz/(8×波特率)－1，结果四舍五入取整。程序中使能接收中断，当接收到数据时将进入接收中断。

代码 56：

```
void Scic_Init(void)
{
    ///////////// GPIO 设置 //////////////
       EALLOW;
    GpioCtrlRegs.GPBPUD.bit.GPIO62 = 0;           // 上拉 GPIO62 (SCIRX)
    GpioCtrlRegs.GPBPUD.bit.GPIO63 = 0;           // 上拉 GPIO63 (SCITX)
    GpioCtrlRegs.GPBQSEL2.bit.GPIO62 = 3;         // GPIO62 (SCIRXDC)
    GpioCtrlRegs.GPBMUX2.bit.GPIO63 = 1;          // 引脚复用 GPIO63(ScicTx)
    GpioCtrlRegs.GPBMUX2.bit.GPIO62 = 1;          // 引脚复用 GPIO62(ScicRx)
    EDIS;
    ///////////// sci 设置 //////////////
    ScicRegs.SCICCR.bit.STOPBITS = 0;             // 1 位停止位
    ScicRegs.SCICCR.bit.PARITYENA = 0;            // 禁止极性功能
    ScicRegs.SCICCR.bit.LOOPBKENA = 0;            // 禁止回环测试模式
    ScicRegs.SCICCR.bit.ADDRIDLE_MODE = 0;        // 空闲线模式
    ScicRegs.SCICCR.bit.SCICHAR = 7;              // 8 位数据位
    ScicRegs.SCICTL1.bit.TXENA = 1;               // SCIA 发送使能
    ScicRegs.SCICTL1.bit.RXENA = 1;               // SCIA 接收使能
    ScicRegs.SCICTL2.bit.RXBKINTENA = 1;
    ScicRegs.SCIHBAUD = 0;
    ScicRegs.SCILBAUD = 0x28;                     // 波特率为 115 200
    ScicRegs.SCIFFRX.all = 0x0028;
    ScicRegs.SCIFFCT.all = 0x00;
    ScicRegs.SCICTL1.all = 0x0023;                // Relinquish SCI from Reset
    EALLOW;
    PieVectTable.SCIRXINTC = &scicRxFifoIsr;
    EDIS;
    PieCtrlRegs.PIECTRL.bit.ENPIE = 1;            // Enable the PIE block
    PieCtrlRegs.PIEIER8.bit.INTx5 = 1;            // sci - c rx - interupt
    IER| = M_INT8;                                // 第 8 组中断使能
}
```

代码 57 的两个程序用于检测 DSP 是否可以发送或接收数据，若可以，则返回 1，否则返回 0。

代码 57：

```
// 检测是否可以发送数据
int ScicTx_Ready(void)
{
    int i;
    // 发送缓冲寄存器为空，可以接收下一个待发送数据
    if(ScicRegs.SCICTL2.bit.TXRDY = = 1)
    {
```

```
        i = 1;
    }
    else
    {
        i = 0;
    }
    return i;
}
// 检测是否可以接收数据
int ScicRx_Ready(void)
{
    int i;
    if(ScicRegs.SCIRXST.bit.RXRDY == 1)    // 接收缓冲寄存器有数据,可以读取
    {
        i = 1;
    }
    else
    {
        i = 0;
    }
    return i;
}
```

代码 58 为 SCI 发送一个字节的程序,程序中判断 DSP 是否满足发送数据条件,不满足就等待继续判断,否则发送一个字节数据,返回 1。如果达到一定次数仍然不满足,则认为无法发送跳出程序,发送失败,返回 0。

代码 58:

```
// 发送一个字节,返回 1:成功发送;返回 0:发送失败
int ScicTx_Byte(char data)
{
    int i;
    for(i = 0;i < 100;)                         // 不满足发送条件就继续检测
    {
        if(ScicTx_Ready() == 1)                 // 可以发送
        {
            ScicRegs.SCITXBUF = data;           // 发送
            while(! ScicTx_Ready());            // 等待发送完成
            return 1;
        }
        else
        {
                i++ ;                           // 等待
        }
    }
    return 0;
}
```

代码 59 实现多个字节发送,函参 n 为发送的字节数量,buf 为数组名。发送成功返回 1,失败返回 0。

代码 59：

```
// 发送多个数据,n:数据个数;buf:数组名
// 返回 1:成功发送;返回 0:发送失败
int ScicTx_ByteS(int n,unsigned char * buf)
{
    int i,j;
    for(i = 0;i < n;i++)                          // 发送数据量
    {
        for(j = 0;j < 100;)                        // 等待次数
        {
            if(ScicTx_Ready() == 1)                // 可以发送
            {
                ScicRegs.SCITXBUF = * buf;
                buf ++ ;                           // 指向下一个字节数据
                while(! ScicTx_Ready());           // 等待发送完一个字节
                break;
            }
            else
            {
                j ++ ;                             // 等待
            }
            return 1;
        }
    }
    return 0;
}
```

实际应用中等待轮询进行接收数据会影响系统的效率，一般采用中断方式进行数据的接收。SCI 初始化程序里已经使能了接收中断，在 DSP 接收数据时可通过中断服务程序进行数据的接收，该中断服务程序如代码 60 所示。

代码 60：

```
interrupt void scicRxFifoIsr(void)
{
    unsigned char Res;
    Uint16 i;
    Res = ScicRegs.SCIRXBUF.all;
    ScicRegs.SCIFFRX.bit.RXFFOVRCLR = 1;          // Clear Overflow flag
    ScicRegs.SCIFFRX.bit.RXFFINTCLR = 1;          // Clear Interrupt flag
    PieCtrlRegs.PIEACK.all| = PIEACK_GROUP8;      // Issue PIE ack
}
```

实际应用中并不是以一个数据为单位进行发送的，而是根据通信协议以帧为单位进行发送的。每帧数据含有多个字节,每个不同字节位置的数据又有不同的含义,这些都在通信协议中进行了定义。因此,中断接收应该能够实现一帧数据的接收才更有实际应用价值。

代码 61 提供了一帧数据接收的程序方案,该方案通过对两个字节帧结束符的判断完成一帧数据的接收;也就是说,中断服务程序中不断接收并将接收的数据存放在 USART_RX_BUF[i]数组中,该帧数据的数据长度为 USART_RX_STA,每接收一个数据,USART_RX_STA 加 1。此外,USART_RX_STA 最高两位还作为是否接收到结束符的标志位,当接收到第一个结束符时,USART_RX_STA 的次高位为 1,在此基础上,如果下个字节接收到第二个结束符,则 USART_RX_STA 的最高位为 1,说明一帧数据接收完成。也就是说,只有接收到连续两个字节数据与设定的结束符相同,才认为一帧数据接收完成。结束符设定等相关数据的设定如代码 62 所示,可按需要进行修改。

代码 61:

```
interrupt void scicRxFifoIsr(void)
{
    unsigned char Res;
    Uint16 i;
    Res = ScicRegs.SCIRXBUF.all;
    if((USART_RX_STA&0x8000)! = 0)     // 上一帧数据接收完成,新的一帧数据开始接收
    {
        for(i = 0;i < USART_REC_LEN;i ++ )
        {
            USART_RX_BUF[i] = 0;
        }
        USART_RX_STA = 0;                // 清零
    }
    if((USART_RX_STA&0x8000) = = 0)     // 接收未完成
    {
        // 接收到了 byte1,如果再接收到 byte2 就完成了一帧数据的接收工作
        if(USART_RX_STA&0x4000)
        {
            if(Res! = byte2)             // 不是结束符 byte2,接收未结束
            {
                USART_RX_STA = USART_RX_STA&0xbfff;
                USART_RX_BUF[USART_RX_STA&0X3FFF] = byte1;
                USART_RX_STA ++ ;
                if(Res = = byte1)USART_RX_STA| = 0x4000;
                else
                {
```

```
                    USART_RX_BUF[USART_RX_STA&0X3FFF] = Res;
                    USART_RX_STA++;
                    if((USART_RX_STA&0X3FFF) > (USART_REC_LEN - 1))
                    {
                        USART_RX_STA = 0;
                    }
                }
            }
            else USART_RX_STA| = 0x8000;      // 是结束符 byte2,一帧数据接收完成
        }
        else                                  // 正常接收
        {
            if(Res == byte1)USART_RX_STA| = 0x4000;      // 接收到结束符 byte1,标志
            else
            {
                USART_RX_BUF[USART_RX_STA&0X3FFF] = Res;
                USART_RX_STA++;
                if((USART_RX_STA&0X3FFF) > (USART_REC_LEN - 1))
                {
                    USART_RX_STA = 0;
                }
            }
        }
    }
    ScicRegs.SCIFFRX.bit.RXFFOVRCLR = 1;        // Clear Overflow flag
    ScicRegs.SCIFFRX.bit.RXFFINTCLR = 1;        // Clear Interrupt flag
    PieCtrlRegs.PIEACK.all| = PIEACK_GROUP8;    // Issue PIE ack
}
```

代码 62：

```
// 结束符定义：每帧数据必须以 0x0d 0x0a 结束
#define byte1 0x0d
#define byte2 0x0a
#define USART_REC_LEN   20                        // 一帧数据最大接收字数为 20
extern Uint16 USART_RX_STA;                       // 接收状态标记
extern Uint16 USART_RX_BUF[USART_REC_LEN];        // 接收缓存
```

6.5.3　电机控制器 SCI 通信协议

通信协议是与控制器进行通信的关键，只有根据通信协议才能知道控制器发出的每帧数据中各个字节代表什么含义，才能对电机控制器发送正确的控制指令。这里采用自由口通信，即通信协议可自由进行设计及定义。设定每帧数据（无论是控制器发送的数据还是接收的数据）包含 10 个字节，每帧数据最后两个字节为帧结束符，

前 8 个字节用于帧 ID 的设置以及指令或数据的存放。这里以直流电机调速系统和三相逆变器为例，建立对应的通信协议，从而可通过串口通信对直流电机的启停、转速、转向进行设置，对三相逆变器的频率、调制比进行设置，并能够将直流电机或者三相逆变器的各项数据通过串口通信反馈给触摸屏(HMI)等监控设备。

HMI 下发启停指令、HMI 下发电机速度指令、HMI 下发电机换向指令、HMI 下发调压调频指令、DSP 上传直流电机数据、DSP 上传三相交流电压、DSP 上传三相交流电流、DSP 上传直流母线电压电流的指令分别如表 6－7～表 6－14 所列。

表 6－7　HMI 下发启停指令

字节号	说　明	数　值
Byte0	ID0	0x11
Byte1	ID1	0x92
Byte2	启/停	0：停止　1：启动
Byte3	0x00	0x00
Byte4	0x00	0x00
Byte5	0x00	0x00
Byte6	0x00	0x00
Byte7	0x00	0x00
Byte8	帧结束符	0x0d
Byte9		0x0a

表 6－8　HMI 下发电机速度指令

字节号	说　明	数　值
Byte0	ID0	0x12
Byte1	ID1	0x92
Byte2	0x00	0x00
Byte3	0x00	0x00
Byte4	电机转速设定值	数据低 8 位
Byte5		数据高 8 位
Byte6	0x00	0x00
Byte7	0x00	0x00
Byte8	帧结束符	0x0d
Byte9		0x0a

表 6－9　HMI 下发电机换向指令

字节号	说　明	数　值
Byte0	ID0	0x13
Byte1	ID1	0x92
Byte2	电机旋转方向	0 或 1
Byte3	0x00	0x00
Byte4	0x00	0x00
Byte5	0x00	0x00
Byte6	0x00	0x00
Byte7	0x00	0x00
Byte8	帧结束符	0x0d
Byte9		0x0a

表 6－10　HMI 下发调压调频指令

字节号	说　明	数　值
Byte0	ID0	0x14
Byte1	ID1	0x92
Byte2	电压调节系数	0～100
Byte3	0x00	0x00
Byte4	频率	数据低 8 位
Byte5		数据高 8 位
Byte6	0x00	0x00
Byte7	0x00	0x00
Byte8	帧结束符	0x0d
Byte9		0x0a

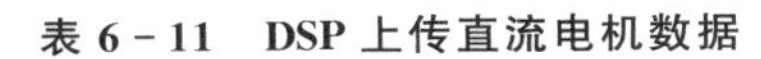

表 6-11 DSP 上传直流电机数据

字节号	说 明	数 值
Byte0	ID0	0x01
Byte1	ID1	0x92
Byte2	方向	0 或 1
Byte3	0x00	0x00
Byte4	直流电机转速	数据低 8 位
Byte5		数据低 8 位
Byte6	PWM 占空比×100	PWM 占空比×100
Byte7	0x00	0x00
Byte8	帧结束符	0x0d
Byte9		0x0a

表 6-12 DSP 上传三相交流电压

字节号	说 明	数 值
Byte0	ID0	0x02
Byte1	ID1	0x92
Byte2	*A* 相电压×10	数据低 8 位
Byte3		数据高 8 位
Byte4	*B* 相电压×10	数据低 8 位
Byte5		数据高 8 位
Byte6	*A* 相电压×10	数据低 8 位
Byte7		数据高 8 位
Byte8	帧结束符	0x0d
Byte9		0x0a

表 6-13 DSP 上传三相交流电流

字节号	说 明	数 值
Byte0	ID0	0x03
Byte1	ID1	0x92
Byte2	*A* 相电流×100	数据低 8 位
Byte3		数据高 8 位
Byte4	*B* 相电流×100	数据低 8 位
Byte5		数据高 8 位
Byte6	*A* 相电流×100	数据低 8 位
Byte7		数据高 8 位
Byte8	帧结束符	0x0d
Byte9		0x0a

表 6-14 DSP 上传直流母线电压电流

字节号	说 明	数 值
Byte0	ID0	0x04
Byte1	ID1	0x92
Byte2	直流电压×10	数据低 8 位
Byte3		数据高 8 位
Byte4	直流电流×100	数据低 8 位
Byte5		数据高 8 位
Byte6	0x00	0x00
Byte7	0x00	0x00
Byte8	帧结束符	0x0d
Byte9		0x0a

6.5.4 电机控制器 SCI 通信协议的代码实现

1. 直流电机调速系统

直流电机调速系统通过检测 HMI 发送的启停、调速、换向指令对直流电机进行控制，并将实际转速和 PWM 的占空比发送到 HMI。代码 63 为 DSP 上传直流电机数据的程序。

代码 63：

```
// 直流电机数据上传到 HMI
void Motor_To_HMI(void)
{
    unsigned char Tx_buff[10];
    // 帧 ID
    Tx_buff[0] = 0x01;
    Tx_buff[1] = 0x92;
    // 电机转向
    Tx_buff[2] = direction;
    Tx_buff[3] = 0x00;
    // 电机转速
    Tx_buff[4] = (int)motor_speed&0xff;                    // 电机速度低字节
    Tx_buff[5] = ((int)motor_speed >> 8)&0xff;             // 电机速度高字节
    // PWM 占空比
    Tx_buff[6] = duty * 100;
    Tx_buff[7] = 0x00;
    // 帧尾
    Tx_buff[8] = 0x0d;
    Tx_buff[9] = 0x0a;
    ScicTx_ByteS(10,Tx_buff);                              // 发送
}
```

代码 64 实现对接收指令的检测以及执行,首先检测是否完成一帧数据的接收;如果完成一帧数据接收,则根据帧 ID 进行相应的操控,并将直流电机的相关信息在 OLED 上进行显示。

代码 64:

```
while(1)
{
    inverter.voltage_dc = (Get_Average(&DMABuf[12 * k],2)/4095 * 3) * 210;
    inverter.current_dc = ((Get_Average(&DMABuf[13 * k],2)/4095 * 3) - 2.5)/0.185;
    if((USART_RX_STA&0x8000))                  // 只有接收完一帧数据才执行
    {
        // ID = 0x1192:启动/停止
        if(USART_RX_BUF[0] == 0x11&&USART_RX_BUF[1] == 0x92)
        {
            state = USART_RX_BUF[2];
            if(state)
            {
                Motor_Turn_On;                 // 启动
            }
            else
            {
                Motor_Turn_Off;                // 停止
            }
        }
        // ID = 0x1292:调速
        else if(USART_RX_BUF[0] == 0x12&&USART_RX_BUF[1] == 0x92)
        {
```

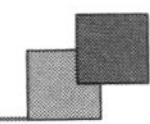

```
            motor_speed_set = USART_RX_BUF[4] + USART_RX_BUF[5] * 256;
        }
        // ID = 0x1392:换向
        else if(USART_RX_BUF[0] == 0x13&&USART_RX_BUF[1] == 0x92)
        {
            direction = USART_RX_BUF[2];
        }
    }
    OLED_Showfloat(72,6,duty,2,16);
    OLED_ShowNum(72,4,motor_speed,16);
    OLED_ShowNum(72,2,motor_speed_set,16);
    delay_ms(200);
}
```

代码 65 为 DSP 将检测的三相交流电压信息上传给 HMI 的程序。

代码 65：

```
// DSP 上传交流电压电流到 HMI
void AC_Voltage_To_HMI(void)
{
    unsigned char Tx_buff[10];
    // 帧 ID
    Tx_buff[0] = 0x02;
    Tx_buff[1] = 0x92;
    // A 相电压
    Tx_buff[2] = (int)(inverter.voltage_a * 10)&0xff;
    Tx_buff[3] = ((int)(inverter.voltage_a * 10) >> 8)&0xff;
    // B 相电压
    Tx_buff[4] = (int)(inverter.voltage_b * 10)&0xff;
    Tx_buff[5] = ((int)(inverter.voltage_b * 10) >> 8)&0xff;
    // C 相电压
    Tx_buff[6] = (int)(inverter.voltage_b * 10)&0xff;
    Tx_buff[7] = ((int)(inverter.voltage_b * 10) >> 8)&0xff;
    // 帧尾
    Tx_buff[8] = 0x0d;
    Tx_buff[9] = 0x0a;
    ScicTx_ByteS(10,Tx_buff);// 发送
}
```

代码 66 为 DSP 将检测的三相交流电流信息上传给 HMI 的程序。

代码 66：

```
// DSP 上传交流电流到 HMI
void AC_Current_To_HMI(void)
{
    unsigned char Tx_buff[10];
    // 帧 ID
    Tx_buff[0] = 0x03;
    Tx_buff[1] = 0x92;
    // A 相电流
    Tx_buff[2] = (int)(inverter.current_a * 100)&0xff;
```

```
    Tx_buff[3] = ((int)(inverter.current_a * 100) >> 8)&0xff;
    // B 相电流
    Tx_buff[4] = (int)(inverter.current_b * 100)&0xff;
    Tx_buff[5] = ((int)(inverter.current_b * 100) >> 8)&0xff;
    // C 相电流
    Tx_buff[6] = (int)(inverter.current_c * 100)&0xff;
    Tx_buff[7] = ((int)(inverter.current_c * 100) >> 8)&0xff;
    // 帧尾
    Tx_buff[8] = 0x0d;
    Tx_buff[9] = 0x0a;
    ScicTx_ByteS(10,Tx_buff);          // 发送
}
```

代码 67 为 DSP 将检测的直流母线电压电流信息上传给 HMI 的程序。

代码 67：

```
// DSP 上传直流电压电流到 HMI
void DC_Power_To_HMI(void)
{
    unsigned char Tx_buff[10];
    // 帧 ID
    Tx_buff[0] = 0x04;
    Tx_buff[1] = 0x92;
    // 直流电压
    Tx_buff[2] = (int)(inverter.voltage_dc * 10)&0xff;
    Tx_buff[3] = ((int)(inverter.voltage_dc * 10) >> 8)&0xff;
    // B 相电压
    Tx_buff[4] = (int)(inverter.current_dc * 100)&0xff;
    Tx_buff[5] = ((int)(inverter.current_dc * 100) >> 8)&0xff;
    // C 相电压
    Tx_buff[6] = 0x00;
    Tx_buff[7] = 0x00;
    // 帧尾
    Tx_buff[8] = 0x0d;
    Tx_buff[9] = 0x0a;
    ScicTx_ByteS(10,Tx_buff);          // 发送
}
```

代码 68 实现对调压调频指令的检测与执行操作，并将相关数据在 OLED 上进行显示。

代码 68：

```
while(1)
{
    if((USART_RX_STA&0x8000))      // 只有接收完一帧数据才执行
    {
        // ID = 0x1492:调压调频
        if(USART_RX_BUF[0] == 0x14&&USART_RX_BUF[1] == 0x92)
        {
            Um = Um_set * (float)USART_RX_BUF[2]/100.0;
            f = (USART_RX_BUF[4] + USART_RX_BUF[5] * 256);
```

```
        }
    }
    OLED_Display();
    delay_ms(200);
}
```

6.5.5 CAN 通信软件代码解析

CAN 总线是工业中应用非常广泛的一种现场总线。CAN 总线结构简单，只需两根线即可实现网络间多个节点相互通信，并且网络内的节点数量理论上不受限制，最大传输距离可达 10 km。CAN 总线适用于大数据量短距离通信或者小数据量长距离通信，实时性要求比较高，经常在多主多从或者各个节点平等的现场中使用。新能源汽车中，电机控制器通过 CAN 总线实现与外界通信。

DSP 有专门的 CAN 模块实现 CAN 通信，相比于 SCI 通信，CAN 通信要方便得多。CAN 总线上的数据传输以帧为单位，每个 CAN 帧都有各自的帧 ID 和帧数据。帧 ID 为 11 位为标准帧，帧 ID 为 29 位为扩展帧，通过帧 ID 来识别该 CAN 帧的功能。每个 CAN 帧最多可包含 8 个字节的数据，在实际应用中，通过产品的 CAN 通信协议可分析每个字节或者每位数据所代表的含义。形象点说，CAN 高和 CAN 低这两根线相当于快递公司的物流，每个 CAN 节点相当于收发快递的服务点，而 CAN ID 就相当于快递的信息，CAN 数据相当于快递的内容，任何节点都能在 CAN 总线上收发数据；有点不同的是，收货人并不是唯一的，每个节点都可以根据帧 ID 决定是否接收该帧数据。

这里主要讲解如何通过 DSP 实现 CAN 数据的收发及其相关代码分析。代码 69 为 CAN 初始化程序，使用的是 CANA 模块，复用引脚为 GPIO30 和 GPIO31。初始化中设置邮箱 0 和邮箱 5 为发送邮箱，邮箱 16 为接收邮箱，并设置邮箱的初始 ID。USE_CAN0INT 为 CAN 是否使用中断的宏定义标志，设置为 1 则为可接收状态。

代码 69：

```
void Can_Init_a(void)
{
    struct ECAN_REGS ECanaShadow;
    EALLOW;
    DisableDog();
    EALLOW;
    InitECanGpio();                              // 初始化 CAN 的 I/O 口
    InitECan();                                  // 初始化 CAN,在里面修改波特率
    EALLOW;
    // >>>>>>>>>>>>>>>>>>>> 设置邮箱方向 <<<<<<<<<<<<<<<<<<<<<<//
    ECanaShadow.CANMD.all = ECanaRegs.CANMD.all;
    // 发送邮箱
    ECanaShadow.CANMD.bit.MD0 = 0;
```

```
    ECanaShadow.CANMD.bit.MD5 = 0;
    // 接收邮箱
    ECanaShadow.CANMD.bit.MD16 = 1;
    ECanaRegs.CANMD.all = ECanaShadow.CANMD.all;
    // >>>>>>>>>>>>>>>>>设置邮箱数据字节数 <<<<<<<<<<<<<<<<<<//
    ECanaMboxes.MBOX0.MSGCTRL.bit.DLC = 8;
    ECanaMboxes.MBOX5.MSGCTRL.bit.DLC = 8;
    ECanaMboxes.MBOX16.MSGCTRL.bit.DLC = 8;
    // >>>>>>>>>>>>>>>>设置邮箱初始 ID 及数据 <<<<<<<<<<<<<<<<<//
    // 接收邮箱 ID 设置!!!!!
    ECanaMboxes.MBOX16.MSGID.all = 0x80000016;
    // 发送邮箱 ID 设置
    ECanaMboxes.MBOX0.MSGID.all = 0x80001990;
    ECanaMboxes.MBOX5.MSGID.all = 0x80001995;
    // >>>>>>>>>>>>>>>>>>使能 <<<<<<<<<<<<<<<<<<<//
    ECanaShadow.CANME.all = ECanaRegs.CANME.all;
    ECanaShadow.CANME.bit.ME0 = 1;
    ECanaShadow.CANME.bit.ME5 = 1;
    ECanaShadow.CANME.bit.ME16 = 1;
    ECanaRegs.CANME.all = ECanaShadow.CANME.all;
    EDIS;
#if USE_CAN0INT
    EALLOW;
    ECanaRegs.CANMIM.all = 0xFFFFFFFF;
    ECanaRegs.CANMIL.all = 0;
    ECanaShadow.CANGIM.all = ECanaRegs.CANGIM.all;
    ECanaShadow.CANGIM.bit.I0EN = 1;
    ECanaRegs.CANGIM.all = ECanaShadow.CANGIM.all;
    EDIS;
    PieCtrlRegs.PIEIER9.bit.INTx5 = 1;              // 使能 PIE 中断
    IER| = M_INT9;                                  // 使能 CPU 中断
#endif
}
```

在 DSP28335x_ECAN.c 中修改 CAN 通信的波特率,相关代码在 InitECana()中修改,如代码 70 所示。在 TSEG1REG 和 TSEG2REG 分别为 10 和 2 的情况下,可通过修改 BRPREG 来修改波特率,实际波特率应等于 5 000k/(BRPREG+1),代码 70 设置的波特率为 500 kbps。

代码 70:

```
#if (CPU_FRQ_150MHZ)
// Bit rate = 5M/(9 + 1) = 500 kbps
ECanaShadow.CANBTC.bit.BRPREG = 9;
ECanaShadow.CANBTC.bit.TSEG2REG = 2;
ECanaShadow.CANBTC.bit.TSEG1REG = 10;
#endif
```

代码 71 实现一帧数据的发送,能够直接在函参中设置该帧数据的 CANID、8 个字节数据以及发送该帧数据的邮箱,不过该邮箱应先在 CAN 初始化时进行相关设置。

代码 71：

```
// >>>>>>>>>>>> 设置 box 邮箱的 id,并发送数据 datal 和 datah <<<<<<<<<<<< //
// box——邮箱;id——数据 ID;datah——高 32 位数据;datal——低 32 位数据
int Cana_Send_Msg(int box,Uint32 id,Uint32 datal,Uint32 datah)
{
    struct ECAN_REGS ECanaShadow;
    volatile struct MBOX * boxp;
    int i;
    i = 0;
    id = id|0x80000000;                                    // 使用扩展帧
    EALLOW;
    ECanaShadow.CANME.all = ECanaRegs.CANME.all;
    ECanaRegs.CANME.all = 0;                      // Required before writing the MSGIDs
    boxp = &ECanaMboxes.MBOX0;
    boxp + = box;
    ( * boxp).MSGID.all = id;                              // 设置 ID
    // 设置数据
    ( * boxp).MDL.all = datal;
    ( * boxp).MDH.all = datah;
    // 使能
    ECanaShadow.CANME.all| = (Uint32)(0x01 << box);
    ECanaRegs.CANME.all = ECanaShadow.CANME.all;
    EDIS;
    // 发送
    ECanaShadow.CANTRS.all = (Uint32)(0x01 << box);
    ECanaRegs.CANTRS.all| = ECanaShadow.CANTRS.all;         // 请求发送
    do
    {
        ECanaShadow.CANTA.all = ECanaRegs.CANTA.all;
        i ++ ;
        if(i > = 1000) return 1;                           // 发送出错
    }while(((ECanaShadow.CANTA.all)&(0x01 << box)) = = 0);  // 等待发送完成
    ECanaShadow.CANTA.all = 0;
    ECanaShadow.CANTA.all = (Uint32)(0x01 << box);
    ECanaRegs.CANTA.all| = ECanaShadow.CANTA.all;           // 清除响应标志
    return 0;
}
```

当 DSP 在 CAN 总线上接收到与接收邮箱 ID 一致的 CAN 帧时，进入 CAN 接收中断，在中断服务程序中进行数据的接收工作，并对相应的中断标志进行清除复位，中断服务程序如代码 72 所示。

代码 72：

```
interrupt void ECAN0INTA_ISR(void)                 // eCAN - A
{
#if USE_CAN0INT
    struct ECAN_REGS ECanaShadow;
    ECanaShadow.CANRMP.all = ECanaRegs.CANRMP.all;
```

```
        if(ECanaShadow.CANRMP.bit.RMP16 == 1 )
        {
            ECanaShadow.CANRMP.bit.RMP16 = 1;          // 复位 RMP 标志
            ECanaRegs.CANRMP.all = ECanaShadow.CANRMP.all;
            Rec_l = ECanaMboxes.MBOX16.MDL.all;
            Rec_h = ECanaMboxes.MBOX16.MDH.all;
        }
        PieCtrlRegs.PIEACK.bit.ACK9 = 1;
        EINT;
    #endif
    }
```

代码 73 实现在 main 函数中不断通过邮箱 0 和邮箱 5 发送 CAN 帧,能够非常方便地实现 CAN ID 和数据的修改。

代码 73:

```
    while(1)
    {
        Cana_Send_Msg(5, 0x05,0x12345678,0x19920427);          // BOX5 发送数据
        delay_ms(1000);
        Cana_Send_Msg(0, 0x0a,0x01020304,0x05060708);          // BOX0 发送数据
        delay_ms(1000);
    }
```

附　　录

以 TMS320F28335 为核心的最小的硬件电路图、PCB 图如附图 1 和附图 2 所示。

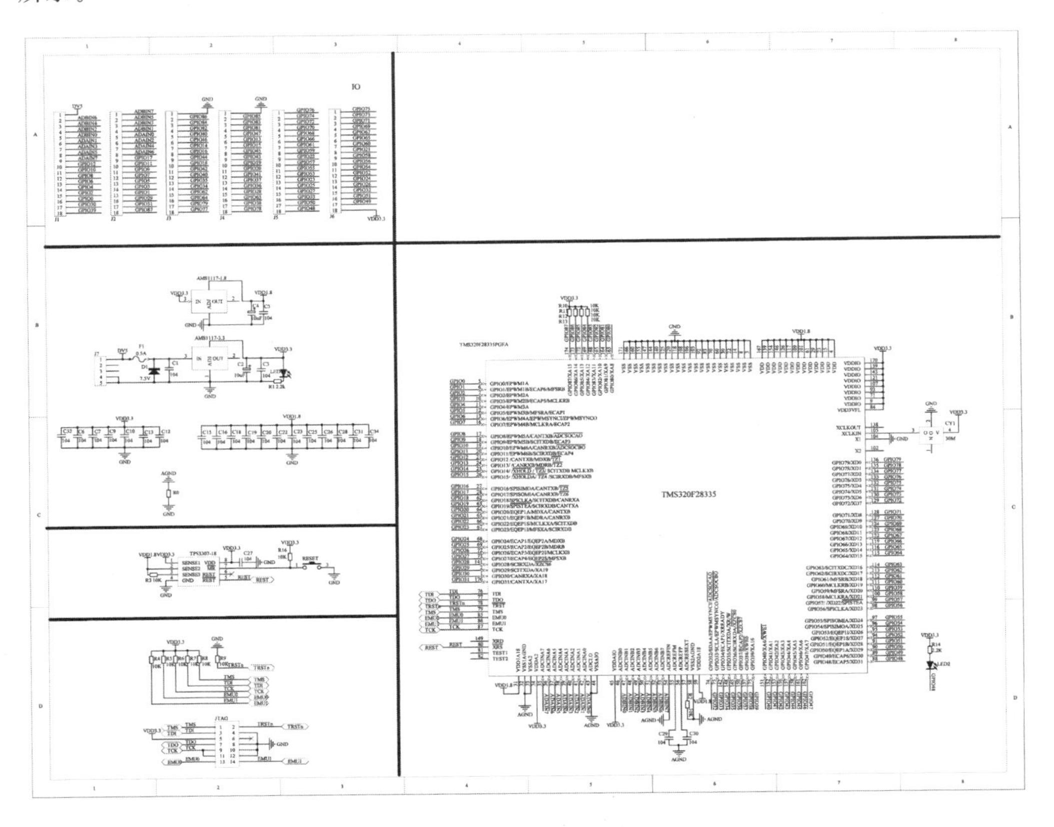

附图 1　硬件电路图

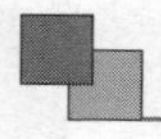

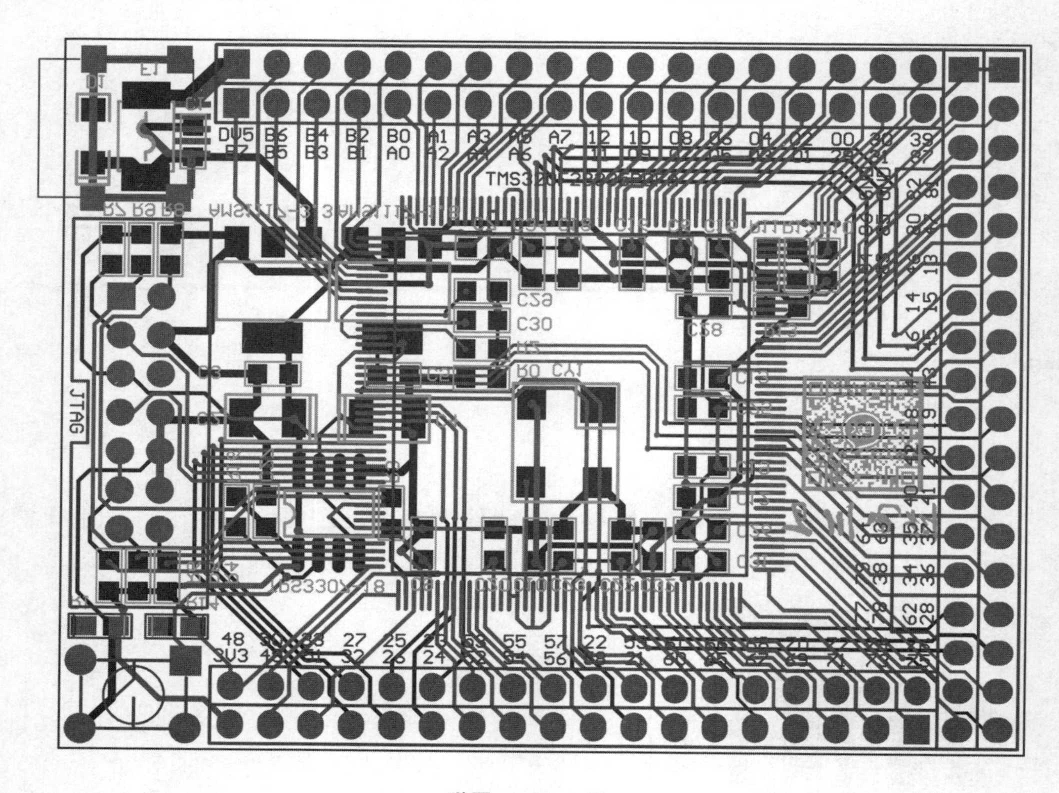

附图 2　PCB 图

参考文献

[1] 高晗璎. 电机控制[M]. 哈尔滨:哈尔滨工业大学出版社,2018.

[2] 马骏杰. 嵌入式 DSP 的原理与应用——基于 TMS320F28335[M]. 北京:北京航空航天大学出版社,2016.

[3] 任志冰. 六相永磁电机控制及容错技术的研究[D]. 哈尔滨:哈尔滨理工大学,2019.

[4] 吴正浩. 基于滑模观测器的永磁同步电机控制系统的研究[D]. 哈尔滨:哈尔滨理工大学,2019.

[5] 王光,王旭东,马骏杰,等. 一种快速 SVPWM 算法及其过调制策略研究[J]. 电力系统保护与控制,2019,47(3):142-151.

[6] 周凯,孙彦成,王旭东,等. 永磁同步电机的自抗扰控制调速策略[J]. 电机与控制学报,2018,22(2):57-63.

[7] 毛亮亮,王旭东. 一种新颖的分段式优化最大转矩电流比算法[J]. 中国电机工程学报,2016,36 (5):1404-1412.